Meister   Elektrotechnische Grundlagen

Elektronik 1

Heinz Meister

Elektrotechnische Grundlagen

Mit Versuchsanleitungen, Rechenbeispielen und Lernziel-Tests

12., erweiterte Auflage

Vogel Buchverlag

Zur Fachbuchgruppe «Elektronik» gehören die Bände:

Klaus Beuth/Olaf Beuth: Elementare Elektronik

Heinz Meister: Elektrotechnische Grundlagen
(Elektronik 1)

Klaus Beuth: Bauelemente
(Elektronik 2)

Klaus Beuth/Wolfgang Schmusch: Grundschaltungen
(Elektronik 3)

Klaus Beuth: Digitaltechnik
(Elektronik 4)

Helmut Müller/Lothar Walz: Mikroprozessortechnik
(Elektronik 5)

Wolfgang Schmusch: Elektronische Meßtechnik
(Elektronik 6)

Klaus Beuth/Richard Hanebuth/Günter Kurz/Christian Lüders: Nachrichtentechnik
(Elektronik 7)

Wolf-Dieter Schmidt: Sensorschaltungstechnik
(Elektronik 8)

Die Deutsche Bibliothek – CIP-Einheitsaufnahme

Meister, Heinz:

Elektrotechnische Grundlagen : mit Versuchsanleitungen, Rechenbeispielen und Lernziel-Tests / Heinz Meister. – 12. Aufl. – Würzburg : Vogel, 2001

(Elektronik ; 1)

(Vogel-Fachbuch)

ISBN 3-8023-1882-X

ISBN 3-8023-1882-X
12. Auflage. 2001

Printed in Germany

Satz: Hümmer, Waldbüttelbrunn
Druck und buchbinderische Verarbeitung:
Wilhelm Röck, Weinsberg

Vorwort

Dieses Lern- und Arbeitsbuch vermittelt grundlegende Kenntnisse, die zum Einarbeiten in die allgemeine Elektrotechnik, die Photovoltaik, die Elektronik oder deren spezielle Bereiche erforderlich sind.
Die oft abstrakten und komplexen elektrotechnischen Zusammenhänge werden anschaulich und leicht faßlich dargestellt. Viele Abbildungen, Skizzen, Schaltpläne, Versuchsbeschreibungen sowie eine ausführliche erklärende und herleitende Darstellung erleichtern das Verständnis und verdeutlichen die elektrotechnischen Vorgänge und Zusammenhänge. Auf allzuviel Mathematik wird bewußt verzichtet, aber auf das Klären des «Warum» bestimmter Fakten und Vorgänge großer Wert gelegt.
Zur Übung, Festigung, Sicherung und Kontrolle des Gelernten dienen durchgerechnete Beispiele und Merksätze in den einzelnen Abschnitten sowie Lernziel-Tests mit Verständnisfragen und Rechen- und Zeichenaufgaben am Ende eines jeden Kapitels. Die Lösungen der Lernziel-Testaufgaben befinden sich auf den letzten Buchseiten. Merksätze und bestimmte Formeln sind aus Gründen eines schnelleren Überblicks und des besseren Einprägens farbig hinterlegt.
Das Buch ist methodisch-didaktisch so gestaltet, daß es sowohl unterrichtsbegleitend in Schulen und in der beruflichen Weiterbildung wie auch zum Selbststudium erfolgreich eingesetzt werden kann. Es gibt Schülern, Studierenden, Ingenieuren, Meistern, Technikern und Facharbeitern aller Fachbereiche die Möglichkeit, die Grundlagen der Elektrotechnik/Elektronik auf leichtverständliche Art zu erwerben und anschließend auch in speziellen Bereichen zu erweitern.
Durch den Verzicht auf technische und mathematische Vorkenntnisse sowie Erarbeitung der elektrotechnischen Inhalte in kleinen verständlichen Schritten finden mit diesem Buch auch Nichtelektriker einfachen Zugang zur Elektrotechnik.

Freiburg — Heinz Meister

Inhaltsverzeichnis

1 Grundbegriffe der Elektrizität

1.1 Atome und Elektronen

Zerlegt man einen Körper, z. B. aus Kupfer, in immer kleinere Teile, so erhält man am Ende das Atom. Das Wort Atom kommt aus dem Griechischen und heißt «das Unteilbare».

Erst in neuerer Zeit konnte durch Versuche der Nachweis erbracht werden, daß auch das Atom zusammengesetzt ist. Aus vielen Versuchsergebnissen haben Physiker wie RUTHERFORD und BOHR den Schluß gezogen, daß ein Atom ähnlich aufgebaut sein muß wie unser Sonnensystem (Bild 1.1).

Bild 1.1 Modell des Sonnensystems

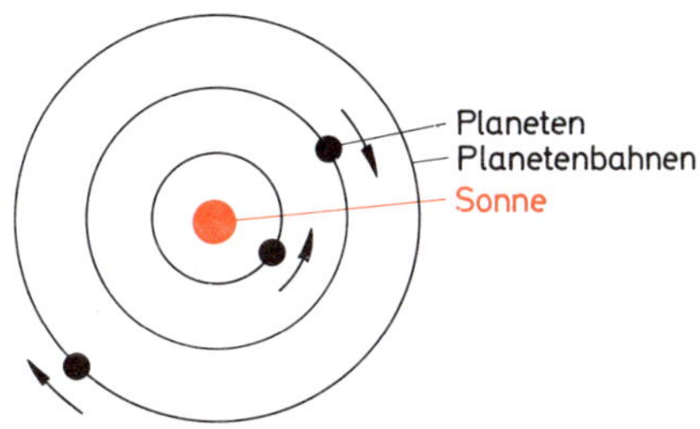

Nach dieser Modellvorstellung besteht ein Atom aus einer Sonne – dem *Atomkern* – und aus den um diesen Kern auf kreisförmigen oder elliptischen Bahnen kreisenden Planeten – den *Elektronen*. Ihre Bahnen umgeben den Kern schalenförmig und bilden die sogenannten *Elektronenschalen* (Bild 1.2).

Bild 1.2 Atommodell

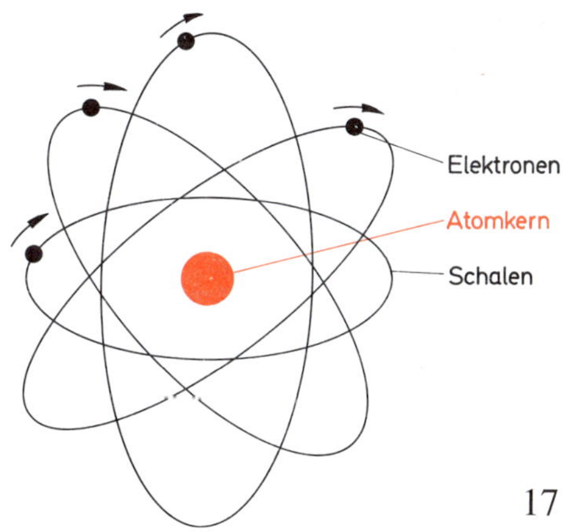

Die Elektronen der äußersten Schale heißen *Valenzelektronen*; sie sind vom Kern am weitesten entfernt und daher am besten von außen zu beeinflussen. Sie bestimmen das chemische und elektrische Verhalten des Atoms.

1.2 Elektrische Ladung – Ladungsträger

Die Elektronen umkreisen den Atomkern mit einer sehr großen Geschwindigkeit (ca. 2200 km/s). Trotz des geringen Elektronengewichts muß daher bei der Kreisbewegung eine relativ große Fliehkraft auftreten, die nach außen wirkt und versucht, die Elektronen aus der Kreisbahn zu befreien. Welche Kraft hält nun das Elektron auf seiner Kreisbahn um den Kern fest?
Die Kraft, die die Erde auf ihrer Kreisbahn festhält, ist die Massenanziehung. Die Massenanziehung zwischen Elektronen und Atomkern reicht aber, wie sich rechnerisch nachweisen läßt, bei weitem nicht aus, um die Elektronen auf ihrer Kreisbahn zu halten. Es muß sich also hier um andere Kräfte handeln, nämlich elektrische Kräfte.

> Zwischen Atomkern und Elektronen bestehen elektrische Kräfte.

Solche elektrischen Kräfte lassen sich einfach nachweisen. Reibt man z. B. eine Kunststoffolie mit einem Wollappen, so üben diese auf Papier, Watte oder Staub eine Anziehungskraft aus, die wesentlich größer ist als die Massenanziehungskraft.

> Die Ursache für elektrische Kräfte nennt man elektrische Ladung.

Das Elektron hat die Eigenschaft, auf den Atomkern eine elektrische Kraft auszuüben. Das Elektron besitzt also elektrische Ladung. Man spricht vom Elektron als einem *Ladungsträger.*
Da der Atomkern ebenfalls die Eigenschaft hat, elektrische Kraft auszuüben, besitzt er ebenfalls elektrische Ladung.
Es läßt sich nachweisen, daß sich Elektronen nicht anziehen, sondern abstoßen. Ebenso verhalten sich Atomkerne (Bild 1.3).

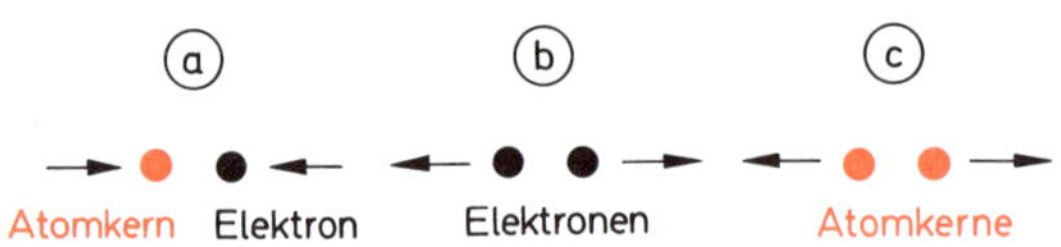

Bild 1.3
Kraftwirkung zwischen
a) Atomkern und Elektron,
b) Elektronen,
c) Atomkernen

Da Elektronen sich gegenseitig abstoßen, Atomkern und Elektronen sich aber anziehen, muß der Atomkern anders geladen sein, d. h. eine andere Ladungsart tragen als das Elektron.
Die Ladung des Atomkerns wird *positive Ladung* und die Ladung des Elektrons *negative Ladung* genannt.
Damit gilt für elektrische Ladungen:

> Gleichnamige Ladungen stoßen sich ab, ungleichnamige Ladungen ziehen sich an.

Bild 1.4
Kraftwirkung von elektrischen Ladungen

1.2.1 Neutrale Atome – Atomaufbau

Den einfachsten Aufbau zeigt das Wasserstoffatom. Es setzt sich zusammen aus einem *Elektron* und einem *Proton,* das den Atomkern darstellt.
Das Elektron trägt die kleinste vorkommende elektrische Ladung, die sogenannte *Elementarladung.*

> Elektronen sind die Träger der negativen Elementarladungen – Protonen die Träger der positiven Elementarladungen.

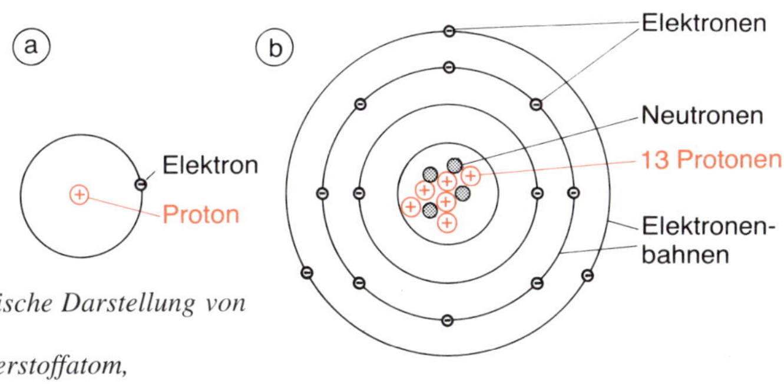

Bild 1.5 Schematische Darstellung von Atomen
a) Wasserstoffatom,
b) Aluminiumatom

Die negative Elementarladung des Elektrons ist genauso groß wie die positive Elementarladung des Protons. Die Ladungen des Atoms heben sich daher in ihren Wirkungen genau auf. Das Atom ist nach außen *elektrisch neutral.*

Elektrisch neutrale Atome besitzen genauso viele positive wie negative elektrische Ladungen.

Das Aluminiumatom z. B. besitzt 13 Elektronen und daher auch 13 Protonen. Außer Protonen enthalten Atomkerne auch elektrisch neutrale Teilchen, die sogenannten *Neutronen.* Protonen und Neutronen bestimmen im wesentlichen das Gewicht des Atoms.

Alle anderen Atome, man kennt insgesamt über 100, sind ähnlich aufgebaut. Die Verteilung der Elektronen auf den Elektronenbahnen erfolgt nach bestimmten Gesetzen. Dabei ist aber die Zahl der Elektronen immer gleich der Zahl der Protonen.

1.2.2 Ionen

Entnimmt man einem Atom Elektronen, so besitzt das Atom mehr positive Ladungen als negative. Das Atom, das nun insgesamt positiv geladen ist, übt daher nach außen eine elektrische Wirkung aus, es zieht negative Ladungen an.

Lagert man einem Atom Elektronen an, so ist es insgesamt negativ geladen und zieht positive Ladungen an.

Solche geladenen Atome können umgekehrt auch von entgegengesetzten Ladungen angezogen, d. h. bewegt werden. Aus diesem Grund heißen solche Atome *Ionen* (Ion = der Wandernde, griech.).

Positiv oder negativ geladene Atome oder Atomverbände heißen Ionen.

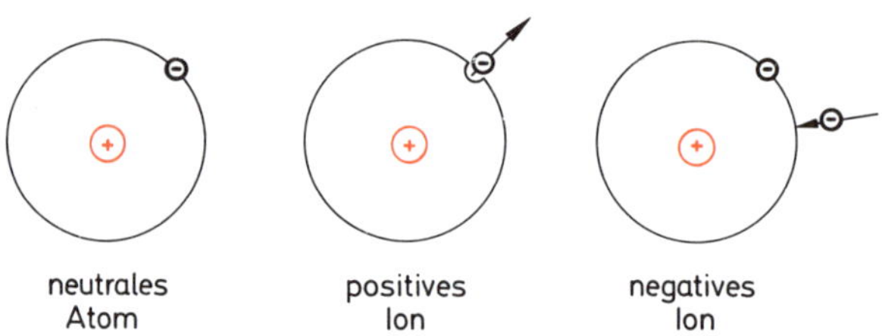

Bild 1.6
Schema der Ionenbildung

Zusammenfassend läßt sich noch sagen:

Elektronenüberschuß ergibt negative Ladung,
Elektronenmangel ergibt positive Ladung.

1.3 Elektrischer Strom

> Unter elektrischem Strom versteht man grundsätzlich die gerichtete Bewegung von Ladungen.

Die Ladungsträger können sowohl Elektronen als auch Ionen sein.
Ein elektrischer Strom kann also nur in solchen Stoffen fließen, in denen Ladungsträger in genügender Zahl vorhanden und frei beweglich sind.

1.3.1 Elektrische Leiter, Nichtleiter, Halbleiter

1.3.1.1 Leiter – Leitungsmechanismus

> Stoffe, die viele und frei bewegliche Ladungsträger besitzen, heißen Leiter.

Man unterscheidet:

Elektronenleiter

Zu ihnen gehören die *Metalle,* wie z. B. Kupfer, Aluminium, Silber, Gold, Eisen und auch Kohle.
Metallatome gehen eine sogenannte *Metallbindung* ein. Dabei geben die einzelnen Metallatome alle Valenzelektronen (Elektronen der äußersten Schale) ab und werden hierdurch zu positiven Atomionen.

Bild 1.7
Raumgitter von Metallen mit Elektronenwolke

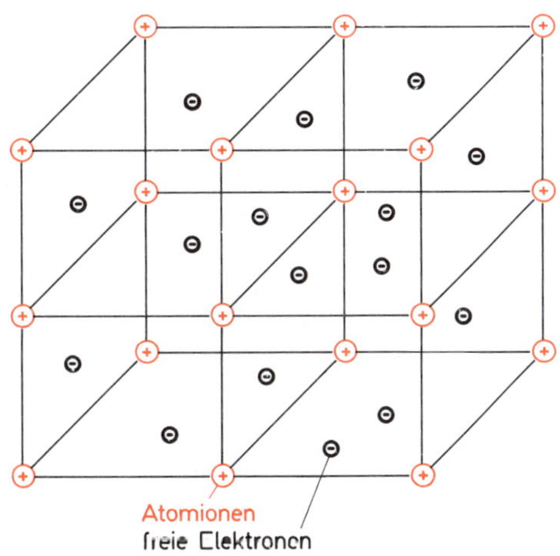

Die Ionen nehmen einen bestimmten gleichmäßigen Abstand zueinander ein und bilden ein sogenanntes *Raumgitter* (Bild 1.7).
Die Elektronen bewegen sich zwischen den fest verankerten Ionen wie eine Wolke oder ein Gas und sind deshalb innerhalb des Raumgitters relativ leicht beweglich. Sie werden *freie Elektronen* genannt. Die negativ geladene Elektronenwolke hält praktisch die positiv geladenen Atomionen zusammen.
Ein Kupferwürfel mit 1 cm Kantenlänge enthält ca. 10^{23} (das ist eine Eins mit 23 Nullen) freie Elektronen.
Durch elektrischen Druck in einer bestimmten Richtung, den man in der Elektrotechnik Spannung nennt, werden die freien Elektronen des Leiters durch das Gitter getrieben (Bild 1.8). Die Leitungselektronen transportieren damit ihre negative Ladung in eine bestimmte Richtung. Man erhält einen *Elektronenstrom.*

Es steht damit fest:

> Der elektrische Strom (Elektronenstrom) in einem metallischen Leiter besteht in der gerichteten Bewegung der freien Elektronen des Leiterwerkstoffes. Durch Ladungsbewegung tritt keine stoffliche Veränderung ein.

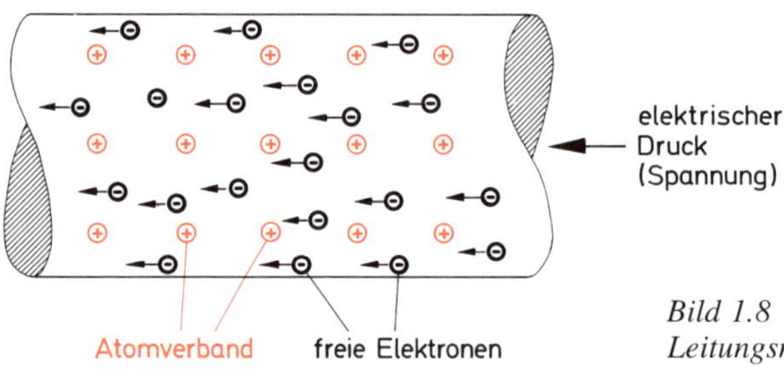

Bild 1.8
Leitungsmechanismus bei Metallen

Die Strömungsgeschwindigkeit ist von der *Stromdichte* (s. Abschnitt 1.3.6) abhängig. In metallischen Leitern üblicher Belastung beträgt die Elektronengeschwindigkeit nur etwa 3 mm/s, jedoch pflanzt sich der Anstoßimpuls annähernd mit Lichtgeschwindigkeit $c = 300\,000$ km/s fort. Man unterscheidet daher zwischen Impulsgeschwindigkeit und Elektronengeschwindigkeit.

Beispiel:

a) Wie lange braucht ein Elektron bei einer mittleren Geschwindigkeit $v = 3$ mm/s, um $s = 1200$ m in einem Drahtleiter zurückzulegen?
b) Wie lange braucht der Impuls für die gleiche Entfernung?

Lösung: a) Geschwindigkeit: $v = \frac{s}{t}$; Zeit: $t = \frac{s}{v}$

$$\underline{t} = \frac{1200\ \text{m}}{0{,}003\ \text{m/s}} = 400\,000\ \text{s} = \frac{400\,000}{3600}\ \text{h} = 111\ \text{Stunden}$$

b) $t = \frac{s}{v}$

$$\underline{t} = \frac{1200\ \text{m}}{300\,000\,000\ \text{m/s}} = \frac{4}{1\,000\,000}\ \text{s} = \underline{0{,}000004\ \text{s}}$$

Ionenleiter

Dazu gehören *Elektrolyte* (leitende Flüssigkeiten), *Schmelzen* (z. B. Aluminiumschmelze) und *ionisierte Gase*. Die Träger der Ladungen sind hierbei positive und negative Ionen. Man erhält einen *Ionenstrom.*

> Der elektrische Strom (Ionenstrom) in einem Elektrolyt, einer Schmelze oder einem ionisierten Gas besteht in der gerichteten Bewegung der Ionen des leitenden Stoffes. Es tritt hierbei ein Stofftransport ein.

Der Vorgang der Ionenleitung wird in Abschnitt 5.1 ausführlich behandelt.

1.3.1.2 Nichtleiter

> Stoffe, die nur wenige und an die einzelnen Moleküle gebundene Ladungsträger besitzen, heißen Nichtleiter.

Zu ihnen zählen *feste Stoffe,* wie Kunststoffe, Gummi, Glas, Porzellan, Glimmer, Lacke, Hartpapier, Papier, Seide, Asbest, und *Flüssigkeiten,* wie reines Wasser, Öle, Fette, und auch *Vakuum* sowie *Gase* (auch Luft) unter bestimmten Bedingungen.
Diese Stoffe werden teilweise auch *Isolierstoffe* genannt, da man hiermit stromführende Leiter gegeneinander elektrisch isolieren kann.

1.3.1.3 Halbleiter

> Halbleiter sind Stoffe, bei denen erst durch äußere Einflüsse Valenzelektronen freiwerden und dadurch Leitfähigkeit eintritt.

Zu ihnen gehören Silizium, Selen, Germanium und Kupferoxidul.

Bei tiefen Temperaturen sind die Valenzelektronen dieser Stoffe so gebunden, daß keine freien Elektronen im Gitter vorhanden sind. Es liegt somit ein Nichtleiter vor.

Durch Erwärmen (Energiezufuhr) werden teilweise Elektronen aus dem Verband gelöst, und es entstehen frei bewegliche Elektronen. Damit liegt ein Leiter vor. Auch durch andere Einflüsse, wie z. B. Licht und magnetische Felder, ändern sich die elektrischen Eigenschaften der Halbleiter.

1.3.1.4 Lernziel-Test

Verständnisfragen

1. Woraus setzt sich ein Atom zusammen?
2. Was versteht man unter Valenzelektronen?
3. Was versteht man unter einem Ladungsträger?
4. Wodurch ist ein neutrales Atom gekennzeichnet?
5. Was versteht man unter der Elementarladung?
6. Wie wirken Ladungen aufeinander?
7. Wann spricht man von Ionen?
8. Was versteht man unter elektrischem Strom?
9. Welche Ladungsträger bestimmen den Strom in Metallen und welche in Elektrolyten?
10. Was versteht man unter freien Elektronen?
11. Mit welcher Idealgeschwindigkeit pflanzt sich ein elektrischer Impuls in einer Leitung fort?
12. Wodurch unterscheiden sich prinzipiell elektrische Leiter, Nichtleiter und Halbleiter?
13. Nennen Sie einige Leiterwerkstoffe.
14. Was versteht man unter elektrischen Isolierstoffen? Nennen Sie einige.

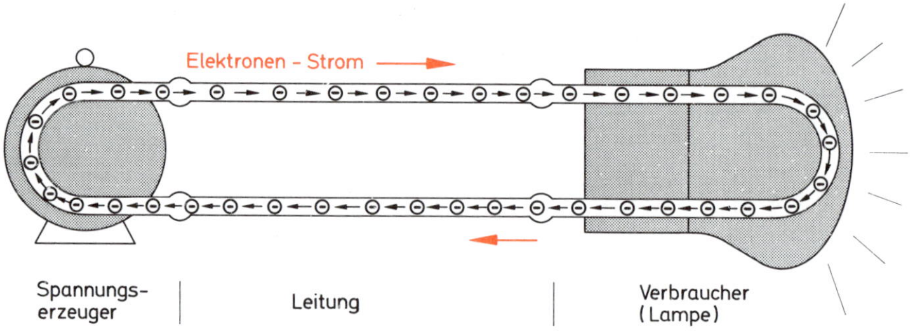

Bild 1.9 Modell eines Stromkreises

1.3.2 Stromkreis

Elektrische Geräte, allgemein als Verbraucher bezeichnet, werden mit dem Spannungserzeuger durch eine Leitung verbunden, die aus zwei Leitern (zwei Adern) besteht, nämlich dem Hin- und Rückleiter (Bild 1.9). Die durch den Spannungserzeuger verursachte Strömung der freien Elektronen legt einen in sich geschlossenen Weg zurück, den man als Stromkreis bezeichnet.

> Ein einfacher elektrischer Stromkreis besteht aus dem Spannungserzeuger, dem Verbraucher und der Verbindungsleitung (Hin- und Rückleiter).

Zu beachten ist dabei:

> Ein elektrischer Strom kann nur in einem geschlossenen Leiterkreis fließen.

Durch Einbau eines Schalters in den Stromkreis kann der Strom beliebig eingeschaltet oder unterbrochen werden.
Da obige gegenständliche Darstellung eines Stromkreises zu kompliziert ist, wählt man in der Praxis Schaltpläne mit einfachen genormten Symbolen, die man Schaltzeichen nennt. Der Schaltplan veranschaulicht dabei das Zusammenwirken zwischen den Bauteilen einer Schaltung.

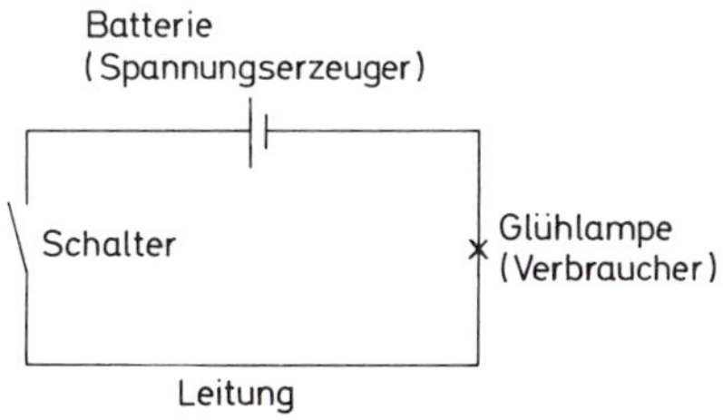

Bild 1.10
Schaltplan eines einfachen Stromkreises

1.3.3 Stromrichtung

1.3.3.1 Richtung des Elektronenstromes

Bildet man einen geschlossenen elektrischen Stromkreis, so ergibt sich folgender Vorgang:
Am negativen Pol des Spannungserzeugers (Elektronenüberschuß) werden die angrenzenden freien Leitungselektronen zum Verbraucher gestoßen. Am positiven Pol (Elektronenmangel) werden die angrenzenden freien Leitungselektronen angezogen. Dadurch entsteht insgesamt ein Elektronenstrom in einer bestimmten Richtung.

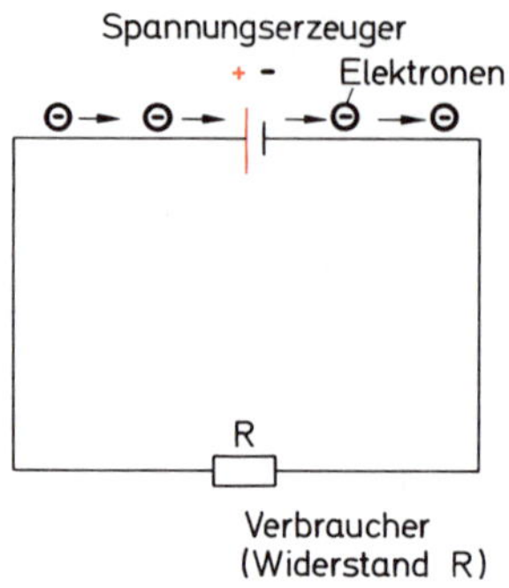

Bild 1.11 Elektronenstromrichtung

Der Elektronenstrom fließt vom negativen Pol des Spannungserzeugers über den Verbraucher zum positiven Pol.

1.3.3.2 Technische Stromrichtung

Vor Kenntnis der Elektronentheorie hatte man angenommen, daß in Metallen positive Ladungsträger für den Leitungsmechanismus verantwortlich sind und demzufolge der Strom vom positiven Pol über den Verbraucher zum negativen Pol, also dem tatsächlichen Elektronenstrom gerade entgegengesetzt, fließt. Obwohl heute diese ursprüngliche Annahme widerlegt ist, hat man in der Elektrotechnik die ursprünglich angenommene Stromrichtung aus praktischen Erwägungen beibehalten. Man spricht dabei zur Unterscheidung gegenüber der *Elektronenstromrichtung* von der *technischen Stromrichtung* oder auch allgemein von der Stromrichtung.

Der elektrische Strom fließt vom positiven Pol des Spannungserzeugers über den Verbraucher zum negativen Pol.

Die Stromrichtung wird in Schaltungen durch einen Strompfeil angezeigt (Bild 1.12).

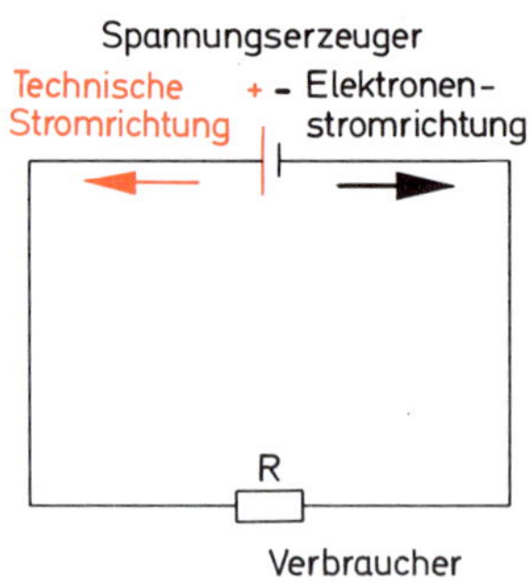

Bild 1.12 Technische und Elektronenstromrichtung

1.3.4 Stromstärke

Je mehr Elektronen in einer Sekunde durch einen Leiter fließen, um so größer ist die Stärke des elektrischen Stromes, die *Stromstärke.*
Durchströmen 6,24 Trillionen Elektronen ($6{,}24 \cdot 10^{18}$) je Sekunde den Leiterquerschnitt, so nennt man diese Stromstärke 1 *Ampere.*
Damit läßt sich sagen:

$$\text{Stromstärke} = \frac{\text{Elektrizitätsmenge}}{\text{Zeit}}$$

> Das Ampere ist die gesetzliche Basiseinheit für die elektrische Stromstärke.

In der Technik ist es nun üblich, zur Vereinfachung Wortbezeichnungen für technische Größen, wie z. B. Stromstärke, durch *Formelzeichen* zu ersetzen und für Einheitennamen Kurzzeichen *(Einheitenzeichen)* zu führen.

Formelzeichen	für Stromstärke	ist I
Einheitenzeichen	für Ampere	ist A

Vielfache und Teile der Einheit:

1 kA	= 1 Kiloampere	= 1000 A	$= 10^{3}$ A
1 mA	= 1 Milliampere	$= \frac{1}{1000}$ A	$= 10^{-3}$ A
1 µA	= 1 Mikroampere	$= \frac{1}{1\,000\,000}$ A	$= 10^{-6}$ A
1 nA	= 1 Nanoampere	$= \frac{1}{1\,000\,000\,000}$ A	$= 10^{-9}$ A

Im «Gesetz über Einheiten im Meßwesen» vom 2. Juli 1969 ist die Stromstärke als *Basisgröße* festgelegt und die *Basiseinheit* 1 Ampere mit Hilfe der Kraftwirkung des Stromes (siehe Abschnitt 6.4.3) definiert.
Nähere Erläuterungen und Angaben über Einheiten, Einheitennamen, Einheitenzeichen sowie das Gesetz über Einheiten im Meßwesen finden sich in Kapitel 14.

Die Stromstärken in der Elektrotechnik bewegen sich in sehr weiten Grenzen:

Glühlampen:	100 bis 1000 mA
Elektromotoren:	1 bis 1000 A
Schmelzöfen:	10 bis 100 kA
Fernsprecher:	einige µA

1.3.5 Elektrizitätsmenge

Die Summe der Elementarladungen (an elektrischen Vorgängen sind meist viele Milliarden Elektronen und damit Elementarladungen beteiligt) ergibt eine bestimmte *Elektrizitätsmenge* (Formelzeichen Q).
Für die Elektrizitätsmenge hat man die Einheit 1 *Coulomb* (Kurzzeichen: C) festgelegt. Es gilt:

$$1\ \text{C} = 6{,}24 \cdot 10^{18}\ \text{Elementarladungen.}$$

Zuvor wurde schon festgehalten, daß

$$\text{Stromstärke } I = \frac{\text{Elektrizitätsmenge } Q}{\text{Zeit } t}$$

ist

Stromstärke $$I = \frac{Q}{t}$$

Stellt man diese Gleichung nach Q um, $Q = I \cdot t$,
so erhält man die Möglichkeit, eine Elektrizitätsmenge Q aus Strom I und der Zeit t zu bestimmen.
Setzt man hierbei den Strom I in A und die Zeit t in s ein, so ergibt sich als Einheit für die Elektrizitätsmenge 1 As, die gleichbedeutend ist mit 1 C.
1 Coulomb = 1 Amperesekunde

$$1\ \text{C} = 1\ \text{As}$$

Beispiel:
Ein Autoakkumulator wird mit 2,5 A geladen.
Welche Elektrizitätsmenge hat der Akkumulator nach 10 Stunden Ladezeit aufgenommen?

Lösung:

$$Q = I \cdot t$$

$$\underline{Q} = 2{,}5\ \text{A} \cdot 10\ \text{h} = \underline{25\ \text{Ah}} = 25\ \text{A} \cdot 3600\ \text{s} = \underline{90\,000\ \text{As}} = \underline{90\,000\ \text{C}}$$

1.3.6 Stromdichte in Leitern

Versuch:
Ein Konstantandraht mit 0,2 mm Durchmesser und ein zweiter Konstantandraht mit 0,4 mm Durchmesser werden an einem Ende miteinander verbunden, die beiden anderen Enden an einen Stelltransformator angeschlossen.
Der Strom wird soweit erhöht, bis ein Draht anfängt zu glühen.

Der Draht mit dem kleineren Querschnitt glüht, während der Draht mit dem größeren Querschnitt noch keine Wärmewirkung zeigt.

Bild 1.13 Strom in Leitern mit verschiedenem Querschnitt

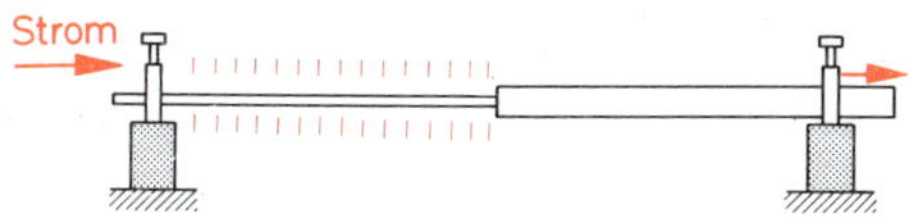

Obwohl in beiden Drähten der gleiche Strom fließt, erwärmt sich der Leiter mit dem kleineren Querschnitt stärker. Für die Erwärmung der Leiter ist also nicht nur der Strom, sondern auch der Leiterquerschnitt maßgebend. Je dichter der Strom im Leiter zusammengedrängt ist, um so mehr und heftigere Zusammenstöße von Elektronen mit Atomionen finden statt und um so stärker ist die Erwärmung. Die Erwärmung der Leiter hängt praktisch von der Dichte des Stromes ab. Man verwendet daher den Begriff *Stromdichte* (Kurzzeichen *J*).

$$\text{Stromdichte } J = \frac{\text{Stromstärke } I}{\text{Leiterquerschnitt } A}$$

Stromdichte $\underline{J = \frac{I}{q}}$

I Strom in A
q Querschnitt in mm^2
J Stromdichte in $\frac{\text{A}}{\text{mm}^2}$

Die Einheit der Stromdichte ist demzufolge $\frac{A}{mm^2}$.

Bei der Bemessung von metallischen Leitern, Spulen und anderen Bauelementen hinsichtlich der zulässigen Erwärmung ist die Stromdichte eine wichtige Konstruktionsgröße.

Beispiel:
Ein Kupferleiter mit 2,5 mm^2 Querschnitt darf nach den VDE-Vorschriften mit 16 A belastet werden.
Wie groß ist hierbei die Stromdichte?

$$\text{Lösung: } J = \frac{I}{q}; \quad \underline{J} = \frac{16\text{ A}}{2{,}5\text{ mm}^2} = 6{,}4\ \underline{\frac{\text{A}}{\text{mm}^2}}$$

1.3.7 Stromarten

Man unterscheidet prinzipiell Gleichstrom, Wechselstrom und Mischstrom.

Gleichstrom

> Gleichstrom ist ein elektrischer Strom, der stets in gleicher Richtung und gleicher Stärke fließt.

Die Ladungsträger bewegen sich dabei in einer Richtung (genormtes Schaltzeichen: –).

Strom-Zeit-Schaubild (Linienschaubild)

Die Stromstärken, die zu verschiedenen Zeiten vorliegen, lassen sich in einem Schaubild (Strom-Zeit-Schaubild) darstellen. Zu diesem Zweck trägt man auf einer waagerechten Achse die Zeit (z. B. 1 Sekunde, 2 Sekunden, 3 Sekunden usw.) und auf der senkrechten Achse den Strom (z. B. 1 Ampere, 2 Ampere usw.) an.
Die Stromstärke, die nun nach 1, 2, oder 3 Sekunden festzustellen ist, wird zu der jeweiligen Zeit senkrecht nach oben oder unten angetragen (Bild 1.14).
Verbindet man die dadurch gewonnenen Punkte durch eine Linie, so erhält man ein *Linien-Schaubild.* Solche Schaubilder können mit einem Oszilloskop sichtbar gemacht werden (siehe Abschnitt 11.6.4).

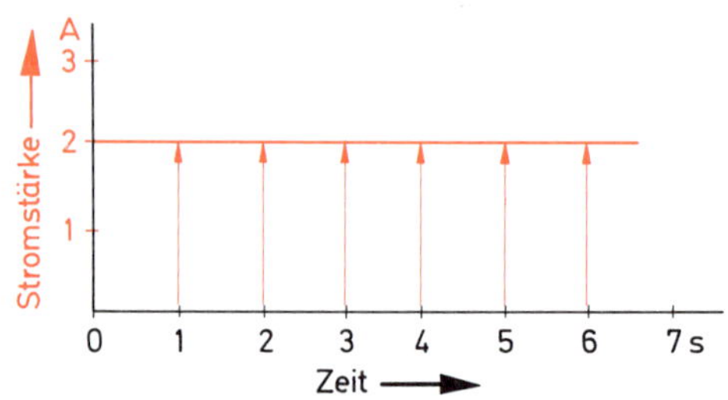

Bild 1.14 Schaubild eines Gleichstromes

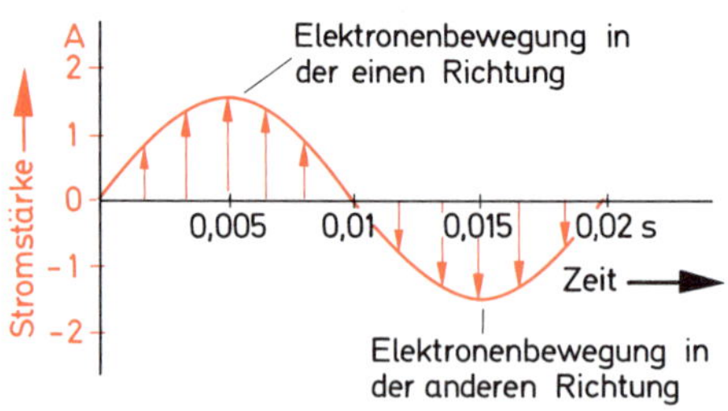

Bild 1.15 Schaubild eines Wechselstromes

Wechselstrom

> Wechselstrom ist ein Strom, der periodisch seine Richtung und Stärke ändert.

Die freien Elektronen bewegen sich dabei hin und her (genormtes Schaltzeichen: ~). Da beim Wechselstrom, wie er in der Praxis verwendet wird, die Richtung sehr häufig wechselt (z. B. 50mal in der Sekunde), schwingen die Elektronen im Drahtleiter nur wenig hin und her.

Mischstrom

Ändert z. B. ein Strom ständig seine Stärke, aber nicht die Stromrichtung, so handelt es sich um einen Strom, der sich aus einem Gleichstrom- und einem Wechselstromanteil zusammensetzt. Man spricht von einem *Mischstrom.*

> Mischstrom ist ein Strom, der sich aus einem Gleichstrom- und einem Wechselstromanteil zusammensetzt.

Eine in der Praxis sehr häufig vorkommende Sonderform des Mischstromes ist der pulsierende Gleichstrom (Bild 1.16 a).

Bild 1.16 a
Schaubild eines pulsierenden Gleichstromes

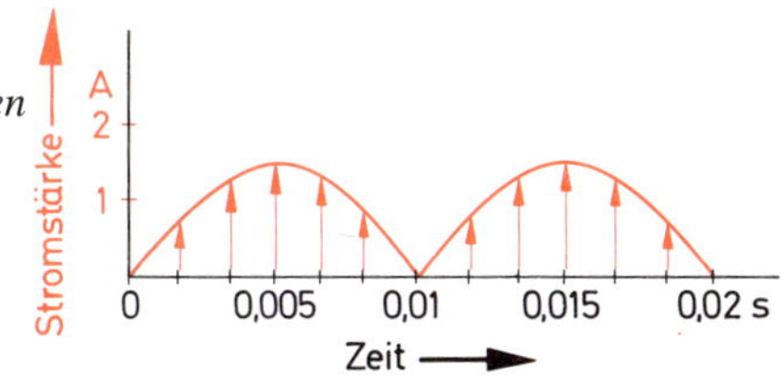

Bild 1.16 b
Schaubild eines Mischstromes

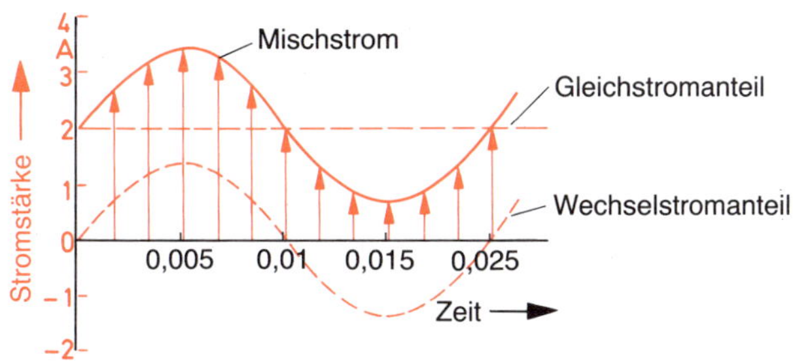

1.3.8 Wirkungen des elektrischen Stromes

Strom läßt sich nur durch seine Wirkungen feststellen und bestimmen.
Man kennt verschiedene Wirkungen.

Wärmewirkung

> Elektrischer Strom erwärmt immer seinen Leiter.

Im Metalldraht z. B. stoßen die Elektronen mit den Atomionen zusammen, geben dabei einen Teil ihrer Bewegungsenergie an die Atomionen ab und verstärken die Wärmebewegungen der Atomionen, was mit einer Temperaturerhöhung verbunden ist.
Angewandt wird die Wärmewirkung z. B. bei Heizöfen, Bügeleisen, Kochplatten, Schmelzsicherungen und Lötkolben.

Lichtwirkung

Bei Glühlampen führt die Wärmewirkung zum Glühen des Drahtes und damit zum Leuchten, d. h. als Nebenwirkung zu Licht.

> Gase wie Neon, Argon oder Quecksilberdampf werden von elektrischem Strom zum Leuchten angeregt.

Diese direkte Lichtwirkung findet bei Leuchtröhren, Quecksilberdampflampen, Leuchtstofflampen und Glimmlampen Anwendung.

Magnetische Wirkung

> *Versuch:*
> Eine Magnetnadel wird in der Nähe eines stromdurchflossenen Leiters gebracht.

Beachte: Die Magnetnadel wird abgelenkt!

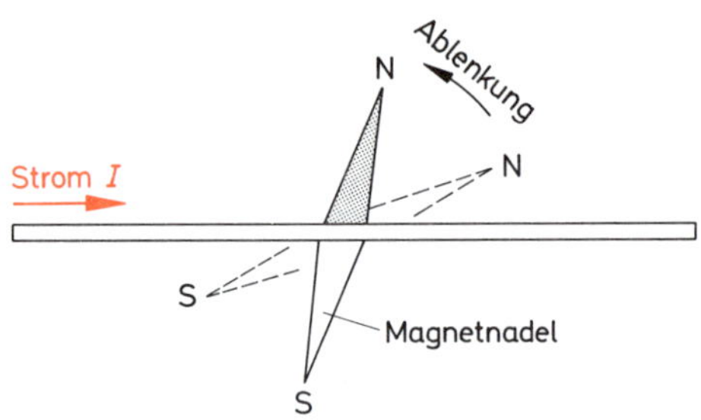

Bild 1.17
Magnetische Wirkung

Der elektrische Strom erzeugt immer ein Magnetfeld.

Magnetfelder üben auf Eisen eine Anziehungskraft aus. Magnetfelder beeinflussen sich gegenseitig und stoßen sich ab oder ziehen sich an.
Angewandt werden solche magnetische Wirkungen z. B. bei elektrischen Motoren, Meßgeräten, Hubmagneten, Klingeln, Lautsprechern und Schützen.
Nähere Erläuterungen erfolgen in Kapitel 6.

Chemische Wirkung

Versuch:
Zwei Drähte werden an eine Gleichspannungsquelle (z. B. Akkumulator) angeschlossen und mit den blanken Enden in ein Gefäß mit Wasser geführt, das etwas angesäuert ist (z. B. Zugabe von Schwefelsäure).

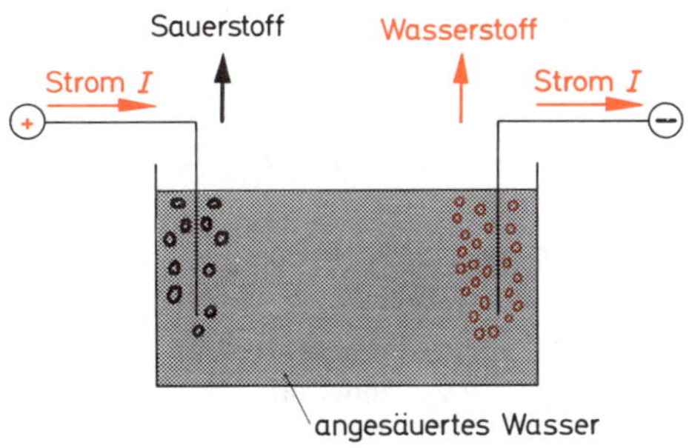

Bild 1.18 Chemische Wirkung des Stromes

An beiden Drähten steigen Gase hoch. Es handelt sich um Wasserstoff und Sauerstoff. Wasserstoff und Sauerstoff sind aber die chemischen Bestandteile des Wassers. Das Wasser wird also durch den Strom zerlegt.

Der elektrische Strom zerlegt leitende Flüssigkeiten.

Angewandt wird die chemische Wirkung des Stromes bei der Elektrolyse, beim Galvanisieren, beim Laden von Akkumulatoren. Nähere Erläuterungen erfolgen in Kapitel 5.

Wirkung auf Lebewesen

Unter bestimmten Voraussetzungen, z. B. Berühren von zwei blanken elektrischen Leitern, kann durch den menschlichen Körper ein Strom fließen. Dieser Strom «elektrisiert» oder führt sogar zu einem «elektrischen Schlag» (nähere Erläuterungen Kapitel 13).
In der Elektromedizin wird Strom zum Elektroschock verwendet.

1.3.9 Lernziel-Test

Verständnisfragen

1. Woraus besteht ein elektrischer Stromkreis?
2. Wie ist die technische Stromrichtung festgelegt?
3. Wie lauten Einheit und Formelbuchstabe der elektrischen Stromstärke?
4. Wie lautet die Einheit für die Elektrizitätsmenge?
5. Warum werden Leitungen nach der Stromdichte ausgelegt?
6. Wodurch unterscheiden sich Gleich- und Wechselstrom?
7. Stellen Sie die wichtigsten Wirkungen des elektrischen Stromes zusammen und geben Sie praktische Beispiele an.
8. Was versteht man unter einem Linienschaubild?
9. Wieviel mA sind 0,1 A; 0,006 A; 2,5 A?
10. Wieviel µA sind 0,0025 A; 5 mA; 0,025 mA?

Rechenaufgaben

1. Ein Akkumulator kann eine Elektrizitätsmenge von 24 Ah abgeben.
   Wie viele Tage kann der Akku in einer Alarmanlage angeschlossen bleiben, wenn er dauernd 0,2 A abgeben muß?
2. Über eine Leitung wurde in 10 h eine Ladung von 250 Ah geschoben.
   Wie groß war dabei die mittlere Stromstärke?
3. In einer Wicklung aus Aluminiumdraht von 0,5 mm^2 Querschnitt ist eine Stromdichte von 2 A/mm^2 zulässig. Welcher Strom ist im Dauerbetrieb zulässig?

1.4 Elektrische Spannung

Zur Bewegung von Elektronen benötigt man einen Antrieb, der gleich einer Pumpe auf der einen Seite des Stromkreises Elektronen in ihn «hineindrückt», während er gleichzeitig auf der anderen Seite Elektronen «absaugt». Dieser Antrieb wird *Spannungserzeuger* oder *Spannungsquelle* genannt.
An der einen Klemme einer Spannungsquelle herrscht dadurch ein *Elektronenüberschuß* (– -Pol), an der anderen ein *Elektronenmangel* (+ -Pol). Zwischen den beiden Klemmen ergibt sich damit ein *Unterschied in der Elektronenbesetzung*. Diesen Zustand bezeichnet man als Spannung (Bild 1.19).

> Die elektrische Spannung *U* ist der Unterschied in der Elektronenbesetzung zwischen zwei Punkten.

Bild 1.19
Spannungsquelle

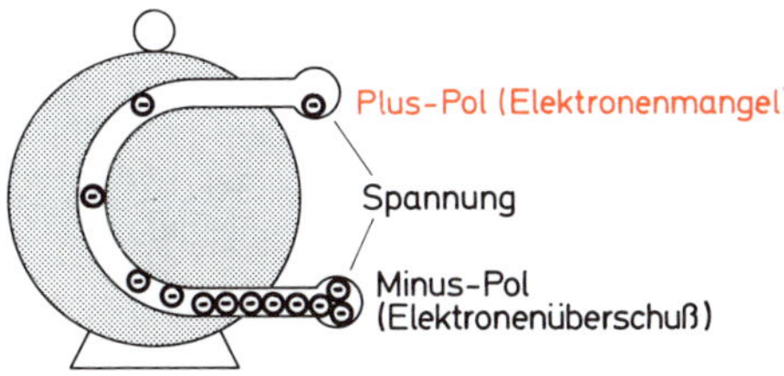

Die Einheit der Spannung ist das Volt.
Formelzeichen für Spannung ist *U*.
Einheitenzeichen für Volt ist V.

Vielfache und Teile der Einheit:

1 MV	= 1 Megavolt	= 1 000 000 V	$= 10^6$ V
1 kV	= 1 Kilovolt	= 1 000 V	$= 10^3$ V
1 mV	= 1 Millivolt	$= \frac{1}{1000}$ V	$= 10^{-3}$ V
1 µV	= 1 Mikrovolt	$= \frac{1}{1\,000\,000}$ V	$= 10^{-6}$ V

Die abgeleitete SI-Einheit 1 V wird mit Hilfe der elektrischen Leistung definiert (siehe Abschnitt 3.2).
In einem Stromkreis unterscheidet man verschiedene Spannungsarten, nämlich die Quellenspannung und den Spannungsfall (Bild 1.20).

Bild 1.20
Quellenspannung
und Spannungsfall
in einem Stromkreis

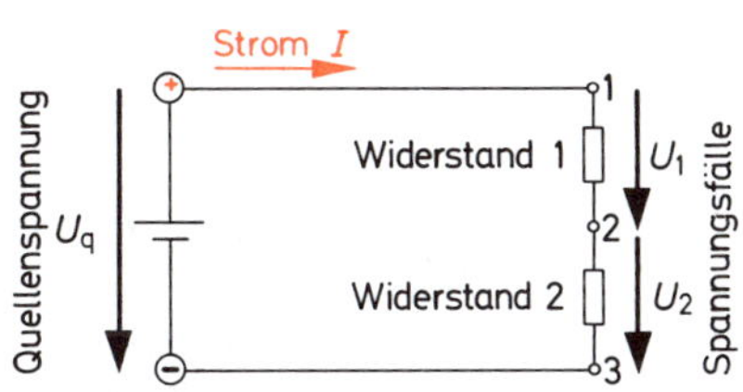

> *Quellenspannung* oder *Urspannung* (Kurzzeichen: U_q) ist die Spannung, die in der Spannungsquelle erzeugt wird

und somit die Ursache für das Fließen des Stromes darstellt.
Die Quellenspannung verteilt sich auf den gesamten Stromkreis und wird an den

einzelnen Verbrauchern verbraucht. Man sagt auch: «Die Spannung fällt an den Verbrauchern ab.»
Zwischen zwei beliebigen Punkten im Stromkreis, z. B. zwischen den Punkten 1 und 2 oder 2 und 3, ist deshalb nur ein Teil der Quellenspannung wirksam. Diesen Teil der Spannung nennt man Spannungsfall oder einfach Spannung.

> *Spannungsfall* oder *allgemein Spannung* (Kurzzeichen: *U*) ist die Spannung, die an den Verbrauchern verbraucht wird.

1.4.1 Potential

Zum Verständnis einer Schaltung ist es oft erforderlich, außer den Spannungen zwischen interessanten Punkten der Schaltung auch die Spannung zwischen diesen Punkten und einem festen Bezugspunkt, z. B. Masse (Erde), zu betrachten.

> Spannungen zwischen Punkten einer elektrischen Schaltung oder eines geladenen Körpers und einem festen Bezugspunkt, z. B. Masse (Erde), nennt man Potentiale (Kurzzeichen φ).

Die Einheit des Potentials ist ebenfalls das Volt, das Formelzeichen φ (sprich: phi).

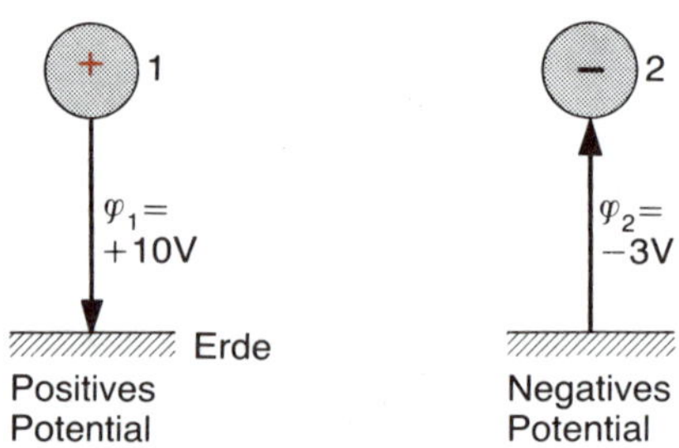

Bild 1.21 Potentiale

Masse (Erde) hat das Bezugspotential $\varphi = 0$ V.
Das Potential (Bild 1.21) des Punktes 1 ist positiv ($\varphi_1 = +10$ V) und das Potential des Punktes 2 negativ ($\varphi_2 = -3$ V), da am Punkt 1 Elektronenmangel und am Punkt 2 Elektronenüberschuß gegenüber dem Bezugspunkt (Erde) besteht.

> Potentiale haben immer ein Vorzeichen.

Zwischen den Punkten 1 und 2 (Bild 1.21) besteht unterschiedliche Elektronenbesetzung und eine Spannung, die sich folgendermaßen bestimmen läßt:

$\underline{U} = \varphi_1 - \varphi_2 = +10\text{ V} - (-3\text{ V}) = +10\text{ V} + 3\text{ V} = \underline{13\text{ V}}$

Bild 1.22
Potential und Spannung

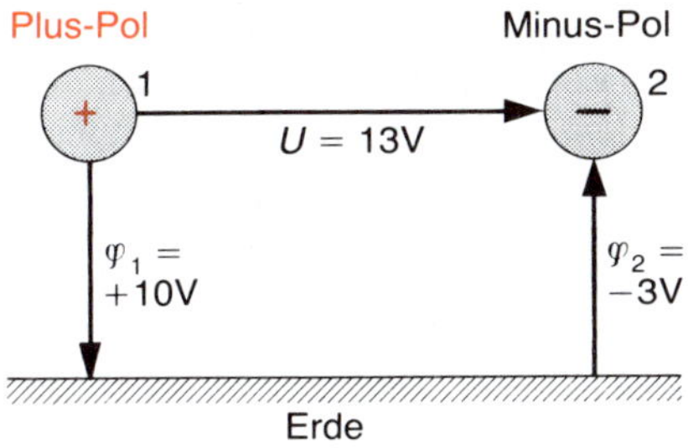

Eine Spannung zwischen zwei Punkten läßt sich als Differenz der Potentiale dieser Punkte angeben.
Spannung = Potentialdifferenz

$$U = \varphi_1 - \varphi_2$$

Beispiel:
An zwei Punkten in einem Stromkreis herrscht das Potential $\varphi_1 = +\,10$ V und $\varphi_2 = +\,5$ V.
Wie groß ist die Spannung zwischen den beiden Punkten?

Lösung: $\underline{U} = \varphi_1 - \varphi_2 = 10\text{ V} - 5\text{ V} = \underline{5\text{ V}}$

1.4.2 Spannungsrichtung

Spannung hat immer eine bestimmte Wirkungsrichtung, die durch einen *Spannungspfeil* dargestellt werden kann. Der Spannungspfeil für die genormte positive Spannungsrichtung zeigt vom höheren Potential (z. B. Plus-Pol) zum niedereren Potential (z. B. Minus-Pol), wobei das höhere Potential das positivere und das niederere Potential das negativere Potential darstellt.

Beispiel:
In Bild 1.23 sind verschiedene Potentiale gegeben.
Welche Richtung hat dabei jeweils die Spannung?

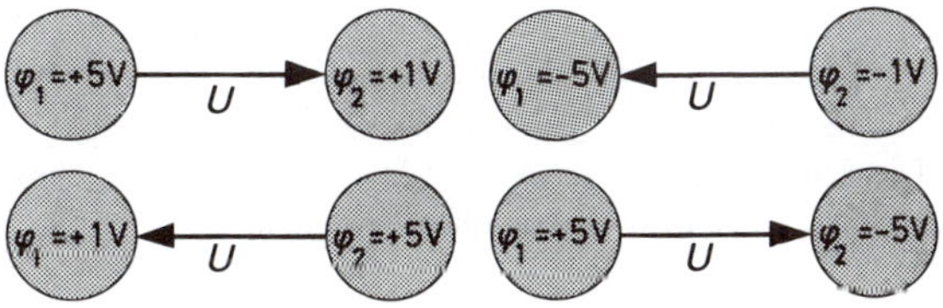

Bild 1.23 Spannungspfeile bei gegebenen Potentialen

Zum Bestimmen von Stromkreisen ist es zweckmäßig, diese genormte Richtungsfestlegung zu verwenden. In der praktischen Ausführung heißt das:
Spannungspfeile von Spannungsquellen sind vom Plus-Pol zum Minus-Pol gerichtet.
Spannungspfeile von Spannungsfällen sind in Richtung des technischen Stromes gerichtet, da Strom immer vom höheren Potential zum niedereren Potential fließt (Bild 1.24).

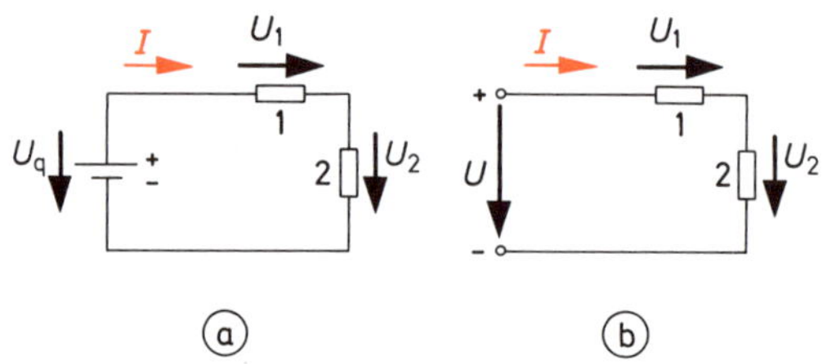

Bild 1.24
Stromkreise mit Spannungspfeilen
a) mit Spannungsquelle
b) ohne Spannungsquelle

1.4.3 Lernziel-Test

Verständnisfragen

1. Wie lauten Formelbuchstabe und Einheit der elektrischen Spannung?
2. Wie läßt sich die Spannung erklären?
3. Wie unterscheiden sich Quellenspannung und Spannungsfall?
4. Was versteht man unter elektrischem Potential?
5. Wie läßt sich zwischen zwei Punkten mit bekanntem Potential die Spannung bestimmen?
6. Wie ist die positive Spannungsrichtung festgelegt und wie läßt sie sich darstellen?
7. Wieviel V sind 1500 mV; 550 mV; 2,5 kV?
8. Wieviel mV sind 0,2 V; 0,0035 V; 15 V?

1.5 Elektrischer Widerstand

Die Bewegung der Ladungsträger in einer bestimmten Richtung im Inneren eines Leiters wird durch dauernde Zusammenstöße mit den Atomen (Atomionen) des Leitermaterials gehemmt. Dieses «Sichwidersetzen» des Leiters gegenüber dem Stromdurchgang wird als *Widerstand* bezeichnet (Bild 1.25).
Die Einheit des elektrischen Widerstandes ist das Ohm.
Formelzeichen für elektrischen Widerstand ist R.

Bild 1.25
Elektronenbewegung in metallischen Leitern

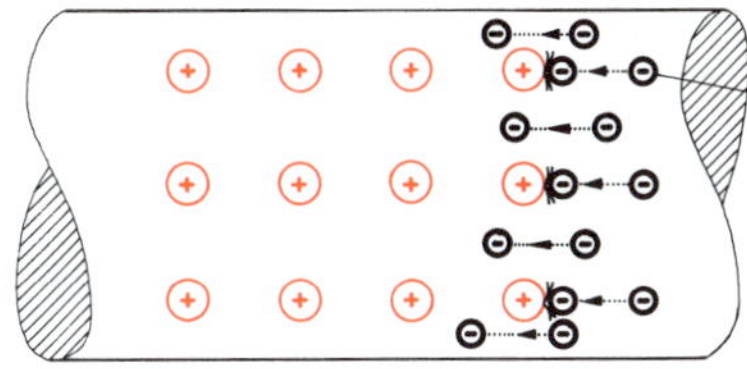

Einheitenzeichen für Ohm ist Ω (sprich: Ohm). Ω ist der griechische Buchstabe Omega. Die abgeleitete SI-Einheit 1 Ω ist folgendermaßen definiert:
1 Ohm ist gleich dem Widerstand, durch den bei der Spannung 1 V ein Strom der Stärke 1 A fließt.
Vielfache und Teile der Einheit 1 Ω sind:

1 MΩ	= 1 Megaohm	= 1 000 000 Ω	$= 10^6$ Ω
1 kΩ	= 1 Kiloohm	= 1 000 Ω	$= 10^3$ Ω
1 mΩ	= 1 Milliohm	$= \frac{1}{1000}$ Ω	$= 10^{-3}$ Ω

1.5.1 Spezifischer Widerstand

Versuch:
Leitungen aus verschiedenem Material (Kupfer, Aluminium, Stahl), aber gleicher Länge und gleichem Querschnitt werden nacheinander über einen Strommesser an eine Spannungsquelle angeschlossen und die jeweiligen Stromstärken (Zeigerausschläge) verglichen.

Der Versuch zeigt, daß jeder Werkstoff dem elektrischen Strom einen anderen Widerstand entgegensetzt. Dieser Widerstand hängt vom inneren Aufbau des betreffenden Stoffes (Atomdichte und Zahl der freien Elektronen) ab und wird als *spezifischer Widerstand* bezeichnet.
Formelzeichen für den spezifischen Widerstand ist ϱ (sprich: rho). ϱ ist ein Buchstabe aus dem griechischen Alphabet.
Um verschiedene Stoffe vergleichen zu können, geht man von Drähten von 1 m Länge und 1 mm^2 Querschnitt aus, wobei der Widerstand bei 20 °C gemessen wird.

Der spezifische Widerstand eines Leiterwerkstoffes ist zahlenmäßig gleich seinem Widerstand bei 1 m Länge, 1 mm^2 Querschnitt und einer Temperatur von 20 °C.

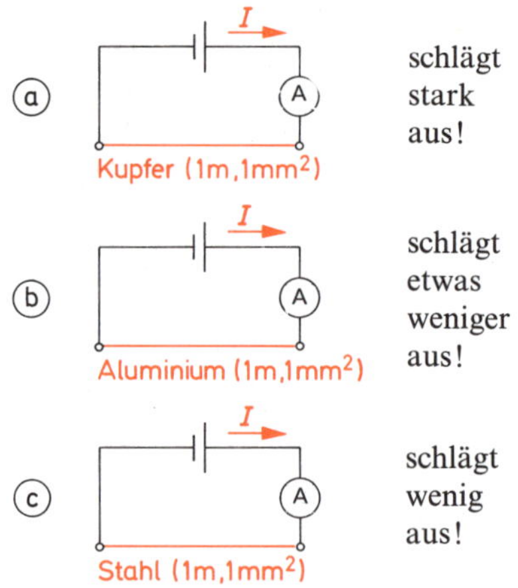

Bild 1.26
Vergleich des Widerstandes von Leitungen aus
a) Kupfer,
b) Aluminium,
c) Stahl

Die Einheit des spezifischen Widerstandes ist $\frac{\Omega \cdot mm^2}{m}$.

Wie diese Einheit zustande kommt, wird in Abschnitt 1.5.2 gezeigt.
Z. B. beträgt der spezifische Widerstand

von Kupfer $\varrho = 0{,}0178 \frac{\Omega \cdot mm^2}{m}$

von Aluminium $\varrho = 0{,}0278 \frac{\Omega \cdot mm^2}{m}$

von Silber $\varrho = 0{,}016 \frac{\Omega \cdot mm^2}{m}$

Weitere Werte sind der Tafel im Anhang zu entnehmen.

1.5.2 Elektrischer Widerstand von Leitungen

> Versuch:
> Verschiedene Leitungen werden nacheinander über einen Strommesser an eine Spannungsquelle angeschlossen und die jeweiligen Stromstärken (Zeigerausschläge) verglichen.

Aus der angegebenen Versuchsserie läßt sich ersehen:
Der elektrische Widerstand R von Leitungen ist um so größer,

a) je größer die Leiterlänge l,

b) je kleiner der Leiterquerschnitt q,

c) je größer der spezifische Widerstand

ist.

a) *Verschiedene Leiterlängen*

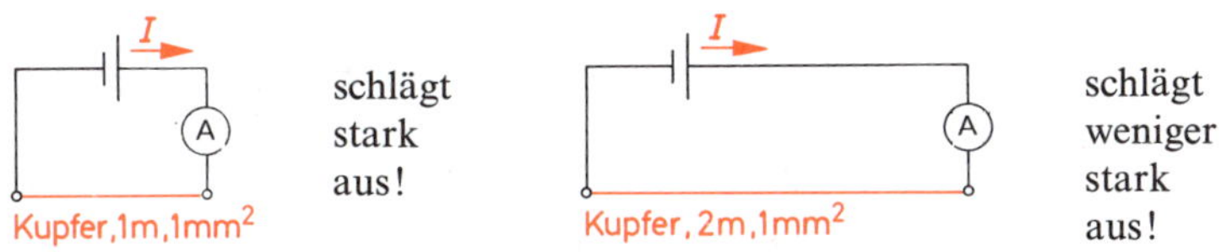

Bild 1.27 Stromkreis mit verschiedenen Leiterlängen

b) *Verschiedene Querschnitte*

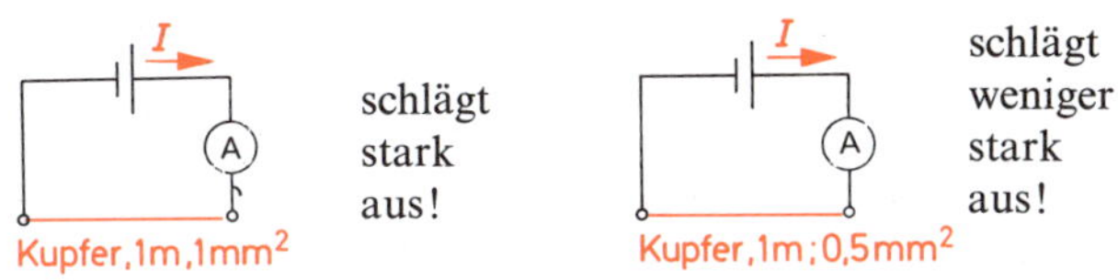

Bild 1.28 Stromkreis mit verschiedenen Leitungsquerschnitten

c) *Verschiedene Leiterwerkstoffe*

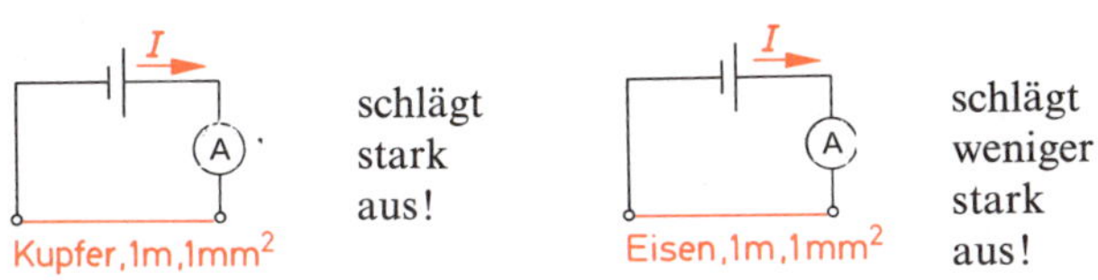

Bild 1.29 Stromkreis mit verschiedenen Leiterwerkstoffen

Die Abhängigkeit des Widerstandes von der Leiterlänge läßt sich damit erklären, daß die Elektronenbewegung auf einem größeren Leitungsstück insgesamt stärker gehemmt werden kann als auf einem kürzeren.
Bei kleinerem Leiterquerschnitt und gleicher Zahl von bewegten Elektronen kommt es zu mehr Zusammenstößen, d. h., der Widerstand nimmt zu.
Werkstoffe mit größerem spezifischem Widerstand, also mit geringerem Atomabstand und geringerer Zahl an freien Elektronen, ergeben einen größeren elektrischen Widerstand.
Diese Abhängigkeiten des elektrischen Widerstandes lassen sich in Form eines Gesetzes folgendermaßen zusammenfassen:

$$\text{Widerstand } R = \frac{\text{spezif. Widerstand } \rho \cdot \text{Leiterlänge } l}{\text{Querschnitt } q}$$

Mit Formelzeichen:

Leiterwiderstand

$$R = \frac{\rho \cdot l}{q}$$

R Leiterwiderstand in Ω
ρ spezif. Widerstand in $\frac{\Omega \cdot mm^2}{m}$
l Leiterlänge in m
q Leiterquerschnitt in mm^2

Obige Gleichung kann nach den verschiedenen Größen umgestellt werden. Dadurch ist es möglich, auch Leiterlänge, spezifischen Widerstand und Leiterquerschnitt rechnerisch zu bestimmen.

Leiterlänge

$$l = \frac{R \cdot q}{\rho}$$

Spezifischer Widerstand

$$\rho = \frac{R \cdot q}{l}$$

Leiterquerschnitt

$$q = \frac{\rho \cdot l}{R}$$

Durch Einsetzen der Einheiten in die Gleichung für den spezifischen Widerstand läßt sich die Einheit des spezifischen Widerstandes ableiten.

$$\rho = \frac{R \cdot q}{l}; \qquad \underline{\rho \text{ in } \frac{\Omega \cdot mm^2}{m}}$$

Beispiele:

1. Der Querschnitt einer Leitung beträgt 10 mm^2.
   Wie groß ist der Widerstand für 500 m, wenn
   a) Kupfer,
   b) Aluminium
   verlegt werden?

   gegeben: $q = 10\ mm^2$
   $l = 500\ m$
   $\rho_{Cu} = 0{,}0178\ \frac{\Omega \cdot mm^2}{m}$
   $\rho_{Al} = 0{,}0278\ \frac{\Omega \cdot mm^2}{m}$

   gesucht: R_{Cu}, R_{Al}

Lösung: a) $R_{Cu} = \frac{\rho_{Cu} \cdot l}{q};$

$$\underline{R_{Cu}} = \frac{0{,}0178 \frac{\Omega \cdot mm^2}{m} \cdot 500\ m}{10\ mm^2} = \underline{0{,}89\ \Omega}$$

b) $R_{Al} = \frac{\rho_{Al} \cdot l}{q};$

$$\underline{R_{Al}} = \frac{0{,}0278 \frac{\Omega \cdot mm^2}{m} \cdot 500\ m}{10\ mm^2} = \underline{1{,}39\ \Omega}$$

2. 250 m Stahldraht von 1 mm^2 Querschnitt haben einen Widerstand von 35 Ω.
Wie groß ist der spezifische Widerstand?

gegeben: $l = 250\ m$

$q = 1\ mm^2$

$R = 35\ \Omega$

gesucht: ρ

Lösung: $\rho = \frac{R \cdot q}{l};$

$$\underline{\rho} = \frac{350\ \Omega \cdot 1\ mm^2}{250\ m} \qquad \underline{= 0{,}14 \frac{\Omega \cdot mm^2}{m}}$$

3. Ein 12 m langes, einadriges Meßkabel aus isoliertem Kupferdraht soll den Widerstand 0,0356 Ω haben.
Wie groß muß der Leiterquerschnitt sein?

gegeben: $l = 12\ m$

$R = 0{,}0356\ \Omega$

$\rho_{Cu} = 0{,}0178 \frac{\Omega \cdot mm^2}{m}$

gesucht: q

Lösung: $q = \frac{\rho \cdot l}{R};$

$$\underline{q} = \frac{0{,}0178 \frac{\Omega \cdot mm^2}{m} \cdot 12\ m}{0{,}0356\ \Omega} = \underline{6\ mm^2}$$

1.5.3 Leitwert und Leitfähigkeit

Ein Verbraucher mit einem kleinen Widerstand leitet den elektrischen Strom gut. Man sagt: «Er hat einen *großen Leitwert.*»
Einem großen Leitwert entspricht ein kleiner Widerstand und, umgekehrt, einem kleinen Leitwert ein großer Widerstand.

> Der Leitwert ist der Kehrwert des Widerstandes.

$$\text{Leitwert} = \frac{1}{\text{Widerstand}}$$

Die abgeleitete SI-Einheit für den Leitwert ist das Siemens. Formelzeichen für Leitwert ist *G*.
Einheitenzeichen für Siemens ist S.

Leitwert $G = \frac{1}{R}$ *G* elektr. Leitwert in S

Widerstand $R = \frac{1}{G}$ *R* elektr. Widerstand in Ω

Kleinere Werte:

1 mS	= 1 Millisiemens	$= 10^{-3}$ S
1 µS	= 1 Mikrosiemens	$= 10^{-6}$ S

Ein Leiterwerkstoff mit einem kleinen spezifischen Widerstand leitet den elektrischen Strom gut, er ist gut leitfähig. Man bezeichnet dies als große Leitfähigkeit des Stoffes. Entsprechend dem Leitwert kann man hier festhalten:

> Die Leitfähigkeit ist der Kehrwert des spezifischen Widerstandes.

Die Einheit für die Leitfähigkeit ist $\frac{\text{m}}{\Omega \cdot \text{mm}^2}$.
Formelzeichen für die Leitfähigkeit ist κ (sprich Kappa). κ ist ein Buchstabe aus dem griechischen Alphabet.

$$\text{Leitfähigkeit} = \frac{1}{\text{spezifischer Widerstand}}$$

Leitfähigkeit $\kappa = \frac{1}{\rho}$ — κ Leitfähigkeit in $\frac{\text{m}}{\Omega \cdot \text{mm}^2}$

spez. Widerstand $\rho = \frac{1}{\kappa}$ — ρ spez. Widerstand in $\frac{\Omega \cdot \text{mm}^2}{\text{m}}$

Für manche Betrachtungen ist es zweckmäßig, mit dem Leitwert bzw. dem spezifischen Leitwert zu rechnen.
Mit Hilfe des spezifischen Leitwertes ergibt sich folgende Berechnungsformel für den Widerstand eines Drahtes:

Leiterwiderstand $R = \frac{l}{\kappa \cdot q}$

R Leiterwiderstand in Ω

κ Leitfähigkeit in $\frac{\text{m}}{\Omega \cdot \text{mm}^2}$

l Leiterlänge in m

q Leiterquerschnitt in mm^2

Beispiele:

1. Welchen Leitwert haben folgende Widerstände:
   5 Ω; 0,2 Ω; 100 Ω?

Lösung:

$$\underline{G} = \frac{1}{R}; \quad \underline{G} = \frac{1}{5\ \Omega} = \underline{0{,}2\ \text{S}}$$

$$\underline{G} = \frac{1}{0{,}2\ \Omega} = \underline{5\ \text{S};} \quad \underline{G} = \frac{1}{100\ \Omega} = 0{,}01\ \text{S} = \underline{10\ \text{mS}}$$

2. Welche Leitfähigkeit hat Silber, Kupfer, Aluminium, wenn als spezifische Widerstände folgende Werte vorliegen:

$$\rho_{\text{Kupfer}} = 0{,}0178\ \frac{\Omega \cdot \text{mm}^2}{\text{m}}$$

$$\rho_{\text{Alu}} = 0{,}0278\ \frac{\Omega \cdot \text{mm}^2}{\text{m}}$$

$$\rho_{\text{Silber}} = 0{,}016\ \frac{\Omega \cdot \text{mm}^2}{\text{m}}$$

Lösung: $\kappa = \frac{1}{\rho};$

$$\underline{\kappa_{\text{Kupfer}}} = \frac{1}{0{,}0178\,\dfrac{\Omega \cdot \text{mm}^2}{\text{m}}} = \frac{1\ \text{m}}{0{,}0178\ \Omega \cdot \text{mm}^2} = \underline{56{,}2\,\frac{\text{m}}{\Omega \cdot \text{mm}^2}}$$

$$\underline{\kappa_{\text{Alu}}} = \frac{1\ \text{m}}{0{,}0278\ \Omega \cdot \text{mm}^2} = \underline{36\,\frac{\text{m}}{\Omega \cdot \text{mm}^2}}$$

$$\underline{\kappa_{\text{Silber}}} = \frac{1\ \text{m}}{0{,}016\ \Omega \cdot \text{mm}^2} = \underline{62{,}5\,\frac{\text{m}}{\Omega \cdot \text{mm}^2}}$$

1.5.3.1 Lernziel-Test

Verständnisfragen

1. Wie läßt sich der elektrische Widerstand erklären?
2. Wie lauten Formelzeichen und Einheit des elektrischen Widerstandes?
3. Wann hat ein Leiter den Widerstand 1 Ω?
4. Was versteht man unter spezifischem Widerstand?
5. Wie lautet die Einheit des spezifischen Widerstandes?
6. Wie ändert sich der Widerstand einer Leitung, wenn man
   a) den Querschnitt halbiert,
   b) die Länge verdreifacht,
   c) Kupfer durch Aluminium ersetzt?
7. Versuchen Sie die Einheit des spezifischen Widerstandes herzuleiten.
8. Welcher Zusammenhang besteht zwischen Leitwert und Widerstand?
9. Wie lauten Formelzeichen und Einheiten des elektrischen Leitwertes?
10. Wie läßt sich bei bekanntem spezifischen Widerstand die Leitfähigkeit bestimmen?

Rechenaufgaben

1. Wieviel Ω sind 0,05 MΩ; 2,5 kΩ; 450 mΩ?
2. Wie groß ist der Widerstand einer 5 m langen Kupferlitze bei einem Querschnitt von 0,8 mm^2?
3. Welchen Widerstand besitzt ein 150 m langer Bandstahlerder, 30 mm breit und 3 mm dick?
4. Wieviel Meter Nickelindraht ($\varrho = 0{,}4\ \Omega \cdot \text{mm}^2/\text{m}$) von 0,6 mm Durchmesser werden zur Anfertigung eines Widerstandes von 90 Ω gebraucht?
5. Welchen Querschnitt muß eine Kupfersteigleitung von 22,4 m Einfachlänge erhalten, wenn ihr Widerstand höchstens 0,0665 Ω betragen darf?
6. Wieviel Ω sind 1 S; 25 S; 0,125 S; 5 mS?

1.5.4 Temperaturabhängigkeit des Widerstandes

Versuch:
Eine Glühlampe wird nacheinander über verschiedene Leiterwerkstoffe (Kupfer, Kohle, Konstantan) an eine Spannungsquelle angeschlossen. Die Leiter werden jeweils erwärmt und die Lampenhelligkeit vor und nach der Erwärmung verglichen.

Insgesamt ist erkennbar:

Der Widerstand aller Stoffe ist mehr oder weniger von der Temperatur abhängig.

a) Kupferleiter

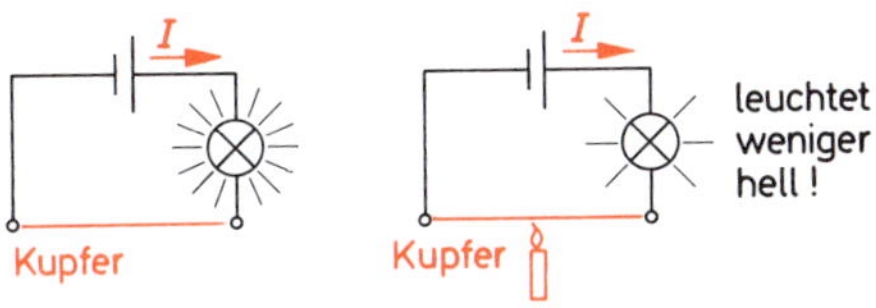

Bild 1.30 Temperaturabhängigkeit eines Kupferleiters

b) Kohleleiter (Bleistiftmine)

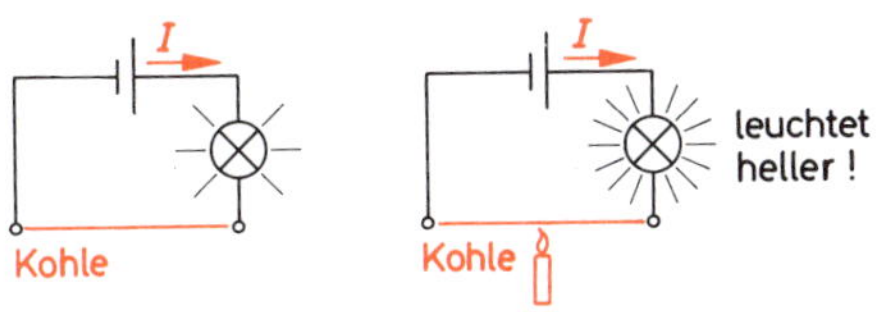

Bild 1.31 Temperaturabhängigkeit eines Kohleleiters

c) Konstantan

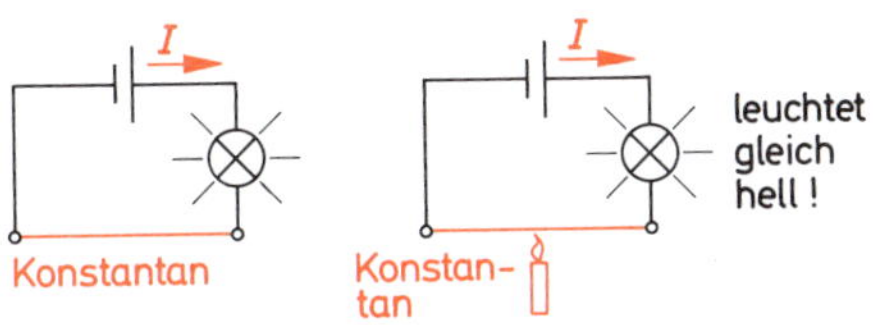

Bild 1.32 Temperaturabhängigkeit eines Konstantanleiters

Die Versuche zeigen im einzelnen:

1. Der Widerstand von Metalldrähten aus *Kupfer* oder Aluminium nimmt bei Erwärmung zu.
2. Der Widerstand von *Kohle* nimmt bei Erwärmung ab.
3. Der Widerstand von *Konstantandraht* bleibt annähernd konstant.

Werkstoffe, die in kaltem Zustand besser leiten als im warmen, heißen *Kaltleiter.* Hierzu zählen praktisch alle reinen Metalle und ein paar Halbleiterwerkstoffe.
Werkstoffe, die in heißem Zustand besser leiten als im kalten, heißen *Heißleiter.* Hierzu gehören Kohle, die meisten Halbleiterwerkstoffe, bestimmte Metalloxide sowie flüssige und gasförmige Leiter.
Bei einigen Metallen verschwindet der Widerstand beim Abkühlen in die Nähe des absoluten Nullpunktes (0 K = –273,15 °C) ganz plötzlich praktisch auf den Wert Null. Diese Werkstoffe leiten dann «super gut». Man nennt sie daher *Supraleiter.* Hierzu zählen Aluminium, Zinn, Blei, Quecksilber, Niob. Bei einigen oxidkeramischen Stoffen stellt sich die Supraleitfähigkeit bei ca. –180 °C und bei einer bestimmten Quecksilberverbindung unter hohem Druck bereits bei –123 °C ein.
Es ist zu beachten, daß für die Temperaturdifferenzen die Einheit Kelvin (K) und nicht mehr Grad Celsius (°C) verwendet wird. Das bringt aber keine Schwierigkeiten mit sich, da die Temperaturdifferenz 1 °C gleich der Temperaturdifferenz 1 K ist. Dabei kann die Einheit °C für Temperaturangaben weiterhin verwendet werden.

Beispiele:
1. Die Temperatur der Kupferleitung ändert sich um 20 K (nicht 20 °C).
2. Die Temperatur der Motorenwicklung beträgt 20 °C. Hierfür könnte man auch sagen: 293 K, da 0 °C dem Wert 273 K bzw. 0 K dem Wert –273 °C entsprechen.
Die Wirkung der Kaltleiter läßt sich damit erklären, daß es bei heftiger Wärmebewegung der Atome im Kristallgitter zu mehr Zusammenstößen der bewegten Elektronen mit den Atomen (Atomionen) und damit zu größerem Widerstand kommt (Bild 1.33).

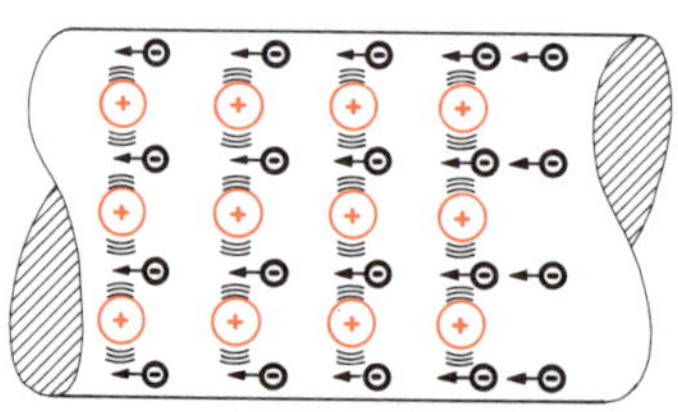

Bild 1.33
Widerstand von erwärmten metallischen Leitern

Die Wirkung der Heißleiter beruht darauf, daß bei Erwärmung zusätzliche Elektronen frei werden und sich der gerichteten Bewegung anschließen. Das bedeutet Widerstandsverringerung.
Bei Konstanten tritt durch die Erwärmung wie bei Kaltleitern eine Bremsung der

Ladungsträger, aber auch wie bei Heißleitern, eine Freisetzung von zusätzlichen Elektronen ein. Die beiden Wirkungen heben sich ziemlich genau auf.
Supraleitfähigkeit stellt sich vermutlich dadurch ein, daß bei bestimmten Stoffen und bestimmten tiefen Temperaturen fast alle Bindungen der Elektronen an ihre Atomkerne wegfallen und damit viele freie Elektronen zur Stromleitung zur Verfügung stehen.
Bestimmte Werkstoffe (Legierungen, Oxide) weisen bei kleinen Temperaturveränderungen extrem große Widerstandsänderungen auf. Aus diesen Stoffen lassen sich spezielle Kalt- als auch Heißleiterwiderstände herstellen, die man
PTC-Widerstände (Positive-Temperature-Coefficient) = Kaltleiter
NTC-Widerstände (Negative-Temperature-Coefficient) = Heißleiter
nennt.

> Der Widerstandswert von Kaltleitern (PTC-Widerständen) nimmt mit steigender Temperatur zu.

> Der Widerstandswert von Heißleitern (NTC-Widerständen) nimmt mit steigender Temperatur ab.

> Der Widerstandswert von Supraleitern wird bei tiefen Temperaturen schlagartig annähernd Null.

Zu den veränderlichen, selbständig sich einstellenden Widerständen zählt man insgesamt:

- temperaturabhängige Widerstände (NTC, PTC),
- spannungsabhängige Widerstände (VDR = Voltage Dependent Resistor),
- lichtabhängige Widerstände (LDR = Light Dependent Resistor),
- magnetfeldabhängige Widerstände (MDR = Magnetic Dependent Resistor) und
- druckabhängige Widerstände (DMS = Dehnungs-Meß-Streifen).

Temperaturabhängige Widerstände heißen auch *Thermistoren* und spannungsabhängige Widerstände *Varistoren.*
Die Widerstandsänderung durch Erwärmung ist bei den einzelnen Stoffen verschieden. Diese Arteigenschaft der verschiedenen Stoffe hält man durch den *Temperaturkoeffizient* fest.

Kurzzeichen: α (alpha)

Einheit: $\frac{1}{K}$

> Der Temperaturkoeffizient gibt die Widerstandsänderung für einen Widerstand von 1Ω bei Erwärmung um 1 K an.

Für Berechnungen verwendet man häufig den Temperaturkoeffizient in $\frac{\%}{\text{K}}$.

Werkstoffe, deren Widerstand bei Erwärmung abnimmt, haben einen negativen Temperaturkoeffizienten.
Beispiele für Temperaturkoeffizienten (gelten für Temperaturänderungen ausgehend von der Temperatur 20 °C):

Kupfer	$\alpha =$	$0{,}00393\ \frac{1}{\text{K}}$	$=$	$0{,}393\ \frac{\%}{\text{K}}$
Aluminium	$\alpha =$	$0{,}00377\ \frac{1}{\text{K}}$	$=$	$0{,}377\ \frac{\%}{\text{K}}$
Wolfram	$\alpha =$	$0{,}0041\ \frac{1}{\text{K}}$	$=$	$0{,}41\ \frac{\%}{\text{K}}$
Nickelin	$\alpha =$	$0{,}00023\ \frac{1}{\text{K}}$	$=$	$0{,}023\ \frac{\%}{\text{K}}$
Manganin	$\alpha =$	$\pm\,0{,}00001\ \frac{1}{\text{K}}$	$=$	$\pm\,0{,}001\ \frac{\%}{\text{K}}$
Konstantan	$\alpha =$	$-\,0{,}00004\ \frac{1}{\text{K}}$	$=$	$-\,0{,}004\ \frac{\%}{\text{K}}$
Retortenkohle	$\alpha =$	$-\,0{,}00045\ \frac{1}{\text{K}}$	$=$	$-\,0{,}045\ \frac{\%}{\text{K}}$

Bei reinen Metallen (Kupfer, Aluminium, Wolfram) beträgt der Temperaturkoeffizient etwa $0{,}4\ \frac{\%}{\text{K}}$, d. h., je K Temperaturerhöhung nimmt der Widerstand um 0,4 % zu.

Das führt bei Glühlampen, in denen Wolframdrähte verwendet werden, im Betrieb zu einem Warmwiderstand, der bis zu 15mal größer sein kann als der Kaltwiderstand. Der Einschaltstrom von Glühlampen ist daher auch ca. 15mal größer als der Betriebsstrom und führt durch Stromkräfte im Einschaltaugenblick zum Zerbrechen des bereits querschnittsverminderten Glühfadens.
Die Widerstandsänderung ΔR (sprich: delta R) eines Leiter beträgt für

1 K Temperaturänderung führt bei 1 Ω Widerstand zu $\Delta R = \alpha\ \Omega$

2 K Temperaturänderung führen bei 1 Ω Widerstand zu $\Delta R = 2 \cdot \alpha\ \Omega$

$\Delta\vartheta$ K Temperaturänderung führen bei 1 Ω Widerstand zu $\Delta R = \alpha \cdot \Delta\vartheta\ \Omega$

$\Delta\vartheta$ K Temperaturänderung führen bei R_{20} Ω Widerstand zu $\Delta R = \alpha \cdot \Delta\vartheta \cdot R_{20}\ \Omega$

Δ (sprich: delta) ist ein griechischer Buchstabe und wird hier als Formelzeichen für Differenz verwendet;

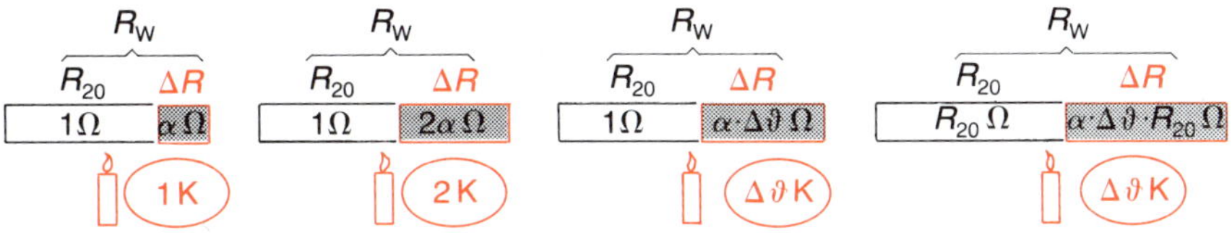

Bild 1.34 Widerstandsänderung

ϑ (sprich: theta) ist ebenfalls ein griechischer Buchstabe und wird hier als Formelzeichen für Temperatur verwendet.

Es gilt somit:

Widerstandsänderung

$$\Delta R = \alpha \cdot \Delta\vartheta \cdot R_{20}$$

ΔR Widerstandsänderung in Ω

R_{20} Widerstand bei 20 °C in Ω

α Temperaturkoeffizient in $\frac{1}{\mathrm{K}}$

$\Delta\vartheta$ Temperaturänderung in K

Der neue Warmwiderstand R_w setzt sich aus dem Widerstand R_{20} und der Widerstandsänderung ΔR zusammen.

Warmwiderstand

$$R_w = R_{20} + \Delta R$$

R_w Warmwiderstand in Ω

$$R_w = R_{20} + \alpha \cdot \Delta\vartheta \cdot R_{20}$$

Bei Abkühlung wird die Widerstandsänderung ΔR vom Widerstand R_{20} abgezogen.

Kaltwiderstand

$$R_k = R_{20} - \Delta R$$

R_k Kaltwiderstand in Ω

$$R_k = R_{20} - \alpha \cdot \Delta\vartheta \cdot R_{20}$$

Durch Formelumstellung erhält man:

Temperaturerhöhung

$$\Delta\vartheta = \frac{R_w - R_{20}}{\alpha \cdot R_{20}}$$

Temperaturrückgang

$$\Delta\vartheta = \frac{R_{20} - R_k}{\alpha \cdot R_{20}}$$

Obige Gleichungen gelten im Bereich von – 30 °C bis + 200 °C.

Anwendungen für temperaturabhängige Widerstände:

Kaltleiter als fremderwärmter PTC-Widerstand:
Temperaturfühler als Temperaturschutz (thermischer Überlastungsschutz) von Motoren, Transformatoren, Fön, Heizlüfter usw. sowie für Meß- und Regelaufgaben.

Kaltleiter als eigenerwärmter (stromdurchflossener) PTC-Widerstand:
automatische Kurzschluß- und Überstromsicherung in elektrischen Geräten, Zeitschalter (Anzug- und Abfallverzögerung), Stromstabilisierung in Schaltungen, Schnellstarter für Leuchtstofflampen, Flüssigkeitsstandfühler in Tankanlagen.

Heißleiter als fremderwärmter NTC-Widerstand:
Temperaturmessung in Physik, Chemie, Medizin (Temperaturdifferenzmessung bis 10^{-4} K möglich)
Temperaturregelung bei Elektroherden, Waschmaschinen, Kühlgeräten, Temperaturkompensation bei Rundfunk- und Fernsehgeräten.

Heißleiter als eigenerwärmter (stromdurchflossener) NTC-Widerstand:
Spannungs- bzw. Stromstabilisierung in Schaltungen, Zeitschalter (Anzug- und Abfallverzögerung)
Christbaumbeleuchtung (Überbrückung defekter Glühlampen).

Konstantan (und ähnliche Stoffe):
temperatur*un*abhängige Wicklungen und Meßwiderstände.

Supraleiter:
energiestarke Spulen für Teilchenbeschleuniger, kurze Energieübertragungsleitungen, Wicklungen in Großmaschinen.

Beispiele:

1. An der Kupferwicklung einer Maschine mißt man bei 20 °C einen Widerstand von 30 Ω. Während des Betriebes steigt die Temperatur der Wicklung auf 80 °C.
   Wie groß ist nun der Widerstand der Wicklung?

gegeben: $R_{20} = 30\ \Omega$; $\vartheta_1 = 20\ ^\circ\mathrm{C}$; $\vartheta_2 = 80\ ^\circ\mathrm{C}$; $\alpha = 0{,}00393\ \frac{1}{\mathrm{K}}$

gesucht: R_w

Lösung: $R_\mathrm{w} = R_{20} + \alpha \cdot \Delta\vartheta \cdot R_{20}$

$$\underline{R_\mathrm{w}} = 30\ \Omega + 0{,}00393\ \frac{1}{\mathrm{K}} \cdot 60\ \mathrm{K} \cdot 30\ \Omega = 30\ \Omega + 7{,}07\ \Omega = \underline{37{,}07\ \Omega}$$

2. Die Aluminiumwicklung eines Einphasentransformators hat bei 20 °C einen Widerstand von 5 Ω.

Um wieviel Kelvin hat sich die Temperatur erhöht, wenn nach mehrstündigem Betrieb 6,3 Ω gemessen werden?

gegeben: $R_{20} = 5\ \Omega;\quad \vartheta_1 = 20\ ^\circ\text{C};\quad R_w = 6{,}3\ \Omega;\quad a = 0{,}00377\ \frac{1}{\text{K}}$

gesucht: $\Delta\vartheta$

Lösung: $\Delta\vartheta = \dfrac{R_w - R_{20}}{\alpha \cdot R_{20}}$

$$\underline{\underline{\Delta\vartheta}} = \frac{6{,}3\ \Omega - 5\Omega}{0{,}00377 \cdot \frac{1}{\text{K}} \cdot 5\ \Omega} = \frac{1{,}3\ \Omega}{0{,}00377\frac{1}{\text{K}} \cdot 5\ \Omega} = \underline{\underline{68{,}9\ \text{K}}}$$

3. Eine Motorwicklung aus Kupfer weist bei 20 °C den Widerstandswert 6,7 Ω auf.
   Welcher Widerstandswert liegt vor, wenn der Motor im Winter bei –15 °C in Betrieb genommen wird?

gegeben: $R_{20} = 6{,}7\ \Omega;\quad \vartheta_1 = 20\ ^\circ\text{C};\quad \vartheta_2 = -15\ ^\circ\text{C};\quad \alpha = 0{,}00393\ \frac{1}{\text{K}}$

gesucht: R_k

Lösung: $R_k = R_{20} - a \cdot \Delta\vartheta \cdot R_{20}$

$$\underline{\underline{R_k}} = 6{,}7\ \Omega - 0{,}00393\ \frac{1}{\text{K}} \cdot 35\ \text{K} \cdot 6{,}7\ \Omega = 6{,}7\ \Omega - 0{,}92\ \Omega = \underline{\underline{5{,}78\ \Omega}}$$

1.5.4.1 Lernziel-Test

Verständnisfragen

1. Metallfadenlampen brennen meist beim Einschalten durch, Kohlefadenlampen nach Inbetriebnahme.
   Worin liegt der Grund?
2. Wie verhalten sich Kaltleiter und Heißleiter bei Erwärmung?
3. Was versteht man unter Supraleiter?
4. Um wieviel Prozent nimmt im Durchschnitt der Widerstand reiner Metalle bei Temperaturerhöhung um 1 K zu?

Rechenaufgaben

1. Die Kupferwicklung einer Drosselspule hat bei 20 °C einen Widerstand von 4 Ω; nach einstündigem Betrieb ist ihr Widerstand auf 4,8 Ω gestiegen.
   Welche Temperatur hat die Drosselspule angenommen?

2. Die Wicklung eines Relais hat bei 20 °C einen Leiterwiderstand von 100 Ω.
   Wieviel Ohm beträgt der Leiterwiderstand bei einer Wicklungstemperatur (Kupfer) von 70 °C?
3. Eine Generatorwicklung aus Kupfer mit dem Widerstandswert 10 Ω bei 20 °C erwärmt sich während des Betriebes um 40 K. Um wieviel Prozent ist der Warmwiderstand größer als der Widerstand bei 20 °C?
4. Ein Kohleschichtwiderstand hat bei Inbetriebnahme (20 °C) den Widerstandswert 200 Ω. Im Betrieb erwärmt sich der Widerstand auf 100 °C.
   Welchen Widerstandswert hat der Kohleschichtwiderstand nun angenommen?
5. Eine Freileitung aus Kupfer weist im Sommer bei 20 °C den Widerstandswert 16 Ω auf.
   Welcher Wert stellt sich im Winter bei –20 °C ein?

2 Stromkreisgesetze

2.1 Ohmsches Gesetz

Legt man einen Widerstand an eine Spannung und bildet damit einen geschlossenen Stromkreis, so fließt durch den Widerstand ein bestimmter Strom. Die Stärke dieses Stromes hängt ab von der angelegten Spannung und dem Widerstand.
Aufschluß über den Zusammenhang zwischen Spannung, Stromstärke und Widerstand in einem Stromkreis geben folgende Versuche:

Versuch:
a) Messung der Stromstärke bei verschiedenen Spannungen (2 V, 4 V, 6 V) und gleich großem Widerstand (10 Ω).

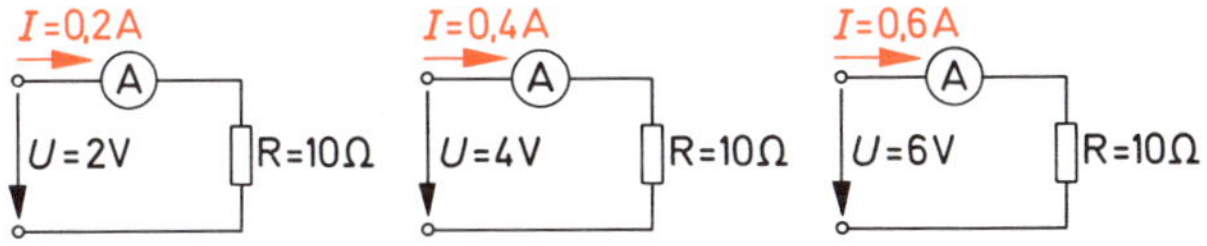

Bild 2.1 Strom bei verschiedenen Spannungen

Beachte: Die Stromstärke I nimmt im gleichen Verhältnis zu wie die Spannung U.

b) Messung der Stromstärke bei verschiedenen Widerständen (10 Ω, 20 Ω, 30 Ω) und gleich großer Spannung (6 V).

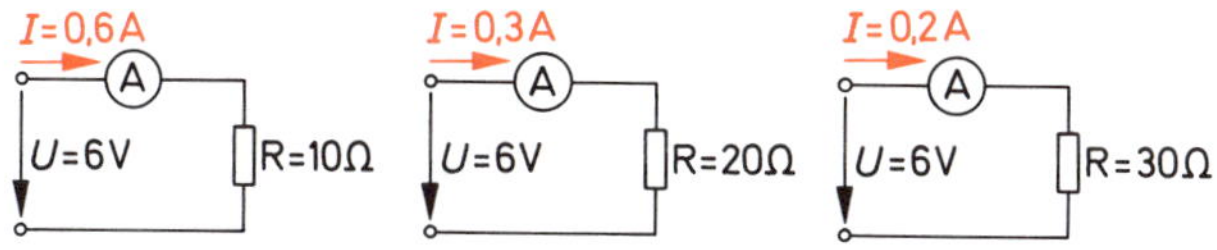

Bild 2.2 Strom bei verschiedenen Widerständen

Beachte: Die Stromstärke I nimmt im umgekehrten Verhältnis zu wie der Widerstand R.

Insgesamt gilt also:

Die Stromstärke I ist a) direkt verhältnisgleich der Spannung U
b) umgekehrt verhältnisgleich dem Widerstand R.

Faßt man dies in einer Formel zusammen, so erhält man das *Ohmsche Gesetz.*

$$\text{Stromstärke I} = \frac{\text{Spannung } U}{\text{Widerstand } R}$$

In Formelzeichen: $I = \frac{U}{R}$

I	Stromstärke in A
U	Spannung in V
R	Widerstand in Ω

Durch Umformen der Gleichung erhält man zwei weitere Formeln des Ohmschen Gesetzes:

$$U = R \cdot I \qquad R = \frac{U}{I}$$

> Beachte: Mit Hilfe des Ohmschen Gesetzes lassen sich also die drei Grundgrößen in einem Stromkreis bestimmen, wenn jeweils zwei Größen bekannt sind.

Dabei werden die Einheiten Volt, Ampere und Ohm verwendet.

2.1.1 Strom-Spannungs-Kennlinien (Widerstandskennlinien)

Trägt man Spannungen und zugehörige Ströme in einem rechtwinkligen Koordinatensystem an (auf der waagerechten Achse die Spannungen U als geänderte Größen und auf der senkrechten Achse die entsprechenden Ströme I als sich ändernde Größen) und verbindet diese Punkte miteinander, so erhält man die Strom-Spannungs-Kennlinien. Für den angeführten Versuch a) aus 2.1 mit dem Widerstand $R = 10\ \Omega$ ergibt sich folgende Kennlinie:

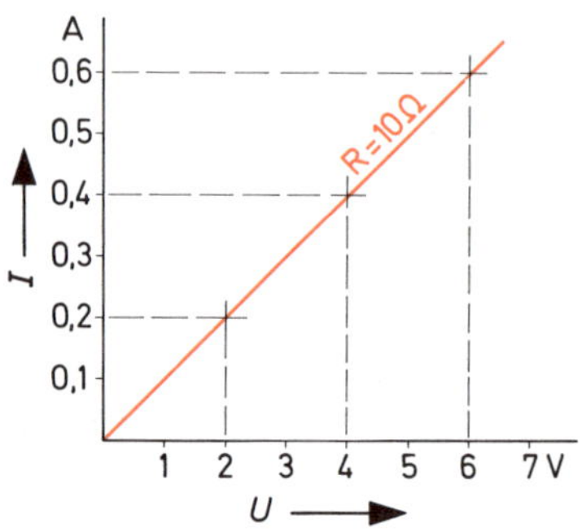

Bild 2.3 Strom-Spannungs-Kennlinie

Bei gleichbleibenden Widerständen wie hier stellen die Kennlinien Geraden dar.

Beispiele:

1. Eine Kochplatte für 230 V nimmt einen Strom von 5,75 A auf.
   Wie groß ist der Widerstand der Kochplatte?

   gegeben: $U = 230\ \text{V}$; $I = 5{,}75\ \text{A}$

   gesucht: R

   Lösung: $R = \frac{U}{I}$; $\underline{R} = \frac{230\ \text{V}}{5{,}75\ \text{A}} = \underline{40\ \Omega}$

2. Bei einem Widerstand liegen die Daten 4 kΩ und 20 mA fest.
   Wie groß darf die angelegte Spannung im Höchstfall sein?

   gegeben: $R = 4\ \text{k}\Omega = 4000\ \Omega$
   $I = 20\ \text{mA} = 0{,}02\ \text{A}$

   gesucht: U

   Lösung: $U = R \cdot I$; $\underline{U} = 4000\ \Omega \cdot 0{,}02\ \text{A} = \underline{80\ \text{V}}$

3. In Bild 2.4 sind die Strom-Spannungs-Kennlinien von drei Widerständen dargestellt. Wie groß sind die Widerstandswerte?

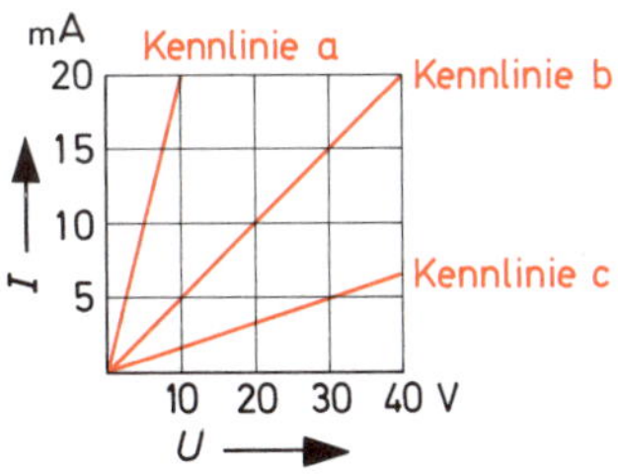

Bild 2.4
Strom-Spannungs-Kennlinien

Lösung:

Kennlinie a: Zu $U = 10\ \text{V}$ gehört $I = 20\ \text{mA} = 0{,}02\ \text{A}$

$$R = \frac{U}{I}; \quad \underline{R} = \frac{10\ \text{V}}{0{,}02\ \text{A}} = \underline{500\ \Omega}$$

Kennlinie b: Zu $U = 40\ \text{V}$ gehört $I = 20\ \text{mA} = 0{,}02\ \text{A}$

$$\underline{R} = \frac{40\ \text{V}}{0{,}02\ \text{A}} = 2000\ \Omega = \underline{2\ \text{k}\Omega}$$

Kennlinie c: Zu $U = 30\ \text{V}$ gehört $I = 5\ \text{mA} = 0{,}005\ \text{A}$

$$\underline{R} = \frac{30\ \text{V}}{0{,}005\ \text{A}} = 6000\ \Omega = \underline{6\ \text{k}\Omega}$$

2.1.1.1 Lernziel-Test

Verständnisfragen

1. Wie heißen die drei Formeln des Ohmschen Gesetzes?
2. Wie ändert sich der Strom in einem einfachen Stromkreis, wenn die angelegte Spannung um 10% abfällt?
3. Wie ändert sich der Strom in einem Schiebewiderstand, wenn die an ihn angelegte Spannung verdreifacht und sein Widerstandswert halbiert wird?
4. Wie geht man vor, wenn man z. B. für den Widerstand $R = 90\ \Omega$ die Widerstandskennlinie zeichnen soll?

Rechen- und Zeichenaufgaben

1. Welche Stromstärke stellt sich in einem Stromkreis ein, der sich aus einem Gesamtwiderstand von 40 Ω und einer Spannungsquelle mit 230 V zusammensetzt?
2. In einem Stromkreis steigt die Stromstärke von 3 A auf 4 A an.
   Welche Spannungserhöhung liegt vor, wenn der Widerstand gleichbleibend 20 Ω hat?
3. Um wieviel Prozent muß sich der Widerstand in einem Stromkreis ändern, wenn bei einer Spannung von 230 V die Stromstärke von 11 A auf 10 A zurückgeht?
4. Wie groß ist der Widerstand einer Magnetspule, wenn sie bei einer Gleichspannung von 110 V einen Strom von 5,5 A aufnimmt?
5. Ein Monteur berührt aus Versehen die zwei blanken Leiter eines Netzes mit einer Netzspannung 230 V.
   Wieviel Ampere fließen durch seinen Körper, wenn sein Körperwiderstand 1000 Ω beträgt?
   Wieviel Ampere würden fließen bei einer Spannung von 6000 V?
6. Zeichnen Sie die Strom-Spannungs-Kennlinien (Widerstandskennlinien) für drei gleichbleibende Widerstände mit 5 Ω, 10 Ω und 30 Ω (Maßstab 5 V = 1 cm; 1 A = 1 cm)!

2.2 Reihenschaltung von Widerständen

Eine Reihenschaltung von Widerständen liegt vor, wenn bei Anlegen einer Spannung derselbe Strom alle Widerstände nacheinander durchfließt.

Bild 2.5
Reihenschaltung von Widerständen

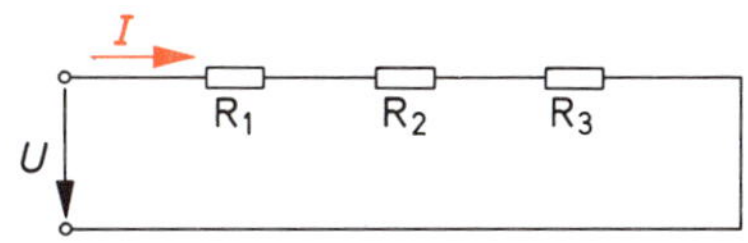

Aufschlüsse über Strom, Spannung und Widerstand in der Reihenschaltung lassen sich aus folgenden Versuchen ziehen:

Versuch:
a) Messung des Stromes I mit Strommessern im Stromkreis vor, zwischen und hinter den Widerständen.

Bild 2.6
Strom in einer Reihenschaltung

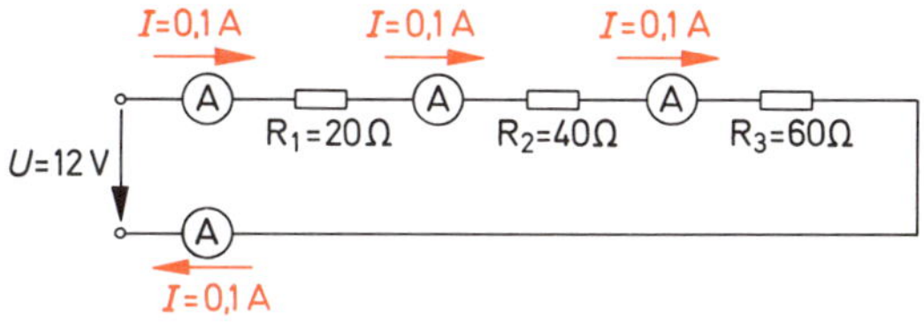

Im Reihenstromkreis ist die Stromstärke in allen Widerständen gleich groß,

da die Elektronen an keiner Stelle aus dem Stromkreis heraustreten können.
Strom wird also nie verbraucht!

Versuch:
b) Messung der Spannungen U_1, U_2, U_3, U_{ges} mit Spannungsmessern und des Stromes I mit einem Strommesser in der angegebenen Reihenschaltung.

gegeben: $U_1 = 2$ V; $U_{ges} = 12$ V; $I = 0{,}1$ A
$U_2 = 4$ V; $U_3 = 6$ V

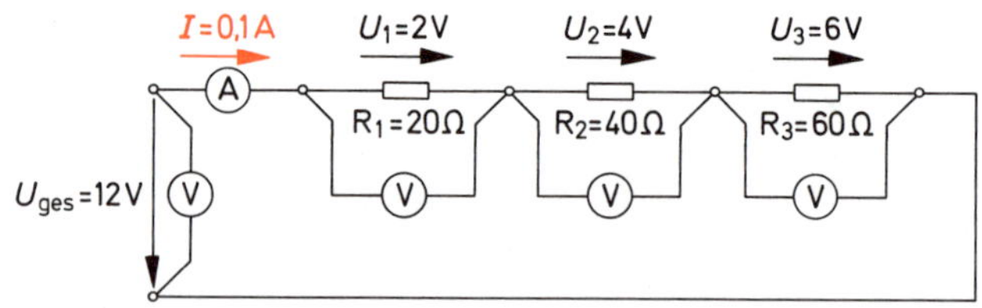

Bild 2.7 Spannungen in einer Reihenschaltung

Addiert man die drei Teilspannungen (Spannungsfälle) U_1, U_2, U_3, so stellt man fest, daß die Summe dieser Spannungen gleich der angelegten Spannung U_{ges} ist.
Allgemein ausgedrückt:

> Die Gesamtspannung ist gleich der Summe der Teilspannungen.

$$U_{ges} = U_1 + U_2 + U_3 + \ldots$$

Der Gesamtwiderstand der Reihenschaltung ließe sich direkt mit einem *Widerstandsmesser* bestimmen. In der Praxis wählt man jedoch mehr die indirekte Methode, bei der über *Spannungs-* und *Strommessung* mit Hilfe des Ohmschen Gesetzes der Widerstand berechnet wird.

$$R_{ges} = \frac{U_{ges}}{I}$$

$$\underline{R_{ges}} = \frac{12\ \text{V}}{0{,}1\ \text{A}} = \underline{120\ \Omega}$$

Damit ist erwiesen:

> Der Gesamtwiderstand ist gleich der Summe der Teilwiderstände.

$$R_{ges} = R_1 + R_2 + R_3 + \ldots$$

Das läßt sich damit erklären, daß der Strom nacheinander alle Teilwiderstände überwinden muß.

Weil der Gesamtwiderstand auch die einzelnen Widerstände ersetzt, bezeichnet man diesen auch als *Ersatzwiderstand* (R_{ers}).
Vergleicht man das Verhältnis der Spannungen

$$\frac{U_1}{U_2} = \frac{2\ \text{V}}{4\ \text{V}} = \frac{1}{2} \qquad \frac{U_2}{U_3} = \frac{4\ \text{V}}{6\ \text{V}} = \frac{2}{3} \qquad \frac{U_{ges}}{U_1} = \frac{12\ \text{V}}{2\ \text{V}} = \frac{6}{1}$$

$$U_1 : U_2 : U_3 = 2\ \text{V} : 4\ \text{V} : 6\ \text{V} = 1 : 2 : 3$$

mit dem Verhältnis der entsprechenden Widerstände

$$\frac{R_1}{R_2} = \frac{20\,\Omega}{40\,\Omega} = \frac{1}{2} \qquad \frac{R_2}{R_3} = \frac{40\,\Omega}{60\,\Omega} = \frac{2}{3} \qquad \frac{R_{ges}}{R_1} = \frac{120\,\Omega}{20\,\Omega} = \frac{6}{1}$$

$$R_1 : R_2 : R_3 = 20\,\Omega : 40\,\Omega : 60\,\Omega = 1 : 2 : 3,$$

so stellt man fest, daß diese übereinstimmen.
Es ergibt sich also:

Die Teilspannungen verhalten sich zueinander wie die entsprechenden Widerstände.

z. B.

$$\frac{U_1}{U_2} = \frac{R_1}{R_2} \qquad \frac{U_2}{U_3} = \frac{R_2}{R_3} \qquad \frac{U_{ges}}{U_1} = \frac{R_{ges}}{R_1}$$

$$U_1 : U_2 : U_3 = R_1 : R_2 : R_3$$

Das läßt sich folgendermaßen erklären:
In jedem Widerstand fließt der gleiche Strom. In gleichen Widerständen ergibt dieser Strom gleiche Spannungsfälle. Bei ungleichen Widerständen verursacht der Strom ungleiche Spannungsfälle, in den größeren Widerständen die größeren Spannungsfälle und in den kleineren Widerständen die kleineren Spannungsfälle.

Bei Verbrauchern, wie z. B. Glühlampen, wird die Reihenschaltung selten verwandt, da bei Ausfall eines Verbrauchers alle anderen in Reihe liegenden Verbraucher ohne Strom sind. Eine der wenigen Anwendungen sind die Christbaumbeleuchtungen oder die Reihenschaltung von Spannungserzeugern (siehe Abschnitt 4.3.1).

Beispiele:

1. Drei Widerstände $R_1 = 50\,\Omega$, $R_2 = 100\,\Omega$ und $R_3 = 200\,\Omega$ liegen in Reihenschaltung an 175 V.
   Wie groß sind der Gesamtwiderstand, die Stromstärke und die Spannungsfälle?
   Skizzieren Sie die Schaltung!

gegeben: $R_1 = 50\,\Omega$; $R_2 = 100\,\Omega$; $R_3 = 200\,\Omega$; $U = 175$ V

gesucht: R_{ges}, I, U_1, U_2, U_3

Lösung: $R_{ges} = R_1 + R_2 + R_3$

$$\underline{R_{ges}} = 50\,\Omega + 100\,\Omega + 200\,\Omega = \underline{350\,\Omega}$$

$$I = \frac{U}{R_{ges}}; \qquad \underline{I} = \frac{175\text{ V}}{350\,\Omega} = \underline{0{,}5\text{ A}}$$

$$U_1 = I \cdot R_1; \qquad \underline{U_1} = 0{,}5\text{ A} \cdot 50\,\Omega = \underline{25\text{ V}}$$

$$U_2 = I \cdot R_2; \qquad \underline{U_2} = 0{,}5\text{ A} \cdot 100\,\Omega = \underline{50\text{ V}}$$

$$U_3 = I \cdot R_3; \qquad \underline{U_3} = 0{,}5\text{ A} \cdot 200\,\Omega = \underline{100\text{ V}}$$

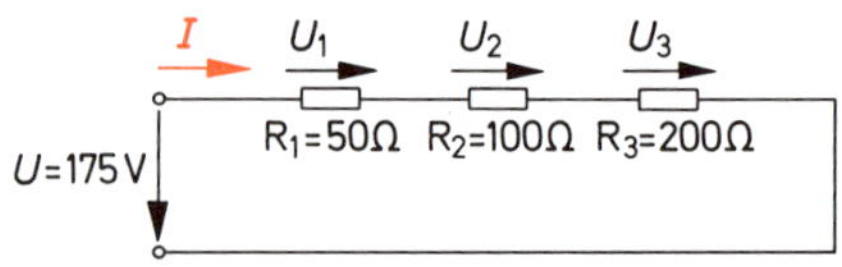

Bild 2.8
Schaltskizze zu Aufgabe 1

2. An eine Spannung von 20 V sind eine Skalenlampe 10 V/0,2 A und eine zweite Lampe 15 V/0,2 A in Reihenschaltung angeschlossen. Wie groß wird der Strom in diesem Stromkreis?

gegeben: $U_{ges} = 20$ V; $U_1 = 10$ V; $I_1 = 0{,}2$ A; $U_2 = 15$ V; $I_2 = 0{,}2$ A
gesucht: I

Lösung:
Die beiden Lampen würden bei insgesamt 10 V + 15 V = 25 V ihren Nennstrom mit 0,2 A aufnehmen. Da die Gesamtspannung aber geringer ist, muß der Strom folgendermaßen bestimmt werden:

$$I = \frac{U}{R_{ges}}; \qquad \underline{I} = \frac{20\ \text{V}}{125\ \Omega} = \underline{0{,}16\ \text{A}}$$

Der noch fehlende Gesamtwiderstand ergibt sich als Summe der Einzelwiderstände

$$R_{ges} = R_1 + R_2; \quad R_{ges} = 50\ \Omega + 75\ \Omega = 125\ \Omega$$

Die Einzelwiderstände lassen sich mit dem Ohmschen Gesetz bestimmen und in obige Gleichung einsetzen:

$$R_1 = \frac{U_1}{I_1}; \qquad R_1 = \frac{10\ \text{V}}{0{,}2\ \text{A}} = 50\ \Omega$$

$$R_2 = \frac{U_2}{I_2}; \qquad R_2 = \frac{15\ \text{V}}{0{,}2\ \text{A}} = 75\ \Omega$$

3. Ein Heizwiderstand mit 15 Ω ist für die Stromstärke 2,5 A ausgelegt. Ein zweiter Widerstand mit 35 Ω wird in Reihe geschaltet. Wie groß muß die gesamte Spannung werden, wenn die Stromstärke beibehalten werden soll? Skizzieren Sie die Schaltung!

gegeben: $R_1 = 15\ \Omega$; $I_1 = 2{,}5$ A; $R_2 = 35\ \Omega$
gesucht: U_{ges}

Lösung: $U_{ges} = I \cdot R_{ges}$; $\qquad \underline{U_{ges}} = 2{,}5\ \text{A} \cdot 50 = \underline{125\ \text{V}}$

$R_{ges} = R_1 + R_2$; $\qquad R_{ges} = 15\ \Omega + 35\ \Omega = 50\ \Omega$

Bild 2.9
Schaltskizze zu Aufgabe 3

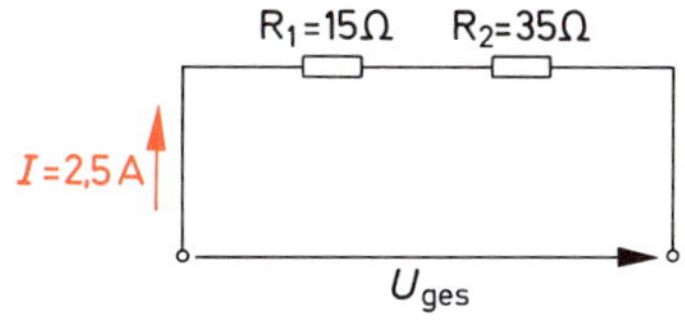

2.2.1 Unbelasteter Spannungsteiler

Der Spannungsteiler besteht aus zwei in Reihe geschalteten Widerständen (R_1, R_2), mit deren Hilfe die angelegte Spannung (U) in zwei Spannungen (U_1, U_2) aufgeteilt werden kann.

Bild 2.10
Unbelasteter Spannungsteiler

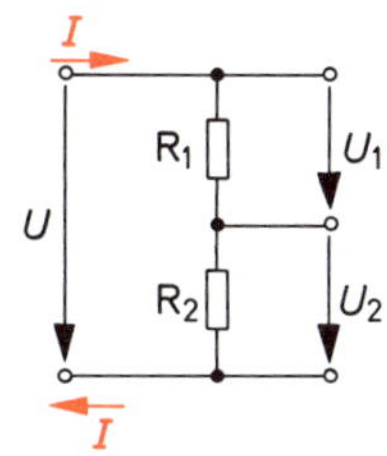

Da die Widerstände R_1 und R_2 vom selben Strom I nacheinander durchflossen werden, gilt entsprechend der Reihenschaltung von Widerständen:

$$\frac{U_1}{U_2} = \frac{R_1}{R_2}$$

Weiterhin mit Gesamtspannung U und Gesamtwiderstand R_{ges}:

$$\frac{U_1}{U} = \frac{R_1}{R_{ges}} \qquad \frac{U_2}{U} = \frac{R_2}{R_{ges}} \qquad R_{ges} = R_1 + R_2$$

$$\frac{U_1}{U} = \frac{R_1}{R_1 + R_2} \qquad \frac{U_2}{U} = \frac{R_2}{R_1 + R_2}$$

Umgeformt:

$$U_1 = U\frac{R_1}{R_1 + R_2}$$

$$U_2 = U\frac{R_2}{R_1 + R_2}$$

Spannungsteilerregeln

Die Gleichungen gelten nur, wenn durch beide Widerstände der gleiche Strom fließt, d. h. also im Abgriff des Spannungsteilers kein Strom entnommen wird (unbelasteter Spannungsteiler).
Durch entsprechende Wahl von R_1 und R_2 können sämtliche Spannungswerte zwischen Null und Gesamtspannung U eingestellt werden.
Für die Spannungsteilerschaltung läßt sich auch ein Widerstand mit einem veränderlichen Abgriff, ein sogenanntes *Potentiometer,* verwenden.

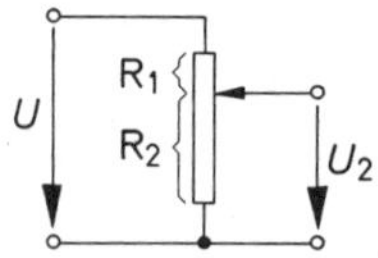

Bild 2.11 Potentiometer

Beispiele:

1. Ein unbelasteter Spannungsteiler für 140 V besteht aus den Widerständen $R_1 = 20\ \text{k}\Omega$ und $R_2 = 40\ \text{k}\Omega$.
   Wie groß sind die Spannungen U_1 und U_2?

gegeben: $U = 140\ \text{V};\quad R_1 = 20\ \text{k}\Omega;\quad R_2 = 40\ \text{k}\Omega$

gesucht: $U_1,\ U_2$

Lösung:

$$U_1 = U\frac{R_1}{R_1 + R_2}$$

$$\underline{U_1} = \frac{140\ \text{V} \cdot 20\,000\ \Omega}{20\,000\ \Omega + 40\,000\ \Omega} = \frac{140 \cdot 20\,000}{60\,000}\ \text{V} = \frac{140 \cdot 1}{3}\ \text{V} = \underline{\underline{46{,}67\ \text{V}}}$$

$$U_2 = U\frac{R_2}{R_1 + R_2}$$

$$\underline{U_2} = \frac{140\ \text{V} \cdot 40\,000\ \Omega}{60\,000\ \Omega} = \frac{140 \cdot 2}{3}\ \text{V} = \underline{\underline{93{,}33\ \text{V}}}$$

2. Ein unbelasteter Spannungsteiler mit einem Gesamtwiderstand von 20 kΩ soll eine Spannung von 120 V in Spannungen mit 20 V und 100 V aufteilen.
   Wie groß sind die Teilwiderstände und der Strom durch die Widerstände?

gegeben: $R_{ges} = 20\ \text{k}\Omega = 20\,000\ \Omega$
$U = 120\ \text{V};\quad U_1 = 20\ \text{V};\quad U_2 = 100\ \text{V}$

gesucht: $R_1,\ R_2,\ I$

Lösung:

$$\frac{U_1}{U} = \frac{R_1}{R_{ges}};\qquad R_1 = R_{ges}\frac{U_1}{U}$$

$$\underline{R_1} = 20\,000\ \Omega\frac{20\ \text{V}}{120\ \text{V}} = 3333\ \Omega = \underline{\underline{3{,}33\ \text{k}\Omega}}$$

$$R_{ges} = R_1 + R_2;\qquad R_2 = R_{ges} - R_1$$

$$\underline{R_2} = 20\,000\ \Omega - 3333\ \Omega = 16\,667\ \Omega = \underline{\underline{16{,}66\ \text{k}\Omega}}$$

$$I = \frac{U}{R_{ges}}$$

$$\underline{I} = \frac{120\ \text{V}}{20\,000\ \Omega} = \frac{120\ \text{V}}{20 \cdot 10^3\ \Omega} = 6 \cdot 10^{-3}\ \text{A} = 0{,}006\ \text{A} = \underline{\underline{6\ \text{mA}}}$$

2.2.2 Vorwiderstand

Mit Hilfe von Widerständen, die in Reihe mit einem elektrischen Bauteil (z. B. Lampe, Transistor) liegen, können zu hohe Spannungen von dem Bauteil ferngehalten werden. Solche Widerstände nennt man *Vorwiderstände.*

> Beispiel:
> Eine Glühlampe 1,5 V/0,2 A soll über einen Vorwiderstand an die vorhandene Spannung $U = 4{,}5$ V gelegt werden.
> Wie muß der Vorwiderstand bemessen sein, damit die Glühlampe ihre Nenndaten erhält?

Bild 2.12 Stromkreis mit Vorwiderstand

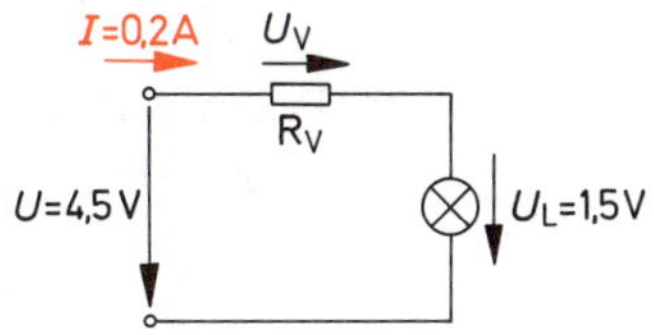

Der Vorwiderstand muß folgende Spannung aufnehmen:

$$U_v = U - U_L; \qquad \underline{U_v} = 4{,}5\text{ V} - 1{,}5\text{ V} = \underline{3\text{ V}}$$

Der Nennstrom der Lampe $I = 0{,}2$ A fließt auch durch den Vorwiderstand und verursacht dort den notwendigen Spannungsfall $U_v = 3$ V.
Mit dem Ohmschen Gesetz läßt sich somit der Vorwiderstand bestimmen:

Vorwiderstand $$R_v = \frac{U_v}{I}$$

$$\underline{R_v} = \frac{3\text{ V}}{0{,}2\text{ A}} = \underline{15\,\Omega}$$

> Vorwiderstände können überflüssige Spannungen vernichten, dabei entsteht in ihnen Wärme.

Vorwiderstände müssen daher für den Nennstrom des Verbrauchers ausgelegt sein, da sonst die Widerstände durchbrennen.
Mit Vorwiderständen kann eine Spannung nicht bis auf Null herabgesetzt werden wie beim Spannungsteiler, da hierzu der Vorwiderstand einen unendlich großen Widerstandswert haben müßte.
Angewandt werden Vorwiderstände zum Herabsetzen der Spannung und damit der Stromstärke von anlaufenden Motoren, von Lampen, von Meßgeräten, hauptsächlich aber in elektronischen und nachrichtentechnischen Geräten.
Üblich ist der Einsatz von Vorwiderständen wegen der hohen Verluste nur bei kleinen

Strömen. Bei höheren Leistungen wendet man zur Spannungs- und damit Leistungsherabsetzung z. B. Phasenanschnittsteuerungen (Dimmer), Dioden oder Transformatoren an.

2.2.3 Spannungsfall an Leitungen

Versuch:
a) Eine Glühlampe wird über einen längeren Draht mit geringem Querschnitt über einen Strommesser an eine Spannungsquelle (z. B. Akkumulator) angeschlossen.
Die Spannung am Anfang der Leitung wird vor und nach dem Einschalten der Lampe mit der Spannung am Ende der Leitung verglichen.

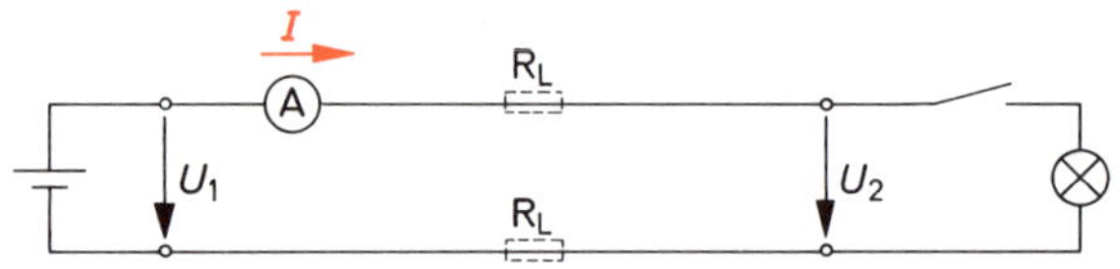

Bild 2.13 Spannungsfall an Leitungen

Beachte: Vor dem Einschalten der Lampe ist die Spannung am Anfang der Leitung gleich der Spannung am Ende der Leitung.
Nach dem Einschalten der Lampe sinkt die Spannung am Ende der Leitung gegenüber der Spannung am Anfang der Leitung ab.
Der Grund der Spannungsabsenkung liegt in dem *Spannungsfall* (Formelzeichen U_a) in der Hin- und Rückleitung.

Der Spannungsfall wird durch den Strom bei der Überwindung des Drahtwiderstandes hervorgerufen.

b) Versuch a) wird wiederholt, eine weitere Glühlampe zugeschaltet und danach die Leitung verlängert.

Beachte: Beim Einschalten der zweiten Lampe nimmt der Spannungsfall U_a noch weiter zu, ebenso auch bei der Verlängerung der Leitung.
Der Grund der weiteren Zunahme des Spannungsfalls liegt im größeren Strom und im größeren Leiterwiderstand.

Der Spannungsfall U_a in der Leitung wird um so größer,
je größer der Strom I im Leiter und
je größer der Leiterwiderstand R_L ist.

Spannungsfall $$U_a = I \cdot R_L$$

U_a Spannungsfall in V
I Leiterstrom in A
R_L Leitwiderstand in Ω

Spannungsfälle verursachen zum einen auf den Leitungen Verluste, zum anderen setzen sie die Verbraucherspannung eventuell unter die notwendige Nennspannung herab.
Aus diesem Grund wird der zulässige Spannungsfall nach *TAB* (Technische Anschlußbedingungen) der *EVU* (Energieversorgungs-Unternehmen) und VDE für Starkstromanlagen bis 1000 V in Prozent der Betriebsspannung (Formelzeichen u_a) festgelegt.
Bei der Bemessung von Leitungen ist der zulässige Spannungsfall zu berücksichtigen.

In Wohngebäuden gilt:

Hausanschluß bis Zähler $u_a = 0{,}5\ \%$

Zähler bis Verbraucher $u_a = 3{,}0\ \%$

Beispiel:
Durch eine Aluminiumleitung mit einem Querschnitt von 6 mm² und 40 m einfacher Länge fließen 20 A.
Die Leitung ist an 230 V Netzspannung angeschlossen.
Wie groß ist der Spannungsfall in V und in Prozent der Netzspannung?

gegeben: $q = 6\ \text{mm}^2$; $l = 40$ m; $I = 20$ A; $U = 230$ V
gesucht: U_a, u_a

Lösung: $U_a = I \cdot R_L$; $\underline{U_a} = 20\ \text{A} \cdot 0{,}371\ \Omega = \underline{7{,}42\ \text{V}}$

$$R_L = \frac{2 \cdot \rho \cdot l}{q}; \qquad R_L = \frac{2 \cdot 0{,}00278\ \frac{\Omega \cdot \text{mm}^2}{\text{m}} \cdot 40\ \text{m}}{6\ \text{mm}^2} = 0{,}371\ \Omega$$

$$u_a = \frac{U_a \cdot 100\ \%}{U}; \qquad \underline{u_a} = \frac{7{,}42\ \text{V} \cdot 100\ \%}{230\ \text{V}} = \underline{3{,}22\ \%}$$

Da der errechnete Spannungsfall über dem zulässigen Wert von 3 % liegt, müßte der nächsthöhere Querschnitt, nämlich 10 mm², verlegt werden.

2.2.3.1 Lernziel-Test

Verständnisfragen

1. Wie errechnet man bei einer Reihenschaltung von Widerständen den Gesamtwiderstand?
2. An welchem Widerstand fällt bei einer Reihenschaltung die größte Spannung ab?
3. Was versteht man unter einem Ersatzwiderstand?
4. Warum wird bei Verbrauchern selten die Reihenschaltung angewandt?
5. Was versteht man unter einem Potentiometer?
6. Wozu dient ein Spannungsteiler?
7. Wann wendet man Spannungsteiler und wann Vorwiderstände an?
8. Welcher Nachteil ergibt sich bei Anwendung eines Vorwiderstandes?
9. Wie kommt der Spannungsfall auf einer Leitung zustande?
10. Wovon hängt die Größe des Spannungsfalls ab?
11. Welche Folgen hat der Spannungsfall auf Leitungen?
12. Warum geben die Energieversorgungs-Unternehmen den zulässigen Spannungsfall auf Leitungen an?

Rechenaufgaben

1. Wieviel Ampere fließen in einer Reihenschaltung mit $R_1 = 100\ \Omega$ und $R_2 = 300\ \Omega$ bei einer Anschlußspannung von 200 V?
2. Eine Christbaumkette mit 16 Kerzen wird an 230 V angeschlossen.
   Wieviel Volt erhält jede Kerze?
3. Drei Widerstände $R_1 = 20\ \Omega$; $R_2 = 50\ \Omega$ und $R_3 = 80\ \Omega$ sind in Reihe geschaltet. Am Widerstand R_2 soll die Spannung $U_2 = 10$ V abfallen.
   a) Skizzieren Sie die Schaltung!
   b) Welcher Strom muß durch die Reihenschaltung fließen?
   c) Welche Gesamtspannung muß angelegt werden?
4. An einen Spannungsteiler mit den Widerständen $R_1 = 5\ \text{M}\Omega$ und $R_2 = 12\ \text{M}\Omega$ wird die Spannung $U = 230$ V gelegt.
   Wie groß sind die abnehmbaren Spannungen?
5. Ein unbelasteter Spannungsteiler soll die Spannung 120 V in 100 V und 20 V aufteilen. Dabei darf der Spannungsteiler höchstens 10 mA aufnehmen.
   a) Wie groß muß der Gesamtwiderstand sein?
   b) Wie teilt sich der Gesamtwiderstand auf ?
6. Eine Wicklung wird bei 230 V Spannung von 1 A durchflossen. Mit Hilfe eines Vorwiderstandes soll der Strom durch die Wicklung um 10% abgesenkt werden. Welcher Vorwiderstand ist notwendig?
7. Durch einen Vorwiderstand sollen 50 V vernichtet werden bei einem Strom von maximal 2,5 A.
   Wie groß ist der Vorwiderstand?

8. Welcher Spannungsfall tritt in einer Kupferleitung auf, wenn ihr Querschnitt 120 mm² beträgt und ein Strom von 50 A auf eine Strecke von 250 m übertragen wird?
9. Welcher Querschnitt ist zu wählen, wenn ein Strom von 20 A auf eine Entfernung von 40 m bei 3 % Spannungsfall mit U = 230 V übertragen werden soll? Material Kupfer.
10. Eine Kupferleitung ist 150 m lang und besteht aus zwei Adern mit je 16 mm² Querschnitt. Sie wird mit einer Spannung von 235 V gespeist, die auch bei Belastung nicht absinkt.
    Wie groß ist der Kurzschlußstrom, wenn die Adern am Leitungsende aus Versehen kurzgeschlossen werden?

2.2.4 Leitungsarten

Zur Übertragung elektrischer Energie benötigt man für die verschiedensten Anwendungen vielerlei Leitungsarten.
Grundsätzlich unterscheidet man

a) Leitungen für feste Verlegung,
b) bewegliche (flexible) Leitungen.

Beispiele für typische Leitungen aus der Energietechnik:

a) *Leitungen* für feste Verlegung

HO7V-U (NYA)

PVC-Aderleitung, 450/750 V, einadrig, in trockenen Räumen, im Rohr auf und unter Putz, in Geräten, Schaltanlagen, Verteiler, Leuchten.

NYM

PVC-Mantelleitung, 300/500 V, ein- oder mehradrig, über, auf, im und unter Putz, in trockenen, feuchten und nassen Räumen, Mauerwerk, Beton.

NYIF

Stegleitung, 230/400 V, zwei- bis fünfadrig, in und unter Putz, in trockenen Räumen.

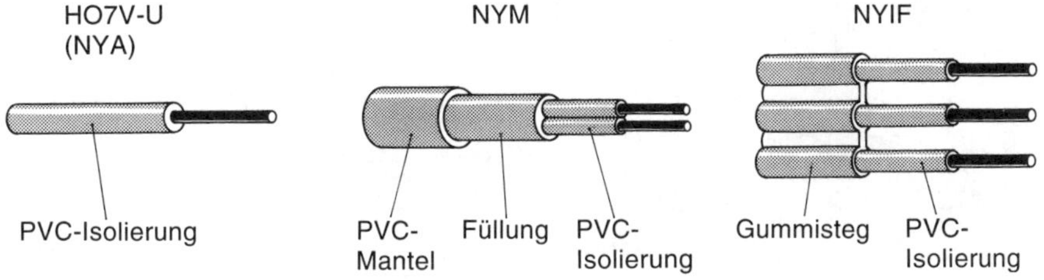

Bild 2.14 Leitungen für feste Verlegung

b) *bewegliche* Leitungen (für ortsveränderliche Geräte)

HO3 VH-H

Zwillingsleitung, 300 V, zweiadrig, Anschluß leichter Elektrogeräte bei sehr geringen mechanischen Beanspruchungen.

HO3 VV-F (NYLHY)

PVC-Schlauchleitung, 300 V, 2- bis 5adrig, in trockenen Räumen bei mittleren mechanischen Beanspruchungen, für Haus- und Küchengeräte.

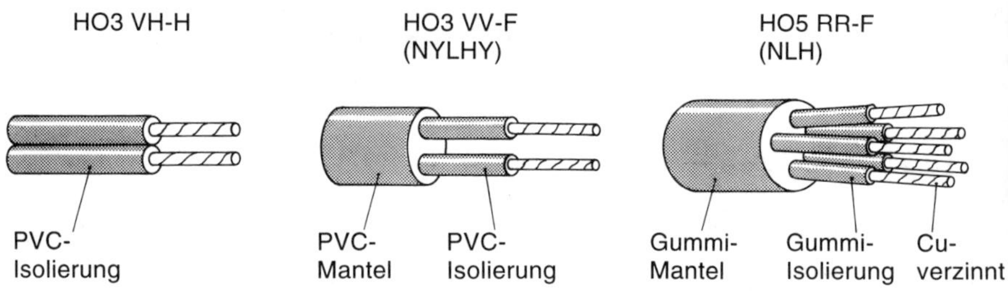

Bild 2.15 Bewegliche Leitungen

HO5RR-F (NLH)

Gummi-Schlauchleitung, 300/500 V, 2- bis 5adrig, Anschluß von Elektrogeräten bei geringen mechanischen Beanspruchungen in Haushalten, Büros, Möbeln.

2.2.4.1 *Leitungsbezeichnungen*

Die Bezeichnung von Leitungen (Kurzzeichen) geschieht nach zwei Mustern:

a) Harmonisierte Leitungen

Leitungen, deren Bezeichnungen in Europa vereinheitlicht (harmonisiert) sind (Bild 2.16).

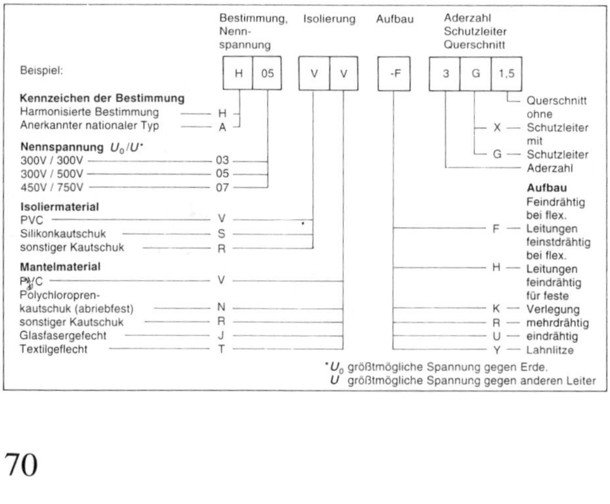

Bild 2.16 Kurzzeichenschlüssel für harmonisierte Leitungen

b) Normalleitungen
Leitungen, die VDE entsprechen, aber noch nicht harmonisiert sind.
Kurzzeichen-Schlüssel

N	Norm	J	mit grüngelbem Schutzleiter
A	Ader	O	ohne grüngelben Schutzleiter
F	flach	M	Mantelleitung
I	Imputzleitung, Stegleitung	Y	Isolierhülle aus PVC

Anhand der Kurzzeichen-Schlüssel läßt sich die Bedeutung z. B. folgender Leitungsbezeichnungen leicht entschlüsseln:

HO7 V-U 3G 2,5 = harmonisierte Leitung

Nennquerschnitt: 2,5 mm^2
Schutzleiter: mit Schutzleiter
Aderzahl: drei
Leiterart: eindrahtig
Isolierwerkstoff: PVC
Nennspannung: 450/750 V
Kennzeichnung der Bestimmung: harmonisiert

NYM 3 x 1,5 J = genormte Leitung mit PVC-Mantel

mit Schutzleiter
1,5 mm^2 Leiterquerschnitt
dreiadrig
Mantel
PVC-Isolierung
Norm

2.2.4.2 Kennfarben von Adern bei isolierten Leitungen

Die einzelnen Adern von Mehrfach-Aderleitungen sind aus Gründen der eindeutigen Belegung farbig gekennzeichnet, z. B.:

5adrige Leitung (für feste Verlegung) – grüngelb/schwarz/hellblau/braun/schwarz

3adrige Leitung (zum Anschluß ortsveränderlicher Betriebsmittel)	– grüngelb/braun/hellblau
2adrige Leitung	– braun/hellblau

> Die grüngelb gekennzeichnete Ader (Leiter) darf nur als Schutzleiter (PE) oder für den Neutralleiter mit Schutzfunktion (PEN) verwendet werden.

2.2.4.3 Lernziel-Test

Verständnisfragen

1. Wie werden Leitungen grundsätzlich eingeteilt?
2. Nach welchen beiden Mustern werden Leitungen bezeichnet?
3. Welche Kennfarben weist eine 3adrige Installationsleitung auf?
4. Wozu wird der grüngelbe Leiter eingesetzt?
5. Nennen Sie Aufbau und Eigenschaften folgender Leitungen:

   HO3VV-F 3G 1,5

   HO5RR-F 3G 2,5

   HO5VNHU 3G 4
6. Nach welchen Auswahlkriterien werden Leitungen der Installationstechnik ausgesucht?

2.2.5 Überstrom-Schutzeinrichtungen

Übersteigt die Stromstärke in Leitungen oder Geräten die vorgeschriebene Grenze, so schaltet ein Überstromschutzorgan den Strom selbsttätig ab.

> Überstrom-Schutzeinrichtungen dienen der Überwachung von Stromkreisen und unterbrechen im Gefahrenfall den Stromkreis.

Überstrom-Schutzeinrichtungen sollen abschalten bei

Überlast	(Strom übersteigt längere Zeit zulässigen Nennstrom der Leitung oder des Verbrauchers),
Kurzschluß	(im Stromkreis liegt ein Kurzschluß vor).

Diese Aufgaben erfüllen für Leitungen Leitungsschutzsicherungen (Schmelzsicherungen) und Leitungsschutzschalter (Charakteristik B) und bei Geräten Geräteschutzsicherungen und ebenfalls Leitungsschutzschalter (Charakteristik C).

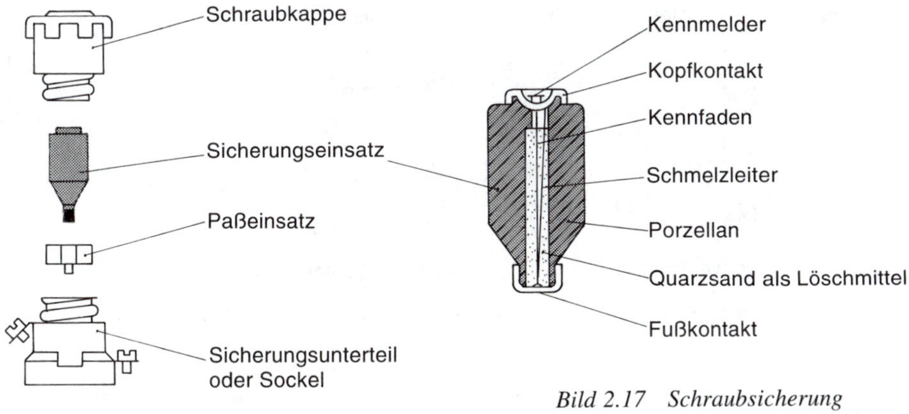

Bild 2.17 Schraubsicherung

2.2.5.1 Leitungsschutzsicherungen (Schmelzsicherungen)

Schmelzsicherungen sind Schutzorgane mit einem Schmelzeinsatz, deren Schmelzleiter bei Überlast nach einiger Zeit und bei Kurzschluß sofort schmilzt und den Strom unterbricht.
Eine Sicherung besteht aus mehreren Teilen, wobei der wesentlichste der Sicherungseinsatz ist (Bild 2.17). Der Sicherungseinsatz enthält den Schmelzleiter. Nach jedem Auslösen einer Sicherung muß der Sicherungseinsatz ersetzt werden.

> Sicherungen dürfen nie geflickt oder überbrückt werden.

Nach der Ausführungsform unterscheidet man Schraubsicherungen und NH-Sicherungen (Niederspannungs-Hochleistungssicherungen).
Bei Schraubsicherungen wird der Schmelzeinsatz mit der Schraubkappe in den Sicherungssockel eingeschraubt. Der Paßeinsatz verhindert, daß ein Schmelzeinsatz mit zu großem Nennstrom eingesetzt werden kann.
Sicherungen und Schmelzeinsätze gibt es in verschiedenen Baugrößen für Nennströme von 2 bis 200 A. Sie sind durch Kennmelder in verschiedenen Farben gekennzeichnet.
Bei gleichem Nennstrom unterscheidet man je nach der Dauer der Abschaltzeit der Sicherung zwischen flinken und trägen Schmelzeinsätzen. Für Leitungsschutz kommen träge Sicherungen zum Einsatz.

2.2.5.2 Geräteschutzsicherungen (Feinsicherungen)

Zum Schutz von Geräten (Rundfunk- und Fernsehgeräte, Haushaltsgeräte, Meßinstrumente, Netzgeräte, Kleinmotoren, Halbleiterbauelemente usw.) bei Überlast und Kurzschluß können in die Stecker, Wandsteckdosen oder in die Geräte Sicherungen, sog. G-Sicherungen, eingebaut werden. Sie bestehen aus einem röhrenförmigen

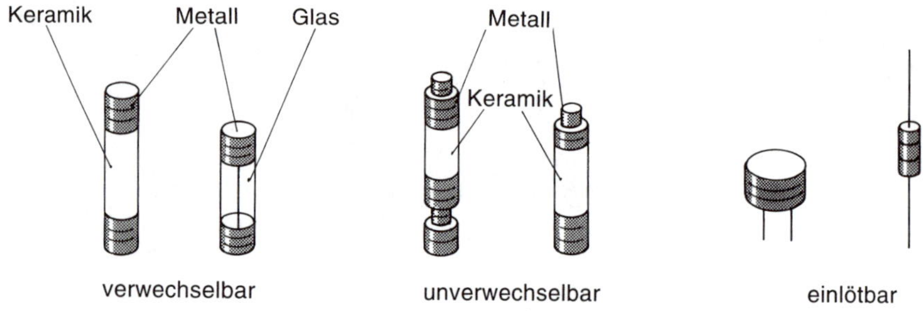

Bild 2.18 Geräteschutzsicherungen (G-Schmelzeinsätze)

Schmelzeinsatz, meist aus Glas mit Metallkappen, aus einem Sicherungshalter und einer Verschlußkappe. Der Schmelzdraht ist im Glasröhrchen untergebracht (Bild 2.18).
Bei gedruckten Schaltungen kommen einlötbare Feinsicherungen zum Einsatz.

Hinsichtlich der Nennstromstärke steht eine große Auswahl von Sicherungen mit 0,032 bis 6,3 A und hinsichtlich der Abschaltzeit flinke (F), mittelträge (M), träge (T), superträge (TT) und superflinke (FF) für gedruckte Schaltungen zur Verfügung.

> Beim Auswechseln einer Gerätesicherung ist unbedingt die vom Hersteller vorgesehene Größe wieder einzusetzen.

2.2.5.3 Leitungsschutzschalter

Leitungsschutzschalter, vielfach Automaten genannt, sind handbetätigte Schalter mit zwei Funktionen:

Sie trennen wie eine Sicherung, bei Überlast und bei Kurzschluß den Stromkreis vom Netz.
Mit ihnen können Stromkreise ans Netz gelegt oder getrennt werden.

> Leitungsschutzschalter sind keine Geräteschalter. Sie dienen nicht dem betriebsmäßigen Ein- und Ausschalten von Geräten.

Leitungsschutzschalter werden vielfach anstelle von Schmelzsicherungen verwendet, da sie u. a. nach dem Auslösen wieder eingeschaltet werden können.
Sie enthalten einen thermischen und magnetischen Auslöser (Bild 2.19). Bei kleineren Überströmen schaltet der thermische Auslöser (Bimetall-Auslöser) überlast-zeitabhängig ab. Bei hohen Überströmen oder Kurzschlüssen bewirkt eine Magnetspule über einen Auslöseanker (elektromagnetischer Schnellauslöser) das sofortige Abschalten des gefährdeten Stromkreises.

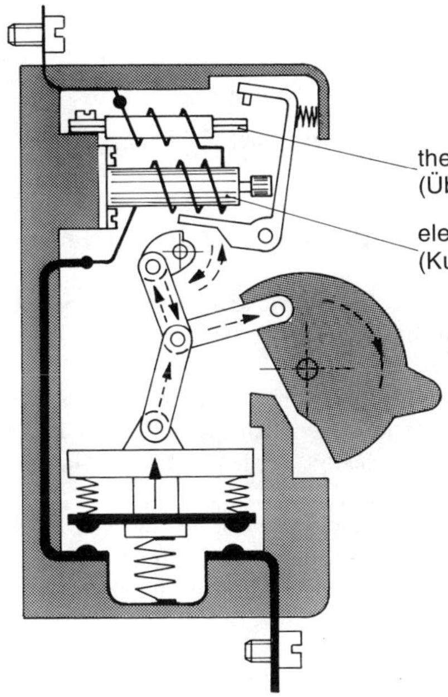

Bild 2.19
Leitungsschutzschalter

LS-Schalter mit der B-Charakteristik eignen sich besonders für den Schutz von Leitungen, solche mit der C-Charakteristik mehr für den Schutz von Geräten mit großen Einschaltströmen, wie Motoren, Kleintransformatoren, Glüh- und Leuchtstofflampengruppen, Parallelkondensatoren, da hiermit unerwünschte Fehlauslösungen vermieden werden.

2.2.5.4 Lernziel-Test

Verständnisfragen

1. Welche Aufgaben haben Überstromschutzorgane?
2. Welche Überschutzorgane kommen bei Leitungen und welche bei Geräten zum Einsatz?
3. Wann sollen Überstromschutzorgane abschalten?
4. Wie sind Schmelzsicherungen aufgebaut?
5. Wodurch wird bei Schraubsicherungen verhindert, daß ein Schmelzeinsatz mit zu großem Nennstrom eingesetzt werden kann?
6. Warum dürfen Schmelzsicherungen nie geflickt oder überbrückt werden?
7. Welche Geräteschutzsicherungen unterscheidet man hinsichtlich der Abschaltzeit?
8. Welchen Vorteil haben Leitungsschutzschalter?

9. Wie funktionieren Leitungsschutzschalter?
10. Wodurch wird bei Leitungsschutzschaltern Überlastungsschutz und wodurch Kurzschlußschutz erreicht?
11. Wozu dürfen Leitungsschutzschalter nicht eingesetzt werden?

2.2.6 Strombelastbarkeit und Überstromschutzeinrichtungen von Leitungen

Strom erwärmt die Leiter. Die entwickelte Wärme ist hierbei um so größer, je größer die Stromdichte, d. h. das Verhältnis von Stromstärke zu Querschnitt ist (siehe Abschnitt 1.3.6).
Die Leiterwärme (Drahtwärme) wird übertragen auf die Leiterisolation und damit auf die gesamte Leitung sowie letztendlich an die Umgebung. Bei zu hohen Temperaturen kann die Isolation beschädigt werden und unter Umständen sogar in Brand geraten.
Um solchen Gefahren vorzubeugen, sind für die genormten Leiterquerschnitte zum einen die höchstzulässigen Stromstärken (Strombelastbarkeit) und zum anderen die Stromstärken der zugeordneten Überstromschutzeinrichtungen in DIN VDE vorgegeben.
Die Überstromschutzeinrichtungen (Schmelzsicherungen, Sicherungs-Automaten, Leitungsschutzschalter) schalten bei Überströmen, d. h. unzulässig hohen Strömen die Leitungen ab (unterbrechen, siehe Abschnitt 2.2.5). Den genormten Leiterquerschnitten sind nach VDE 0100 immer bestimmte Überstromschutzeinrichtungen zugeordnet.
Die Strombelastbarkeit von Leitungen hängt u. a. ab von

- Nennquerschnitt,
- Aderzahl,
- Leitermaterial,
- Isolierwerkstoff,
- Verlegeart,
- Umgebungstemperatur, zulässige Betriebstemperatur.

Leitungen müssen aus Sicherheitsgründen eine ausreichend mechanische Festigkeit aufweisen. Aus diesem Grund schreibt VDE 0100 für die verschiedenen Verlegearten auch einen Mindestquerschnitt vor.
Zur Ermittlung der Leiterquerschnitte und entsprechender Schutzeinrichtungen geht man folgendermaßen vor:

1. Ermitteln des Betriebsstromes,
2. Auswahl der Schutzeinrichtung (Norm-Nennstrom der Schutzeinrichtung, der höher liegen muß als der Betriebsstrom) nach DIN VDE 0100, Teil 430,
3. Ermitteln des Leiterquerschnittes (ausgehend vom ausgewählten Nennstrom der Schutzeinrichtung unter Berücksichtigung der oben angeführten Einflüsse der Strombelastbarkeit) nach DIN VDE 0298, Teil 4,

4. Überprüfen der Einhaltung der Abschaltbedingungen und des Überstrom- und Kurzschlußschutzes,
5. Überprüfen des Spannungsfalls.

Die richtige Auswahl von Leiterquerschnitten ist, wie man aus obigem Schema ersehen kann, nicht ganz einfach und sollte daher auch Fachleuten überlassen werden. Zusammenfassend kann man feststellen:

> Leitungen werden anhand des Anwendungsbereiches, der Verlegungsart und der Art der elektrischen und mechanischen Belastung ausgelegt.

2.2.6.1 Lernziel-Test

Verständnisfragen

1. Nach welchen Kriterien werden Leitungsquerschnitte festgelegt?
2. Wovon hängt die Strombelastbarkeit von Leitungen ab?
3. Welche Aufgaben haben Überstromschutzeinrichtungen bei Leitungen?
4. Wie ermittelt man die passende Schutzeinrichtung einer Leitung?
5. Warum muß eine Leitung, deren Strombelastbarkeit ausreicht, auch auf Spannungsfall überprüft werden?

2.3 Parallelschaltung von Widerständen

Eine Parallelschaltung von Widerständen liegt vor, wenn der Strom infolge der Schaltung sich in Teilströme verzweigt und gleichzeitig durch die Widerstände hindurchfließt.
Wie Ströme, Spannungen und Widerstände sich verhalten, läßt sich aus folgenden Überlegungen und Versuchen ersehen:
Zwischen den beiden Stromverzweigungspunkten A und B (Bild 2.20) liegt die Ge-

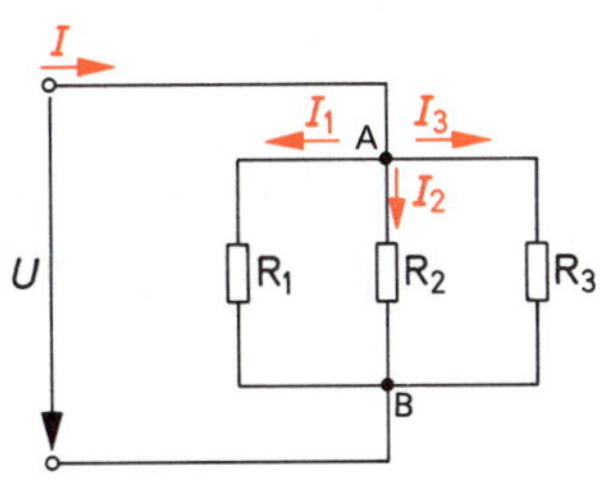

Bild 2.20
Parallelschaltung

samtspannung U. Da alle Teilwiderstände mit ihren Klemmen daran hängen, herrscht an allen Widerständen die gleiche Spannung U.
Als wesentliches Merkmal der Parallelschaltung gilt somit:

In einer Parallelschaltung liegen alle Widerstände an derselben Spannung.

Versuch:
Messung der Ströme I, I_1, I_2 und I_3 der angegebenen Schaltung (Bild 2.21)

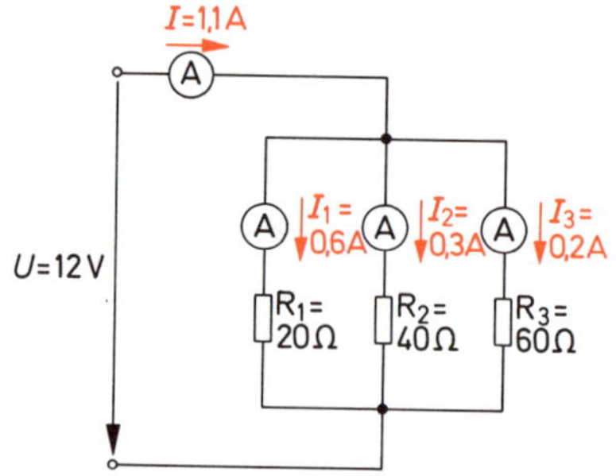

Bild 2.21
Stromverteilung in einer Parallelschaltung

Ergebnis:
$I = 1{,}1$ A; $I_1 = 0{,}6$ A; $I_2 = 0{,}3$ A; $I_3 = 0{,}2$ A

Eine genauere Betrachtung der Strommeßwerte zeigt folgenden Zusammenhang:

Der Gesamtstrom ist gleich der Summe der Teilströme.

$$I = I_1 + I_2 + I_3 + \dots$$

Die Erklärung hierfür liegt darin, daß der Gesamtstrom durch die drei Strombahnen nur aufgeteilt wird, aber insgesamt erhalten bleibt.
Vergleicht man die Stromstärken mit den entsprechenden Widerstandswerten, so stellt man fest:

Im größten Widerstand fließt der kleinste Strom und im kleinsten Widerstand der größte Strom.

Diese Erkenntnis läßt sich mit dem Ohmschen Gesetz belegen. Es gilt $I = \frac{U}{R}$. Bei gleicher Spannung muß also in dem Zweig mit dem größeren Widerstand der kleinere Strom fließen.
Der Vergleich der Stromverhältnisse

$$\frac{I_1}{I_2} = \frac{0{,}6\ \text{A}}{0{,}3\ \text{A}} = \frac{2}{1} \qquad \frac{I_2}{I_3} = \frac{0{,}3\ \text{A}}{0{,}2\ \text{A}} = \frac{3}{2} \qquad \frac{I_1}{I_3} = \frac{0{,}6\ \text{A}}{0{,}2\ \text{A}} = \frac{3}{1}$$

mit dem Verhältnis der entsprechenden Widerstände

$$\frac{R_1}{R_2} = \frac{20\ \Omega}{40\ \Omega} = \frac{1}{2} \qquad \frac{R_2}{R_3} = \frac{40\ \Omega}{60\ \Omega} = \frac{2}{3} \qquad \frac{R_1}{R_3} = \frac{20\ \Omega}{60\ \Omega} = \frac{1}{3}$$

zeigt, daß diese Verhältnisse genau umgekehrt sind.

Es gilt somit:

> Die Teilströme verhalten sich umgekehrt zueinander wie die entsprechenden Teilwiderstände.

z. B.
$$\frac{I_1}{I_2} = \frac{R_2}{R_1} \qquad \frac{I_2}{I_3} = \frac{R_3}{R_2} \qquad \frac{I_1}{I_3} = \frac{R_3}{R_1}$$

Der Gesamtstrom teilt sich also in einem bestimmten Verhältnis, das von den einzelnen Widerständen abhängt, auf die Stromzweige auf.
Der Gesamtwiderstand, auch Ersatzwiderstand genannt, kann mit dem Ohmschen Gesetz bestimmt werden (Bild 2.21).

$$R_{ges} = \frac{U}{I} \qquad \underline{R_{ges}} = \frac{12\ \text{V}}{1{,}1\ \text{A}} = \underline{10{,}9\ \Omega}$$

Vergleicht man die Widerstandswerte der Einzelwiderstände mit dem des Gesamtwiderstandes, so fällt auf, daß die Einzelwiderstände alle größer sind als der Gesamtwiderstand.

> Der Gesamtwiderstand ist kleiner als der kleinste Einzelwiderstand.

Das läßt sich damit erklären, daß jeder zugeschaltete Parallelwiderstand einen eigenen Strom, entsprechend seinem Widerstandswert führt und damit der Gesamtstrom mit jedem Parallelwiderstand ansteigt, d. h. der Gesamtwiderstand abnimmt und kleiner wird als der kleinste Einzelwiderstand.
Kombiniert man z. B. einen 1-Ω-Widerstand mit einem 1000-Ω-Widerstand, so führt zwar der 1000-Ω-Widerstand nur einen sehr kleinen Strom gegenüber dem 1-Ω-Widerstand, aber die Gesamtstromstärke steigt, d. h., der Gesamtwiderstand wird kleiner als 1 Ω.

Mit jedem zugeschalteten Parallelzweig (Parallelwiderstand) leitet der Stromkreis besser. Es steigt der Leitwert. Der Gesamtleitwert einer Parallelschaltung wird somit

$$G_{ges} = G_1 + G_2 + G_3 + \ldots$$

Da der Leitwert der Kehrwert des Widerstandes $\left(G = \frac{1}{R} \right)$ ist, erhält man die Formel

$$\frac{1}{R_{ges}} = \frac{1}{R_1} + \frac{1}{R_2} + \frac{1}{R_3} + \ldots$$

Der Kehrwert des Gesamtwiderstandes ist gleich der Summe der Kehrwerte der Einzelwiderstände.

Bei zwei *parallelen Widerständen* gilt:

$$\frac{1}{R_{ges}} = \frac{1}{R_1} + \frac{1}{R_2}$$

Daraus wird mit dem gemeinsamen Hauptnenner $R_1 \cdot R_2$

$$\frac{1}{R_{ges}} = \frac{R_1 + R_2}{R_1 \cdot R_2}$$

oder

$$R_{ges} = \frac{R_1 \cdot R_2}{R_1 + R_2}$$

Gesamtwiderstand von zwei parallelgeschalteten Widerständen

Die Parallelschaltung findet in der Praxis sehr häufig Verwendung. Praktisch alle Verbraucher werden parallel ans Netz geschaltet, da diese Geräte für eine bestimmte Nennspannung gebaut sind und bei Ausfall eines Gerätes nicht alle anderen davon betroffen werden (Bild 2.22). Parallelwiderstände werden auch eingesetzt, um höhere Stromstärken von einem Verbraucher fernzuhalten, wie z. B. bei der Meßbereichserweiterung von Strommessern.

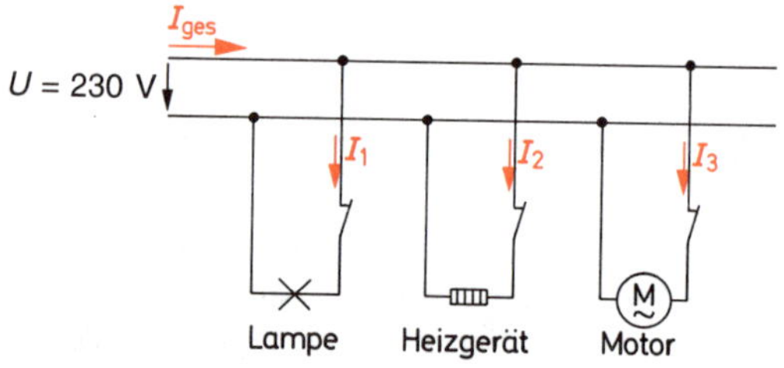

Bild 2.22 Parallelschaltung in der Praxis

Beispiele:

1. Zwei Widerstände $R_1 = 4\ \Omega$ und $R_2 = 6\ \Omega$ sind parallelgeschaltet Wie groß ist der Gesamtwiderstand?

gegeben: $R_1 = 4\ \Omega$; $R_2 = 6\ \Omega$

gesucht: R_{ges}

Lösung: $$R_{ges} = \frac{R_1 \cdot R_2}{R_1 + R_2}$$

$$\underline{R_{ges}} = \frac{4\ \Omega \cdot 6\ \Omega}{4\ \Omega + 6\ \Omega} = \frac{24\ \Omega^2}{10\ \Omega} = \underline{2{,}4\ \Omega}$$

2. Drei Widerstände $R_1 = 20\ \Omega$; $R_2 = 25\ \Omega$ und $R_3 = 100\ \Omega$ liegen parallel an 100 V.
Wie groß ist
a) der Gesamtwiderstand,
b) der Gesamtstrom?

gegeben: $R_1 = 20\ \Omega$; $R_2 = 25\ \Omega$; $R_3 = 100\ \Omega$

gesucht: R_{ges}, I_{ges}

Lösung: *1. Lösungsweg*

$$\frac{1}{R_{ges}} = \frac{1}{R_1} + \frac{1}{R_2} + \frac{1}{R_3}$$

$$\frac{1}{R_{ges}} = \frac{1}{20\ \Omega} + \frac{1}{25\ \Omega} + \frac{1}{100\ \Omega} = 0{,}05\frac{1}{\Omega} + 0{,}04\frac{1}{\Omega}\ 0{,}01\frac{1}{\Omega} = 0{,}1\frac{1}{\Omega}$$

Durch Kehrwertbildung auf beiden Seiten der Gleichung erhält man:

$$\underline{R_{ges}} = \frac{1}{0{,}1}\ \Omega = \underline{10\ \Omega}$$

$$I_{ges} = \frac{U}{R_{ges}} \qquad \underline{I_{ges}} = \frac{100\ \text{V}}{10\ \Omega} = \underline{10\ \text{A}}$$

2. Lösungsweg

$$I_1 = \frac{U}{R_1} = \frac{100\ \text{V}}{20\ \Omega} = 5\ \text{A}$$

$$I_2 = \frac{U}{R_2} = \frac{100\ \text{V}}{25\ \Omega} = 4\ \text{A}$$

$$I_3 = \frac{U}{R_3} = \frac{100\ \text{V}}{100\ \Omega} = 1\ \text{A}$$

$$I_{ges} = I_1 + I_2 + I_3$$

$$\underline{I_{ges}} = 5\ \text{A} + 4\ \text{A} + 1\ \text{A} = \underline{10\ \text{A}}$$

$$R_{ges} = \frac{U}{I_{ges}} \qquad \underline{R_{ges}} = \frac{100\ \text{V}}{10\text{A}} = \underline{10\ \Omega}$$

3. In einem Stromkreis liegt ein Widerstand von 25 Ω. Durch Parallelschalten eines zweiten Widerstandes soll der Widerstand des Kreises um 5 Ω veringert werden.
Welchen Wert muß der Parallelwiderstand aufweisen?

gegeben: $R_1 = 25\ \Omega$; $R_{ges} = 20\ \Omega$

gesucht: R_2

Lösung:

$$\frac{1}{R_{ges}} = \frac{1}{R_1} + \frac{1}{R_2}$$

$$\frac{1}{R_2} = \frac{1}{R_{ges}} - \frac{1}{R_1}$$

$$\frac{1}{R_2} = \frac{1}{20\ \Omega} - \frac{1}{25\ \Omega} = 0{,}05\ \frac{1}{\Omega} - 0{,}04\ \frac{1}{\Omega} = 0{,}01\ \frac{1}{\Omega}$$

$$\underline{\underline{R_2}} = \frac{1}{0{,}01}\ \Omega = \underline{\underline{100\ \Omega}}$$

4. In einem Elektrowärmegerät liegen zwei gleiche Heizwiderstände parallel an 230 V und nehmen insgesamt 11,5 A auf.
Wie groß ist die Stromaufnahme, wenn die beiden Widerstände in Reihe geschaltet sind?

gegeben: $U = 230$ V; $I_{ges} = 11{,}5$ A

gesucht: I_{Reihe}

Lösung: In Parallelschaltung nimmt jeder Heizwiderstand den Strom

$$I = \frac{I_{ges}}{2} = \frac{11{,}5\ \text{A}}{2} = 5{,}75\ \text{A}$$

auf.

Damit ergibt sich der Widerstand

$$R = \frac{U}{I}$$

$$R = \frac{230\ \text{V}}{5{,}75\ \text{A}} = \underline{\underline{40\ \Omega}}$$

Der Gesamtwiderstand in Reihenschaltung wird

$$R_{ges} = 2 \cdot R$$

$$R_{ges} = 2 \cdot 40\ \Omega = \underline{\underline{80\ \Omega}}$$

$$I_{Reihe} = \frac{U}{R_{ges}}$$

$$\underline{\underline{I_{Reihe}}} = \frac{230\ \text{V}}{80\ \Omega} = \underline{\underline{2{,}875\ \text{A}}}$$

2.3.1 Lernziel-Test

Verständnisfragen

1. Erklären Sie, warum bei einer Parallelschaltung durch den größeren Widerstand der kleinere Strom fließt!
2. Als Gesamtwiderstand für eine Parallelschaltung aus drei Widerständen mit 50 Ω, 100 Ω und 500 Ω wird 120 Ω angegeben.
   Warum kann der Wert nicht stimmen?
3. Wie heißt die Gleichung zur Berechnung des Gesamtwiderstandes zweier parallelgeschalteter Widerstände?
4. Zu einem Widerstand R werden 3 gleiche Widerstände parallelgeschaltet und an eine Spannung gelegt.
   Wie verändern sich in dem Stromkreis der Gesamtstrom und der Gesamtwiderstand?
5. Warum werden praktisch alle Geräte in der Praxis in Parallelschaltung betrieben?

Rechenaufgaben

1. Zwei Widerstände 2,5 Ω und 4 Ω sind parallelgeschaltet.
   Welcher Gesamtwiderstand ergibt sich?
2. Drei Uhren mit jeweils 300 Ω Widerstand sind parallelgeschaltet und an 12 V angeschlossen.
   Welcher Gesamtstrom fließt in der Anlage?
3. Drei Wecker von 5 Ω, 8 Ω und 10 Ω werden parallel an 6 V angeschlossen.
   Wie groß ist der Gesamtwiderstand und welcher Gesamtstrom fließt?
4. In der Zuleitung zu den parallelgeschalteten Widerständen R_1 = 25 Ω und R_2 = 5 Ω fließt ein Strom von I = 15 A.
   a) An welcher Spannung liegen die Widerstände?
   b) Wie groß sind die Ströme in den Zweigen?
5. Durch eine Glühlampe mit R_1 = 20 Ω fließt ein Strom von 500 mA. Parallel dazu wird ein Widerstand R_2 = 0,5 Ω geschaltet.
   Wie groß ist die Stromstärke im Widerstand R_2?
6. Der Widerstandswert einer Schaltung mit R_1 = 50 Ω soll durch Parallelschalten eines zweiten Widerstandes auf den Gesamtwiderstandswert R_{ges} = 40 Ω gebracht werden.
   Welchen Wert muß der zweite Widerstand haben?

2.4 Kirchhoffsche Regeln

2.4.1 Erste Kirchhoffsche Regel (Knotenregel)

Bei Parallelschaltungen ergeben sich immer sogenannte Verzweigungspunkte, auch *Knotenpunkte* genannt.
An diesen Punkten verzweigen sich die Ströme. Daraus lassen sich bestimmte Gesetzmäßigkeiten ableiten.

Beispiel:

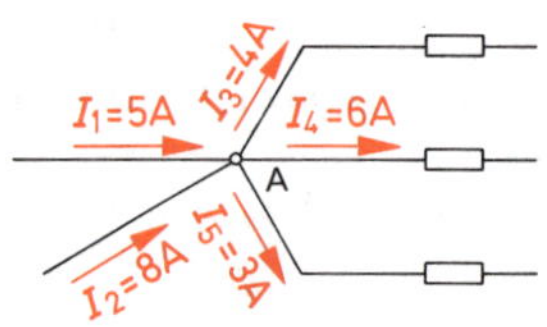

Bild 2.23 Stromverzweigung

Betrachtet man z. B. vom Punkt A aus das Stromgeschehen, so stellt man fest, daß die Ströme I_1 und I_2 auf den Knotenpunkt A zufließen, die Ströme I_3, I_4 und I_5 jedoch abfließen. Dabei stellt sich heraus, daß der Stromwert der zufließenden Ströme gleich dem Stromwert der abfließenden Ströme ist.

Knotenregel:

In jedem Knotenpunkt ist die Summe der zufließenden Ströme gleich der Summe der abfließenden Ströme.

$$I_1 + I_2 = I_3 + I_4 + I_5$$

Mit Hilfe dieser Regel können unbekannte Ströme in einem Stromverzweigungspunkt bestimmt werden.

Beispiel:
Wie groß ist der in der Schaltung angegebene Strom I_2?

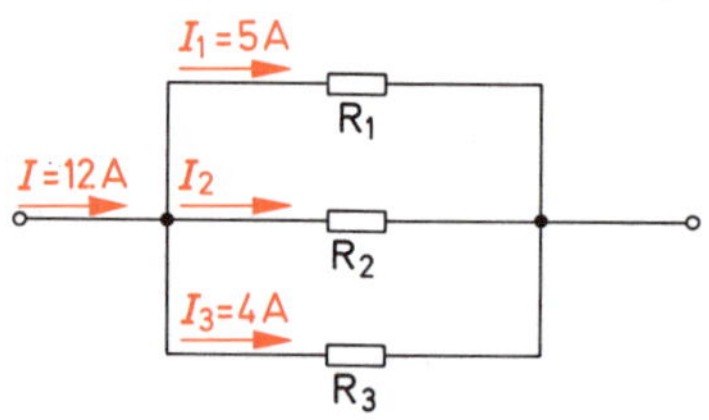

Bild 2.24 Parallelschaltung

Lösung:

$I = I_1 + I_2 + I_3$ umgestellt nach I_2;

$I_2 = I - I_1 - I_3$; $\quad \underline{I_2} = 12\text{ A} - 5\text{ A} - 4\text{ A} = \underline{3\text{ A}}$

2.4.2 Zweite Kirchhoffsche Regel (Maschenregel)

In einem geschlossenen Stromkreis *(Masche)* stellt sich eine ganz bestimmte Spannungsverteilung ein. Diese Spannungsverteilung läßt sich formelmäßig erfassen.

Beispiel:

Bild 2.25 Stromkreis mit zwei Spannungsquellen

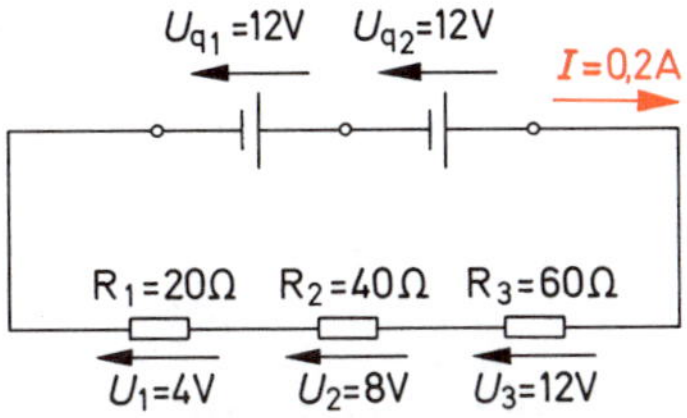

Die beiden Spannungsquellen mit den Quellenspannungen U_{q1} und U_{q2} addieren sich in ihrer Gesamtwirkung auf die Elektronen, da sie in gleicher Richtung wirken. Sie führen entsprechend den Widerständen zu einem Strom I.

$$\underline{I} = \frac{U_{q1}+U_{q2}}{R_1+R_2+R_3}; \qquad I=\frac{12\text{ V}+12\text{ V}}{20\,\Omega+40\,\Omega+60\,\Omega}=\frac{24\text{ V}}{120\,\Omega}=\underline{0{,}2\text{ A}}$$

Der Strom I verursacht in den Widerständen R_1, R_2 und R_3 Spannungsfälle.

$$U_1 = I\cdot R_1; \qquad U_1 = 0{,}2\text{ A}\cdot 20\,\Omega = \underline{4\text{ V}}$$

$$U_2 = I\cdot R_2; \qquad U_2 = 0{,}2\text{ A}\cdot 40\,\Omega = \underline{8\text{ V}}$$

$$U_3 = I\cdot R_3; \qquad U_3 = 0{,}2\text{ A}\cdot 60\,\Omega = \underline{12\text{ V}}$$

Bei einem Vergleich der Quellenspannungen mit den Spannungsfällen stellt man fest, daß diese gleich groß sind, d. h. also, daß die Quellenspannungen sich auf den gesamten Stromkreis verteilen.
Daraus folgt die *Maschenregel:*

> In jedem geschlossenen Stromkreis ist die Summe der Quellenspannungen gleich der Summe aller Spannungsfälle.

$$U_{q1}+U_{q2}=I\cdot R_1+I\cdot R_2+I\cdot R_3$$

In der Praxis setzt sich ein Stromkreis häufig nur aus einer Spannungsquelle und einem oder mehreren Verbrauchern zusammen.

Bild 2.26 Stromkreis mit einer Spannungsquelle

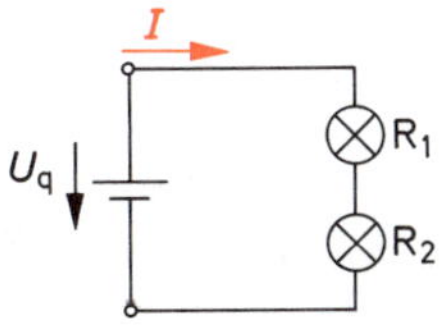

Hier gilt dann:

$$U_q = I \cdot R_1 + I \cdot R_2$$

Schließt man obige Lampen an eine Steckdose an, dann übernimmt die Klemmenspannung U der Steckdose die Funktion der Quellenspannung U_q.

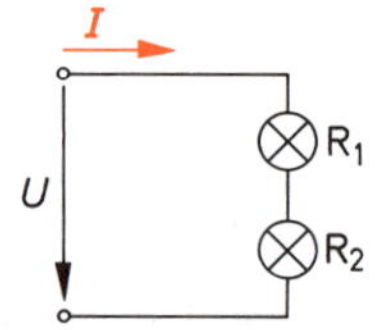

Bild 2.27
Stromkreis mit einer Klemmenspannung

Es gilt:

$$U = I \cdot R_1 + I \cdot R_2; \text{ zusammengefaßt: } U = I\,(R_1 + R_2)$$

Die Maschenregel läßt sich vielseitig anwenden. Sie ermöglicht die Bestimmung einer unbekannten Quellenspannung des Stromes oder eines Widerstandes.

Beispiel:
Welchen Stromwert zeigt der Strommesser in nachstehender Schaltung an?

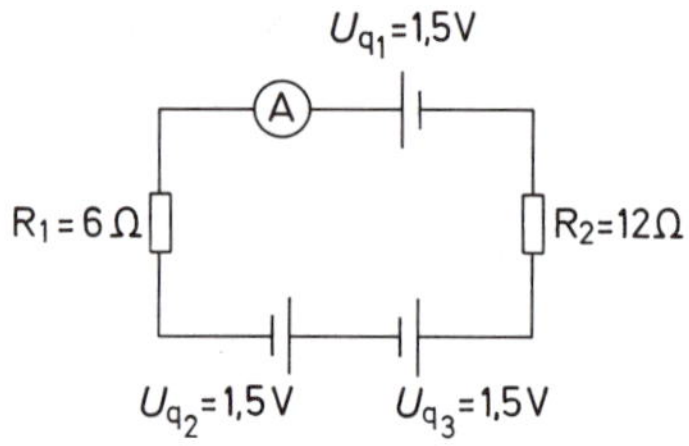

Bild 2.28
Stromkreis mit Strommesser

Lösung:
Die Spannungsquellen wirken alle in der gleichen Richtung, ihre Wirkungen addieren sich. Es gilt die Maschenregel:

$$U_{q1} + U_{q2} + U_{q3} = I \cdot R_1 + I \cdot R_2$$

$$U_{q1} + U_{q2} + U_{q3} = I \cdot (R_1 + R_2)$$

$$I = \frac{U_{q1} + U_{q2} + U_{q3}}{R_1 + R_2}; \qquad \underline{I} = \frac{1{,}5\,\text{V} + 1{,}5\,\text{V} + 1{,}5\,\text{V}}{6\,\Omega + 12\,\Omega} = \frac{4{,}5\,\text{V}}{18\,\Omega} = \underline{\underline{0{,}25\,\text{A}}}$$

2.4.2.1 *Lernziel-Test*

Verständnisfragen

1. Was versteht man in der Elektrotechnik unter einem Knotenpunkt?
2. Wie lautet die erste Kirchhoffsche Regel, auch Knotenregel genannt?
3. Was versteht man in der Elektrotechnik unter einer Masche?
4. Warum können in einem geschlossenen Stromkreis die Spannungsfälle nie größer sein als die Quellenspannungen?

Aufgaben

1. Ergänzen Sie in angegebener Schaltung die noch fehlenden Ströme!

Bild 2.29
Stromverzweigungen

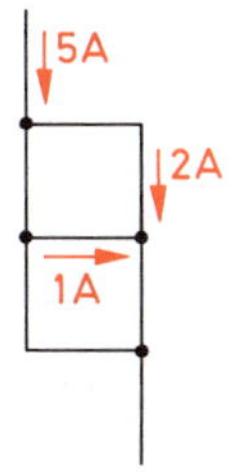

2. Am Knotenpunkt fließen 5 Ströme zu bzw. ab.
   Wie groß ist der Strom I_2, und welche Richtung hat er?

Bild 2.30
Stromverzweigung

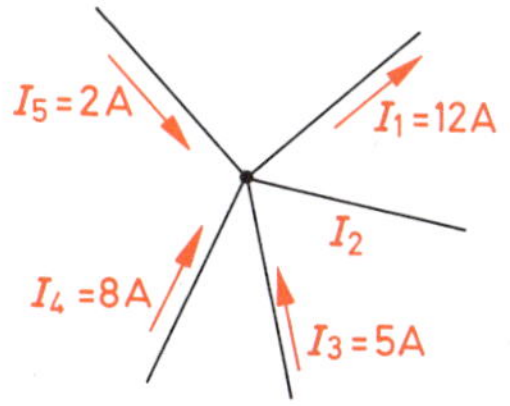

3. In der angegebenen Schaltung (Bild 2.31) ist U_{q1} = 1,5 V; U_{q2} = 4,5 V; R_1 = 10 Ω und R_2 = 50 Ω.

Bild 2.31
Stromkreis mit zwei Spannungsquellen

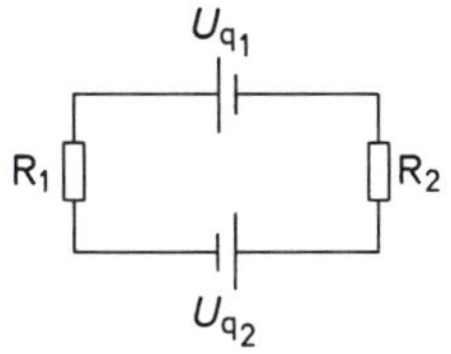

   a) Wie groß ist der Strom I, und welche Richtung hat er?
   b) Wie groß sind die Spannungsfälle U_1 und U_2?

2.5 Gemischte Schaltungen

Eine Schaltung, die sich aus Parallel- und Reihenschaltungen zusammensetzt, bezeichnet man als *gemischte Schaltung oder Gruppenschaltung.*

2.5.1 Erweiterte Reihenschaltung

Beispiel:
Errechnen Sie den Ersatzwiderstand R_{ers} der gesamten Schaltung und die Teilströme I_1 und I_2 der angegebenen Schaltung.

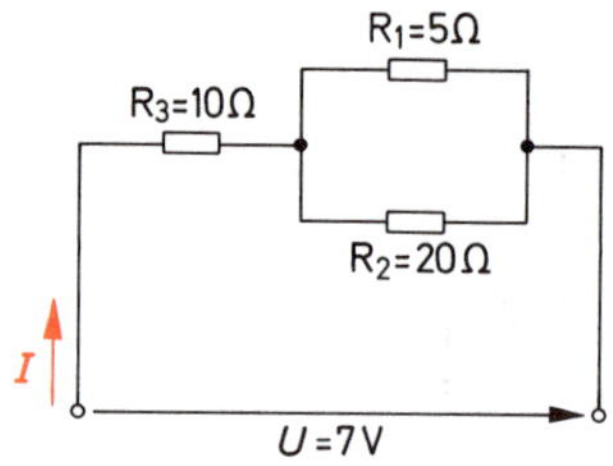

Bild 2.32 Erweiterte Reihenschaltung

Lösung: Parallelschaltung

$$R_{1,2} = \frac{R_1 \cdot R_2}{R_1 + R_2}; \qquad \underline{R_{1,2}} = \frac{5\ \Omega \cdot 20\ \Omega}{5\ \Omega + 20\ \Omega} = \frac{100\ \Omega^2}{25\ \Omega} = \underline{4\ \Omega}$$

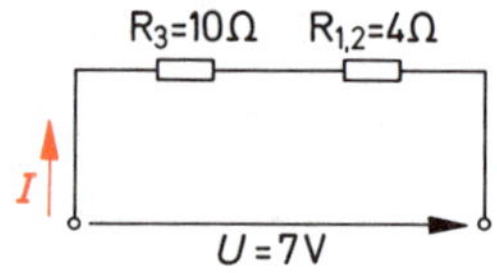

Bild 2.33 Ersatzschaltung I

Reihenschaltung

$$R_{ers} = R_3 + R_{1,2}; \qquad \underline{R_{ers}} = 10\ \Omega + 4\ \Omega = \underline{14\ \Omega}$$

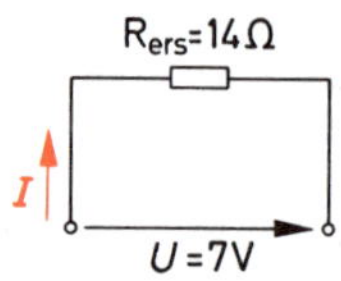

Bild 2.34 Ersatzschaltung 2

Gesamtstrom

$$I = \frac{U}{R_{ers}}; \qquad \underline{I} = \frac{7\ \text{V}}{14\ \Omega} = \underline{0{,}5\ \text{A}}$$

Der Strom I verursacht im Widerstand R_3 den Spannungsfall

$$U_3 = I \cdot R_3; \qquad \underline{U_3} = 0{,}5\text{ A} \cdot 10\,\Omega = \underline{5\text{ V}}$$

Damit verbleiben für die Parallelschaltung $R_{1,2}$

$$U_1 = U - U_3; \qquad \underline{U_1} = 7\text{ V} - 5\text{ V} = \underline{2\text{ V}}$$

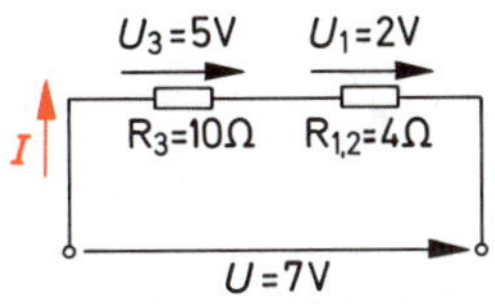

Bild 2.35 Ersatzschaltung 3

Mit dem nun bekannten Spannungsfall U_1 und den entsprechenden Widerständen R_1 und R_2 können nach dem Ohmschen Gesetz die Teilströme I_1 und I_2 berechnet werden.

$$I_1 = \frac{U_1}{R_1}; \qquad \underline{I_1} = \frac{2\text{ V}}{5\,\Omega} = \underline{0{,}4\text{ A}}$$

$$I_2 = \frac{U_1}{R_2} \qquad \underline{I_2} = \frac{2\text{ V}}{20\,\Omega} = \underline{0{,}1\text{ A}}$$

Es ist zu beachten:

> Enthält eine Reihenschaltung eine Parallelschaltung, dann wird zuerst die Parallelschaltung berechnet.

2.5.2 Erweiterte Parallelschaltung

Beispiel:
Drei Widerstände sind nach Bild 2.36 geschaltet.
Bestimmen Sie den Ersatzwiderstand, die Teilströme und Teilspannungen!

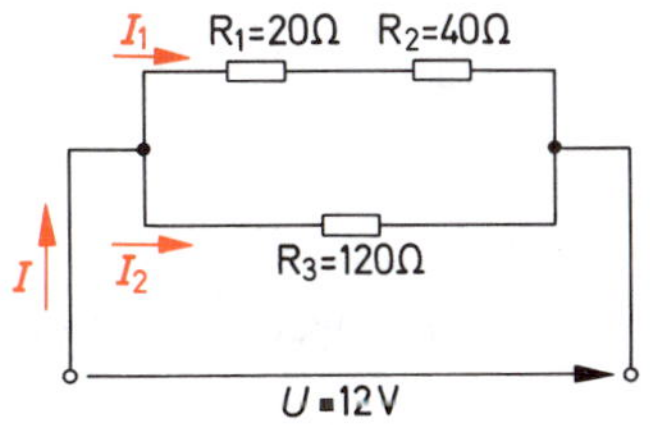

Bild 2.36 Erweiterte Parallelschaltung

Lösung: Reihenschaltung

$R_{1,2} = R_1 + R_2;$ $\underline{R_{1,2}} = 20\,\Omega + 40\,\Omega = \underline{\underline{60\,\Omega}}$

Parallelschaltung

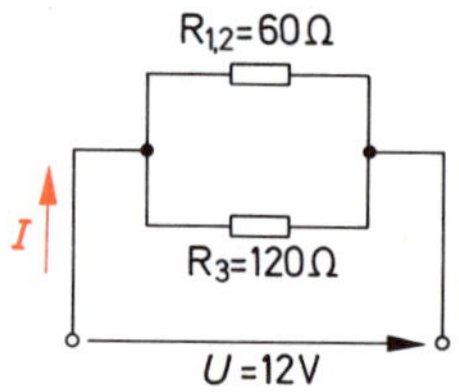

Bild 2.37 Ersatzschaltung 1

$$R_{ers} = \frac{R_{1,2} \cdot R_3}{R_{1,2} + R_3}; \qquad \underline{R_{ers}} = \frac{60\,\Omega \cdot 120\,\Omega}{60\,\Omega + 120\,\Omega} = \frac{7200\,\Omega^2}{180\,\Omega} = \underline{\underline{40\,\Omega}}$$

Gesamtstrom

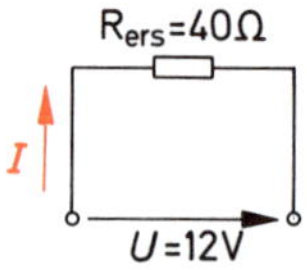

Bild 2.38 Ersatzschaltung 2

$$I = \frac{U}{R_{ers}}; \qquad \underline{I} = \frac{12\,\text{V}}{40\,\Omega} = \underline{\underline{0{,}3\,\text{A}}}$$

Am Widerstand R_3 fällt die Spannung $U = 12$ V ab, an den Widerständen R_1 und R_2 zusammen ebenfalls.
Somit läßt sich bestimmen:

$$I_3 = \frac{U}{R_3}; \qquad \underline{I_3} = \frac{12\,\text{V}}{120\,\Omega} = \underline{\underline{0{,}1\,\text{A}}}$$

$$I_1 = \frac{U}{R_{1,2}}; \qquad \underline{I_1} = \frac{12\,\text{V}}{60\,\Omega} = \underline{\underline{0{,}2\,\text{A}}}$$

Der Strom I_1 verursacht im Widerstand R_1 den Spannungsfall:

$U_1 = I_1 \cdot R_1;$ $\underline{U_1} = 0{,}2\,\text{A} \cdot 20\,\Omega = \underline{\underline{4\,\text{V}}}$

im Widerstand R_2:

$U_2 = I_1 \cdot R_2;$ $\underline{U_2} = 0{,}2\,\text{A} \cdot 40\,\Omega = \underline{\underline{8\,\text{V}}}$

Es ist zu beachten:

> Enthält eine Parallelschaltung eine Reihenschaltung, dann wird zuerst die Reihenschaltung berechnet.

2.5.3 Belasteter Spannungsteiler

Aus einem unbelasteten Spannungsteiler wird ein belasteter Spannungsteiler und damit eine gemischte Schaltung, wenn ein Verbraucher zugeschaltet wird (Bild 2.39).

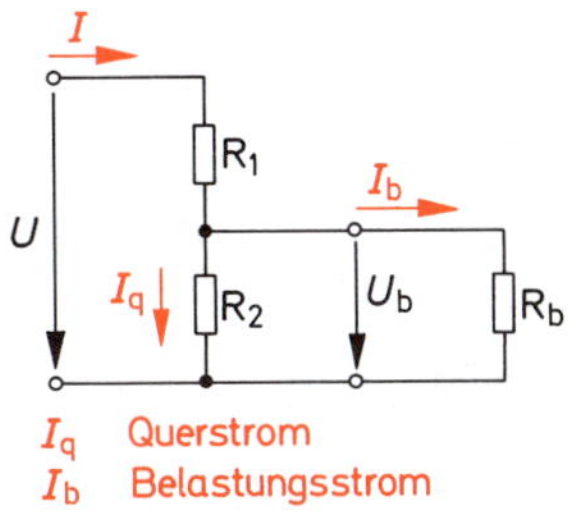

Bild 2.39 Belasteter Spannungsteiler

Die verwendete Teilspannung U_b (Belastungsspannung) liegt am Parallelwiderstand $R_{2,b}$. Die Gesamtspannung U ist am Gesamtwiderstand $R_1 + R_{2,b}$ wirksam.
Als Spannungsteilerregel gilt somit:

$$\frac{U_b}{U} = \frac{R_{2,b}}{R_1 + R_{2,b}}$$

Spannungsteilerregel
(belasteter Spannungsteiler)

$$R_{2,b} = \frac{R_2 \cdot R_b}{R_2 + R_b}$$

$R_{2,b}$ Parallelwiderstand in Ω
R_1 Teilwiderstand in Ω
U Gesamtspannung in V
U_b Belastungsspannung in V

Beispiel:
Bestimmen Sie für den angegebenen Spannungsteiler die Spannung U_b
a) mit Belastungswiderstand,
b) ohne Belastungswiderstand.

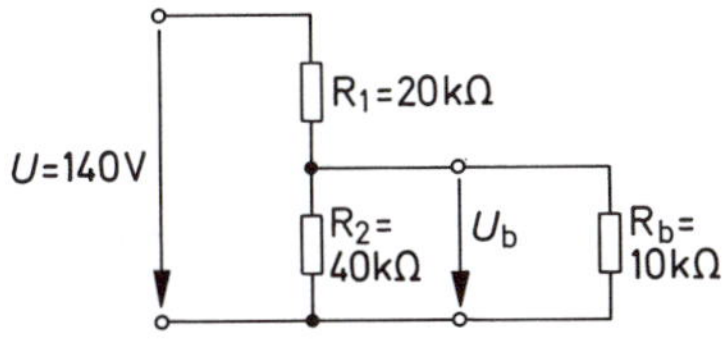

Bild 2.40 Belasteter Spannungsteiler

Lösung: a) Nach der Spannungsteilerregel (belastet) wird:

$$U_b = U\frac{R_{2,b}}{R_1 + R_{2,b}}; \quad \underline{U_b} = 140\text{ V}\frac{8000\,\Omega}{28\,000\,\Omega} = \underline{40\text{ V}}$$

Parallelwiderstand

$$R_{2,b} = \frac{R_2 \cdot R_b}{R_2 + R_b}; \quad \underline{R_{2,b}} = \frac{40\text{ k}\Omega \cdot 10\text{ k}\Omega}{40\text{ k}\Omega + 10\text{ k}\Omega} = \frac{400\text{ (k}\Omega)^2}{50\text{ k}\Omega} = \underline{8\text{ k}\Omega}$$

Gesamtwiderstand

$$R_{ges} = R_1 + R_{2,b}; \quad \underline{R_{ges}} = 20\text{ k}\Omega + 8\text{ k}\Omega = \underline{28\text{ k}\Omega}$$

b) Nach der Spannungsteilerregel (unbelastet):

$$U'_b = \frac{R_2}{R_1 + R_2}; \quad \underline{U'_b} = \frac{140\text{ V} \cdot 40\,000\,\Omega}{60\,000\,\Omega} = \underline{93{,}3\text{ V}}$$

Es fällt auf, daß die Ausgangsspannung durch Belasten stark abgefallen ist.
Der Grund liegt darin, daß sich durch den Belastungswiderstand der Gesamtwiderstand der Schaltung verringert, damit die Stromaufnahme steigt und der Spannungsfall am Widerstand R_1 größer und hierdurch die Spannung U_b kleiner wird.
Um die Spannungsabweichung beim Übergang vom unbelasteten zum belasteten Spannungsteiler gering zu halten, muß der zugeschaltete Belastungswiderstand einiges größer sein als der Gesamtwiderstand des Spannungsteilers. Dabei muß aber darauf geachtet werden, daß der Widerstand des Spannungsteilers nicht zu klein wird, da sonst ein großer Querstrom fließt und große Verluste entstehen.
Anwendung: Belastete Spannungsteiler sollte man nur dann einsetzen, wenn es sich um kleine Ströme handelt, z. B. in elektronischen oder nachrichtentechnischen Geräten. Der Widerstandswert der Spannungsteilerwiderstände wird dabei in der Größenordnung des Verbraucherwiderstandes liegen.

2.5.4 Widerstandsbrücke

Die Widerstandsbrücke ist, wie die Schaltung zeigt, praktisch eine Parallelschaltung von zwei unbelasteten Spannungsteilern.

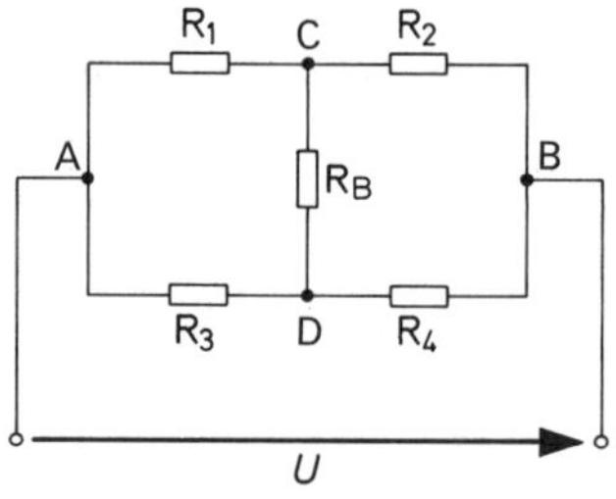

Bild 2.41 Widerstandsbrücke

Die Verbindung von C nach D wird als *Brücke* (Brückenwiderstand) bezeichnet. Durch den Brückenwiderstand fließt ein Strom, wenn an ihm eine Spannung liegt, d.h., wenn sich zwischen Punkt C und Punkt D eine Potentialdifferenz einstellt.
Weisen Punkt C und Punkt D das gleiche Potential auf, dann ist die Potentialdifferenz Null und der Brückenwiderstand stromlos.
Punkt A und B haben dann gleiches Potential, wenn die Spannungsfälle in R_1 und R_3 gleich groß sind, d. h. also, wenn das Verhältnis der Spannungsteilerwiderstände gleich groß ist.
In einer Formel erfaßt:

$$\frac{R_1}{R_2} = \frac{R_3}{R_4}$$ *Brückengleichung (Abgleichbedingung)*

Eine Brückenschaltung, in der obige Gleichung erfüllt ist, nennt man «abgeglichen». Verändert man nur einen der vier Widerstände, so kommt die Brücke aus dem Gleichgewicht. Es fließt ein Ausgleichsstrom.
Eine Veränderung der angelegten Spannung U hat keinen Einfluß auf die Potentialdifferenz zwischen A und B, da das Verhältnis der Widerstände und damit der Spannungen sich nicht verändert.
Die Brückenschaltung wird z. B. zur genauen Bestimmung von Widerständen genutzt und Wheatstone-Brücke genannt (siehe Abschnitt 11.6.6).

2.5.4.1 Lernziel-Test

Verständnisfragen

1. Was versteht man unter gemischten Schaltungen?
2. Warum verändert sich bei einem Spannungsteiler durch Belastung die Ausgangsspannung?
3. Wie lautet bei einer Brückenschaltung die Abgleichbedingung?
4. Warum kann eine abgeglichene Widerstandsbrücke durch Änderung der Betriebsspannung nicht aus dem Gleichgewicht gebracht werden?
5. Welchen Einfluß hat der Widerstand im Brückenzweig bei einer abgeglichenen Widerstandsbrücke?

Rechenaufgaben

1. Gegeben sind drei Widerstände 20 Ω, 40 Ω, 60 Ω.
   Zeichnen Sie die möglichen gemischten Schaltungen, und bestimmen Sie die Ersatzwiderstände!
2. Wie müssen drei Widerstände je 6 Ω geschaltet werden, damit der Gesamtwiderstand 4 Ω beträgt?
3. Wie müssen die drei Widerstände mit 3 Ω, 6 Ω und 5 Ω kombiniert werden, damit der Ersatzwiderstand 7 Ω aufweist?
   Zeichnen Sie die Schaltung, und begründen Sie diese durch Nachrechnen!

4. Bei der angegebenen Schaltung (Bild 2.42) ist $R_1 = 3\ \Omega$, $R_2 = 6\ \Omega$, $R_3 = 2\ \Omega$, $R_4 = 20\ \Omega$, $R_5 = 30\ \Omega$ und $R_6 = 7\ \Omega$: der Gesamtstrom $I = 10$ A.
   Bestimmen Sie
   a) den Ersatzwiderstand R_{ers},
   b) die Teilspannungen,
   c) die Teilströme,
   d) die Gesamtspannung U!

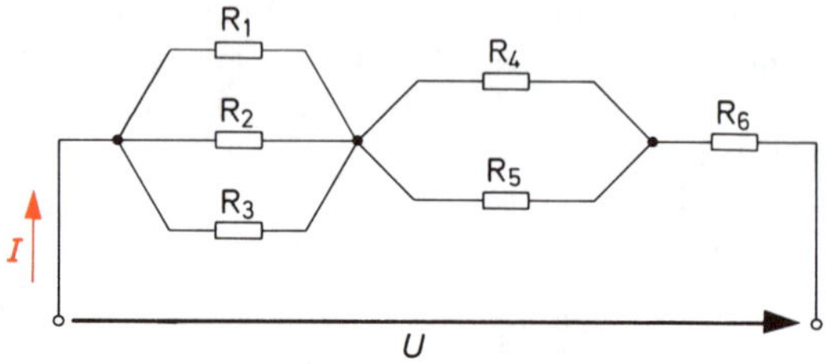

Bild 2.42 Gemischte Schaltung

5. Wieviel Volt fallen in angegebener Schaltung (Bild 2.43) am Widerstand R_2 ab?

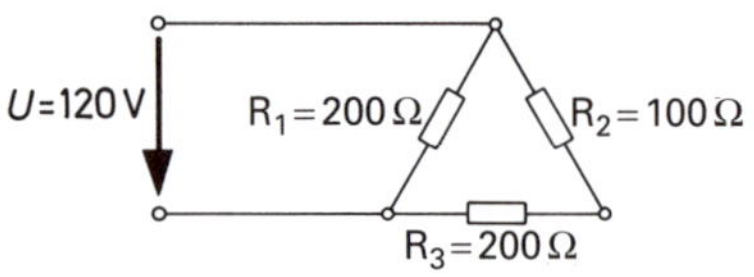

Bild 2.43 Gemischte Schaltung

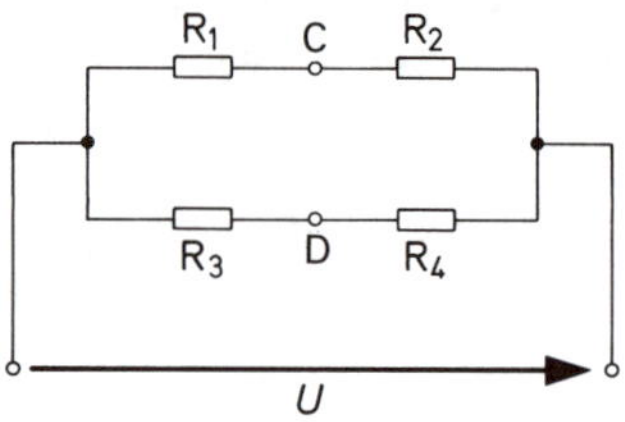

Bild 2.44 Gemischte Schaltung

6. Zwei Lampen L_1 (0,6 A/24 V) und L_2 (0,8 A/24 V) sollen in Reihenschaltung mit ihren Nenndaten an einem 110-V-Netz betrieben werden.
   Welcher Vor- und Nebenwiderstand ist zu wählen?
7. In der Widerstandsschaltung (Bild 2.44) sind gegeben:
   $R_1 = 15\ \Omega$, $R_2 = 45\ \Omega$, $R_3 = 25\ \Omega$, $R_4 = 35$ und $U = 12$ V.
   Berechnen Sie
   a) die Teilströme,
   b) den Gesamtstrom,
   c) die Spannung zwischen Punkt C und D!
8. Verbinden Sie in Bild 2.44 die Punkte C und D durch eine «Brücke», und verändern Sie R_4 so, daß eine abgeglichene Brücke entsteht.
9. An einem Spannungsteiler mit dem Gesamtwiderstand 3 MΩ soll bei 60 V Gesamtspannung eine Teilspannung von 5 V abgegriffen werden.
   Wie groß müssen die Teilwiderstände sein?
10. Ein Spannungsteiler mit den Teilwiderständen $R_1 = 80$ kΩ und $R_2 = 50$ kΩ liegt an der Gesamtspannung $U = 100$ V.
    a) Welche Teilspannung läßt sich am Widerstand R_2 abgreifen?
    b) Um wieviel Volt sinkt die Teilspannung U_2 ab, wenn ein Belastungswiderstand $R_b = 50$ kΩ parallel zu R_2 angeschlossen wird?

3 Arbeit und Leistung

3.1 Elektrische Arbeit – Energie

Hebt man einen Körper hoch oder bewegt ihn, so wird dabei eine mechanische Arbeit verrichtet.
Diese Arbeit W hängt ab von der aufgewandten Kraft F und dem zurückgelegten Weg s.
Sie läßt sich mit der Gleichung

$$W = F \cdot s$$

errechnen.
Ähnliche Überlegungen führen auch zu dem Begriff der elektrischen Arbeit.
Werden unter dem Druck der elektrischen Spannung U Ladungsträger mit der Elektrizitätsmenge Q bewegt, so wird dabei ebenfalls eine Arbeit W verrichtet, nämlich die elektrische Arbeit.

$$W = Q \cdot U$$

Die Elektrizitätsmenge Q läßt sich bestimmen mit

$$Q = I \cdot t$$

Setzt man in obige Gleichung anstelle von $Q = I \cdot t$ ein, so ergibt sich

Elektrische Arbeit $$W = U \cdot I \cdot t$$

Elektrische Arbeit = Spannung · Stromstärke · Zeit

Setzt man U in Volt, I in Ampere und t in Sekunden ein, so erhält man die Einheit der elektrischen Arbeit zu Voltamperesekunden (VAs).
In der Praxis faßt man meist zusammen:

$$1\ \text{V} \cdot 1\ \text{A} = 1\ \text{W}\ (1\ \text{Watt})$$

und erhält damit als Einheit der elektrischen Arbeit die *Wattsekunde* (Ws).
Es wird häufig die Einheit *Kilowattstunde* (kWh) verwendet:

$$1\ \text{kWh} = 3{,}6 \cdot 10^6\ \text{Ws}$$

Führt man in die Formel für die elektrische Arbeit das Ohmsche Gesetz ein, dann entstehen neue Formeln zur Berechnung der elektrischen Arbeit. Diese Formeln sind besonders geeignet zur Arbeitsbestimmung in Widerständen.

$$W = U \cdot I \cdot t$$
$$U = R \cdot I$$
$$W = I \cdot I \cdot R \cdot t$$

Elektrische Arbeit $W = I^2 \; R \; t$

W	elektr. Arbeit in Ws
I	Strom in A
R	Widerstand in Ω
t	Zeit in s

$$W = U \cdot I \cdot t$$
$$I = \frac{U}{R}$$
$$W = U \frac{U}{R} \cdot t$$

Elektrische Arbeit $W = \frac{U^2 \cdot t}{R}$

W	elektr. Arbeit in Ws
U	Spannung in V
R	Widerstand in Ω
t	Zeit in s

Beispiele:

1. Eine Spannungsquelle mit 12 V gibt 5 h einen Strom von 0,3 A ab. Welche Arbeit in Ws liefert die Spannungsquelle?

gegeben: $U = 12$ V; $I = 0{,}3$ A; $t = 5$ h

gesucht: W

Lösung: $W = U \cdot I \cdot t$ $\quad \underline{W} = 12\text{ V} \cdot 0{,}3\text{ A} \cdot 5 \cdot 3600\text{ s} = \underline{64\,800\text{ Ws}}$

2. Eine Leitung hat einen Widerstand von 0,1 Ω und wird 10 Stunden lang von 15 A durchflossen.
Welcher Arbeitsverlust ergibt sich in der Leitung?

gegeben: $R = 0{,}1\ \Omega$; $I = 15$ A; $t = 10$ h

gesucht: W

Lösung: $W = I^2 \cdot R \cdot t$ $\quad W = 15^2 \cdot \text{A}^2 \cdot 0{,}1\ \Omega \cdot 10\text{ h}$

$\underline{W} = 225 \cdot 0{,}1 \cdot 10\text{ Wh} = \underline{225\text{ Wh}} = \underline{0{,}225\text{ kWh}}$

Arbeitspreis

Die Elektrizitätswerke lassen sich die gelieferte elektrische Arbeit bezahlen. Als Meßgerät dient der Zähler, der die Kilowattstunden, die dem Netz entnommen werden, mit einem Zählwerk mißt und anzeigt.
Der *Arbeitspreis* wird aus dem Preis je Kilowattstunde, der in den *Tarifen* des Elektrizitätswerkes festgelegt ist, und der Zahl der gelieferten Kilowattstunden errechnet. Der reine Arbeitspreis, häufig allgemein «Stromkosten» genannt, ergibt sich aus

Arbeitspreis $K = k \cdot W$

K Kosten in DM

k Tarif in $\frac{\text{DM}}{\text{kWh}}$

W elektr. Arbeit in kWh

Beispiel:
Eine 40-W-Glühlampe nimmt am 230-V-Netz einen Strom von 0,174 A auf.
Was kostet das, wenn die Lampe 4 Stunden leuchtet bei einem Tarif von 0,13 DM/kWh?

gegeben: $U = 230$ V; $I = 0{,}174$ A; $t = 4$ h; $k = 0{,}13$ DM/kWh

gesucht: K

Lösung: $K = k \cdot W$; $\underline{K} = 0{,}13\,\frac{\text{DM}}{\text{kWh}} \cdot 0{,}16\,\text{kWh} = \underline{0{,}0208\,\text{DM}}$

$= \underline{2{,}08\ \text{Pfennige}}$

$W = U \cdot I \cdot t$; $W = 230\,\text{V} \cdot 0{,}174\,\text{A} \cdot 4\,\text{h} = 160\,\text{Wh} = 0{,}16\,\text{kWh}$

3.1.1 Zusammenhang zwischen Arbeit und Energie

Wie schon festgestellt, wird beim Hochheben eines Körpers, z. B. beim Hochziehen eines Uhrgewichtes, eine mechanische Arbeit verrichtet. Der Körper erhält dadurch eine bestimmte Energie, die ihn in die Lage versetzt, wiederum Arbeit zu verrichten, z. B. die Uhr anzutreiben. Durch das Heben wird dem Körper also ein jederzeit verfügbares Arbeitsvermögen erteilt, das man als Energie bezeichnet.

> Energie ist das Vermögen, Arbeit zu verrichten. Energie und Arbeit haben damit die gleiche Einheit.

Die obige Form der Energie heißt Energie der Lage oder potentielle Energie.

3.2 Elektrische Leistung

Je schneller man eine Arbeit verrichtet, um so mehr leistet man. Leistung P kann also allgemein als Arbeit W je Zeit t definiert werden.

$$\text{Leistung} = \frac{\text{Arbeit}}{\text{Zeit}}$$

$$P = \frac{W}{t}$$

Die elektrische Arbeit W läßt sich berechnen mit

$$W = U \cdot I \cdot t$$

Setzt man in die Leistungsgleichung anstelle von $W = U \cdot I \cdot t$ ein, so erhält man

$$P = \frac{U \cdot I \cdot t}{t}$$

Elektrische Leistung $$P = U \cdot I$$

P Leistung in W
U Spannung in V
I Strom in A

Elektrische Leistung = Spannung · Stromstärke

Gibt man U in Volt und I in Ampere an, so erhält man als Einheit für die elektrische Leistung das Voltampere (VA) oder praxisgerecht das *Watt* (W).

Man verwendet weiterhin noch:

1 kW	= 1 Kilowatt	=	1 000	Watt	$= 10^3$ W
1 MW	= 1 Megawatt	=	1 000 000	Watt	$= 10^6$ W
1 mW	= 1 Milliwatt	=	$\frac{1}{1\,000}$	W	$= 10^{-3}$ W
1 µW	= 1 Mikrowatt	=	$\frac{1}{1\,000\,000}$	W	$= 10^{-6}$ W
1 nW	= 1 Nanowatt	=	$\frac{1}{1\,000\,000\,000}$	W	$= 10^{-9}$ W

Durch Einführen des Ohmschen Gesetzes in die Leistungsformel erhält man weitere Formeln für die elektrische Leistung. Diese Formeln eignen sich besonders zur *Leistungsbestimmung in Widerständen.*

$$P = U \cdot I$$

$$U = R \cdot I$$

$$P = R \cdot I \cdot I$$

Elektrische Leistung $$P = I^2 \cdot R$$

P Leistung in W
I Strom in A
R Widerstand in Ω

$$P = U \cdot I$$

$$I = \frac{U}{R}$$

$$P = \frac{U \cdot U}{R}$$

Elektrische Leistung $$P = \frac{U^2}{R}$$

P Leistung in W
U Spannung in V
R Widerstand in Ω

Bei Kraftfahrzeugen, Lokomotiven und Elektromotoren älteren Typs wird die Leistung teilweise noch in PS (Pferdestärke) angegeben. Diese Einheit konnte übergangsmäßig bis zum 31. 12. 1977 verwendet werden.

Umrechnung **1 PS = 736 W**

Beispiele:

1. An einem Bügeleisen werden folgende Werte gemessen: U = 230 V, I = 4,5 A. Welche Leistung nimmt das Bügeleisen aus dem Netz auf?

gegeben: U = 230 V; I = 4,5 A

gesucht: P

Lösung: $P = U \cdot I$ $\underline{P} = 230\ \text{V} \cdot 4{,}5\ \text{A} = \underline{1035\ \text{W}}$

2. An welche Spannung darf ein Widerstand mit der Aufschrift 1.2 kΩ/0,5 W im Höchstfall angeschlossen werden?

gegeben: R = 1,2 kΩ = 1200 Ω; P = 0,5 W

gesucht: U

Lösung: $P = \frac{U^2}{R}$, *umgestellt:* $U^2 = P \cdot R$

$U = \sqrt{P \cdot R}$; $\underline{U} = \sqrt{0{,}5\ \text{W} \cdot 1200\ \Omega} = \sqrt{600\ \text{V}^2} = \underline{24{,}5\ \text{V}}$

Auf dem Typenschild der elektrischen Geräte wird u. a. die Leistung angegeben, und zwar die Leistung, die interessiert:
Bei elektrischen Maschinen (Motoren, Transformatoren) die abgebbare Leistung;
bei Elektrowerkzeugen die abgebbare und die aufgenommene Leistung;
bei Haushaltsgeräten die aufgenommene Leistung! Diese angegebenen Leistungen sind die Nennleistungen der Geräte.
In der Praxis kommen folgende Leistungen vor:

Eigenverbrauch von Galvanometern	ca. 1 nW	$= 10^{-9}$ W
Leistung in einer Empfängerantenne	ca. 1 µW	$= 10^{-6}$ W
Eigenverbrauch von Drehspul-Betriebsmeßwerken	ca. 0,5 mW	$= 0{,}5 \cdot 10^{-3}$ W
Leistung einer Skalenlampe	ca. 1 W	
Leistung eines Haarföns	ca. 300 W	
Leistung eines Elektroherdes	ca. 3 kW	$= 10^3$ W
Leistung einer Elektrolokomotive	ca. 1 MW	$= 10^6$ W
Leistung eines Großtransformators	ca. 1 MW	$= 10^6$ W
Leistung eines Kernkraftwerkes	ca. 1000 MW	$= 10^9$ W

3.3 Energieumwandlung

Außer der schon behandelten Energie der Lage gibt es andere Formen der Energie: Energie der Bewegung, elektrische Energie, Wärmeenergie, chemische Energie, Atomenergie, Lichtenergie usw.
Die einzelnen Energieformen können ineinander umgewandelt werden, ohne daß sich die Gesamtmenge an Energie ändert. Energie der Lage wird beim Fallen des Körpers in Bewegungsenergie umgeformt. Bewegungsenergie kann durch Reibung wiederum Wärmeenergie ergeben. Wärmeenergie kann z. B. über Wasserdampf und eine Dampfturbine wieder in Bewegungsenergie umgewandelt werden. Bewegungsenergie führt z. B. über den Generator zu elektrischer Energie.

> Energie kann nicht erzeugt, sondern nur umgewandelt werden, geht aber auch nie verloren.

3.3.1 Einheiten für Energie und Arbeit – Umrechnungen

Die gesetzliche Einheit für *Energie* ist das *Joule* (J). Diese Einheit ist praktisch für alle auftretenden Energieformen verwendbar. Da Arbeit und Energie gleichwertig sind, gilt die Einheit Joule auch für die *Arbeit.*

Häufig ist es günstig, für *elektrische Arbeit* (Energie) die Einheit *Wattsekunde* (Ws) zu verwenden.

Das geht ohne weiteres, da die Einheit Ws der Einheit J gleichwertig ist (siehe Definition Kapitel 14).

1 Wattsekunde = 1 Joule

$$1 \text{ Ws} = 1 \text{ J}$$

Für *mechanische Arbeit* (Energie) findet die SI-Einheit *Newtonmeter* (Nm) Verwendung. Diese Einheit setzt sich zusammen aus der Einheit *Newton* für die *Kraft* und der Einheit *Meter* für die Länge. Auch die Einheit Nm ist der Einheit J gleichwertig (siehe Definition Kapitel 14).

1 Newtonmeter = 1 Joule

$$1 \text{ Nm} = 1 \text{ J}$$

Damit gilt:

$$1 \text{ J} = 1 \text{ Ws} = 1 \text{ Nm}$$

Die Wärmeenergie (Wärmemenge) wird normalerweise in Joule (J) angegeben, wobei noch ab und zu die alte Wärmeeinheit Kalorie (cal) oder Kilokalorie (kcal) zur Anwendung kommt.

Für die Energietechnik (z. B. auch den Haushalt) erweist sich die Energieeinheit Ws als zu klein, weshalb man hier die Einheit kWh anwendet.

$$1 \text{ kWh} = 3{,}6 \cdot 10^6 \text{ Ws}$$

Tabelle 3.1 Umrechnung von Energieeinheiten

Energie	J, Ws, Nm	kWh	kcal
1 J = 1 Ws = 1 Nm =	1	$0{,}278 \cdot 10^{-6}$	$0{,}239 \cdot 10^{-3}$
1 kWh =	$3{,}6 \cdot 10^6$	1	860
1 kcal =	4186	$1{,}16 \cdot 10^{-3}$	1

3.3.2 Umwandlung von elektrischer Energie in Wärme

In der Praxis wird die Energieumwandlung von elektrischer Energie in Wärmeenergie sehr häufig angewandt.
Ein elektrischer Strom erwärmt hierbei seinen Leiter. Im Metalldraht stoßen die bewegten Elektronen mit den Atomen des Leiterwerkstoffes, die sich in Wärmebewegung befinden, zusammen und geben einen Teil ihrer Bewegungsenergie an die Atome ab. Dadurch wird die Wärmebewegung der Atome verstärkt, was gleichbedeutend ist mit einer Temperaturerhöhung des Leiters.
Die im Leiter auftretende Wärmeenergie wird der Umgebung – z. B. Luft oder Wasser – zugeführt und erwärmt dabei diese Stoffe.
Man nennt die beim Erwärmen zugeführte Wärmeenergie *Wärmemenge* und verwendet als Kurzzeichen Q. Sie hat, wie in Abschnitt 3.3.1 schon erwähnt, die Einheit *Joule* (J).
So gilt z. B.:

> Um 1 kg Wasser um 1 K zu erwärmen, benötigt man die Wärmemenge 4186 J (1 kcal).

In Bild 3.1 wird die Umwandlung von elektrischer Energie in Wärmeenergie dargestellt. Es ist dabei zu ersehen, daß 4186 J = 4186 Ws elektrische Energie in genau 4186 J bzw. 1 kcal Wärmeenergie umgewandelt und dabei 1 kg Wasser um 1 K erwärmt wird.

In der Tat nimmt ein Heizgerät, das z. B. an 230 V angeschlossen wird, bei 1 A Strom in genau 18,2 Sekunden die elektrische Arbeit

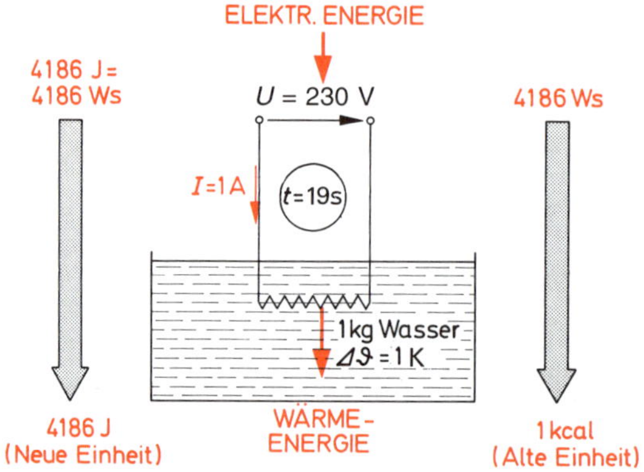

Bild 3.1 Umwandlung von elektrischer Energie in Wärmeenergie und Vergleich von alter und neuer Einheit für Wärmeenergie

$W = U \cdot I \cdot t$

$W = 230\ \text{V} \cdot 1\ \text{A} \cdot 18{,}2\ \text{s} = 4186\ \text{Ws} = 4186\ \text{J}$

auf und setzt diese elektrische Energie vollständig in 4186 J Wärmeenergie um.

3.4 Wirkungsgrad

Wie in Abschnitt 3.3 festgestellt, läßt sich eine Energieform in eine andere Energieform überführen. Technisch gelingt es dabei nicht immer, eine Energieform restlos in eine bestimmte andere zu wandeln.
Zum Beispiel entsteht bei der Umwandlung von mechanischer Energie in elektrische Energie auch Wärme, d. h., ein Teil der mechanischen Energie wird in Wärmeenergie umgesetzt. Man spricht technisch von einem Verlust, da diese Energie nicht mehr genutzt werden kann.

Bild 3.2
Energieverlauf bei einer Energieumwandlung

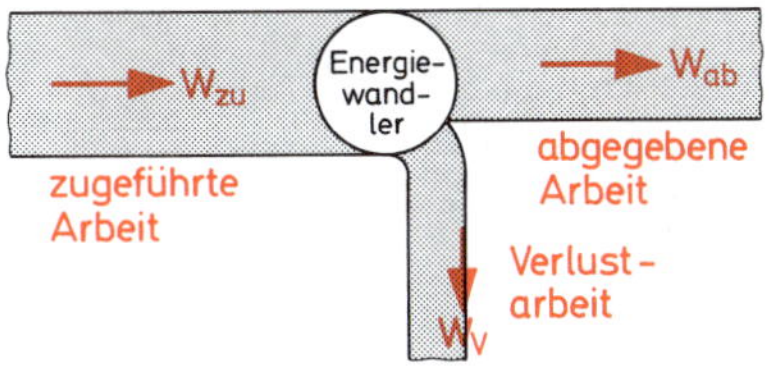

Setzt man abgegebene, d. h. genutzte und zugeführte Arbeit ins Verhältnis, so erhält man eine Aussage über den Grad der Nutzung oder der Wirksamkeit der Anlage. Man spricht vom Wirkungsgrad η (sprich: eta).

$$\text{Wirkungsgrad} = \frac{\text{abgegebene Arbeit}}{\text{zugeführte Arbeit}}$$

$$\eta = \frac{W_{ab}}{W_{zu}}$$

Da Leistung gleich Arbeit je Zeiteinheit ist, läßt sich der Wirkungsgrad auch über die Leistungen ermitteln:

$$\text{Wirkungsgrad} = \frac{\text{abgegebene Leistung}}{\text{zugeführte Leistung}}$$

$$\eta = \frac{P_{ab}}{P_{zu}}$$

Der Wirkungsgrad ergibt sich hierbei als Dezimalbruch, kann aber auch in Prozenten angegeben werden.
Der Wirkungsgrad von Energiewandlern kann theoretisch höchstens den Wert 1 bzw. 100% annehmen. In der praktischen Ausführung ist dies aber nicht möglich, da bei jeder Energieumwandlung Verluste auftreten.

> Der Wirkungsgrad ist immer kleiner als 1.

Man ist besonders bei großen Leistungen bestrebt, den Wirkungsgrad nahe 1 zu halten.
In der Praxis treten folgende Wirkungsgrade auf:

Wechselstrommotor	500	W	$\eta = 0{,}7$
Drehstrommotor	1	kW	$\eta = 0{,}8$
Drehstrommotor	50	kW	$\eta = 0{,}9$
Drehstrommotor	1000	kW	$\eta = 0{,}95$
Blei-Akkumulator			$\eta = 0{,}75$
Transformator	1	kVA	$\eta = 0{,}9$
Transformator	50 000	kVA	$\eta = 0{,}995$
Glühlampe	40	W	$\eta = 0{,}015$
Rundfunkgerät			$\eta = 0{,}05$

Beispiele:

1. Ein Gleichstrommotor nimmt an 230 V Gleichspannung 5 A auf. Auf seinem Leistungsschild steht als Leistungsabgabe 950 W.
   Wie groß ist der Wirkungsgrad des Motors?

gegeben: $U = 230\ \text{V}$; $I = 5\ \text{A}$; $P_{ab} = 950\ \text{W}$

gesucht: η

Lösung: $$\underline{\eta} = \frac{P_{ab}}{P_{zu}} = \frac{950\ \text{W}}{1150\ \text{W}} = \underline{0{,}826} = \underline{82{,}6\ \%}$$

$$P_{zu} = U \cdot I = 230\ \text{V} \cdot 5\ \text{A} = 1150\ \text{W}$$

Von der zugeführten elektrischen Leistung werden also 82,6% genutzt.

2. Welche Leistung nimmt ein 2-kW-Motor mit dem Wirkungsgrad 0,8 auf, wenn er mit Nennlast betrieben wird?

gegeben: $\eta = 0{,}8$; $P_{ab} = 2\ \text{kW}$

gesucht: P_{zu}

Lösung: $$\eta = \frac{P_{ab}}{P_{zu}}; \qquad \underline{P_{zu}} = \frac{P_{ab}}{\eta} = \frac{2\ \text{kW}}{0{,}8} = \underline{2{,}5\ \text{kW}}$$

3.4.1 Lernziel-Test

Verständnisfragen

1. Von welchen Größen hängt die elektrische Arbeit ab?
2. Wie heißt die Einheit für elektrische Arbeit und elektrische Leistung?
3. Was versteht man unter Energie?
4. Nennen Sie drei Gleichungen zur Bestimmung der elektrischen Leistung!
5. Welche Beziehung besteht zwischen den Einheiten J, Nm und Ws?
6. Für welche Energieart wurde die Einheit kcal verwendet?
7. Warum ist der Wirkungsgrad immer kleiner als 1?
8. Eine Glühlampe hat einen Wirkungsgrad von 0,015. Was besagt diese Angabe?
9. Wie verändert sich in einem Stromkreis die Leistung, wenn die Spannung verdoppelt wird?
10. Wie verändert sich in einem Stromkreis die Leistung, wenn der Widerstand halb so groß wird?
11. Wie viele Ws bzw. kcal stellen 1 kWh dar?

Rechenaufgaben

1. Wieviel kWh entnimmt eine 100-W-Glühlampe dem Netz, wenn sie 2,5 Stunden in Betrieb ist?
2. Welchen Widerstandswert muß ein Heizwiderstand haben, damit er an 230 V in 1 h 2 kWh aufnimmt?
3. Nach wieviel Stunden hat eine 60-W-Glühlampe an 230 V 1 kWh aufgenommen?
4. An ein 110-V-Netz wird ein Widerstand von 110 Ω angeschlossen.
   Welche Leistung nimmt der Widerstand auf?
5. Wie groß ist der Betriebswiderstand einer 100-W-Glühlampe für 230 V Spannung?
6. Widerstände tragen z.B. die Beschriftung 5 W/100 Ω; 5 W/10 kΩ.
   An welche höchste Spannung dürfen die Widerstände angeschlossen werden, und wieviel mA fließen dann?
7. Ein Lötkolben nimmt bei einer Spannung von 230 V eine Leistung von 200 W auf.
   Wie groß ist die Leistungsaufnahme, wenn die Spannung auf 200 V absinkt?
8. Eine Herdplatte war 1,5 Stunden eingeschaltet und hat 0,2 kWh bei 230 V Spannung aufgenommen.
   Wie groß ist der Widerstandswert?
9. Ein Tauchsieder mit 80 Ω Widerstand liegt an 200 V Spannung.
   Welche Wärmemenge in J und kcal erzeugt der Strom in 6 Minuten?
10. Auf dem Typenschild einer Bohrmaschine für 230 V sind angegeben die Leistungsabgabe 160 W und die Leistungsaufnahme mit 250 W.
    a) Wie groß ist der Wirkungsgrad der Bohrmaschine bei Nennlast?

b) Wie groß ist hierbei die Stromaufnahme?

c) Welche Verlustleistung tritt auf?

11. Welche Leistung nimmt ein 10-kW-Motor mit einem Wirkungsgrad $\eta = 0{,}85$ auf?

12. Welche Wärmemenge entwickelt ein 50-MVA-Transformator mit 0,98 Wirkungsgrad während 24 Betriebsstunden?

    Wieviel Geld geht bei einem Tarif $0{,}10\,\frac{\text{DM}}{\text{kWh}}$ je Tag verloren?

4 Spannungserzeuger

Spannungserzeugung beruht grundsätzlich darauf, daß Ladungen getrennt bzw. verschoben werden und damit zwischen zwei Punkten ein Ladungsunterschied, d. h. eine Potentialdifferenz auftritt.

4.1 Arten und Prinzip der Spannungserzeugung

4.1.1 Spannungserzeugung durch chemische Vorgänge

Taucht man zwei verschiedene Metalle (z. B. Kupfer und Zink) in eine elektrisch leitende Flüssigkeit (z. B. Wasser mit Schwefelsäurezusatz), so stellt man zwischen den beiden Elektroden eine Spannung fest.

Bild 4.1
Spannungserzeugung durch chemische Vorgänge

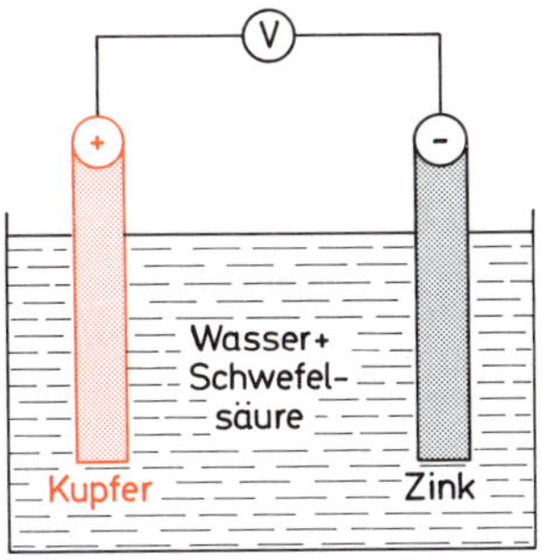

Bestimmte Metalle, wie z. B. Zink, haben das Bestreben, positive Metallionen in die Lösung zu treiben. Dabei werden diese Metalle gegenüber der Lösung negativ geladen.
Andere Metalle, wie z. B. Kupfer, haben das Bestreben, aus der Lösung positive Metallionen aufzunehmen. Die Metalle werden gegenüber der Lösung positiv geladen.
Insgesamt entsteht also zwischen den beiden Metallen ein Ladungsunterschied, d. h. eine Spannung.
Spannungserzeuger, die auf solchen chemischen Vorgängen aufbauen, sind die *galvanischen Elemente* (Primär und Sekundärelemente, Batterien). Weitere Angaben über diese Spannungserzeuger befinden sich in den Abschnitten 5.3 und 5.4.

4.1.2 Spannungserzeugung durch Wärme

Verbindet man zwei verschiedene Metalle (z. B. Kupfer und Eisen) an einem Ende, z.B. durch Löten, und erwärmt diese Verbindungsstelle, so stellt man fest, daß zwischen den beiden freien Enden eine Spannung entsteht.
Verschiedene Metalle haben auch unterschiedliche Mengen an freien Elektronen und damit unterschiedliche Elektronendichte. Berühren sich nun Metalle mit verschiedener Elektronendichte, so besteht für die Elektronen die Möglichkeit, von dem Metall mit der größeren Elektronendichte in das andere überzugehen, wenn den Elektronen die hierfür notwendige Arbeit (Abtrennarbeit) zugeführt wird. Das geschieht hier

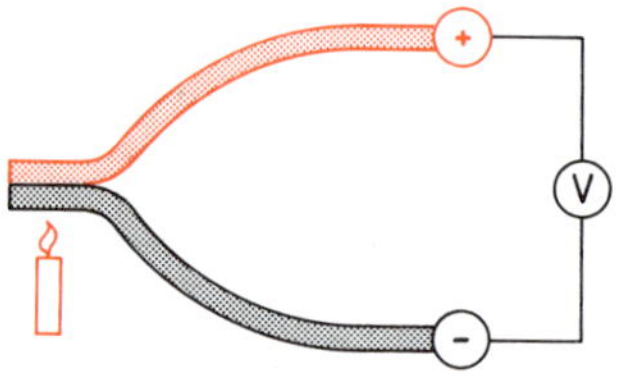

Bild 4.2
Spannungserzeugung durch Wärme

durch Temperatursteigerung. Der Elektronenfluß führt in dem einen Metall zu Elektronenmangel und in dem anderen zu Elektronenüberschuß, d. h. zu einer Spannung. Man nennt diese Spannung die *Thermospannung,* die Anordnung *Thermoelement.*
Die Thermospannung ist abhängig von der Temperaturdifferenz zwischen der Verbindungsstelle und den beiden freien Enden sowie der Kombination der Metalle.

Beispiele:

Wismut – Antimon	10 mV je 100 K
Konstantan – Kupfer	4,2 mV je 100 K
Konstantan – Eisen	5,0 mV je 100 K
Platin – Platinrhodium	1,0 mV je 100 K

Da die in Thermoelementen erzeugte Spannung wie auch deren Wirkungsgrad (unter 10%) sehr gering sind, eignet sich dieses Element nicht für die wirtschaftliche Erzeugung größerer Mengen elektrischer Energie.
Thermoelemente werden für Temperaturmessungen verwendet (Temperaturbereich von –200 °C bis 2300 °C), z.B. zur Temperatur-Fernmessung an schwer zugänglichen Stellen wie Öfen, Wicklungen, Rauchgaskaminen oder auch in der Meßtechnik als sogenannte Thermoumformer in Verbindung mit Drehspulmeßwerken (für hochfrequente Ströme und Spannungen).

4.1.3 Spannungserzeugung durch Licht

Setzt man ein sogenanntes *Fotoelement* Licht aus, so wird eine Spannung erzeugt. Ein Fotoelement (Sperrschicht-Fotoelement) besteht aus einer gut leitenden metallischen Grundplatte, auf die eine Halbleiterschicht aufgebracht ist. Auf dieser Schicht ist als Gegenelektrode eine dünne lichtdurchlässige Metallhaut aufgedampft.
Durch Belichten werden in der Halbleiterschicht Elektronen ausgelöst, die in die Metallhaut übertreten. Die Grundplatte wird somit positiv und die Metallhaut negativ geladen. Man spricht vom photoelektrischen Effekt (nähere Angaben in «Elektronik 2»).
Es entsteht also eine Spannung. Die Höhe der Spannung ist abhängig von der Intensität

Bild 4.3
Spannungserzeugung durch Licht

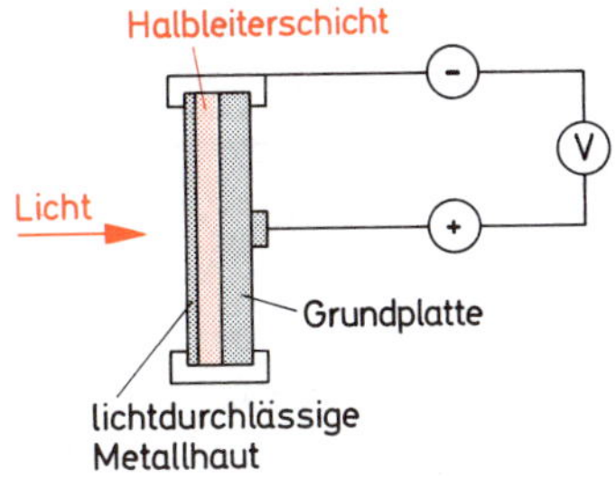

und der Art des Lichtes sowie der Art der Sperrschicht. Anwendung finden Silizium- und Selen-Fotoelemente, wobei heute besonders großflächige Silizium-Fotoelemente als sogenannte Solarzellen an Bedeutung gewinnen.
Solarzellen können unter Sonneneinstrahlung eine Spannung von ca. 0,6 V und eine Leistung von ca. 10 mV pro cm^2 aktiver Fläche abgeben. Ihr Wirkungsgrad beträgt ca. 16–25%. Zur Leistungserhöhung werden die Solarzellen zu Batterien in Reihe und parallelgeschaltet (nähere Angaben in Kapitel 14).

> Solarzellen sind großflächige Fotoelemente, die zur Stromversorgung von Verbrauchern mit geringer Leistung dienen.

Das Fotoelement wird angewandt in Belichtungsmessern, in Alarmanlagen, in Zählvorrichtungen, aber auch als Solarelement zur direkten Versorgung von Kleingeräten mit geringem Energieverbrauch wie Rechnern usw. Zur Energiespeicherung und damit netzunabhängigen Versorgung von Kleingeräten kommen Solarbatterien zum Einsatz. Solarbatterien stellen eine Kombination von Solarzellen und Akkumulator dar.

4.1.4 Spannungserzeugung durch Verformung von Kristallen

Verformt man durch Druck ein sogenanntes *Piezo-Kristall,* so entsteht eine Spannung. Man spricht vom *Piezo-Effekt.*
Bei bestimmten Kristallen treten durch Druck oder Zug auf bestimmten Kristallflächen negative oder positive Ladungen und damit Spannungen auf.

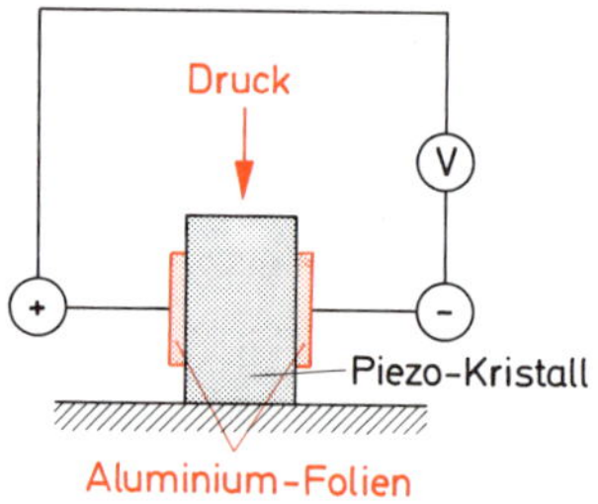

Bild 4.4
Spannungserzeugung durch Verformen von Kristallen

Die Ladungen werden z. B. über Aluminiumfolien abgenommen.
Angewandt wird der Piezo-Effekt bei Kristalltonabnehmern von Plattenspielern, bei Kristallmikrofonen, Kristallautsprechern, Feuerzeugen, Gasanzündern und Druck- bzw. Kraftmessern.

4.1.5 Spannungserzeugung durch Induktion

Führt man eine Spule in das Magnetfeld eines Magneten, so entsteht während der Bewegung in der Spule eine Spannung. Man nennt diese Art der Spannungserzeugung *Induktion.*

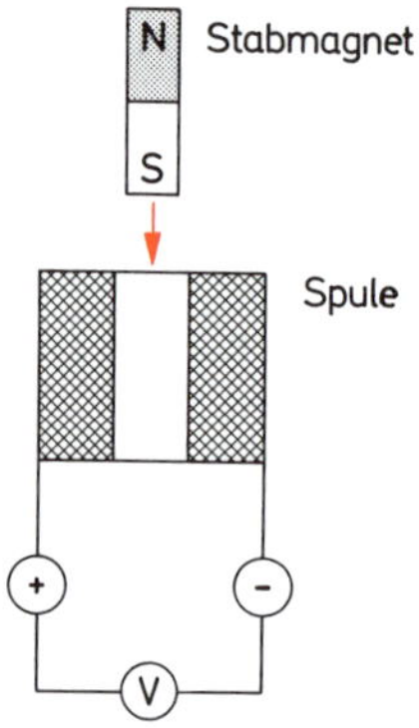

Bild 4.5
Spannungserzeugung durch Induktion

Die freien Elektronen erfahren in dem Leiter durch die Bewegung des Leiters und das Einwirken des Magnetfeldes eine Ablenkung in einer Richtung des Leiters. Dadurch entsteht an den Enden des Leiters ein Ladungsunterschied, d. h. eine Spannung. Diese Art der Spannungserzeugung ist technisch die wichtigste. Sie wird in den Generatoren angewandt.
Nähere Erläuterungen siehe Abschnitt 6.5.1.

4.1.6 Spannungserzeugung durch Reibung

Reibt man Isolierstoff, so werden elektrische Ladungen getrennt und damit Spannung erzeugt (Reibungselektrizität). Die fast immer ungewollten Spannungen können recht hoch sein (kV-Bereich). Dies macht sich bemerkbar in Kraftwirkungen, z. B. bei einer Anziehung zwischen geladenen Kunststoffolien oder beim gewaltsamen Ladungsausgleich, z. B. zwischen elektrostatisch aufgeladenen Menschen und Türklinken (Funken, Schreck) oder elektronischen Baugruppen (Zerstörung).
Ungewollte Reibungselektrizität entsteht z. B. beim Umgang mit Papier, Kunststofffolien, Kunststoffböden, -stühlen und -tischen, Geweben aus Chemiefasern, Fahrzeugen, Flugzeugen und beim Strömen isolierender Flüssigkeiten und Gasen.

4.2 Verhalten von Spannungserzeugern

4.2.1 Quellenspannung und Klemmenspannung

4.2.1.1 Leerlauf

Versuch:
An eine Taschenlampenbatterie (Monozelle), die nicht belastet ist ($I = 0$), wird ein Spannungsmesser angeschlossen und die Spannung gemessen.
Die Spannung beträgt 1,5 V.

Im unbelasteten Zustand eines Spannungserzeugers (Leerlauf), wenn also kein Strom fließt, ist die Klemmenspannung U gleich der Quellenspannung U_q.

Klemmenspannung = Quellenspannung

$$U = U_q$$

4.2.1.2 Belastung

Versuch:
An eine Taschenlampenbatterie (Monozelle) wird über einen Strommesser ein Drehwiderstand und parallel hierzu ein Spannungsmesser angeschlossen. Strom und Spannung werden bei verschiedenen Widerstandswerten gemessen.

Beachte: Mit steigendem Strom fällt die Klemmenspannung ab.

Das Absinken der Klemmenspannung bei größerer Stromstärke hat seinen Grund in einem inneren Spannungsfall des Spannungserzeugers, der zustande kommt, weil Spannungserzeuger einen *inneren Widerstand* R_i besitzen.
Um das Verhalten eines Spannungserzeugers in einem Stromkreis rechnerisch bestimmen zu können, setzt man den inneren Widerstand als Vorwiderstand ein und erhält somit die *Ersatzschaltung* eines Spannungserzeugers.

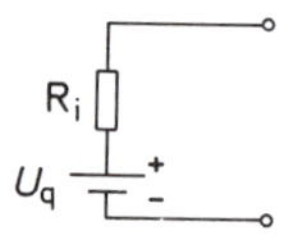

Bild 4.6
Ersatzschaltung eines Spannungserzeugers

Für den Grundstromkreis (Bild 4.7)

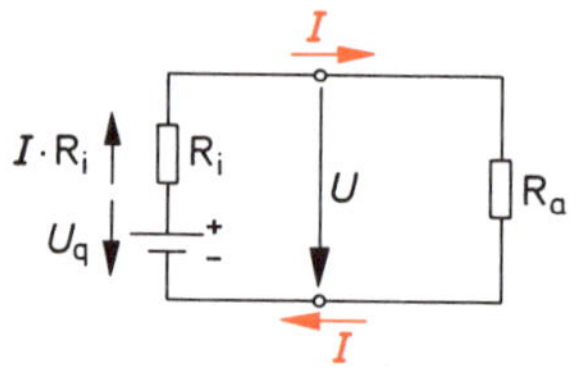

Bild 4.7
Grundstromkreis

läßt sich folgendes sagen:
Die Klemmenspannung U des Spannungserzeugers ist um den inneren Spannungsfall $I \cdot R_i$ kleiner als die Quellenspannung U_q.

Klemmenspannung	$U = U_q - I\ R_i$	U Klemmenspannung in V U_q Quellenspannung in V I Strom in A R_i innerer Widerstand in Ω

Die Klemmenspannung U fällt am Belastungswiderstand (Widerstand R_a) ab.

$$U = I \cdot R_a$$

Der Strom I durchfließt nacheinander den Widerstand R_i und R_a und läßt sich nach dem Ohmschen Gesetz bestimmen:

Stromstärke $$I = \frac{U_q}{R_i + R_a}$$

4.2.1.3 Kurzschluß

Wenn die Klemmen eines Spannungserzeugers kurzgeschlossen, d. h. unmittelbar untereinander verbunden werden, fließt ein großer Strom, der sogenannte *Kurzschlußstrom* I_K.
Der Kurzschlußstrom wird nur durch den inneren Widerstand des Spannungserzeugers begrenzt. Die gesamte Quellenspannung fällt am inneren Widerstand ab.

Kurzschlußstrom	$I_K = \frac{U_q}{R_i}$	I_K Kurzschlußstrom in A

Da der innere Widerstand bei vielen Spannungserzeugern sehr klein ist, können sich starke Kurzschlußströme entwickeln, die die Spannungsquelle in kürzester Zeit zerstören.

4.2.2 Leistungsanpassung

Der Belastungswiderstand R_a nimmt aus der Spannungsquelle die Leistung $P_a = U \cdot I$ auf.
Die abgegebene Leistung hängt also von der Klemmenspannung U und dem Strom I ab. Der Strom einerseits ergibt sich aus

$$I = \frac{U_q}{R_i + R_a}$$

Da der innere Widerstand R_i der Spannungsquelle fest ist, läßt sich der Strom nur durch den Belastungswiderstand R_a verändern.
Wie groß muß nun R_a sein, damit die Spannungsquelle die maximale Leistung abgibt?
Im Kurzschlußfall ($R_a = 0$) z. B. ist $U = 0$, d. h., die Leistung $P_a = 0$. Im Leerlauffall ($R_a = \infty$) ist $I = 0$, die Leistung also wiederum Null. Der Belastungswiderstand muß irgendwo zwischen $R_a = 0$ und $R_a = \infty$ liegen.
Durch zeichnerische Darstellung der Leistung P_a für verschiedene Belastungswiderstände bzw. Berechnung läßt sich nachweisen, daß die abgegebene Leistung am größten ist, wenn $R_a = R_i$ gewählt wird. Man spricht dann von *Leistungsanpassung*.

> Die Leistungsabgabe eines Spannungserzeugers ist am größten, wenn der Belastungswiderstand gleich dem Innenwiderstand ist.

Leistungsanpassung $R_a = R_i$

Der Wirkungsgrad beträgt bei Leistunganpassung nur 50%. In der Starkstromtechnik ist eine solche Anpassung daher nicht möglich, weil die Verlustleistung zu groß ist und zur Zerstörung der Spannungsquelle führen würde.
In der Schwachstromtechnik dagegen kommt es bei den geringen Leistungen nicht so sehr auf den Wirkungsgrad an als darauf, daß von der erzeugten geringen Leistung möglichst viel am Verbraucher «ankommt».
Weiterhin haben die Spannungserzeuger in der Schwachstromtechnik meist einen großen Innenwiderstand, so daß die Ströme auch bei Anpassung klein bleiben.
Angewandt wird die Leistungsanpassung z. B. zur Anpassung von Lautsprechern an Verstärker, Empfängereingängen an Antennen, Verstärkern an Mikrofone, Thermoelementen an Meßgeräte.

Beispiele:

1. Eine Monozelle mit 1,5 V Quellenspannung und dem Innenwiderstand $R_i = 0{,}5\ \Omega$ wird mit einem Widerstand $R_a = 2{,}5\ \Omega$ belastet.
   Wie groß sind
   a) die Stromstärke,
   b) die Klemmenspannung?

gegeben: $U_q = 1{,}5$ V; $R_i = 0{,}5\ \Omega$; $R_a = 2{,}5$

gesucht: I, U

Lösung: a) $I = \dfrac{U_q}{R_i + R_a}$ $\quad \underline{I} = \dfrac{1{,}5\ \text{V}}{0{,}5\ \Omega + 2{,}5\ \Omega} = \dfrac{1{,}5\ \text{V}}{3\ \Omega} = \underline{\underline{0{,}5\ \text{A}}}$

b) $U = U_q - I \cdot R_i$

$\underline{U} = 1{,}5\ \text{V} - 0{,}5\ \text{A} \cdot 0{,}5\ \Omega = 1{,}5\ \text{V} - 0{,}25\ \text{V} = \underline{1{,}25\ \text{V}}$

2. Zur Bestimmung des Innenwiderstandes einer Spannungsquelle mißt man die Leerlaufspannung $U_q = 6$ V, die Klemmenspannung $U = 5{,}4$ V bei Belastung und den Belastungsstrom $I = 0{,}6$ A. Wie groß ist der Innenwiderstand der Spannungsquelle?

gegeben: $U_q = 6$ V; $U = 5{,}4$ V; $I = 0{,}6$ A

gesucht: R_i

Lösung: $U = U_q - I \cdot R_i$; Durch Formelumstellen $R_i = \dfrac{U_q - U}{I}$

$$\underline{R_i} = \frac{6\ \text{V} - 5{,}4\ \text{V}}{0{,}6\ \text{A}} = \frac{0{,}6\ \text{V}}{0{,}6\ \text{A}} = \underline{1\ \Omega}$$

3. Ein Generator hat die Quellenspannung (Leerlaufspannung) 400 V und den Innenwiderstand 0,5 Ω.
An seinen Klemmen tritt ein Kurzschluß auf.
a) Wie groß ist der Kurzschlußstrom?
b) Wie groß ist der innere Spannungsfall bei Kurzschluß?

gegeben: $U_q = 400$ V; $R_i = 0{,}5\ \Omega$

gesucht: I_K, U_i

Lösung: a) $I_K = \dfrac{U_q}{R_i}$; $\underline{I_K} = \dfrac{400\ \text{V}}{0{,}5\ \Omega} \doteq \underline{800\ \text{A}}$

b) $U_i = I_K \cdot R_i$; $\underline{U_i} = 800\ \text{A}\ \ 0{,}5\ \Omega = \underline{400\ \text{V}}$

Die gesamte Quellenspannung fällt am Innenwiderstand ab.

4.2.3 Spannungsanpassung (Konstant-Spannungsquellen)

Wie schon erläutert, fällt die Klemmenspannung einer Spannungsquelle mit steigender Belastung mehr oder weniger stark ab. Da die angeschlossenen Verbraucher meist nur für bestimmte Spannungen (Nennspannungen) ausgelegt sind, müssen auch bei Lastschwankungen einigermaßen stabile Klemmenspannungen garantiert werden.
Wodurch läßt sich dies erreichen? Eigentlich nur durch geschickte Wahl und Kombination von Spannungsquellen und Lastwiderständen.

Versuche und Überlegungen zeigen:
Je größer der Belastungswiderstand im Verhältnis zum Innenwiderstand der Spannungsquelle ist, um so weniger ändert sich die Klemmenspannung bei begrenzten Lastschwankungen.

> Die Klemmenspannung eines Spannungserzeugers ist am stabilsten, wenn der Belastungswiderstand R_L viel größer als der Innenwiderstand R_i gewählt wird.

Man arbeitet dabei praktisch im Leerlaufbereich des Spannungserzeugers und erhält eine möglichst hohe Spannung. Diesen Betriebszustand nennt man Spannungsanpassung.

Spannungsanpassung $R_L \gg R_i$

In der Starkstromtechnik wie auch bei Netzteilen arbeitet man mit der Spannungsanpassung.
Für elektronische Verbraucher, die oft gegenüber kleinsten Spannungsschwankungen sehr empfindlich reagieren, genügen solche Spannungsanpassungen nicht. Man setzt daher zusätzliche Schaltungen (Spannungsregler) ein und erhält damit Konstant-Spannungsquellen.

4.2.4 Stromanpassung (Konstant-Stromquellen)

Die Änderung eines Lastwiderstandes führt in Schaltungen notgedrungen auch zu einer Stromänderung. Beim Laden eines Akkumulators – in der Elektronik und besonders in der Meßtechnik – besteht oft die Forderung, daß Lastwiderstandsänderungen nur zu geringen Laststromänderungen führen dürfen.
Es ist nachweisbar:
Der Laststrom ändert sich um so weniger, je kleiner der Lastwiderstand im Verhältnis zum Innenwiderstand der Spannungsquelle ist.

> Die Laststromänderung eines Spannungserzeugers ist am geringsten, wenn der Lastwiderstand R_L viel kleiner als der Innenwiderstand R_i gewählt wird.

Man arbeitet dabei praktisch im Kurzschlußbereich des Spannungserzeugers und erhält einen hohen Strom. Diesen Betriebszustand nennt man Stromanpassung.

Stromanpassung $R_L \ll R_i$

In der praktischen Ausführung der Stromanpassung ist oft noch ein Vorwiderstand erforderlich. Die Stromanpassung weist einen schlechten Wirkungsgrad auf und erfordert eine Spannungsquelle mit hoher Quellenspannung.
Man realisiert daher Stromanpassung meist mit Hilfe von zusätzlichen elektronischen Schaltungen und erhält damit Konstant-Stromquellen.

4.3 Schaltung von Spannungserzeugern

Durch Zusammenschalten von Spannungsquellen hintereinander, parallel oder gemischt entsteht eine *Batterie.*

4.3.1 Reihenschaltung

Verbindet man die ungleichnamigen Klemmen von Spannungsquellen miteinander, so erhält man eine Reihenschaltung (Bild 4.8).

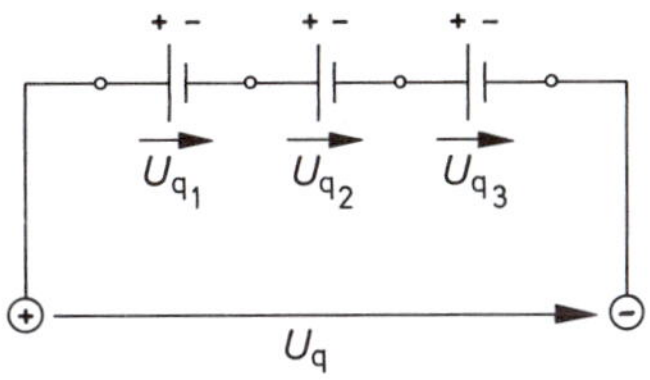

Bild 4.8
Reihenschaltung von Spannungserzeugern

Durch Spannungsmessung läßt sich leicht nachweisen, daß die Gesamtspannung gleich der Summe der Spannungen der einzelnen Elemente ist.

> Durch die Reihenschaltung von Spannungsquellen wird die Spannung größer.

Der Gesamtinnenwiderstand der Batterie setzt sich aus der Summe der Innenwiderstände der einzelnen Elemente zusammen. Er wird also durch Reihenschaltung größer.
Bei Belastung der Batterie wirkt sich der Innenwiderstand je nach dem Widerstandswert auf den Strom aus.

4.3.2 Parallelschaltung

Verbindet man die gleichnamigen Klemmen von Spannungsquellen miteinander, so erhält man eine Parallelschaltung.

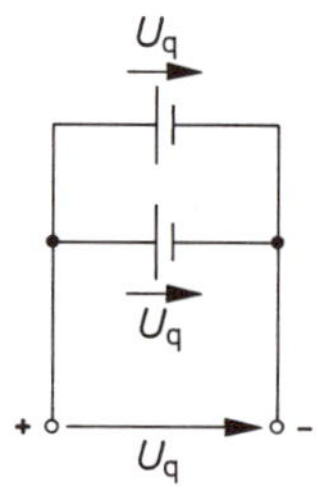

Bild 4.9
Parallelschaltung von Spannungserzeugern

Versuche:
a) Zwei Taschenlampenbatterien mit jeweils 1,5 V Spannung werden über Strommesser nacheinander an einen 10-Ω-Widerstand geschaltet.

Beachte: Nach Betätigung von Schalter 1 (Bild 4.10) fließt durch die eine Spannungsquelle der Strom $I_1 = 0{,}15$ A.
Nach Betätigung beider Schalter fließen durch beide Spannungsquellen jeweils 0,15 A. Der Gesamtstrom beträgt 0,3 A, die Gesamtspannung annähernd 1,5 V.

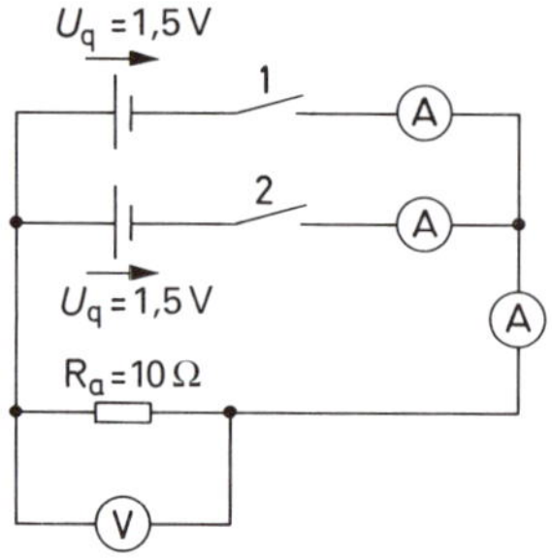

Bild 4.10
Belastung von parallelgeschalteten Spannungserzeugern

Durch Parallelschalten von gleichen Spannungsquellen bleibt die Spannung annähernd gleich (bei gleicher Last), aber der Strom in den Spannungsquellen geht zurück, d.h., die Strombelastbarkeit insgesamt steigt.

Der Gesamtstrom ist gleich der Summe der Einzelströme.

b) Versuch a) wird wiederholt ohne Lastwiderstand (Leerlauf) und anschließend mit dem Lastwiderstand $R_a = 1\ \Omega$.

Beachte: Die Spannung sinkt mit Last bei nur einer Spannungsquelle stark ab. Durch Zuschalten der zweiten parallelen Spannungsquelle geht die Spannung wieder etwas hoch. Der Grund der geringeren Spannungsabsenkung liegt im geringeren Gesamtinnenwiderstand.

Durch Parallelschalten von gleichen Spannungsquellen bleibt die Spannung bei Belastung stabiler.

Die Parallelschaltung von Spannungsquellen wird angewandt, wenn zum einen mehr Strom erforderlich ist, als die Einzelquelle hergeben darf (Überlastung), und zum anderen die Spannung auch bei größerer Last (Strom) stabil sein soll. Generatoren im Kraftwerk, aber auch einfache Taschenlampenbatterien in Haushalts- oder elektronischen Geräten werden daher parallelgeschaltet.

4.3.2.1 Parallelschaltung ungleicher Spannungsquellen

> Versuch:
> Eine Bleiakkumulatoren-Zelle mit 1,8 V wird über einen Strommesser parallelgeschaltet mit einer frisch geladenen Zelle mit 2,2 V.

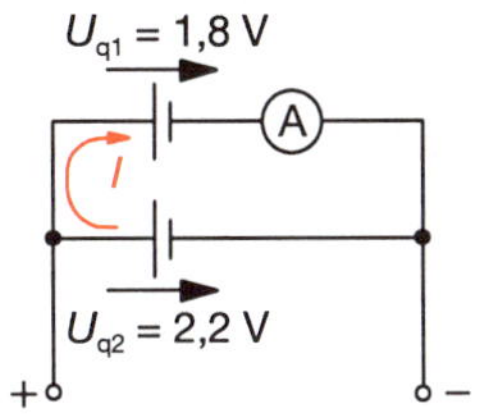

Bild 4.11 Ausgleichsstrom zwischen ungleichen parallelgeschalteten Spannungsquellen

Beachte: Es fließt ein Ausgleichsstrom von 1 A.

> Durch Parallelschalten ungleicher Spannungsquellen ergibt sich ein Ausgleichsstrom.

Da der Ausgleichsstrom unnötige Verluste verursacht und die Spannungsquelle schädigen kann, versucht man die Ausgleichsströme zu verhindern, indem man nur Spannungsquellen mit gleicher Quellenspannung parallelschaltet.

Beispiele:

1. Drei Bleiakkumulatoren-Zellen mit je 2 V Quellenspannung und 0,05 Ω innerem Widerstand werden in Reihe geschaltet.
   Wie groß sind
   a) die Quellenspannung,
   b) der innere Widerstand der Batterie?

gegeben: $U_q = 2$ V; $R_i = 0{,}05\ \Omega$

gesucht: $U_{q\,ges}$; $R_{i\,ges}$

Lösung:

a) $U_{q\,ges} = 3 \cdot U_q$; $\underline{U_{q\,ges}} = 3 \cdot 2\ \text{V} = \underline{6\ \text{V}}$

b) $R_{i\,ges} = 3 \cdot R_i$; $\underline{R_{i\,ges}} = 3 \cdot 0{,}05\ \Omega = \underline{0{,}15\ \Omega}$

2. Vier Monozellen mit je 1,5 V Quellenspannung und 0,4 Ω innerem Widerstand sind parallelgeschaltet.
   Wie groß sind

a) Die Quellenspannung,
b) der innere Widerstand der Batterie?

gegeben: $U_q = 1{,}5\ \text{V}$; $R_i = 0{,}4\ \Omega$

gesucht: $U_{q\,ges}$, $R_{i\,ges}$

Lösung: a) $U_{q\,ges} = U_q$; $\underline{U_{q\,ges}} = \underline{1{,}5\ \text{V}}$

b) $R_{i\,ges} = \frac{R_i}{4}$; $\underline{R_{i\,ges}} = \frac{0{,}4\ \Omega}{4} = \underline{0{,}1\ \Omega}$

3. Eine Stahlakkumulatorenzelle mit 1,2 V Quellenspannung und 0,05 Ω Innenwiderstand ist mit einer zweiten Zelle mit 1,0 V Quellenspannung und ebenfalls 0,05 Ω Innenwiderstand parallelgeschaltet.
Welcher Ausgleichsstrom stellt sich ein?

gegeben: $U_{q\,1} = 1{,}2\ \text{V}$; $R_{i\,1} = 0{,}05\ \Omega$; $U_{q\,2} = 1{,}0\ \text{V}$; $R_{i\,2} = 0{,}05\ \Omega$

gesucht: I

Lösung: $I_{\text{Ausgl.}} = \frac{U_{q1} - U_{q2}}{R_{iges}} = \frac{U_{q1} - U_{q2}}{R_{i1} + R_{i2}}$

$$\underline{I_{\text{Ausgl.}}} = \frac{1{,}2\ \text{V} - 1{,}0\ \text{V}}{0{,}05\ \Omega + 0{,}05\ \Omega} = \frac{0{,}2\ \text{V}}{0{,}1\ \Omega} = \underline{2\ \text{A}}$$

4.4 Lernziel-Test

Verständnisfragen

1. Nennen Sie 5 Arten der Spannungserzeugung.
2. Wo werden Thermoelemente angewandt?
3. Wo findet der Piezo-Effekt Anwendung?
4. Warum geht bei Belastung von Spannungserzeugern die Klemmenspannung zurück?
5. Wie läßt sich der Innenwiderstand einer Spannungsquelle bestimmen?
6. Was versteht man unter Leistungsanpassung?
7. Warum läßt sich die Leistungsanpassung in der Energietechnik praktisch nicht durchführen?
8. Warum sollen nur gleiche Spannungsquellen parallelgeschaltet werden?
9. Was erreicht man
   a) durch Reihenschaltung,
   b) durch Parallelschaltung von Spannungsquellen?

10. Was versteht man unter Spannungsanpassung?
11. Was erreicht man durch Spannungsanpassung?
12. Was versteht man unter Stromanpassung?
13. Was erreicht man durch Stromanpassung?

Rechenaufgaben

1. Ein Bleiakkumulator mit 2 V Quellenspannung und dem inneren Widerstand 0,05 Ω wird mit 4 Ω belastet. Welche Klemmenspannung stellt sich ein?
2. Ein Generator mit der Quellenspannung 230 V und dem Innenwiderstand 0,2 Ω wird kurzgeschlossen. Wie groß ist der Kurzschlußstrom?
3. Ein Akkumulator mit der Quellenspannung 12 V hat bei Belastung mit 5 A die Klemmenspannung 11,8 V.
   Wie groß ist der innere Widerstand des Akkumulators?
4. Monozellen mit je 1,5 V Quellenspannung und 0,4 Ω Innenwiderstand sollen zu einer Batterie mit 9 V Quellenspannung geschaltet werden.
   a) Wieviel Monozellen sind erforderlich?
   b) Wie groß wird der Innenwiderstand?
5. Von 6 Elementen mit je 1,5 V Quellenspannung und 0,25 Ω innerem Widerstand sind je 3 hintereinander und diese beiden Gruppen wiederum parallelgeschaltet.
   a) Welche Quellenspannung ergibt sich?
   b) Wie groß ist der innere Widerstand der Batterie?
6. 6 Elemente (Monozellen) mit je 1,5 V Quellenspannung und 0,4 Ω Innenwiderstand sind zu einer Batterie mit der Gesamtquellenspannung 3 V zusammengeschaltet.
   a) Wie sind die Elemente geschaltet?
   b) Wie groß wird der Innenwiderstand?
   c) Wie groß ist der Belastungsstrom, wenn an die Batterie ein Verbraucher mit 1,5 Ω angeschlossen wird?

5 Chemische Wirkung des Stromes

5.1 Elektrolyse

Versuch:
In ein Glasgefäß werden 2 Kohlestifte gehängt und über einen Strommesser an eine Gleichspannungsquelle angeschlossen. Das Gefäß wird zunächst mit chemisch reinem Wasser gefüllt und der Strom gemessen. Danach wird dem Wasser Kupfersulfat zugegeben und wiederum eine Strommessung durchgeführt.

Beachte: Erst nach Zugabe von Kupfersulfat fließt ein Strom. Am Minus-Pol zeigt sich ein Kupferniederschlag.
Auch durch eine Säure- oder Laugenzugabe würde ein Strom fließen und an den Polen Gasbläschen aufsteigen.

Durch Zusatz von Säuren, Laugen oder Salzen wird Wasser elektrisch leitend und die Lösung zersetzt.

Die Zerlegung von Stoffen durch den elektrischen Strom nennt man *Elektrolyse*. Der elektrisch leitende Stoff heißt *Elektrolyt*. (lyo = griechisch: ich löse)
Bei dem dargestellten Versuch spielen sich folgende Vorgänge ab (Bild 5.1):
Das Salz (Kupfersulfat) wird durch Wasser in elektrisch geladene Teilchen zerlegt, sogenannte *Ionen* (griech.: Wanderer). Kupfersulfat hat das chemische Zeichen $CuSO_4$, weil es aus je einem Kupfer-(Cu-) und Schwefel-(S-)Atom und aus vier Sauerstoff-(O-)Atomen besteht.

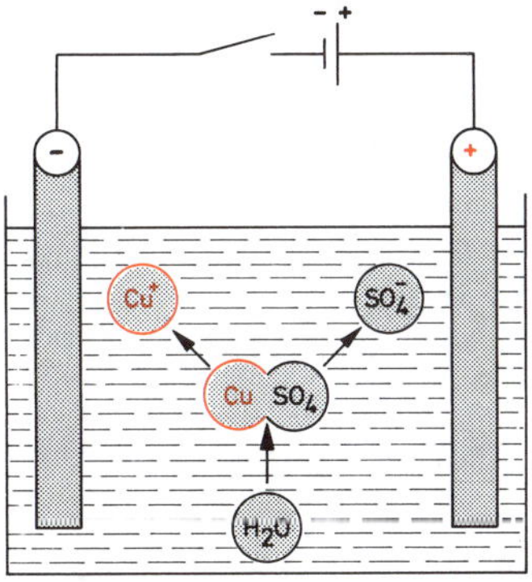

Bild 5.1
Elektrolyse (Zerlegung von Kupfersulfat)

Im Wasser spaltet sich diese chemische Verbindung in zwei Teile,

den Metallteil Cu^+, der stets positiv aufgeladen ist und
den Säurerestteil SO_4^-, der stets negativ aufgeladen ist.

Diese Trennung findet ohne Elektrizitätszuführung statt. Durch die Spannung an den Elektroden wandern die Ionen an die entgegengesetzt geladenen Elektroden. Es kommt zu einem Strom, dem sogenannten *Ionenstrom.*

In den Elektrolyten sind die Ionen die Träger der Elektrizität.

Am Minus-Pol kommt es hierbei zu einem Kupferniederschlag, am Plus-Pol verbinden sich die SO_4-Teilchen mit dem Wasserstoff (H) des Lösungswassers (chemisches Zeichen: H_2O), wodurch Schwefelsäure (H_2SO_4) entsteht. Der weitere Bestandteil des Wassers, der Sauerstoff (O), wird frei und steigt als Bläschen auf.
Wenn alles Kupfer des Kupfersulfats verbraucht ist, d. h. sich an der Minus-Platte abgesetzt hat, ist der Vorgang beendet.
Ersetzt man den Plus-Pol durch eine Kupferplatte, so verbindet sich das Kupfer mit den SO_4-Teilchen zu neuem Kupfersulfat ($CuSO_4$). Der Vorgang läßt sich also durchführen, bis die Kupferplatte zersetzt ist.

5.2 Technische Anwendung der Elektrolyse

a) In der *Galvanostegie* (Galvanisieren) werden Metallteile mit metallischen Überzügen versehen (Verkupfern, Vergolden, Versilbern, Vernickeln). Die Metallteile bilden den negativen Pol. Elektrolyte sind die entsprechenden Metallsalzlösungen (z. B. beim Verkupfern Kupfervitriol $CuSO_4$).

b) In der *Galvanoplastik* werden metallische Abdrücke von Gegenständen hergestellt. Vom Original (z. B. einer Münze) stellt man einen Abdruck aus Gips oder sonstigen Stoffen her, macht den Abdruck durch Graphit leitfähig und bildet darauf elektrolytisch am Minus-Pol z. B. eine abnehmbare Kupferschicht.

c) *Elektrolytkupfer* ist reines Kupfer, das durch Elektrolyse gewonnen wird. Dabei bildet das noch verunreinigte Kupfer (Rohkupfer) in einem galvanischen Bad den Plus-Pol, und das reine Kupfer scheidet sich am Minus-Pol ab. Die eingeschmolzenen Verunreinigungen fallen als Schlamm zu Boden.
In der Elektrotechnik wird nur Elektrolytkupfer verwendet.

d) *Eloxieren* ist die Bildung einer Oxidschicht auf Aluminium mit Hilfe des elektrischen Stromes in einem Elektrolyten.

e) Weitere Anwendungen der Elektrolyse sind elektrolytisches Polieren und Formentgraten sowie der Elektrolytkondensator.

5.3 Galvanische Elemente – Primärelemente

Versuch:
Folgende Elektrodenpaare werden nacheinander in ein Glasgefäß mit angesäuertem Wasser getaucht und dabei die Spannungen zwischen den Elektroden abgelesen.

Elektrodenpaare	Spannung
Kupfer — Kupfer	0 V
Zink — Kupfer	ca. 1 V
Zink — Blei	ca. 0,6 V
Zink — Kohle	ca. 1,5 V

Zwei verschiedene Werkstoffe in einem Elektrolyten ergeben eine Spannungsquelle, ein sogenanntes *galvanisches Element.*

Galvanische Elemente stellen im Prinzip Energiewandler dar, in denen auf elektrochemischem Weg eine Spannung erzeugt wird.
Die Höhe der Spannung hängt dabei von der Art der verwendeten Werkstoffe, aber auch von der Art und Konzentration des Elektrolyten ab.
Das Zustandekommen der Spannung in einem galvanischen Element läßt sich folgendermaßen erklären:
Metalle, wie z. B. Zink, haben das Bestreben, in Form von positiven Ionen in einen Elektrolyten in Lösung zu gehen. Man spricht vom Lösungsdruck. Die zum Zink-Atom gehörenden Elektronen bleiben auf der Zink-Elektrode zurück. Damit wird Zink gegenüber dem Elektrolyten negativ. Es hat gegenüber dem Elektrolyten ein Potential von – 0,76 V.
Es gibt aber auch Stoffe, wie z. B. Kohle, die nicht das Bestreben haben, in Lösung zu gehen, sondern – im Gegenteil – positive Ionen aus dem Elektrolyten an sich zu ziehen. Damit wird Kohle positiv gegenüber dem Elektrolyten und weist ein Potential von + 0,74 V gegenüber dem Elektrolyten auf. Die Spannung zwischen Zink und Kohle beträgt schließlich 1,5 V.

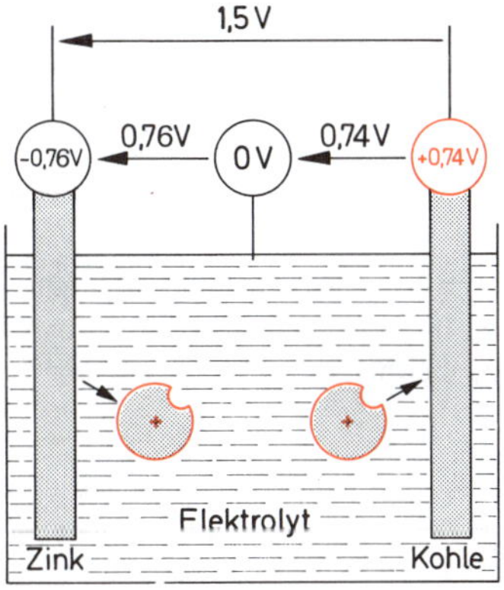

Bild 5.2
Entstehen der galvanischen Spannung

Exakte Spannungsmessungen zwischen verschiedenen Elektrodenwerkstoffen führen zur *elektrochemischen Spannungsreihe.*

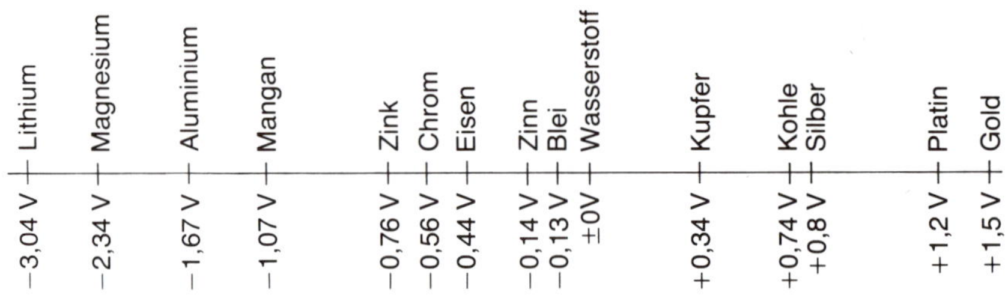

Bild 5.3 Elektrochemische Spannungsreihe

Aus der Stellung der Elektrodenwerkstoffe in der elektrochemischen Spannungsreihe ergibt sich die Größe der galvanischen Spannung, die Polarität der Elemente und der unedlere Stoff (Stoff mit niedrigerem Potential).

> Beispiel: Zink-Kohle-Element
> Kohle: + 0,74 V (Plus-Pol)
> Zink: – 0,76 V (Minus-Pol)
> Potentialunterschied 1,5 V = Spannung
> Zink wird abgebaut.

Galvanische Elemente unterteilt man entsprechend ihrer Wirkungsweise in Primär- und Sekundärelemente.

5.3.1 Primärelemente

Primärelemente können sofort ohne Vorladung Spannung abgeben; die dabei ablaufenden elektrochemischen Vorgänge sind nicht umkehrbar, d. h., diese Elemente sind nicht ladbar und damit wiederverwendbar.

> Galvanische Primärelemente sind Spannungsquellen, die nicht aufgeladen werden können.

Galvanische Elemente können nur eine gewisse Zeitlang einen bestimmten Strom, d. h. eine bestimmte Ladungsmenge liefern, sie verfügen über ein system- bzw. größenbedingtes Fassungsvermögen (Kapazität).

> Die Kapazität K eines galvanischen Elementes ist die entnehmbare Elektrizitätsmenge (Ladung Q) in Amperestunden (Ah).

5.3.1.1 *Zink-Kohle-Elemente*

Zink-Kohle-Elemente (auch Zink-Braunstein-Element genannt) setzen sich zusammen aus einem Zinkbecher als Minus-Pol und der stabförmig ausgebildeten Kohle-Elektrode, die von einem Braunsteinbeutel umgeben ist. Der Braunsteinbeutel hat hier die Aufgabe, den Wasserstoff, der sich am Plus-Pol abscheidet, chemisch zu binden. Durch den Wasserstoff würde das Element unwirksam. Als Elektrolyt befindet sich zwischen Zinkbecher und Plus-Pol eingedickte Salmiaksalzlösung. Die Spannung beträgt am Anfang 1,5 V (Nennspannung). Bei Dauerbelastung geht die Ausgangsspannung stetig zurück. Man erreicht schließlich die Entladeschlußspannung der Zelle. Dies ist die Spannung, bei der die Zelle als entladen gilt (bei Zink-Kohle-Elementen 1,0 V).
Der Zinkbecher wird beim Entladen abgebaut und zerstört (unedlerer Stoff), wodurch der Elektrolyt nach außen gelangen (auslaufen) und in den Geräten Schaden anrichten kann. Dies geschieht auch beim Lagern, da das Zink-Kohle-Element sich selbst entlädt.
Man soll daher verbrauchte Elemente (Batterien) umgehend aus den Geräten entfernen und fachgerecht entsorgen bzw. die Elemente aus Geräten, die längere Zeit unbenutzt bleiben, entnehmen.
Auslaufsichere Zellen (leakproof) sind mit einem Stahlmantel umgeben.
Es gibt Einzelzellen (Monozellen) als *Rundzellen* und *Flachzellen.* Die Kombination mehrerer Zellen nennt man eine Batterie.
Die Kapazität der Kohle-Zink-Elemente ist gleich der Ladungsmenge, die die Zellen bis zum Erreichen der Entladeschlußspannung 1,0 V abgeben können.

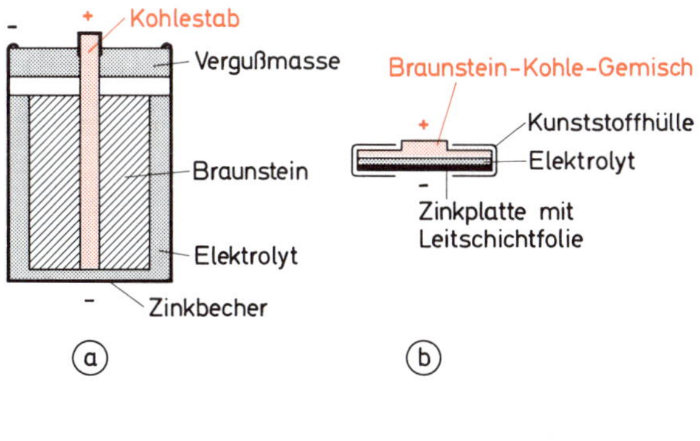

Bild 5.4
Schnitt durch
a) eine Rundzelle,
b) eine Flachzelle

Zink-Kohle-Elemente als Rundzellen werden in verschiedenen Größen und damit Kapazitäten (wohlgemerkt aber gleicher Spannung) hergestellt, sie tragen je nach Größe folgende Handels- und Normbezeichnungen nach IEC bzw. JIS (Japan) und weisen die in Tabelle 5.1 ausgewiesenen Abmessungen und Kapazitäten auf.

Tabelle 5.1 Name, Kurzzeichen, Größe und Kapazität von Rundzellen

Name	IEC	JIS	Durchmesser (mm)	Höhe (mm)	Kapazität (mAh)
Mono	R20	UM-1	34	61,5	5800
Baby	R14	UM-2	26	50	2600
Mignon	R6	UM-3	14,5	50,5	1000
Micro	R03	UM-4	10,5	44,5	370
Lady	R1	UM-5	12	30	400

Flachzellen lassen sich einfach zu einer Batterie aufeinanderschichten und ergeben dadurch höhere Spannungen.
Zink-Kohle-Elemente verwendet man z. B. in der Taschenlampe, im Kofferradio usw.

5.3.1.2 Alkali-Braunstein-Zink-Elemente (Alkali-Mangan-Element)

Sie enthalten als Elektrolyt Kalilauge, als Pluspol einen in einem Stahlbecher gepreßten Hohlzylinder aus Braunstein (Mangandioxid) und als Minuspol eine innen befindliche Zinkpulverelektrode.
Diese Zellen weisen größere Kapazität, Strombelastbarkeit, Lagerfähigkeit, Auslaufsicherheit, geringere Selbstentladung und gleiche Nennspannung (1,5 V) als Kohle-Zink-Elemente auf.

5.3.1.3 Quecksilberoxid-Knopfzellen

Quecksilberoxidzellen setzen sich zusammen aus gepreßtem Zinkpulver als Minus-Pol und Quecksilberoxid (chemisches Zeichen HgO) als Plus-Pol. Als Elektrolyt dient Kalilauge.

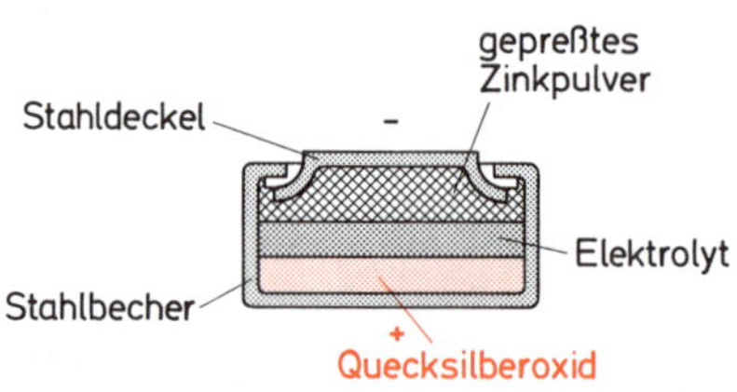

Bild 5.5
Schnitt durch eine Quecksilberoxid-Knopfzelle

Die Nennspannung beträgt 1,35 V. Das besondere an der Quecksilberoxidzelle sind der konstante Innenwiderstand während der gesamten Entladezeit, die lange Lagerfähigkeit und die ziemlich konstante Spannung auch bei großer Dauerbelastung.
Angewandt wird die Zelle bei Hörgeräten, Armbanduhren, Belichtungsmessern, Fotoapparaten, Meßgeräten, elektronischen Rechnern usw.

Verbrauchte Quecksilberoxid-Knopfzellen müssen wegen Umweltgefährdung besonders entsorgt werden.

5.3.1.4 Weitere Primärelemente

Silberoxid-Knopfzellen
Sie enthalten Silberoxid, Kalilauge und Zink und besitzen eine hohe Energiedichte und geringe Spannungsabsenkung. Ihre Nennspannung beträgt 1,55 V. Verwendung finden sie bei Kleingeräten.

Lithium-Knopfzellen
Lithium-Knopfzellen existieren in vielerlei Kombinationen und Ausführungen. Sie verfügen alle über hohe Nennspannungen bis zu 3,5 V, hohe Energiedichte, geringe Selbstentladung, hohe Spannungskonstanz und große Lebensdauer.
Man verwendet heute z. B. Zellen mit der Kombination Lithium-Silberchromat für Herzschrittmacher, Lithium-Mangandioxid für Uhren, Rechner, Film- und Fotogeräte und viele andere.

5.4 Sekundärelemente

Bei Sekundärelementen (Akkumulatoren, Sammler) sind die elektrochemischen Vorgänge umkehrbar, d. h., sie können durch Zufuhr von elektrischer Energie geladen und damit wiederholt verwendet werden.

> Galvanische Sekundärelemente sind Spannungsquellen (Akkumulatoren), die aufgeladen werden können.

5.4.1 Bleiakkumulator

> Versuch:
> In ein Glasgefäß mit verdünnter Schwefelsäure werden zwei Bleiplatten gehängt und über einen Umschalter und einen Strommesser an Gleichspannung angeschlossen. Nach einiger Zeit werden die Bleiplatten über den Umschalter an die Glühlampe angeschlossen. Dieser Vorgang wird mehrmals wiederholt.

Beachte: Zunächst fließt ein Ladestrom. Beim Umschalten leuchtet kurzzeitig die Glühlampe. Es fließt ein Entladestrom in entgegengesetzter Richtung.
Nach wiederholten Umschaltvorgängen nimmt die am positiven Pol hängende Platte braune Farbe und die am negativen Pol hängende Platte hellgraue Farbe an.

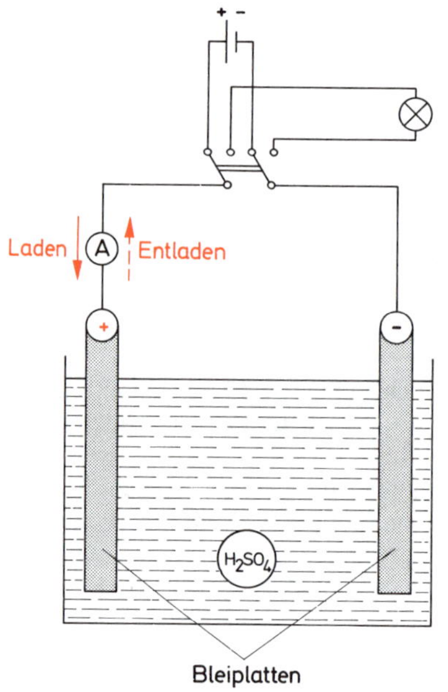

Bild 5.6 Laden und Entladen eines Modell-Bleiakkumulators

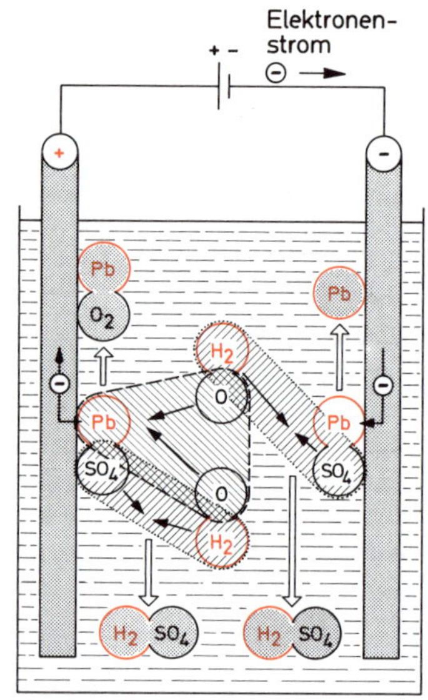

Bild 5.7 Ladevorgang eines Bleiakkumulators

> Ein mit verdünnter Schwefelsäure gefülltes Gefäß mit Bleiplatten ergibt nach elektrischer Aufladung eine Spannungsquelle, den sogenannten Bleiakkumulator.

In dem Versuch spielen sich folgende Vorgänge ab:
Beim *Eintauchen* der Bleiplatten in verdünnte Schwefelsäure (H_2SO_4) überziehen sich diese sofort mit einer Bleisulfatschicht ($PbSO_4$).
Beim *Laden* (Anlegen einer Spannung) wird die Plus-Elektrode zu braunem Bleidioxid (PbO_2) und die Minus-Elektrode zu metallisch reinem Blei (Pb) umgewandelt. Gleichzeitig verschwindet aus der Lösung Wasser (H_2O), und es bildet sich Schwefelsäure. Der Elektrolyt wird also stärker (dichter).
Nach Abschalten des Ladestromes liefern die nun chemisch verschiedenen Elektrodenplatten eine Spannung von 2 V.
Bei der *Entladung* fließt der Strom in der entgegengesetzten Richtung als bei der Ladung. Die Plus-Elektrode aus Bleidioxid wie auch die Minus-Elektrode aus reinem Blei werden wieder zu Bleisulfat. Die Platten nehmen ihren ursprünglichen Zustand wieder an. Es wird wieder Wasser gebildet. Der Elektrolyt wird somit schwächer.

Da diese Art von Spannungsquellen zuerst aufgeladen werden muß, bevor sie Spannung abgibt, nennt man sie auch *Sekundärelemente.*

Bild 5.8
Entladevorgang eines Bleiakkumulators

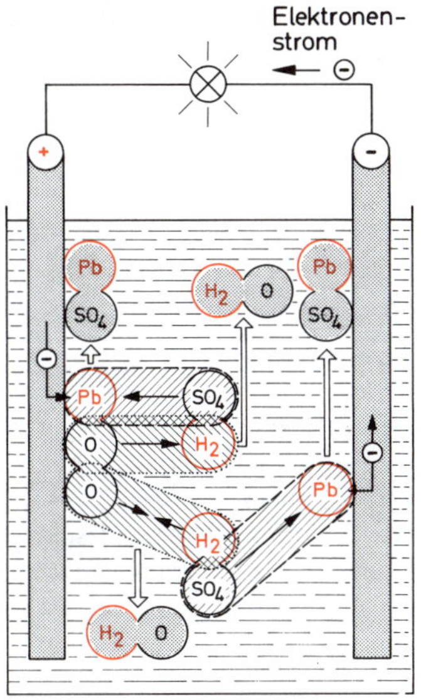

Allgemein kann gesagt werden:

> Im Bleisammler wird elektrische Energie in Form von chemischer Energie gespeichert und im Betrieb wieder abgegeben.

5.4.1.1 Aufbau des Bleiakkumulators

In der Praxis benutzt man anstatt gewöhnlicher Bleiplatten gitterförmige Bleielektroden, in die Blei bzw. Bleidioxid in poröser Form hineingepreßt wird. Wirksam ist das graue Blei bzw. das braune Bleidioxid.
Als Elektrolyt verwendet man mit destilliertem Wasser verdünnte Schwefelsäure mit der Säuredichte 1,28 g/cm^3 im geladenen Zustand und 1,18 g/cm^3 im entladenen Zustand.
Die Platten sind in einem Gefäß aus Kunststoff untergebracht.
Für größere Spannungen als 2 V werden mehrere gleiche Zellen in Reihe geschaltet und im gemeinsamen Gehäuse vereinigt.

5.4.1.2 Kapazität des Akkumulators

Die Kapazität eines Bleiakkumulators entspricht der Ladungsmenge, die der Akkumulator bis zum Erreichen der Zellenspannung 1,83 V (Entladeschlußspannung) abgeben kann. Sie wird in Amperestunden (Ah) angegeben. Ein Akkumulator von 50 Ah Kapazität gibt z. B. 10 Stunden lang 5 A ab.
Die Nennkapazität bezieht sich auf eine bestimmte Entladedauer, bei Autobatterien z. B. 20 Stunden. Entlädt man in kürzerer Zeit, also mit höherem Strom, dann ist die entnehmbare Strommenge geringer als die angegebene Nennkapazität, weil die chemische Umwandlung der Platten sich dann nur an der Oberfläche vollzieht und nicht im Inneren.
Zur Erhöhung der Kapazität besteht jede Zelle aus mehreren mit einem Steg verbundenen Plus- und Minusplatten.

5.4.1.3 Betrieb des Bleiakkumulators

Der Bleiakkumulator darf nur mit Gleichstrom geladen werden. Zu diesem Zweck werden die Klemmen des Akkumulators mit den gleichnamigen Klemmen des Ladegerätes verbunden, also Plus an Plus, Minus an Minus.
Das Ladegerät muß mindestens 2,7 V je Zelle liefern. Während des Ladens steigt die Spannung des Akkumulators an. Überschreitet die Zellenspannung 2,4 V, beginnen die Zellen deutlich zu gasen (Vorsicht: Knallgas, offenes Licht und Rauchen verboten, gute Lüftung erforderlich). Der hierdurch entstehende Wasserverlust muß ab und an ausgeglichen werden.
Im Kraftfahrzeug finden heute schon häufig wartungsfreie, fest verschlossene Bleiakkumulatoren Einsatz, die außer Ladung keiner Pflege bedürfen.
Die *Entladespannung* beträgt anfangs ca. 2 Volt je Zelle. Die Spannung sinkt während des Entladens langsam ab. Sie soll aber auf nicht weniger als 1,83 V *(Entladeschlußspannung)* abgesenkt werden, da sonst die Platten Schaden nehmen. Der Akkumulator beginnt nämlich dann zu *Sulfatieren,* d. h. größere Bleisulfat-Kristalle zu bilden, die nicht mehr rückgebildet werden können. Aus diesem Grund sollte der entladene Akkumulator auch möglichst bald wieder aufgeladen werden.
Jeder geladene Akkumulator entlädt sich von selbst wieder, und zwar bis zu 1% der Kapazität je Tag. Daher werden heute Akkumulatoren trocken gelagert und erst bei Verkauf der Elektrolyt eingefüllt bzw. wartungsfreie Akkumulatoren verwendet.

5.4.2 Stahlakkumulator

Die Elektroden (Platten) des Stahlakkumulators bestehen aus vernickeltem Stahlblech, das Zellengefäß ebenfalls aus Stahlblech oder aus Kunststoff. Dabei dienen die Plus- und Minus-Platten aus vernickeltem Stahlblech nur als Träger der aktiven Masse. Von der aktiven Masse her unterscheidet man *Nickel-Eisen-(Ni-Fe-)Akkumulatoren* und *Nickel-Kadmium-(Ni-Cd-)Akkumulatoren.* Meist werden Nickel-Kadmium-Akkumulatoren verwendet.

Die Plus-Platten aus feingelochten vernickelten Stahlröhrchen oder Stahltäschchen enthalten bei beiden Akkumulatoren eine Füllung aus einer Nickelverbindung mit fein verteiltem Nickel- oder Graphitpulver.
Die Minus-Platten sind ähnlich aufgebaut und mit einer Eisenverbindung (bei Ni-Fe-Zellen) bzw. Kadmiumverbindung (bei Ni-Cd-Zellen) gefüllt.
Als Elektrolyt dient Kalilauge, die mit chemisch reinem Wasser verdünnt ist. Die Laugendichte ist vom Ladezustand praktisch unabhängig, da während des Betriebes sich nur der Wasseranteil des Elektrolyten ändert.
Die Nennspannung des Stahlakkumulators beträgt 1,2 V und kann beim Entladen bis auf etwa 1 V abfallen.
Stahlakkumulatoren (Ni-Cd) können auch geschichtet hergestellt werden, z. B. in Form von Knopfzellen. Dabei werden die beim Laden entstandenen Gase wieder gebunden. Der Elektrolyt ändert sich also nicht.
Anwendung finden gasdichte Nickel-Kadmium-Akkumulatoren zur Stromversorgung von Kleingeräten, z. B.:
Knopfzellen für Hörgeräte, Uhren, Blitzlichtgeräte, Meßgeräte, elektrisches Spielzeug;
Rundzellen und prismatische Zellen für Taschenlampen, tragbare Rundfunk- und Fernsehgeräte. Diktiergeräte, Notlichtanlagen, Taschenrechner, schnurlose Telefone, tragbare Computer.
In vielen Fällen können diese Sekundärzellen anstelle von Primärzellen verwendet werden.

5.4.3 Ladung von Akkumulatoren

Blei- wie auch Nickel-Kadmium-Akkumulatoren werden nach bestimmten Kriterien geladen. Man unterscheidet nach der Ladedauer die Normalladung mit 12 bis 17 Stunden und die Schnelladung mit 1 bis 2 Stunden Ladezeit und nach dem Ladeverfahren (Ladekennlinie) die Konstantstromladung (Kennlinie I), die Konstantspannungsladung (Kennlinie U), die Ladung mit fallender Kennlinie (W) sowie Kombinationen hiervon (z. B. IU).
Das Normalladen erfolgt meist nach der W-Kennlinie (Bild 5.9). Anfangs fließt hierbei ein hoher Ladestrom, und es stellt sich infolge der hohen Spannungsfälle im Ladegerät noch eine kleine Ladespannung ein. Durch steigende Gegenspannung im Akkumulator gehen Strom und Spannungsfälle zurück. Die Ladespannung steigt bis zum Endwert. Es fließt nur noch ein kleiner konstanter Strom.
Das Schnelladen geschieht nach der IU-Kennlinie (Bild 5.10). Hierbei liefert das Ladegerät anfangs bei steigender Ladespannung einen konstant hohen Ladestrom, der bis zu 10mal größer sein kann als der Normalladestrom. Sobald die Gasungsspannung erreicht wird, bleibt die Ladespannung konstant, und der Ladestrom geht auf einen kleinen, konstanten Wert zurück.
Für Blei-Akkumulatoren, aber insbesondere für kleine Ni-Cd-Akkumulatoren stehen automatische Ladegeräte mit präziser Steuerung des Ladevorgangs zur Verfügung.
Bei bestimmten Ni-Cd-Akkumulatoren tritt der sogenannte Memory-Effekt auf, d. h.,

der Akku, der nicht vollständig entladen wurde, gibt nach dem Aufladen nur die Ladung ab, die dazugeladen wurde (er «merkt» sich, wieviel geladen wurde).
Um diesen Effekt zu verhindern, entladen manche Ladegeräte zunächst den Akku (bis 0,9 V) und laden ihn dann erst auf.

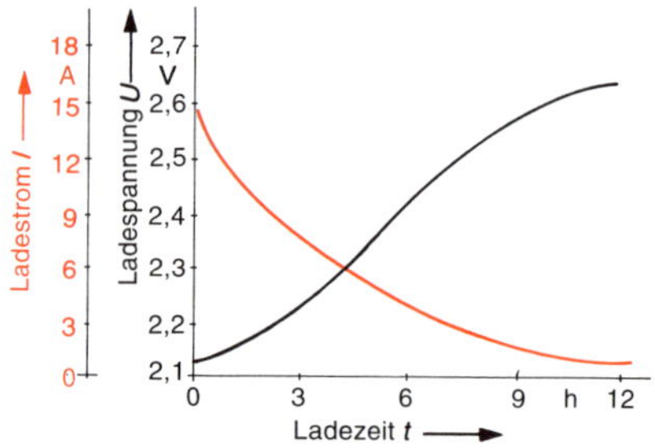

Bild 5.9 Normalladen (W-Kennlinie)

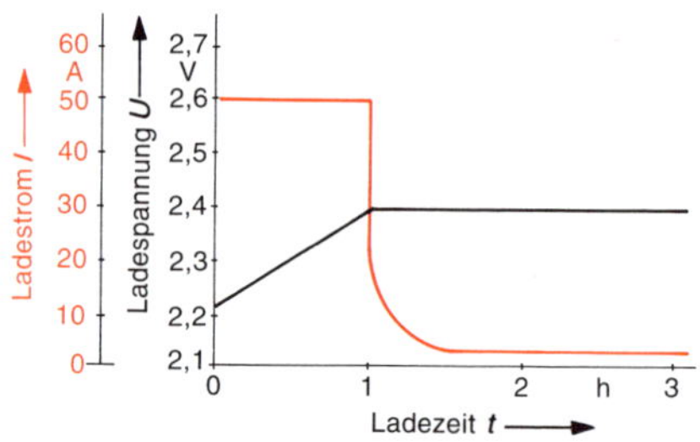

Bild 5.10 Schnelladen (IU-Kennlinie)

5.4.4 Vergleich von Stahlakkumulatoren mit Bleiakkumulatoren

Der Stahlakkumulator ist mechanisch widerstandsfester, er hat eine höhere Lebensdauer und ist unempfindlich gegen Kurzschluß wie auch zu starkes Entladen. Er kann auch längere Zeit im entladenen Zustand stehen, ohne Schaden zu nehmen. Die unangenehmen Säuredämpfe des Bleiakkumulators entfallen.
Nachteilig sind die geringe Zellenspannung des Stahlakkumulators, der schlechtere Wirkungsgrad sowie der wegen der größeren Zellenzahl höhere Preis, das höhere Gewicht und der größere Platzbedarf.

5.5 Elektrochemische Korrosion

Ähnlich wie in einer galvanischen Zelle spielen sich beim Zusammentreffen von verschiedenen Metallen mit einem Elektrolyten bzw. beim Stromfluß aus einem Leiter heraus elektrochemische Vorgänge ab (elektrochemische Korrosion), in deren Verlauf es zur Zerstörung eines Werkstoffes kommt.

> Korrosion ist die Zerstörung eines Werkstoffes durch chemische und elektrochemische Vorgänge.

5.5.1 Elektrochemische Korrosion durch Elementbildung

Sind zwei verschiedene Metalle dem Zutritt von Elektrolytflüssigkeit (z. B. chemisch nicht reines Wasser) ausgesetzt, entsteht ein galvanisches Element. Dabei kommt es zu einem Stromfluß (Korrosionsstrom) und zum Zersetzen des unedleren Metalls (elektrochemische Korrosion, Kontaktkorrosion, Bild 5.12).

> Versuch:
> In ein Gefäß mit Elektrolyt (verdünnte Schwefelsäure) werden ein fettfreies Stahlblech und eine Kupferplatte gehängt und über einen Strommesser miteinander verbunden.

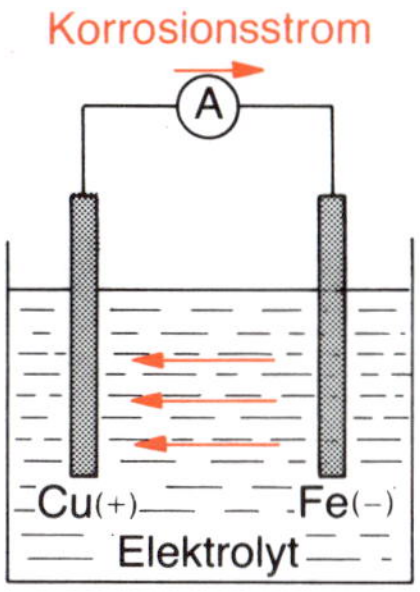

Bild 5.11
Versuchsanordnung zu elektrochemischer Korrosion

Über den Strommesser fließt sofort ein Strom. Nach einigen Minuten läßt sich auf dem Eisen eine dunkle Korrosionsschicht feststellen. Dies läßt darauf schließen, daß das Stahlblech zerstört, d. h. abgebaut wird.

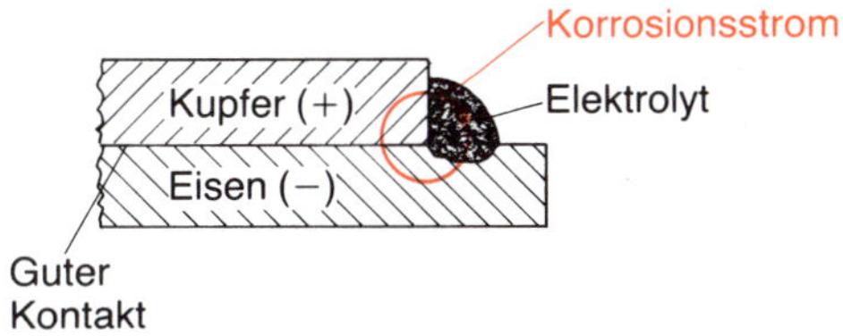

Bild 5.12
Kontaktkorrosion zwischen Kupfer- und Eisenwerkstück

> Kontaktkorrosion als Sonderform der elektrochemischen Korrosion führt zur Zerstörung des beteiligten unedleren Metalls an der Austrittsstelle des Stromes in den Elektrolyten.

Das unedlere Metall ist hierbei der Stoff mit dem niedrigeren Potential in der elektrochemischen Spannungsreihe.
Kontaktkorrosion tritt z. B. auf an Übergängen von Kupfer- auf Aluminiumleitungen, bei Silberkontakten an Messinghaltern, bei Stahlschrauben in Aluminiumteilen oder Aluminiumnieten in Stahlteilen.

5.5.2 Streustromkorrosion

Gleichstrom, der ein metallisches Teil durchfließt und in einen Elektrolyten austritt, zersetzt das Metall an der Austrittsstelle. Man nennt den Vorgang Streustromkorrosion, da in der Praxis nur Teilströme (Streuströme) eines gegebenen Gesamtstromkreises externe Metallteile durchfließen.

Beispiele: Rückleitung des Straßenbahnstromes über das Erdreich und teilweise (Streustrom) über Wasser- und Gasrohre, Kabelmäntel (Zerstörung der Rohre und Mäntel).
Streustromübergang von der Anschlußklemme zum negativen Polbolzen eines Bleiakkumulators (Zerstörung der Klemme).

5.6 Lernziel-Test

Verständnisfragen

1. Welche Ladungsträger bilden in Flüssigkeiten bzw. in Metallen den elektrischen Strom?
2. Nennen Sie technische Anwendungen der Elektrolyse.
3. Wie unterscheiden sich Primär- und Sekundärelemente?
4. Wovon hängt die Spannung eines galvanischen Elementes ab?
5. Wie ist ein Zink-Kohle-Element aufgebaut?
6. Wo werden Quecksilberoxid-Knopfzellen angewandt?
7. Was ist grundsätzlich beim Laden von Akkumulatoren zu beachten?
8. Warum sollen Bleiakkumulatoren nicht im entladenen Zustand belassen werden?
9. Welche Vorteile haben Stahlakkumulatoren gegenüber Bleiakkumulatoren?
10. Wie wird die Kapazität von Akkumulatoren angegeben?
11. Worüber gibt die elektrochemische Spannungsreihe Auskunft?
12. Warum wird beim Zink-Kohle-Element der Zinkbecher abgebaut?
13. Was versteht man unter Entladeschlußspannung eines Bleiakkumulators?
14. Nennen Sie Handelsbezeichnungen von Zink-Kohle-Rundzellen.
15. Warum ist bei allen Zink-Kohle-Rundzellen die Nennspannung gleich?
16. Wo und warum finden Lithium-Knopfzellen Anwendung?

17. Was versteht man unter dem Memory-Effekt von Ni-Cd-Akkumulatoren?
18. Nach welchen Ladeverfahren führt man meist das Normalladen bzw. Schnelladen von Akkumulatoren durch?

6 Magnetismus

6.1 Erscheinungsformen des Magnetismus

6.1.1 Magnete

Ein Magnet ist ein Körper, der Eisen-, Nickel- und Kobaltteile anzieht und festhält.

Eisen, Nickel und Kobalt werden als ferromagnetische Stoffe bezeichnet.
Man unterscheidet grundsätzlich: *Dauermagnete* und *Elektromagnete*.

Dauermagnete sind alle Magnete, die ihre magnetischen Eigenschaften beibehalten.

Sie bestehen aus Stahl, Stahllegierungen oder speziellen Dauermagnetwerkstoffen.

Elektromagnete sind stromdurchflossene Spulen.

Alle Magnete besitzen Stellen mit besonders großer Anziehungskraft und Stellen ohne Anziehungskraft. Dies läßt sich nachweisen, indem man einen Stabmagneten in Eisenfeilspäne taucht und feststellt, daß an den Enden des Magneten besonders viele und in der Mitte keine Eisenfeilspäne hängenbleiben.
Die Stellen der stärksten Anziehung heißen *Pole,* und das Gebiet in der Mitte ohne Anziehungskraft heißt *neutrale Zone.*

Bild 6.1
Nachweis der Pole und neutralen Zone eines Stabmagneten

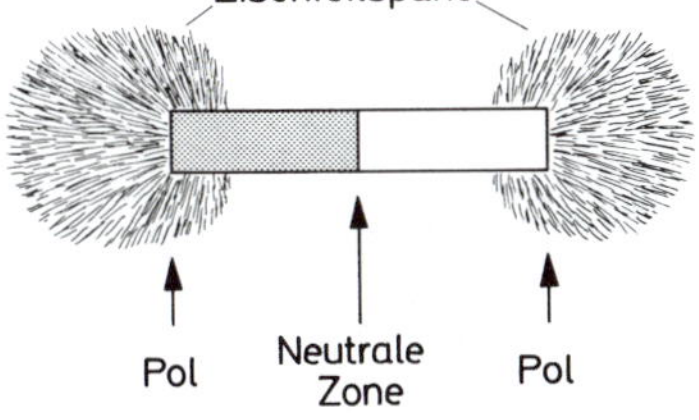

Hängt man einen Stabmagneten auf (Bild 6.2), so ist zu erkennen, daß er sich in Nord-Süd-Richtung einstellt.

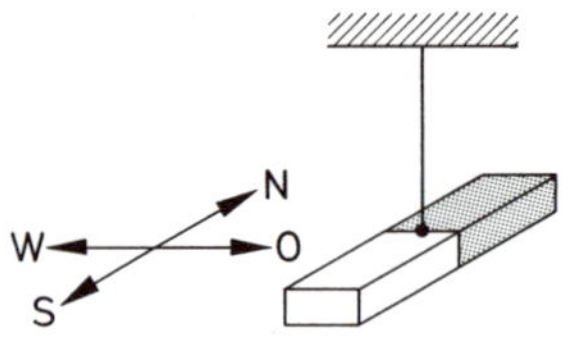

Bild 6.2
Ausrichten eines Stabmagneten in Nord-Süd-Richtung

Verdreht man ihn um 180°, dann geht er wieder in seine alte Lage zurück. Die beiden Enden des Magneten haben also verschiedenes Verhalten.

> Das nach Norden zeigende Ende eines Magneten nennt man *Nordpol*, das andere Südpol.

6.1.2 Kraftwirkung zwischen Magnetpolen

Setzt man zwei Stabmagnete entsprechend Bild 6.3 auf Rollen, so stellt man fest:

Bild 6.3
Kraftwirkung zwischen Magnetpolen

> Ungleichnamige Pole ziehen sich an, gleichnamige Pole stoßen sich ab.

6.1.3 Molekularmagnetismus

Bricht man eine magnetische Stahlnadel in der Mitte durch, so erhält man zwei vollständige Magnete mit Nord- und Südpol. Bei weiterer Teilung erhält man wieder zwei vollständige Magnete.

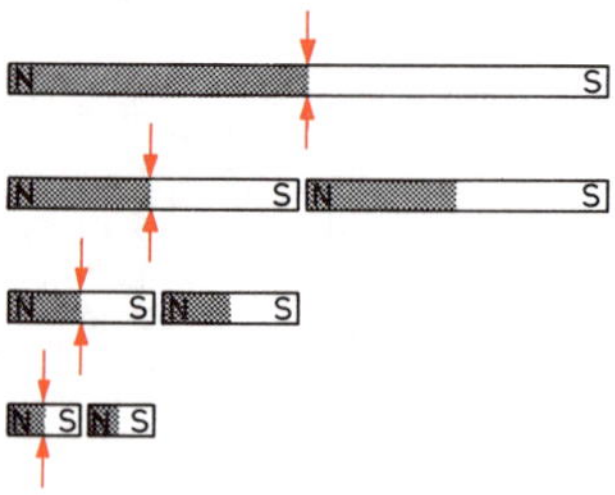

Bild 6.4
Teilung von Magneten

Diesen Vorgang kann man so lange fortsetzen, bis nur noch Moleküle übrigbleiben. Auch diese sind dann kleinste Magnete mit Nord- und Südpol. Sie heißen *Molekularmagnete* und werden als die kleinsten Bausteine des Magnetismus betrachtet.
Nach einer vereinfachten Modellvorstellung liegen im unmagnetischen Zustand die Molekularmagnete in einem Stahlgefüge wirr durcheinander. Der von Natur aus vorhandene Magnetismus hebt sich nach außen hin auf. Nähert man dem Stahlkörper einen starken Magneten, so werden die Molekularmagnete entsprechend der in Abschnitt 6.1.2 behandelten Kraftwirkung zwischen Magnetpolen ausgerichtet.

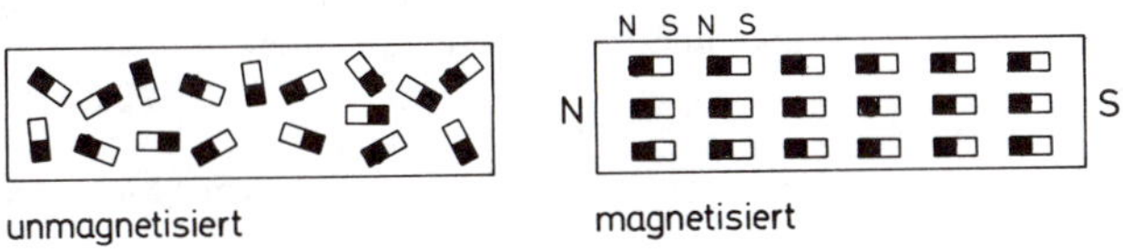

Bild 6.5 Stahl im
a) unmagnetisierten Zustand,
b) magnetisierten Zustand

Der im Stahlkörper steckende Magnetismus kommt somit nach außen hin zur Wirkung; der Stahlkörper ist magnetisiert, er ist zu einem Dauermagneten geworden.
Der Magnetismus der Molekularmagnete hat nach Erkenntnissen von Physikern seine Ursache wiederum in der Bewegung von Elektronen, die in bestimmten Bahnen den Atomkern umlaufen.

6.1.4 Magnetfelder

> Unter einem magnetischen Feld versteht man den Raum um einen Magneten, in dem magnetische Kräfte wirken.

Richtung und Größe dieser Kräfte werden durch *Feldlinien* dargestellt.
Der Verlauf der Feldlinien läßt sich z. B. folgendermaßen ermitteln:
Man verschiebt eine kleine Magnetnadel (Bild 6.6 a) von einem Magnetpol ausgehend stets in die Richtung, in die die Nadel zeigt,

Bild 6.6
Magnetfeld eines Stabmagneten
a) Seitenansicht
b) Vorderansicht

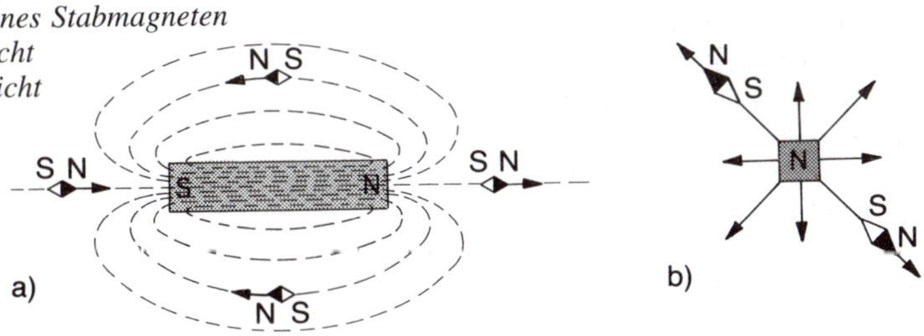

bis zum anderen Pol und zeichnet dabei den zurückgelegten Weg auf. So verfährt man genügend oft.
Nach einem anderen Verfahren wird auf den Magneten ein Papier gelegt und mit feinen Eisenfeilspänen bestreut. Unter dem Einfluß des magnetischen Feldes ordnen sich die Eisenteilchen so, daß das Feldbild deutlich zu erkennen ist.
Die Feldlinien sind stets als in sich geschlossene Linien zu betrachten. Man hat für sie folgenden Richtungssinn festgelegt:

> Die Feldlinien verlaufen außerhalb des Magneten vom Nordpol zum Südpol und innerhalb vom Südpol zum Nordpol.

Sie zeigen also in die Richtung des Nordpols einer Magnetnadel.

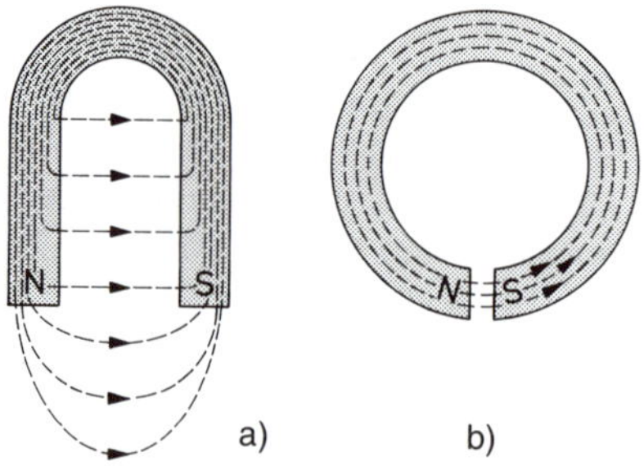

Bild 6.7 Feldlinienbild
a) eines Hufeisenmagneten,
b) eines Ringmagneten

Je enger nun an einer Stelle des Feldlinienbildes der Abstand der Feldlinien voneinander ist, um so stärker ist hier das Magnetfeld und damit die Kraftwirkung.
Die Dichte der Feldlinien ist an jeder Stelle des Feldes ein Maß für die Stärke des Magnetfeldes (Kraft) an dieser Stelle.
In der Nähe der Pole kommt es somit zu einer größeren Kraftwirkung als außen zwischen den Polen, wo die Feldlinien den größten Abstand voneinander haben.
Man unterscheidet *homogene* (gleichförmige) und *inhomogene* (ungleichförmige) *Felder.* Im Bereich von homogenen Feldern sind die Kraftwirkungen gleich groß, im inhomogenen Bereich dagegen nicht. Ein annähernd homogenes Feld stellt sich zwischen den Polen des Hufeisenmagneten und des Ringmagneten ein. Die Feldlinien verlaufen parallel und liegen gleich weit auseinander.
Das übrige Feld des Hufeisenmagneten aber ist inhomogen.
Aus den Feldlinienbildern für ungleichnamige Pole bzw. gleichnamige Pole läßt sich ersehen, ob die Pole das Bestreben haben, sich anzuziehen oder abzustoßen.
In der Längsrichtung der magnetischen Feldlinien wirkt eine Zugkraft und senkrecht zu ihnen Druck.
Wie dem Versuch «Magnetische Wirkung» in Abschnitt 1.3.8 zu entnehmen ist, bildet sich um einen stromdurchflossenen Leiter ebenfalls ein Magnetfeld.

Bild 6.8 *Feldlinienbild von*
a) ungleichnamigen Polen,
b) gleichnamigen Polen

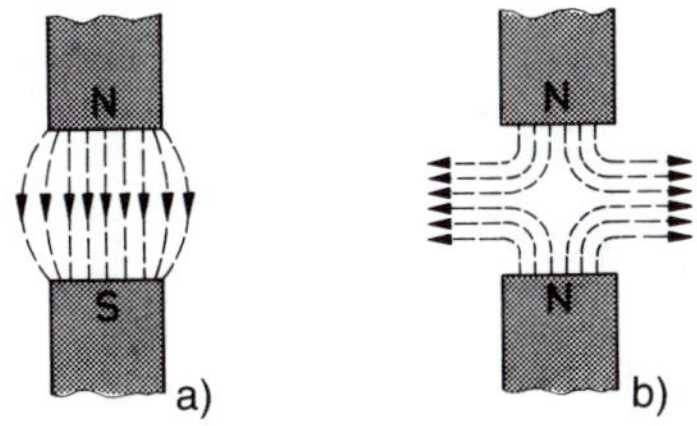

Bewegte Ladungen (Strom) sind also die Ursache von Magnetfeldern, d. h. des Magnetismus insgesamt.

Die Feldlinien stellen Kreise um den Leiter dar.
Ändert man in o. a. Versuch die Stromrichtung, so richten sich die Magnetnadeln neu aus.
Die Richtung der Feldlinien hängt, wie sich mit Hilfe von Magnetnadeln nachweisen läßt, von der Stromrichtung ab und entspricht der *Schraubenregel.*

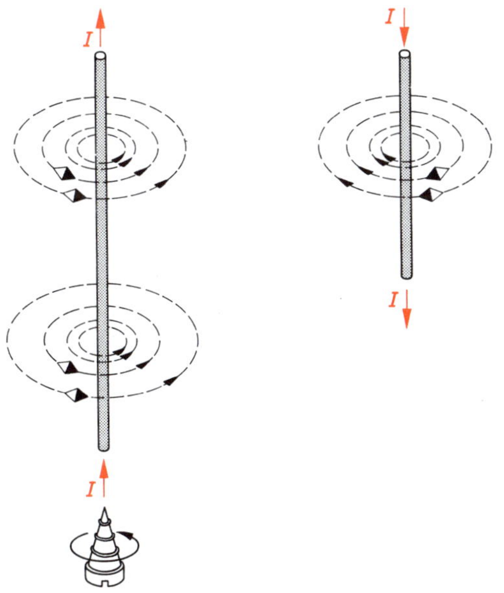

Bild 6.9
Feldlinienbild eines stromdurchflossenen Leiters (Schraubenregel)

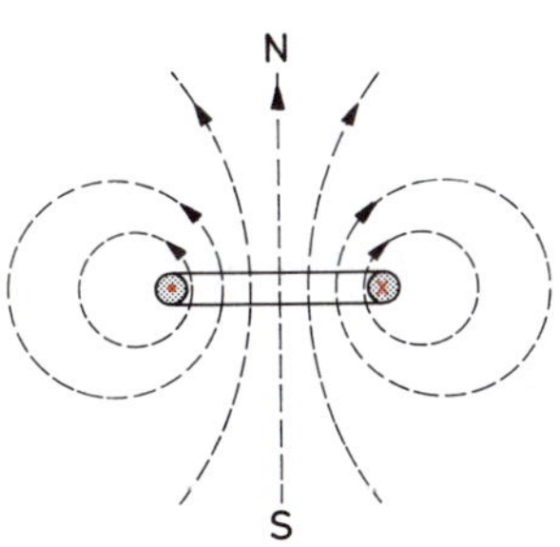

Bild 6.10
Feldlinienbild einer stromdurchflossenen Schleife

Denkt man sich eine Rechtsschraube in Richtung des Stromes in den Leiter hineingeschraubt, so gibt die Drehrichtung die Richtung der Feldlinie an.

Dieses Magnetfeld läßt sich auf dem ganzen Verlauf des Leiters nachweisen.
Bildet der Leiter eine Windung, kommt es zu einer Überlagerung von Magnetfeldern. Die Feldlinien treten auf einer Seite der Windung ein und auf der anderen aus, so daß sich auf der einen Seite ein Nordpol und auf der anderen ein Südpol bildet.
Bei einer stromdurchflossenen Spule setzt sich das Gesamtfeld aus den Feldern der einzelnen Windungen zusammen.
Der Feldlinienverlauf einer stromdurchflossenen Spule entspricht dem eines Stabmagneten. Sichtbar werden die Pole (Ein- und Austrittsstelle der Feldlinien) wie auch das homogene Feld im Inneren der Spule.

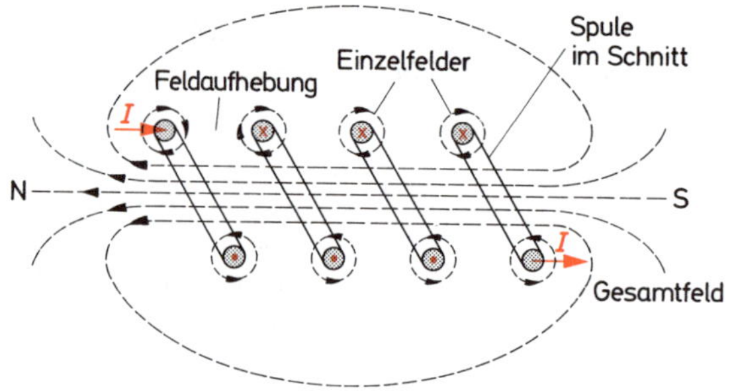

Bild 6.11
Feldlinienbild einer stromdurchflossenen Spule

6.1.5 Lernziel-Test

Verständnisfragen

1. Woran erkennt man bei Magneten die Pole und die neutrale Zone?
2. Mit einer Magnetnadel läßt sich die Polarität eines Magneten feststellen.
   Auf welcher Wirkung beruht dies?
3. Wie läßt sich aus einem zunächst unmagnetischen Stahlstück ein Magnet herstellen?
   Was geht dabei in dem Stahlstück vor?
4. Wie läßt sich der Verlauf von magnetischen Feldlinien ermitteln?
5. Wie ist die Magnetfeldrichtung außerhalb und innerhalb eines Magneten festgelegt?
6. Was versteht man unter homogenen Magnetfeldern?
7. Wie läßt sich die Feldrichtung um einen stromdurchflossenen Leiter bestimmen?

6.2 Größen und Einheiten des Magnetismus

6.2.1 Magnetische Durchflutung (magnetische Urspannung)

In einem stromdurchflossenen Leiter ist der Strom *I*, d. h. die bewegten Elektronen, die Ursache für das Magnetfeld.
Die Elektronen «durchfluten» praktisch das Magnetfeld.
Bei einer Spule sind, wie Bild 6.12 zeigt, an der Entstehung des Gesamtmagnetfeldes aber mehrere stromdurchflossene Leiter beteiligt; bei *N* Windungen sind es also *N* mal *I* Ströme, die das Gesamtmagnetfeld erzeugen und es auch «durchfluten».

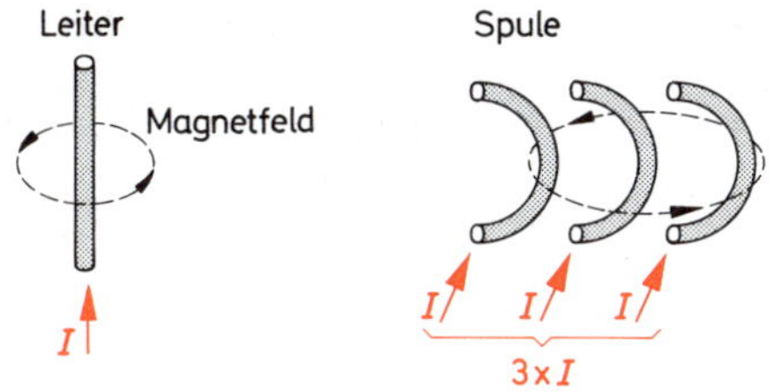

Bild 6.12
Strom als Ursache für das Magnetfeld (magnetische Durchflutung)

Man nennt daher die Summe der durchflutenden Ströme die *magnetische Durchflutung* und verwendet hierfür das Kurzzeichen Θ (sprich: theta).

Es gilt:

Durchflutung $\Theta = I \cdot N$

Θ Durchflutung in A
I Strom in A
N Windungen

Die Einheit der magnetischen Durchflutung ergibt sich als *Ampere* (A). Da die Durchflutung die Ursache ist für das magnetische Feld, so wie die Spannung in einem Stromkreis die Ursache ist für den Strom, nennt man die magnetische Durchflutung auch *magnetische Urspannung*.
In der Praxis läßt sich tatsächlich nachweisen, daß die magnetische Wirkung (Anziehung von Eisenteilen) einer Spule um so größer ist, je größer deren Spulenstrom und deren Windungszahl sind.
Die Gleichung $\Theta = I \cdot N$ besagt, daß eine bestimmte magnetische Durchflutung und damit magnetische Wirkung mit vielen Windungen und kleiner Stromstärke oder mit wenigen Windungen und großer Stromstärke erreicht werden kann.

Beispiel:
Welche Stromstärken sind notwendig, um bei 1000 W, 10 W und 1 Windung die Durchflutung Θ = 10 A zu erzeugen?

Lösung: $\Theta = I \cdot N$

$I = \frac{\Theta}{N}$; $\underline{I_1} = \frac{10\ \text{A}}{1000} = 0{,}01\ \text{A} = \underline{10\ \text{mA}}$

$\underline{I_2} = \frac{10\ \text{A}}{10} = \underline{1\ \text{A}}$; $\underline{I_3} = \frac{10\ \text{A}}{1} = \underline{10\ \text{A}}$

6.2.2 Magnetische Feldstärke

Eine magnetische Durchflutung (magnetische Urspannung) führt in einer Spule bzw. dem Eisenkern einer Spule zu einem Magnetfeld (Bild 6.13).
Dabei teilt sich die magnetische Urspannung entlang den Feldlinien auf und magnetisiert jeden cm der Luft bzw. des Eisenkerns. Bei kürzeren Feldlinien ist hierbei die magnetische Spannung pro cm Feldlinienlänge größer als bei längeren Feldlinien. Man bezeichnet die magnetische Spannung (magnetische Durchflutung) pro m Feldlinienlänge als *magnetische Feldstärke H.*

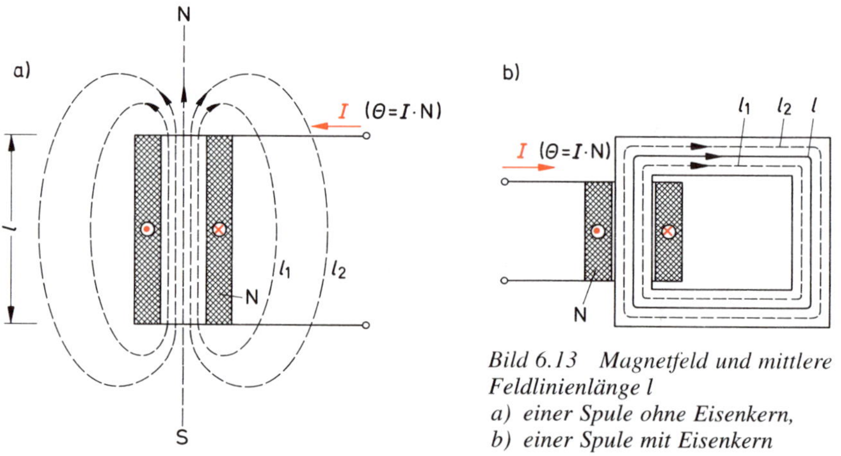

Bild 6.13 Magnetfeld und mittlere Feldlinienlänge l
a) einer Spule ohne Eisenkern,
b) einer Spule mit Eisenkern

Die magnetische Feldstärke H ist um so größer, je größer die Durchflutung Θ und je geringer die Länge l der Spule bzw. die mittlere Feldlinienlänge l ist.

Magnetische Feldstärke $H = \frac{\Theta}{l}$

Θ magnetische Durchflutung (magn. Urspannung) in A
l mittlere Feldlinienlänge in m
H magnetische Feldstärke in $\frac{\text{A}}{\text{m}}$

Die Einheit der magnetischen Feldstärke ergibt sich als Ampere je Meter $\left(\frac{\text{A}}{\text{m}}\right)$. In der Praxis arbeitet man auch mit der Einheit $\frac{\text{A}}{\text{cm}}$.

Mit $\Theta = I \cdot N$ erhält man:

Magnetische Feldstärke $$H = \frac{I \cdot N}{l}$$ I Strom in A

Die vorstehenden Gleichungen gelten nur genau für homogene Felder, bei denen alle Feldlinien annähernd die gleiche Länge (mittlere Feldlinienlänge l) haben. Bei langen zylindrischen Spulen ohne Eisenkern ist die mittlere Feldlinienlänge annähernd gleich der Spulenlänge, bei Spulen mit Eisenkern gleich dem mittleren Eisenweg der Feldlinien (s. Bild 6.13).

Beispiel:
Welche Durchflutung ist erforderlich, um bei 25 cm mittlerer Feldlinienlänge eine magnetische Feldstärke von 5000 $\frac{\text{A}}{\text{m}}$ zu erreichen?

gegeben: $l = 25\ \text{cm},\ H = 5000\ \frac{\text{A}}{\text{m}}$

gesucht: Θ

Lösung: $H = \frac{\Theta}{l}; \qquad \Theta = H \cdot l$

$\underline{\underline{\Theta}} = 5000\,\frac{\text{A}}{\text{m}} \cdot 0{,}25\ \text{m} = \underline{\underline{1250\ \text{A}}}$

6.2.3 Magnetischer Fluß

Die elektrische Spannung verursacht im geschlossenen elektrischen Stromkreis eine Elektronenbewegung, d. h. einen Strom.
Die magnetische Urspannung verursacht das magnetische Feld, das durch Feldlinien dargestellt wird. Man bezeichnet nun das Magnetfeld eines Magneten insgesamt oder die Summe aller Feldlinien in Anlehnung an den Strom im Stromkreis als seinen *magnetischen Fluß,* obwohl in Wirklichkeit nichts fließt.
Kurzzeichen: Φ (sprich: phi)
Die Einheit des Flusses kann aus dem in Abschnitt 6.5.2 behandelten Induktionsgesetz abgeleitet werden.
Man erhält als Einheit 1 *Voltsekunde* (1 Vs), die man auch als 1 Weber (1 Wb) bezeichnet.

Einheit:

$$1\ \text{Wb} = 1\ \text{Vs}$$

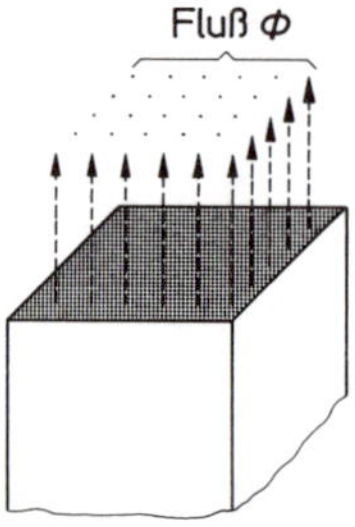

Bild 6.14
Darstellung des magnetischen Flusses

6.2.4 Magnetische Flußdichte

Die magnetische Wirkung eines Magneten ist um so größer, je mehr der Fluß zusammengedrängt, d. h. je dichter der Fluß ist. Man verwendet daher als magnetische Größe für die Wirkung eines Magnetfeldes den Begriff *magnetische Flußdichte.*
Sie gibt an, wie stark der Raum magnetisiert ist.
Dies wird veranschaulicht durch die Zahl der Feldlinien je Querschnittsfläche.
Kurzzeichen B:

$$\text{magnetische Flußdichte} = \frac{\text{magnetischer Fluß}}{\text{Querschnittsfläche}}$$

Magnetische Flußdichte $$B = \frac{\Phi}{A}$$

B magnet. Flußdichte in T $\left(\frac{\text{Wb}}{\text{m}^2}; \frac{\text{Vs}}{\text{m}^2}\right)$
Φ magnet. Fluß in Wb (Vs)
A Querschnittsfläche in m^2

Die Einheit für die magnetische Flußdichte ergibt sich aus der Gleichung $B = \frac{\Phi}{A}$, *wenn man für* Φ die Einheit Vs bzw. Wb und für A die Einheit m^2 einsetzt, also $\frac{\text{Vs}}{\text{m}^2}$ oder $\frac{\text{Wb}}{\text{m}^2}$. Diese Einheit bezeichnet man auch als Tesla (T).

$$1\ \text{T} = 1\ \frac{\text{Vs}}{\text{m}^2} = 1\ \frac{\text{Wb}}{\text{m}^2}$$

In elektrischen Motoren und Transformatoren arbeitet man mit Flußdichten von ca. 1 T.

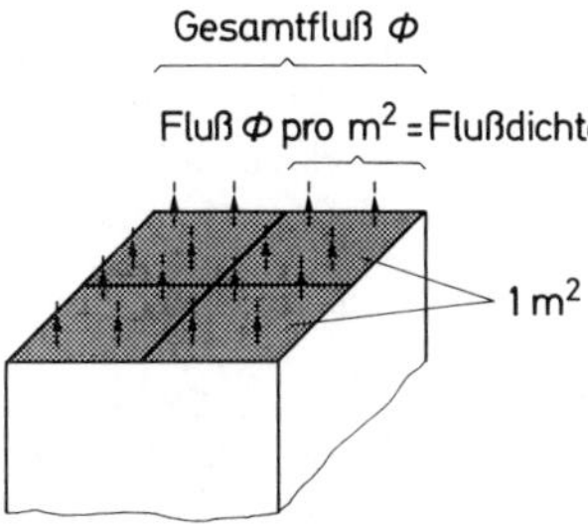

Bild 6.15
Zusammenhang zwischen Fluß und Flußdichte

6.2.5 Lernziel-Test

Verständnisfragen

1. Spannung ist die Ursache für den Strom in einem Stromkreis.
   Was ist die Ursache für das magnetische Feld?
2. Warum wird durch das Auseinanderziehen einer Spule deren Wirksamkeit herabgesetzt?
3. Was versteht man unter magnetischer Feldstärke?
4. Wie lautet der formelmäßige Zusammenhang zwischen magnetischem Fluß und Flußdichte?
5. Wie heißen die Einheiten für den magnetischen Fluß und die Flußdichte?

Rechenaufgaben

1. Bei einem Strom von 80 mA soll die Durchflutung eines Relais 240 A betragen.
   Welche Windungszahl muß die Relaiswicklung haben?
2. Eine Relaiswicklung mit 300 Windungen soll 150 A Durchflutung haben.
   Welche Stromstärke muß das Relais aufnehmen?
3. Welche Feldstärke tritt in einer Spule mit 100 Windungen und 50 mm mittlerer Feldlinienlänge bei einem Strom von 5 A auf?
4. In einer Spule mit 3000 Windungen soll die Feldstärke 500 $\frac{A}{m}$ erzeugt werden.

   Wie groß muß der Spulenstrom sein, wenn die mittlere Feldlinienlänge 15 cm beträgt?

6.3 Magnetisches Verhalten von Werkstoffen

6.3.1 Magnetischer Widerstand

Die verschiedenen Stoffe (Luft, Eisen usw.) setzen dem magnetischen Fluß mehr oder weniger Widerstand (magnetischer Widerstand) entgegen (Bild 6.17).
Ähnlich wie in einem elektrischen Kreis der Leiterwiderstand *R* von der Leiterlänge *l*, dem Querschnitt *A* und der Leitfähigkeit des Leiters abhängt und sich mit der Formel $R = \frac{l}{\kappa \cdot A}$ *bestimmen läßt, gilt beim magnetischen Kreis:*

Der magnetische Widerstand R_m ist um so größer, je größer die Länge des Kreises, d. h. die mittlere Feldlinienlänge *l*, je kleiner die Querschnittsfläche *A* und die magnetische Leitfähigkeit (Permeabilität) μ (sprich: mü) wird.

Magnetischer Widerstand

$$R_m = \frac{l}{\mu \cdot A}$$

l mittlere Feldlinienlänge in m

μ Permeabilität in $\frac{\text{Vs}}{\text{Am}}$ (magnet. Leitfähigkeit)

A Querschnittsfläche in m^2

R_m magnet. Widerstand in $\frac{\text{A}}{\text{Vs}}$

6.3.2 Permeabilität (magnetische Leitfähigkeit)

Die magnetische Leitfähigkeit eines Stoffes gibt Auskunft darüber, wie gut der magnetische Fluß in dem Stoff (Luft, Eisen) geleitet wird.

Die Einheit der magnetischen Leitfähigkeit läßt sich durch Formelumstellen ableiten.

$$\underline{\mu} = \frac{l}{R_m \cdot A} \text{ in } \frac{\text{m}}{\frac{\text{A}}{\text{Vs}} \cdot \text{m}^2} = \underline{\underline{\frac{\text{Vs}}{\text{Am}}}}$$

Die *magnetische Leitfähigkeit* wird auch als *Permeabilität* bezeichnet (permeare = durchwandern, lat.).

Den für das Vakuum und angenähert auch für Luft geltenden Wert der Permeabilität nennt man die *magnetische Feldkonstante* (Kurzzeichen: μ_0).

Ihr Wert ist

$$\mu_0 = 1{,}257 \cdot 10^{-6}\,\frac{\mathrm{Vs}}{\mathrm{Am}}$$

Die Werte für die Leitfähigkeiten anderer Stoffe drückt man durch das Vielfache der Leitfähigkeit für das Vakuum aus.
Das Vielfache bezeichnet man als Permeabilitätszahl μ_r *(relative Permeabilität)*. Sie ist eine reine Zahl ohne Einheit.

> Die Permeabilitätszahl $\boldsymbol{\mu}_r$ eines Stoffes gibt an, wievielmal besser dieser Stoff magnetisierbar ist als das Vakuum (Luft).

Es gilt:
Permeabilität eines Stoffes = magnetische Feldkonstante × Permeabilitätszahl

$$\mu = \mu_0 \cdot \mu_r$$

Für praktische Rechnungen gilt:
Ferromagnetische Stoffe
(Eisen, Kobalt, Nickel sowie bestimmte Legierungen):
μ_r sehr groß (100 bis 1 000 000)
Die Permeabilitätszahl für diese Stoffe ist nicht konstant, sie schwankt je nach der Feldstärke in weiten Grenzen.
Alle anderen Stoffe: $\mu_r \approx 1$
Aus diesen Angaben ist zu erkennen:

> Ferromagnetische Stoffe sind viel besser magnetisierbar als andere Stoffe und leiten den magnetischen Fluß wesentlich besser.

Folgender in Bild 6.16 dargestellte Versuch beweist dies:
Die stromdurchflossene Spule hat mit Eisenkern eine viel größere Kraftwirkung.

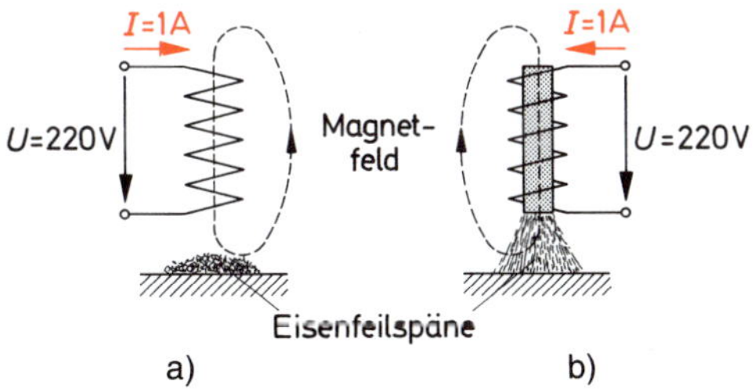

Bild 6.16
Wirkung einer stromdurchflossenen Spule
a) ohne Eisenkern,
b) mit Eisenkern

Die Ursache für die Verstärkung des magnetischen Flusses liegt im Ausrichten der Molekularmagnete im Eisen.
Folgende Feldlinienbilder zeigen, daß die Feldlinien wegen der besseren Leitfähigkeit in das Eisen hineingezogen und damit umgeleitet werden.

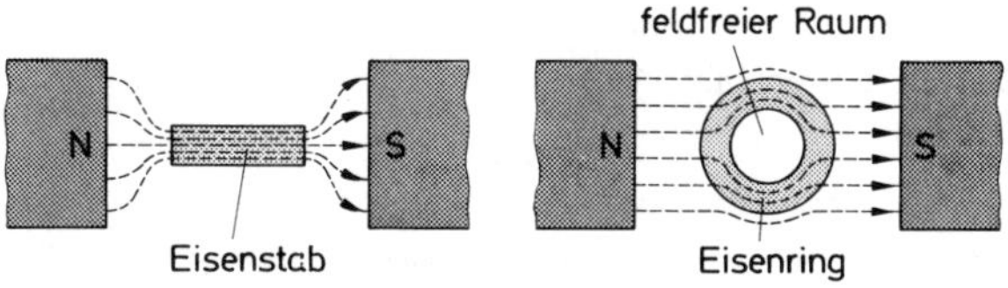

Bild 6.17
Feldlinienverlauf in Luft und Eisen

Der Eisenring zeigt prinzipiell die in der Praxis häufig angewandte Möglichkeit, magnetisch empfindliche Geräte gegen fremde *Magnetfelder abzuschirmen.* Man umgibt hierzu das zu schützende Gerät mit einem magnetisch gut leitfähigen ferromagnetischen Abschirmbecher.
Umgekehrt kann durch eine Abschirmung auch erreicht werden, daß sich Magnetfelder gar nicht ausbreiten. Zu diesem Zweck setzt man z. B. die magnetfelderzeugende Spule in einen ferromagnetischen Abschirmbecher (Bild 6.18).

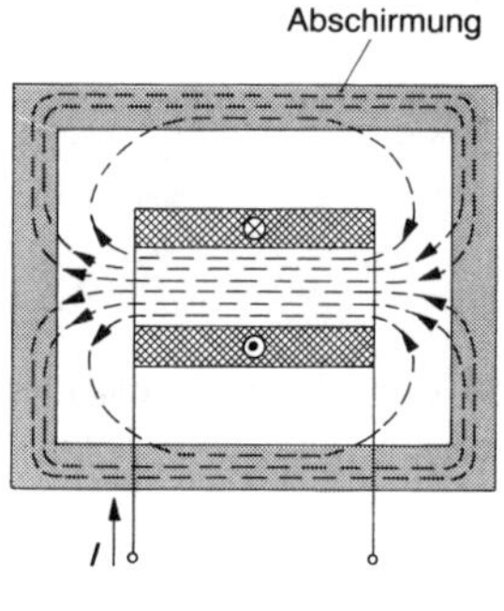

Bild 6.18
Abschirmung eines magnetischen Feldes durch Eisen

Bei hochfrequenten Feldern würden die im Eisen entstehenden Ummagnetisierungsverluste zu groß. Man benutzt daher zur Abschirmung Abschirmbecher aus Aluminium- oder Kupferblech. In dem Blech entstehen durch Induktion Wirbelströme, deren Magnetfeld so groß wie das abzuschirmende Feld und diesem entgegengerichtet ist.

6.3.3 Beziehung zwischen magnetischer Flußdichte und Feldstärke

6.3.3.1 Magnetisierungskennlinien

Strom in einer Spule ergibt eine bestimmte Feldstärke H. Diese wiederum ist Ursache für eine bestimmte Magnetflußdichte B.
Bei einer Luftspule stellt man fest:
Verdoppelt man die Stromstärke und damit die Feldstärke H, dann verdoppelt sich auch die Magnetflußdichte B.
Die magnetische Flußdichte einer eisenlosen Spule (Luft) nimmt im gleichen Verhältnis wie der Spulenstrom und damit wie die Feldstärke zu.
Es gilt für die magnetische Flußdichte in Luft:

Magnetische Flußdichte

$$B = \mu_0 \cdot H$$

B magnet. Flußdichte in T $\left(\frac{\text{Vs}}{\text{m}^2}\right)$

H magnet. Feldstärke in $\frac{\text{A}}{\text{m}}$

μ_0 magnet. Feldkonstante

$\mu_0 = 1{,}257 \cdot 10^{-6} \frac{\text{Vs}}{\text{Am}}$

Für sonstige Stoffe gilt:

Magnetische Flußdichte

$$B = \mu_0 \cdot \mu_r \cdot H$$

μ_r = Permeabilitätszahl

Es ist aber zu beachten, daß μ_r von der Feldstärke abhängt und daher stark schwankt. Stellt man die Abhängigkeit der Magnetflußdichten von den Feldstärken in Luft oder anderen Werkstoffen grafisch dar (auf der waagerechten Achse die magnetischen Feldstärken H als geänderte Größen und auf der senkrechten Achse die Magnetflußdichten B als sich ändernde Größen), so erhält man die sogenannten *Magnetisierungskennlinien.*

> Eine Magnetisierungskennlinie ist die grafische Darstellung der magnetischen Flußdichten in Abhängigkeit von den Feldstärken für einen bestimmten Stoff.

Die Magnetisierungskennlinie für Luft (und alle nichtferromagnetischen Stoffe) ergibt eine Gerade. Dagegen sind die Magnetisierungskennlinien der ferromagnetischen Stoffe gekrümmt.
Verstärkt man nämlich das vorhandene Magnetfeld der Luftspule durch einen Eisenkern, so stellt man fest:
Bei zunehmender Feldstärke erhöht sich die Magnetflußdichte anfangs sehr stark,

nimmt dann aber im Verhältnis zur Feldstärkenerhöhung immer weniger zu, bis sie schließlich nur noch wie bei einer Luftspule anwächst.

Diese Erscheinung ist folgendermaßen zu erklären:

Mit einer anfangs geringen magnetischen Feldstärke können viele Molekularmagnete ausgerichtet werden, was eine große Magnetflußdichte bewirkt. Durch Erhöhen der Feldstärke richten sich immer mehr Molekularmagnete aus. Die Magnetflußdichte steigt, bis schließlich alle Molekularmagnete ausgerichtet sind. Nun kann das Eisen den magnetischen Fluß nicht weiter verstärken. Das Eisen ist magnetisch gesättigt. Erhöht man die Feldstärke weiter, wird die Magnetflußdichte wie bei der Luftspule vergrößert.

Die Magnetisierungskennlinien der einzelnen magnetischen Werkstoffe sind verschieden, sie werden von den Herstellern der Magnetwerkstoffe durch Versuchsreihen ermittelt.

In der Praxis wird speziell für ferromagnetische Stoffe die magnetische Feldstärke bei bekannter Flußdichte oder umgekehrt die Flußdichte bei bekannter Feldstärke der entsprechenden Magnetisierungskennlinie entnommen.

Man arbeitet meist nicht mit der relativen Permeabilität.

Wie aus den Magnetisierungskennlinien (Bild 6.19) zu entnehmen ist, benötigt man zur Magnetisierung auf die Flußdichte 1 T bei legiertem Blech ca. $2{,}5 \frac{\text{A}}{\text{cm}}$ und bei Gußeisen ca. $108 \frac{\text{A}}{\text{cm}}$ magnetischer Feldstärke. Der Wert für Luft läßt sich aus der

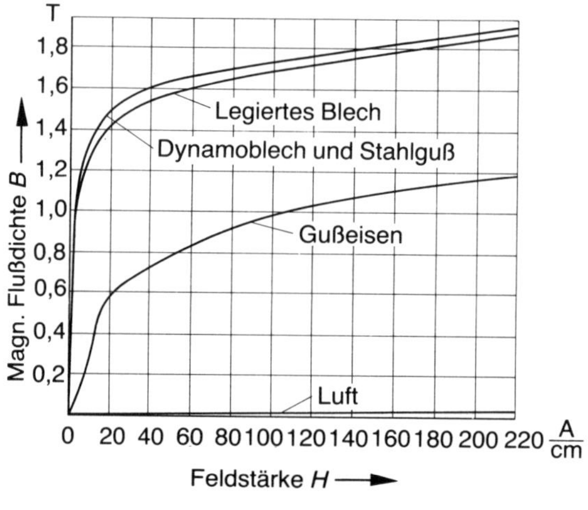

Bild 6.19 Magnetisierungskennlinien

Kennlinie nicht entnehmen, er liegt bei ca. $8000 \frac{\text{A}}{\text{cm}}$.

Zur Magnetisierung von Luft (z. B. eines Luftspaltes in Motoren, im Relais, in Transformatoren) ist sehr viel mehr Energie erforderlich als für Eisen. Man versucht daher in magnetischen Kreisen die Luftspalte möglichst klein zu halten.

6.3.3.2 Ummagnetisierungskennlinie (Hysteresekurve)

Versuch:
a) Der Strom und damit die Feldstärke in einer Spule wird von Null aus erhöht bis zur Sättigung des Eisenkerns.

Beachte: Dabei werden mehr und mehr Eisenfeilspäne angezogen.

Bild 6.20
Versuchsanordnung zur Demonstration der Hysterese

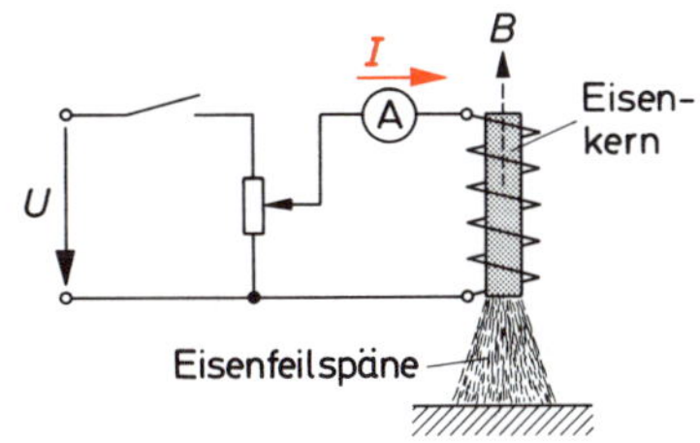

Bild 6.21
Hystereseschleife mit Neukurve

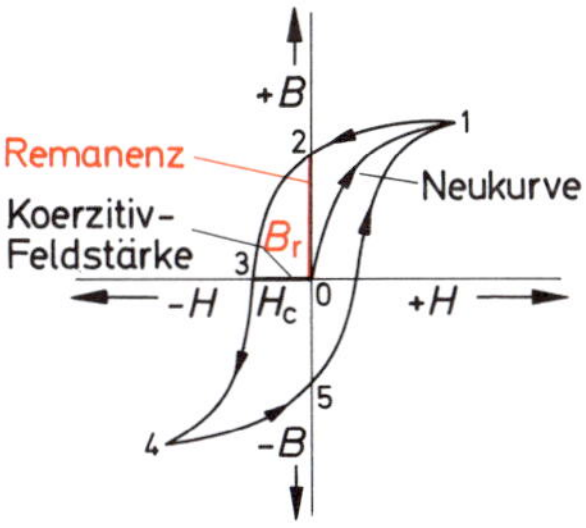

Die grafische Darstellung der magnetischen Flußdichte (Bild 6.22) in Abhängigkeit von der magnetischen Feldstärke ergibt die Magnetisierungskennlinie von 0 nach 1, die hier auch *Neukurve* genannt wird.

Versuch:
b) Der Strom (Feldstärke) wird bis auf Null verringert.

Beachte: Ein Teil der Eisenfeilspäne bleibt hängen.

Die Magnetisierungskennlinie (hier Entmagnetisierungskurve genannt) verläuft über der Neukurve von 1 nach 2.
Obwohl die Feldstärke Null ist, bleibt eine restliche magnetische Flußdichte, die *Re-*

manenzflußdichte B_r oder *Remanenz* B_r *(Restmagnetismus),* zurück (remanere = zurückbleiben, lat.).

Versuch:
c) Die Stromrichtung (Feldrichtung) wird umgekehrt und der Strom (Feldstärke) gesteigert.

Beachte: Die restlichen Eisenfeilspäne fallen ab.

Die Entmagnetisierungskurve verläuft von 2 nach 3. Die Remanenz verschwindet bei einer bestimmten entgegengesetzt gerichteten Feldstärke.
Die Feldstärke, die notwendig ist, um den Restmagnetismus zu beseitigen, nennt man *Koerzitiv-Feldstärke* H_c (coercere = zwingen, lat.).

Versuch:
d) Der Strom (Feldstärke) wird weiter gesteigert bis zur erneuten Sättigung des Eisenkerns.

Beachte: Die Eisenfeilspäne werden wie bei Versuch a) angezogen.

Magnetisieren und Entmagnetisieren von magnetischen Werkstoffen ergeben in der grafischen Darstellung die *Ummagnetisierungskennlinie,* auch *Hystereseschleife* genannt (Hysterese = das Zurückbleiben, griechisch).

Die magnetische Flußdichte bleibt wegen der inneren Reibung der Molekularmagnete hinter der magnetischen Feldstärke zurück.

Bei Wechselstrom werden die Molekularmagnete ständig um 180° gedreht. Dabei erwärmt sich durch die innere Reibung das Eisen. Die hierbei entstehenden Verluste nennt man *Ummagnetisierungs-* oder *Hystereseverluste.* Der Flächeninhalt der Hystereseschleife ist ein Maß für diese Verluste.

6.3.3.3 Magnetwerkstoffe

Man unterscheidet zwei Hauptgruppen:
a) *Magnetisch weiche Werkstoffe*

Weichmagnetische Werkstoffe sind Stoffe, die nur während der Zeit des Stromflusses einen größeren Magnetismus erhalten.

Man benutzt diese Werkstoffe für *Elektromagnete.* Sie sollen eine kleine Koerzitivfeldstärke und eine kleinflächige Hystereseschleife besitzen, damit sie leicht magnetisierbar sind und beim Ummagnetisieren geringe Verluste aufweisen.

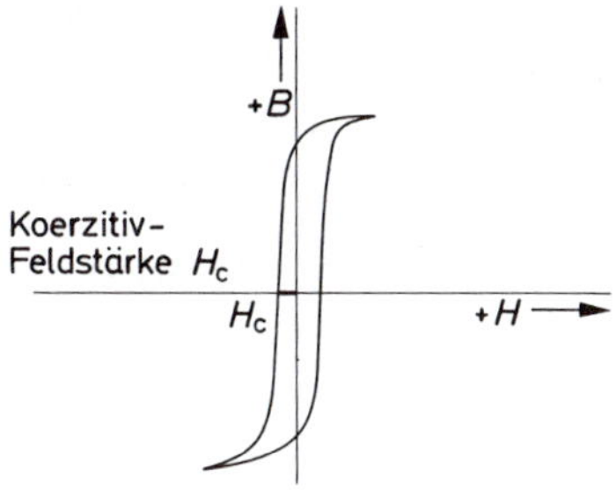

Bild 6.22
Hystereseschleife von weichmagnetischen Werkstoffen

In der Praxis kommen zur Anwendung:
Bleche aus kohlenstoffarmem *Stahl,* mit Silizium legiert (Dynamobleche), für elektrische Maschinen, Transformatoren, Drosseln.
Eisenlegierungen mit hohem Nickelgehalt (Permalloy, Mumetall, Perminvar, Hyperm) für Überträger, Wandler, Relais, Abschirmungen.
Ferrite sind oxidkeramische ferromagnetische Werkstoffe, Eisenoxid und sonstige Metalloxide für Mittel- und Hochfrequenz, hochempfindliche schnelle Relais, magnetische Speicher und Schalter, Schwingkreise, Filter, Tonkopfkerne.
Massekerne, praktisch reines Eisenpulver, gemischt mit Isolierstoff und gepreßt für Relais.

b) *Magnetisch harte Werkstoffe*

> Hartmagnetische Werkstoffe sind Stoffe, die nach einmaligem Magnetisieren den Magnetismus behalten.

Man benutzt diese Werkstoffe für *Dauermagnete.*
Sie sollen eine große Remanenzflußdichte B_r aufweisen. Aber auch die Koerzitivfeldstärke H_c soll groß sein, damit die Remanenz nicht durch den Einfluß von Fremdfeldern verlorengeht.

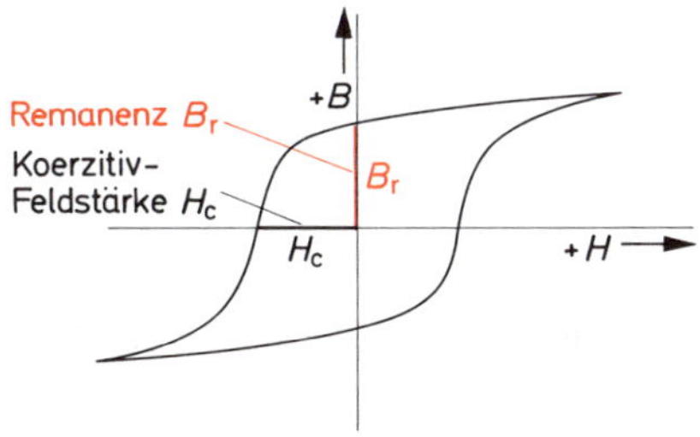

Bild 6.23
Hystereseschleife von hartmagnetischen Werkstoffen

Eine großflächige Hystereseschleife entspricht einem großen Ummagnetisierungsaufwand.
Zur Anwendung kommen:
Stark kohlenstoffhaltige Stähle, die gehärtet sind. Stähle mit Chrom, Wolfram, Kobalt.
Oxidmagnete-Ferrite.
Aluminium-Nickel-Eisenlegierungen mit Zusatz von Kobalt (Alni- bzw. Alnico-Magnete).

6.3.4 Lernziel-Test

Verständnisfragen

1. Warum sollen die Luftspalte in magnetischen Kreisen möglichst klein sein?
2. Was versteht man unter Permeabilität?
3. Welche magnetischen Eigenschaften hat Eisen?
4. Wie lassen sich Magnetfelder abschirmen?
5. Wozu werden Magnetisierungskennlinien verwendet?
6. Was versteht man unter Remanenz und Koerzitivfeldstärke?
7. Was versteht man unter weichmagnetischen Werkstoffen? Nennen Sie drei Arten.
8. Worüber gibt die Hystereseschleife Auskunft?
9. Warum erhöht ein ferromagnetischer Kern die Flußdichte?
10. Erklären Sie den Begriff «Sättigung von Magnetwerkstoffen».

Rechenaufgaben

1. Welche magnetische Feldstärke ist erforderlich, um Dynamoblech auf 1,2 T Flußdichte zu magnetisieren (siehe Magnetisierungskennlinie)?
2. Welche magnetische Feldstärke benötigt man, um Luft auf die Flußdichte 1,2 T zu magnetisieren? (Rechnung!)
3. Wie groß ist die Flußdichte in einer Luftspule, die eine Feldstärke von $8000 \frac{\text{A}}{\text{m}} = 80 \frac{\text{A}}{\text{cm}}$ besitzt?
4. Entnehmen Sie der Magnetisierungskennlinie für Gußeisen die Flußdichte bei der magnetischen Feldstärke $40 \frac{\text{A}}{\text{cm}}$.
5. Welche Flußdichte erreicht man bei Dynamoblech bzw. Gußeisen, wenn Feldstärken von

   a) $10 \frac{\text{A}}{\text{cm}}$ b) $100 \frac{\text{A}}{\text{cm}}$ c) $2000 \frac{\text{A}}{\text{cm}}$

   vorliegen (siehe Magnetisierungskennlinie)?

6.4 Kraftwirkungen im Magnetfeld

6.4.1 Kraftwirkung zwischen zwei Magneten

Wie in Abschnitt 6.1.2 erläutert, ziehen sich ungleichnamige Pole an. Das gilt für Dauermagnete wie auch für Elektromagnete.

Bild 6.24
Kraftwirkung zwischen
a) Dauermagneten,
b) Elektromagneten

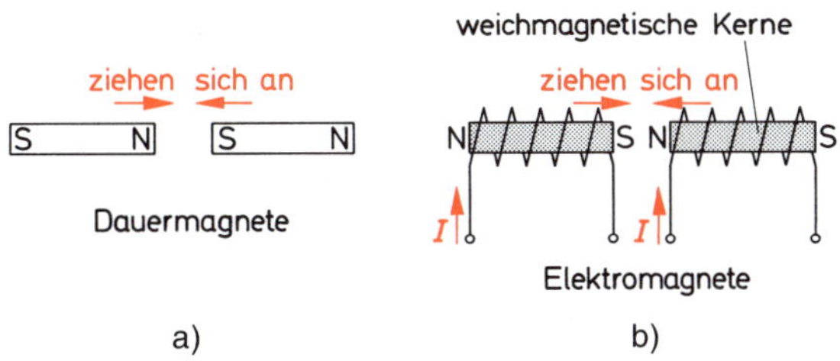

Auch die Anziehung ferromagnetischer Stoffe durch Magnete läßt sich aus der Anziehung ungleichnamiger Pole ableiten.
Ferromagnetische Stoffe werden nämlich durch das Magnetfeld des vorhandenen Magneten magnetisiert,

Bild 6.25
Krafteinwirkung eines Dauermagneten auf einen weichmagnetischen Werkstoff

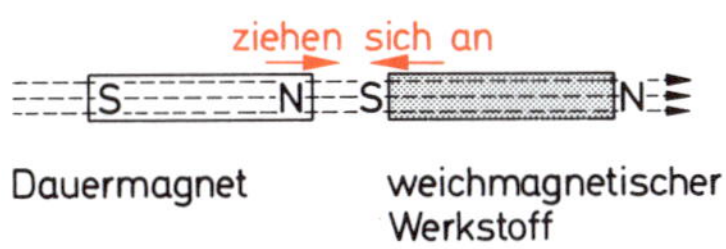

wodurch ungleichmäßige Pole einander gegenüberstehen und sich damit anziehen. Die Zugkraft eines Magnetpols ist verhältnisgleich der Querschnittsfläche des Luftspalts (wirksame Polfläche) und dem Quadrat der magnetischen Flußdichte im Luftspalt. Angenähert kann die Zugkraft F eines Magnetpols nach folgender Gleichung berechnet werden:

Zugkraft $F = 40 \cdot B^2 \cdot A$

F Zugkraft in N (Newton)
B Magnetflußdichte im Luftspalt in T $\left(\frac{Vs}{m^2}\right)$
A Querschnittsfläche des Luftspaltes (Polfläche) in cm^2

In Zahlenwertgleichungen dürfen die Einheiten nicht mitgeführt werden, da sie sich nicht vereinfachen lassen.
Praktische Anwendung findet das Prinzip bei Lasthebemagneten, magnetischen Spannplatten, elektromagnetischem Futter bei Werkzeugmaschinen, elektromagnetischen Kupplungen und Bremsen, Relais, Schützen, Fernhörern, Lautsprechern, Meßwerken, Weckern, Hupen.

Beispiel:
An den beiden Polen eines Elektromagneten mit je 25 mm × 20 mm herrscht eine Induktion von je 0,5 Vs/m^2.
Mit welcher Kraft wird der an den beiden Polen hängende Anker angezogen?

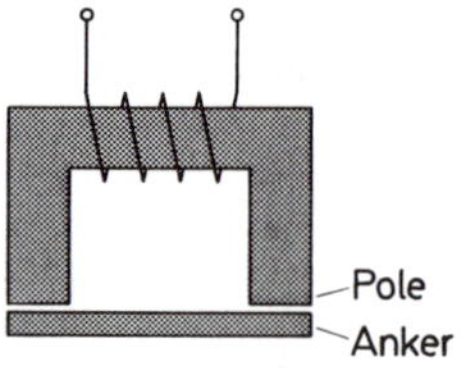

Bild 6.26
Skizze eines Elektromagneten mit Anker

gegeben: $A_{ges} = 2 \cdot 25 \cdot 20\ mm^2 = 1000\ mm^2 = 10\ cm^2$

$B = 0{,}5\ T\ (Vs/m^2)$

gesucht: F

Lösung: $F = 40 \cdot B^2 \cdot A$; $F = 40 \cdot 0{,}5^2 \cdot 10$

$\underline{F} = 40 \cdot 0{,}25 \cdot 10 = \underline{100\ N}$

6.4.2 Kraftwirkung auf stromdurchflossene Leiter im Magnetfeld

Versuch:
a) In dem Magnetfeld eines Hufeisenmagneten befindet sich ein Aluminiumleiter. Der stromdurchflossene Leiter wird im angegebenen Versuch nach rechts abgelenkt.

Beachte: Bei Stromumkehr oder auch bei Poltausch wird der Leiter nach links abgelenkt. Bei gleichzeitiger Umkehr von Strom- und Feldrichtung bleibt die Kraftwirkung nach rechts bestehen.

> Stromdurchflossene Leiter werden im Magnetfeld abgelenkt (Motorprinzip).

Bild 6.27
Auslenkung eines stromdurchflossenen Leiters im Magnetfeld

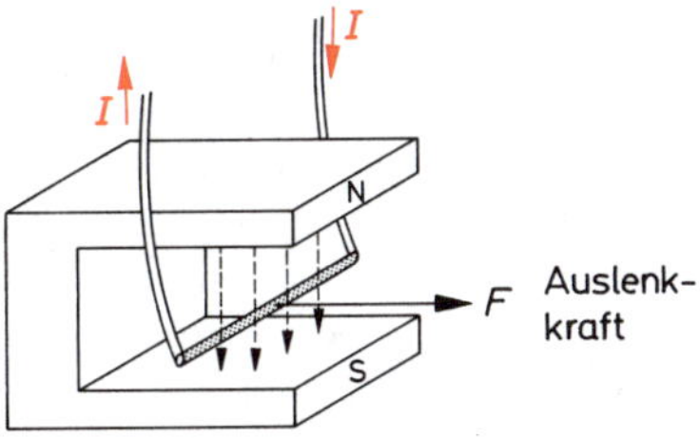

Durch die Überlagerung von Fremdfeld und Leiterfeld kommt es, wie Bild 6.29 zeigt, auf der einen Seite des Leiters (links) zu einer Verstärkung des Magnetfeldes (magnetischer Stau) und

Bild 6.28
Wirkungsweise der Ablenkung eines stromdurchflossenen Leiters im Magnetfeld

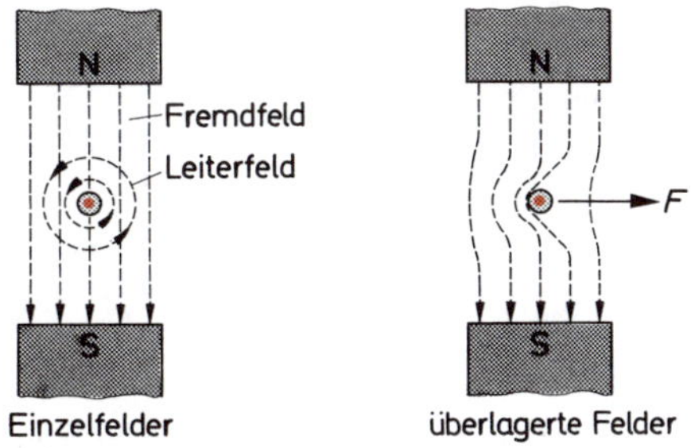

auf der anderen Seite (rechts) zu einer Abschwächung. Der Leiter wird daher nach rechts gedrückt.
Mit Versuch a) läßt sich auch nachweisen, daß die Ablenkkraft F im gleichen Verhältnis ansteigt wie der Strom I des Leiters, die magnetische Flußdichte B des Fremdfeldes und die im Fremdfeld liegende Leiterlänge l (wirksame Gesamtleiterlänge).

Ablenkkraft $F = B \cdot l \cdot I$

F Ablenkkraft in N (Newton)

B magnetische Flußdichte in T $\left(\frac{\text{Vs}}{\text{m}^2}\right)$

l wirksame Leiterlänge in m

Bei dem Ablenkvorgang wird mechanische Arbeit verrichtet, aber elektrische Arbeit zugeführt, d. h., es findet eine Energieumwandlung statt. Da hierbei eine Bewegung entsteht, spricht man von einem *elektrodynamischen* Vorgang.
Die wichtigste Anwendung dieses Vorgangs liegt im Elektromotor.
Man nennt dieses Prinzip daher auch *Motorprinzip.*

Weitere technische Anwendungen sind elektrische Meßinstrumente und Lautsprecher.
Betrachtet man den Ablenkvorgang eines stromdurchflossenen Leiters im Magnetfeld etwas genauer, so stellt man fest, daß die Ablenkkraft eigentlich zunächst nicht auf den Drahtleiter, sondern auf die darin bewegten Elektronen, d. h. den Strom selbst einwirkt. Da die Elektronen aber den Leiter nicht verlassen können, suchen sie ihn in Richtung der Kraft mitzunehmen.
Frei im Feldraum bewegte Elektronen werden also von ihrer Bahn abgelenkt. Auch positive Ladungen, die im Feldraum in Bewegung sind, werden abgelenkt, aber in entgegengesetzter Richtung.

Frei im Magnetfeld bewegte Ladungen werden in ihrer Bahn abgelenkt.

Die Ablenkung eines Elektronenstrahles im Magnetfeld läßt sich leicht nachweisen mit

Versuch:
b) Vor ein Oszilloskop, dessen Elektronenstrahl auf dem Leuchtschirm als Punkt zu erkennen ist, wird ein starker Dauermagnet gehalten.

Beachte: Der Elektronenstrahl wird abgelenkt.

Anwendung der magnetischen Ablenkung findet man in Fernsehbildröhren, Oszilloskopen, magnetischen Linsen von Elektronenmikroskopen, bei Blasmagneten (Lichtbogen, die bei Schaltern entstehen, werden abgelenkt und damit ausgeblasen) und beim Hall-Effekt (bewegte Ladungsträger in einem dünnen Blättchen werden infolge eines Magnetfeldes abgelenkt, was sich in einer Widerstandserhöhung bzw. Spannung bemerkbar macht).
Auch bei Teilchenbeschleunigern, die zur Erzielung von Kernreaktionen eingesetzt werden, spielt die Ablenkung von bewegten Ladungen in einem Magnetfeld eine Rolle.

Bild 6.29
Wirkungsweise eines Blasmagneten

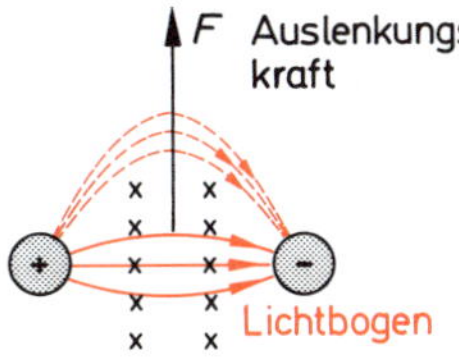

Beispiel:
Mit welcher Kraft wird ein mit 30 A durchflossener Draht seitlich ausgelenkt, der durch ein 10 cm breites Feld eines Hufeisenmagneten mit 0,5 T läuft?

gegeben: $I = 30\ \text{A}$; $l = 10\ \text{cm}$; $B = 0{,}5\ \text{Vs/m}^2$

gesucht: F

Lösung: $F = B \cdot l \cdot I$; $F = 0{,}5\ \frac{\text{Vs}}{\text{m}^2} \cdot 0{,}10\ \text{m} \cdot 30\ \text{A}$

$$\underline{F} = 1{,}5\ \frac{\text{Vs} \cdot \text{A}}{\text{m}} = 1{,}5\ \frac{\text{Ws}}{\text{m}} = \underline{1{,}5\ \text{N}}$$

6.4.3 Kraftwirkung zwischen zwei stromdurchflossenen Leitern

Versuch:
Zwei parallel verlaufende Leiter werden
a) gleichsinnig,
b) gegensinnig
vom Strom durchflossen.

Beachte: Bei gleicher Stromrichtung ziehen sich die Leiter an, bei ungleicher Stromrichtung stoßen sie sich ab.
Die *Feldlinienbilder* zeigen deutlich, daß bei gleichsinniger Stromrichtung das Feld zwischen den Leitern abgeschwächt und außen verstärkt wird, bei gegensinniger Stromrichtung das Umgekehrte eintritt und damit Anziehung bzw. Abstoßung.
Die auftretende Kraft F nimmt verhältnisgleich zu mit dem Strom I_1 im Leiter 1, dem Strom I_2 im Leiter 2, der wirksamen Leiterlänge l und nimmt ab mit zunehmendem Leiterabstand a.
Vereinfacht als Zahlenwertgleichung ergibt sich:

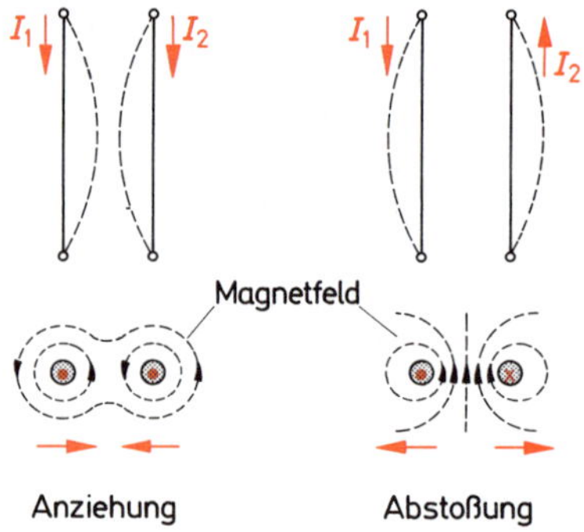

Bild 6.30
Kraftwirkung zwischen stromdurchflossenen parallelen Leitern

Kraft

$$F = 0{,}2 \cdot I_1 \cdot I_2 \frac{l}{a} \cdot 10^{-6}$$

F Kraft in N
I_1 Stromstärke in A
I_2 Stromstärke in A
l wirksame Leiterlänge in m
a Leiterabstand in m

Bei Kurzschlüssen in Schaltanlagen (Sammelschienen), Transformatoren und Motoren kann diese Kraftwirkung zu Zerstörungen führen.

Beispiel:
Welche Kraft ergibt sich bei 20 kA Kurzschlußstrom auf einer Sammelschiene je m Länge bei einem Schienenabstand von 50 mm?

gegeben: $I_1 = I_2 = 20\,000$ A; $l = 1$ m; $a = 50$ mm $= 0{,}05$ m

gesucht: F

Lösung: $F = 0{,}2 \cdot I_1 \cdot I_2 \cdot \frac{l}{a} \cdot 10^{-6}$

$$F = 0{,}2 \cdot 20\,000 \cdot 20\,000 \cdot \frac{1}{0{,}05} \cdot 10^{-6}$$

Bei Zahlenwertgleichungen werden keine Einheiten eingesetzt!

$$F = 0{,}2 \cdot 2 \cdot 10^4 \cdot 2 \cdot 10^4 \cdot 20 \cdot 10^{-6}$$

$$\underline{F} = 16 \cdot 10^2\ \text{N} = \underline{1600\ \text{N}}$$

6.4.4 Lernziel-Test

Verständnisfragen

1. Wie läßt sich erklären, daß Eisen durch einen Magneten angezogen wird?
2. Wo findet das Prinzip der Anziehung von Eisen durch Magnete Anwendung?
3. Warum ergibt eine Stromrichtungsänderung eines Leiters im Magnetfeld eine Änderung der Ablenkrichtung?
   Begründung mit Feldlinienbild.
4. Wo wird das Prinzip der Ablenkung eines stromdurchflossenen Leiters im Magnetfeld angewandt?
5. Nennen Sie Anwendungen der Ablenkung von bewegten Ladungen im Magnetfeld.
6. Wie wirken zwei parallel stromdurchflossene Leiter aufeinander
   a) bei gleicher Stromrichtung,
   b) bei entgegengesetzter Stromrichtung?
   Erklärung im Feldlinienbild.

Rechenaufgaben

1. Mit welcher Zugkraft wirkt ein Magnetpol mit 10 cm^2 Polfläche und 1,2 T magnetischer Flußdichte auf einen Eisenkern?
2. Wie groß ist die Kraft, die auf einen Leiter mit 30 cm wirksamer Leiterlänge im Magnetfeld mit einer magnetischen Flußdichte von 0,6 T wirkt, wenn er den Strom 2 A führt?
3. Bei einem Kurzschluß fließt in zwei parallelen Stromschienen, die 30 cm Abstand zueinander haben, ein Strom von 12 kA.
   Welche Kraft in N tritt je Meter Schienenlänge auf?

6.5 Induktionsvorgänge

6.5.1 Induktion der Bewegung (Generatorprinzip)

Versuche:
In das Magnetfeld eines Hufeisenmagneten wird ein Aluminiumleiter gehängt und über Metallbänder an einen Spannungsmesser mit Nullpunkt in der Mitte angeschlossen.

a) Der Leiter wird senkrecht zum Magnetfeld bewegt.
Der Spannungsmesser zeigt während der Bewegung eine Spannung.
b) Der Leiter wird in Richtung des Magnetfeldes bewegt.
Es ist keine Spannungsanzeige festzustellen.
c) Der Leiter wird in umgekehrter Richtung zu a) bewegt.
Das Meßinstrument zeigt umgekehrten Spannungsausschlag.
d) Der Leiter wird wie in Versuch a) bewegt, die Pole des Magneten aber vertauscht.
Das Meßinstrument zeigt umgekehrten Spannungsausschlag.
e) Der Leiter wird langsam und anschließend schnell bewegt.
Die Spannung ist bei höherer Bewegungsgeschwindigkeit größer.
f) Die Magnetflußdichte wird durch magnetischen Nebenschluß verringert und der Leiter bewegt.
Die Spannung ist geringer.
g) Der Leiter wird festgehalten und der Magnet bewegt.
Es entsteht ebenfalls eine Spannung (Bild 6.31).

Aus der Versuchsserie lassen sich folgende Erkenntnisse ableiten:

Wird ein Leiter in einem Magnetfeld senkrecht zum Magnetfeld bewegt, so wird in ihm während der Bewegung eine Spannung induziert (Generatorprinzip).

Diesen Vorgang nennt man allgemein Induktion der Bewegung (inducere = einführen, lat.), da hierbei durch Bewegen eines Leiters im Magnetfeld Spannung erzeugt wird.
Da die Induktion der Bewegung auch Prinzip aller Generatoren ist, spricht man hier vom *Generatorprinzip.*
Die Größe der induzierten Spannung nimmt im gleichen Verhältnis zu wie die magnetische Flußdichte B, die Bewegungsgeschwindigkeit v und die wirksame Leiterlänge l (Gesamtleiterlänge im Magnetfeld).

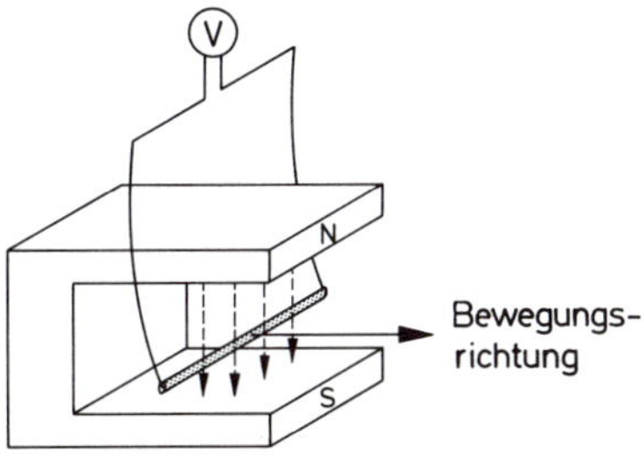

Bild 6.31
Spannungserzeugung durch Bewegen eines Leiters im Magnetfeld

Als Formel für die durch Induktion der Bewegung erzeugte Spannung gilt:

Induzierte Spannung $U_q = B \cdot l \cdot v$

U_q induzierte Spannung in V (Quellenspannung)
B magnetische Flußdichte in T $\left(\frac{Vs}{m^2}\right)$
v Geschwindigkeit in $\frac{m}{s}$
l wirksame Leiterlänge in m

Die Richtung der induzierten Spannung hängt von der Bewegungsrichtung und der Magnetfeldrichtung ab.

Die Induktion der Bewegung beruht auf der Tatsache, daß auf eine im Magnetfeld bewegte Ladung eine Kraft ausgeübt wird (siehe Abschnitt 6.4.2).
Bewegt man einen Leiter in einem Magnetfeld, so werden gleichzeitig die im Leiter enthaltenen Elektronen bewegt. Diese Elektronen bauen ein Magnetfeld auf, das sich dem Fremdfeld überlagert und zur Auslenkung der Elektronen in die Leiterrichtung führt. Dadurch ergibt sich auf der einen Seite des Leiters Elektronenmangel und auf der anderen Seite Elektronenüberschuß, d. h. Spannung.

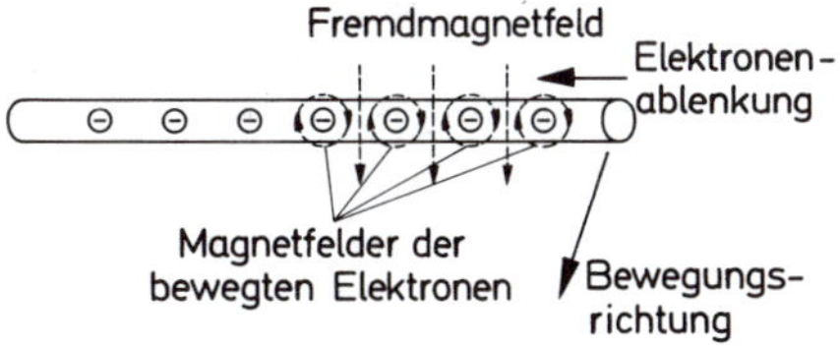

Bild 6.32
Modell der Spannungserzeugung durch Bewegung

Praktische Anwendung findet die Induktion der Bewegung bei Generatoren, magnetischen Tonabnehmern und Tauchspulmikrofonen.

Beispiel:
Welche Spannung entsteht in einem Draht, der sich mit der Geschwindigkeit 10 m/s quer durch ein homogenes Magnetfeld von 0,5 T und 10 cm Breite bewegt?

gegeben: $v = 10\,\frac{\mathrm{m}}{\mathrm{s}}$; $B = 0{,}5\,\mathrm{T}$; $l = 10\,\mathrm{cm}$

gesucht: U_q

Lösung: $U_q = B \cdot l \cdot v$ $\underline{U_q} = 0{,}5\,\frac{\mathrm{Vs}}{\mathrm{m}^2} \cdot 0{,}1\,\mathrm{m} \cdot 10\,\frac{\mathrm{m}}{\mathrm{s}} = \underline{0{,}5\,\mathrm{V}}$

6.5.2 Induktion der Ruhe (Transformatorprinzip)

Versuch:
Auf einem gemeinsamen weichmagnetischen Eisenkern sitzen zwei elektrisch getrennte Spulen.

Strom in Spule 1 erzeugt im Eisenkern einen Fluß Φ, der auch Spule 2 durchsetzt.

In Spule 1		In Spule 2 wird gemessen
a1)	Strom einschalten – schneller Flußaufbau	großer Spannungsstoß
a2)	Strom abschalten – schneller Flußabbau	großer entgegengesetzter Spannungsstoß
b1)	Strom (Fluß) langsam vergrößern	während der Flußänderung kleine Spannung
b2)	Strom (Fluß) langsam verringern	kleine entgegengesetzte Spannung
c)	Strom wie bei b, aber bei doppelter Windungszahl der Spule 2 langsam verändern	doppelte Spannung gegenüber b
d)	Stromrichtung (Flußrichtung) über Stromwender dauernd verändern – Wechselstrom (Wechselfluß)	bei jeder Richtungsänderung einen Spannungsstoß in entgegengesetzter Richtung – Wechselstrom

Bild 6.33
Spannungserzeugung durch Flußänderung

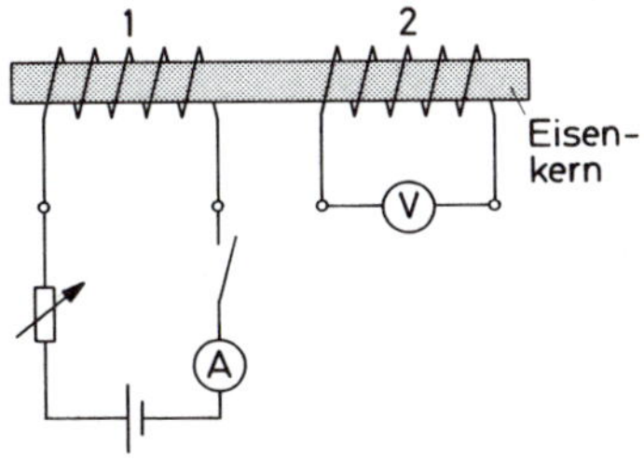

Aus der Versuchsserie ergeben sich folgende Erkenntnisse:

> In einer Spule wird eine Spannung induziert, wenn sich in dieser Spule der magnetische Fluß ändert.

Die induzierte Spannung U_q (Quellenspannung) ist um so größer,
je größer die Flußänderung $\Delta \Phi$,
je kürzer die Zeit Δt der Flußänderung und
je größer die Windungszahl N ist.
Als Formel für die durch Induktion der Ruhe erzeugte Spannung gilt:

Induzierte Spannung
(allgemeines Induktionsgesetz)

$$U_q = -N \frac{\Delta \Phi}{\Delta t}$$

U_q induzierte Spannung in V
$\Delta\Phi$ magnet. Flußänderung in Wb (Vs)
Δt Zeit in s
N Windungen

Da diese Formel für alle induzierten Spannungen (Bewegung und Ruhe) anwendbar ist, heißt es allgemeines Induktionsgesetz.
Das Minuszeichen im allgemeinen Induktionsgesetz gibt lediglich Auskunft über die Richtung der induzierten Spannung im Vergleich zur Flußänderung (Bild 6.35). So ist aus Bild 6.35 zu ersehen, daß sich bei Magnetflußzunahme eine negative Induktionsspannung und bei Flußabnahme eine positive Spannung einstellt.

> In einer Spule wird durch ein Wechselfeld eine Wechselspannung gleicher Frequenz induziert (Transformatorprinzip).

Da dieses Prinzip bei Transformatoren verwendet wird, nennt man es auch *Transformatorprinzip.*
Die Induktion der Ruhe läßt sich durch folgendes Naturverhalten erklären:
Ein Fluß, der sich ändert, ist immer von einem elektrischen Feld (Wirbelfeld) umgeben.

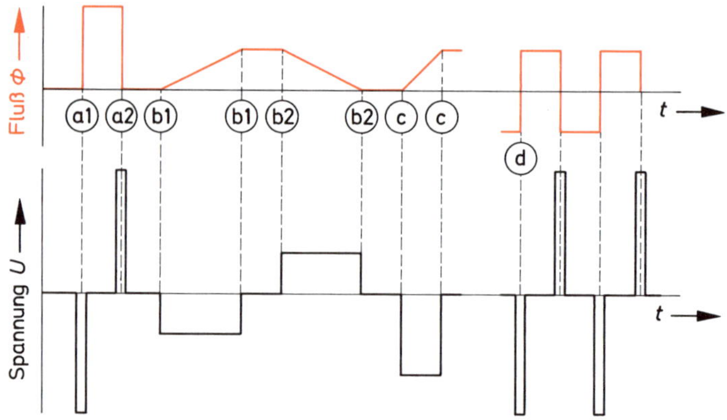

Bild 6.34 Grafische Darstellung der Flußänderungen und der sich ergebenden Spannungen

Ein elektrisches Feld (nähere Erläuterungen zum elektrischen Feld in Kapitel 7) übt auf Ladungen Kräfte aus. Positive Ladungen werden dabei in Richtung des Feldes verschoben, negative Ladungen in entgegengesetzter Richtung. Das Feld verursacht also in elektrischen Leitern Ladungsverschiebung und damit elektrische Spannung.

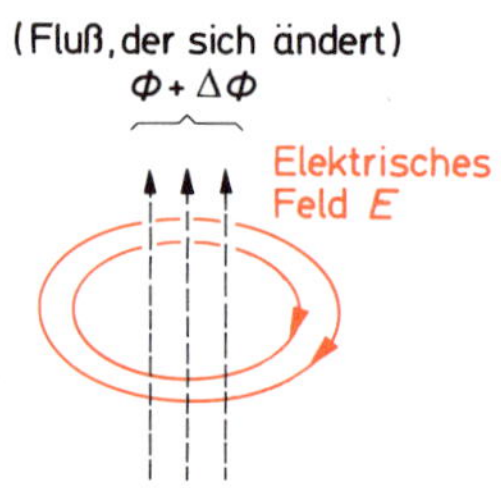

Bild 6.35 Zusammenhang von Fluß und elektrischem Feld

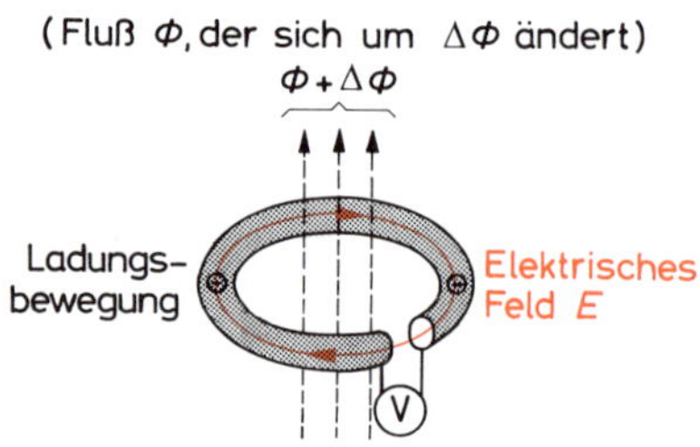

Bild 6.36 Spannungserzeugung durch Flußänderung

Beispiel:
Der Fluß in einer Magnetspule mit $N = 50$ Windungen wird innerhalb von 0,0025 s gleichmäßig von 0 auf $1{,}5 \cdot 10^{-3}$ Wb erhöht.
Welche Induktionsspannung stellt sich während der Flußänderung ein?

gegeben: $\Delta \Phi = 1{,}5 \cdot 10^{-3}$ Wb ; $\Delta t = 0{,}0025$ s; $N = 50$

gesucht: U_q

Lösung: $U_q = -N \dfrac{\Delta \Phi}{\Delta t}$; $\underline{U_q} = -(50)\,\dfrac{1{,}5 \cdot 10^{-3}\,\text{Vs}}{0{,}0025\ \text{s}} = \underline{-30\ \text{V}}$

Das Minuszeichen zeigt, daß bei der angegebenen Flußzunahme die Induktionsspannung negativ ist.

6.5.3 Wirbelströme

6.5.3.1 Wirbelströme infolge Induktion der Bewegung

Versuch:
Eine Aluminiumscheibe wird an einen Pendelstab gehängt und durch das Magnetfeld bewegt.

Beachte: Das Pendel wird stark abgebremst.

Bild 6.37
Anordnung zur Wirbelstrombildung (Wirbelstrombremse)

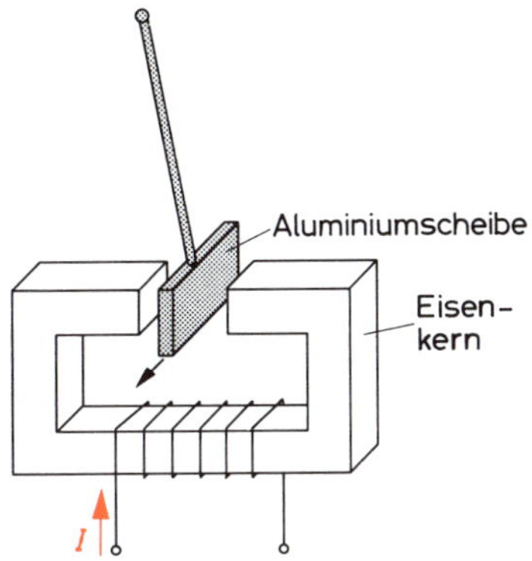

Bild 6.38
Wirbelstromentstehung infolge Kraftwirkung auf bewegte Ladungen (Induktion der Bewegung)
a) Ausschnitt,
b) Gesamtansicht

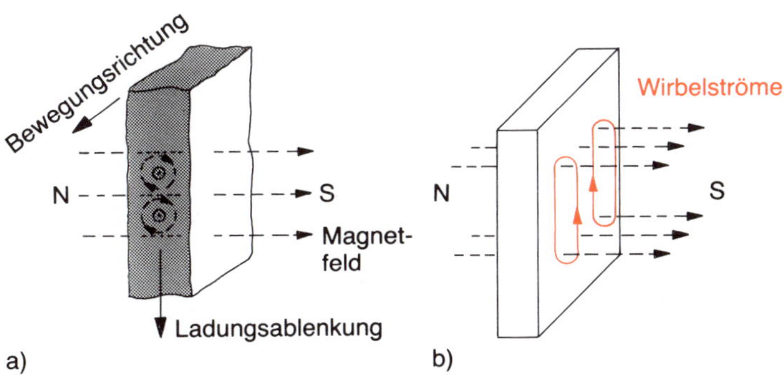

Wie bei einem Drahtleiter entstehen auch hier in der Platte durch Induktion der Bewegung Spannungen und damit Ströme, die wegen ihres scheinbar ungeordneten Verlaufes *Wirbelströme* genannt werden.
Diese Ströme ergeben Magnetfelder, die so gerichtet sind, daß sie zur Bewegungsbremsung führen.
Anwendungen: Wirbelstrombremse bei Induktionszählern, Wirbelstromdämpfung bei Meßinstrumenten.

6.5.3.2 *Wirbelströme infolge Induktion der Ruhe*

Versuch:
Eine wechselstromdurchflossene Spule wird mit einem massiven Eisenkern gefüllt.

Beachte: Nach kurzer Zeit erwärmt sich der Eisenkern ziemlich stark.

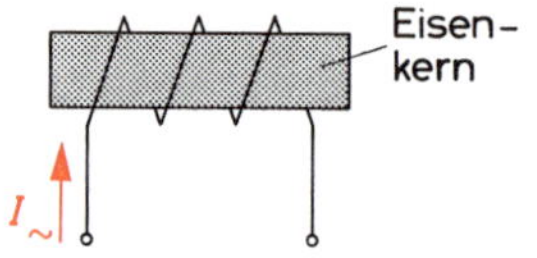

Bild 6.39
Anordnung zur Wirbelstrombildung (Induktion der Ruhe)

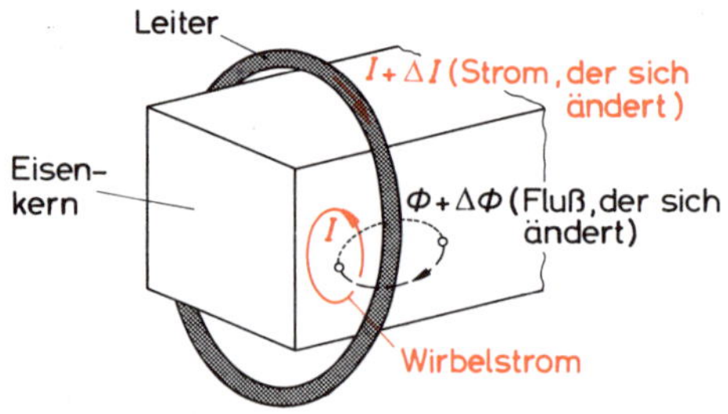

Bild 6.40
Wirbelstromentstehung infolge Strom- bzw. Flußänderung

Das Wechselfeld führt im Eisenkern zu Wirbelströmen, die den Kern erwärmen.
Anwendung: Induktionsöfen, wobei die Wirbelströme direkt das Schmelzmaterial erwärmen und Oberflächenhärten bei höheren Frequenzen.
Zur Vermeidung starker Wirbelströme (Wirbelstromverluste) in der Energietechnik werden die Eisenkerne von wechselstromdurchflossenen Spulen aus dünnen Elektroblechen, die voneinander isoliert sind, geschichtet *(Dynamobleche)*.
Die Bleche werden zur Erhöhung des elektrischen Widerstandes außerdem noch mit Silizium legiert.
In der Hochfrequenztechnik verwendet man zur Verringerung der Wirbelstromverluste sogenannte Massekerne (feines Eisenpulver in Isoliermaterial gebettet) oder Ferritkerne, deren Widerstand so groß ist, daß sich keine Wirbelströme ausbilden können.

6.5.4 Selbstinduktion

Versuch a)
Ausschalten einer Spule mit Eisenkern, die zusammen mit einer 230-V-Glimmlampe (Zündspannung ca. 90 V) an 6 V Gleichspannung angeschlossen ist.

Beachte: Die 230-V-Glimmlampe leuchtet kurz auf.

Bild 6.41
Selbstinduktionsspannung durch Ausschalten einer Spule

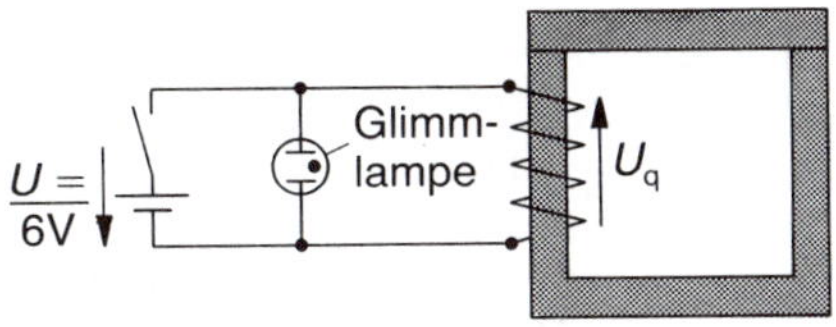

Versuch b)
Einschalten einer Spule mit Eisenkern, die in Reihe mit der Glühlampe L_1 und insgesamt parallel zu einer Glühlampe L_2 mit Vorwiderstand R_v liegt.

Beachte: Die Glühlampe 1 leuchtet später auf als Lampe 2.

Bild 6.42
Selbstinduktionsspannung durch Einschalten einer Spule

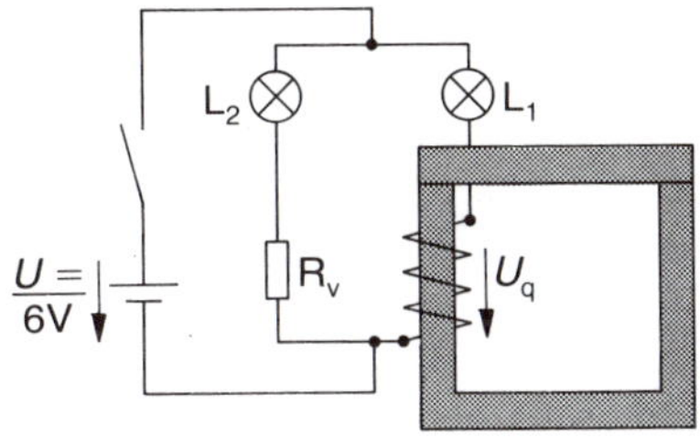

Die beiden Versuche führen zu folgender Erkenntnis:

Beim Abschalten einer Spule (Öffnen des Gleichstrom-Spulenkreises) entsteht kurzzeitig eine viel höhere Spannung als vorher angelegt war. Beim Anlegen einer Gleichspannung an eine Spule steigt der Strom nur verzögert auf seinen Endwert an.

Die Vorgänge beim Ein- und Ausschalten lassen sich damit erklären, daß in der Magnetspule der rasche Feldauf- bzw. Feldabbau in der Spule selbst eine sogenannte *Selbstinduktionsspannung* erzeugt.
Dieser Vorgang heißt *Selbstinduktion.*
Im Gegensatz dazu steht die *Gegeninduktion,* bei der Spannungen durch Fremdfelder induziert werden.
Diese Selbstinduktionsspannung ist beim Einschalten der Spule so gerichtet, daß sie der angelegten Spannung entgegenwirkt und damit den Aufbau des Feldes verzögert. Der volle Strom kann erst fließen, wenn das Feld aufgebaut ist und sich nicht mehr ändert. Beim Abschalten ist die Selbstinduktionsspannung so gerichtet, daß der Spulenstrom in gleicher Richtung weiterfließt. Die Spule ist beim Abschalten praktisch Spannungserzeuger und beim Einschalten Spannungsverbraucher.
Allgemein gilt:

> Die Selbstinduktionsspannung ist stets so gerichtet, daß sie der Änderung des Stromes entgegenwirkt.

Beim Abschalten von Spulen mit großen Windungszahlen und Eisenkernen können hohe Überspannungen auftreten, die zu Lichtbögen an den Schalterkontakten (Zerstörung des Schalters möglich) und zum Durchschlag der Spulenisolation führen können.
Anwendung der Selbstinduktion:

Drosselspulen der Leuchtstofflampen (Zünden),
Autozündung,
Feuerzeuge.

Die Höhe der Selbstinduktionsspannung U_q (Quellenspannung) ist um so größer,

je größer die Stromänderung ΔI,
je kürzer die Zeit der Stromänderung Δt und
je besser die Konstruktion der Spule *(Induktivität L)* ist.

Der Begriff der Induktivität wird im folgenden Abschnitt behandelt.

Selbstinduktionsspannung

$$U_q = -L \cdot \frac{\Delta I}{\Delta t}$$

L Induktivität in H $\left(\frac{\mathrm{Vs}}{\mathrm{A}}\right)$
ΔI Stromänderung in A
Δt Zeitdauer in s
U_q Selbstinduktionsspannung in V

Das Minuszeichen im Selbstinduktionsgesetz gibt Auskunft über die Richtung der Selbstinduktionsspannung im Vergleich zur Stromänderung. Bei Stromzunahme würde sich hiernach eine negative Selbstinduktionsspannung und bei Stromabnahme eine positive Selbstinduktionsspannung einstellen.

Beispiel:
Eine Spule mit der Induktivität L = 50 H wird an 230 V angeschlossen und dabei von 1 A durchflossen.
Welche Selbstinduktionsspannung entsteht, wenn beim Abschalten der Spannung der Strom innerhalb von 1/50 Sekunde auf Null sinkt?

gegeben: $L = 50\ \text{H}$; $I = -1\ \text{A}$ (Stromabnahme); $t = \frac{1}{50}\ \text{s} = 0{,}02\ \text{s}$

gesucht: U_q

Lösung: $U_q = -L \frac{\Delta I}{\Delta t}$; $\underline{U_q} = -(50)\frac{\text{Vs}}{\text{A}} \cdot \frac{(-1)\ \text{A}}{0{,}02\ \text{s}} = \underline{2500\ \text{V}}$

Bei Stromabnahme entsteht eine positive Selbstinduktionsspannung.

6.5.5 Induktivität

Die Baudaten der Spule und des Eisenkerns faßt man zusammen als die Induktivität L. Sie ist maßgebend für die Höhe der Selbstinduktionsspannungen.
Die Einheit der Induktivität ist das *Henry* (H).

> Eine Spule hat die Induktivität 1 H, wenn eine gleichmäßige Stromänderung von 1 A je Sekunde in ihr die Spannung 1 Volt induziert: $1\ \text{H} = 1\ \frac{\text{Vs}}{\text{A}}$

Die Wirksamkeit einer Spule und damit deren Induktivität L hängt ab vom Quadrat der Windungszahl N^2, der Permeabilität μ, der Querschnittsfläche A und der mittleren Feldlinienlänge l (Spulenlänge).

Induktivität
$$L = \frac{N^2 \cdot \mu \cdot A}{l}$$

μ Permeabilität in $\frac{\text{Vs}}{\text{Am}}$
N Windungszahl
l mittlere Feldlinienlänge in m
A Querschnittsfläche in m^2

Bei der Bestimmung der Induktivität von Spulen mit Eisenkern ist zu beachten, daß die Permeabilität und damit auch die Induktivität von der magnetischen Feldstärke H, also vom jeweiligen Strom I, abhängt.
In der Praxis kommen Induktivitäten im Bereich 10^{-3} H (mH) bis höchstens 10^{+3} H (kH) vor.
Die Induktivität ist die wichtigste Kenngröße von Spulen und wird daher meist zusammen mit dem Drahtwiderstand angegeben. Das gilt besonders für Drosselspulen, wie sie z. B. in Leuchtstofflampen-Schaltungen verwendet werden. Der Begriff Drosselspule wird in Abschnitt 8.2.2 erläutert.

6.5.6 Lernziel-Test

Verständnisfragen

1. Wie läßt sich die Induktion der Bewegung erklären?
2. Wovon hängt die Höhe der durch Bewegung induzierten Spannung ab?
3. Wovon hängt bei der Induktion der Ruhe die Höhe der induzierten Spannung ab?
4. Wo findet das Prinzip der Induktion der Ruhe Verwendung?
5. Wie entstehen Wirbelströme?
6. Warum sind Wirbelstrombremsen nicht bis zum Stillstand wirksam?
7. Wie lassen sich Wirbelströme verhindern?
8. Wo werden Wirbelströme angewandt?
9. Wie wirkt sich ein induktiver Kreis (Induktivität)
   a) beim Einschalten,
   b) beim Ausschalten
   des Kreises aus?
10. Was versteht man unter Selbstinduktion und Gegeninduktion?
11. Wie läßt sich die Induktivität (Wirksamkeit) einer Spule erhöhen?
12. Worüber gibt das Minuszeichen im allgemeinen Induktionsgesetz Auskunft?
13. Welche Schäden an Geräten können durch die Selbstinduktion hervorgerufen werden?
14. In welchen Geräten ist die Selbstinduktionsspannung erwünscht?

Rechenaufgaben

1. Welche Spannung stellt sich ein, wenn 200 in Reihe geschaltete Leiter von je 30 cm Länge mit einer Geschwindigkeit von 15 m/s durch ein Magnetfeld von 0,8 Vs/m^2 bewegt werden?
2. Der Magnetfluß, der eine Spule mit 1000 Windungen durchsetzt, ändert sich in 0,01 s gleichmäßig von $\Phi_1 = 1 \cdot 10^{-4}$ Vs auf $\Phi_2 = 1{,}5 \cdot 10^{-4}$ Vs.
   Wie groß ist die induzierte Spannung?
3. In einer Drosselspule mit 2 H Induktivität ändert sich der Strom in 0,005 s von 4 A auf 2 A.
   Welche Selbstinduktionsspannung stellt sich ein?
4. Bei einer Spule mit 20 mH Induktivität wird die Windungszahl verdoppelt und der magnetische Widerstand beibehalten.
   Welche Induktivität ergibt sich hierdurch?

7 Elektrisches Feld und Kondensator

7.1 Elektrisches Feld

Versuch:
Zwei Metallplatten werden an eine Gleichspannungsquelle mit 6000 V angeschlossen. Dabei wird die am Plus-Pol angeschlossene Platte positiv und die am Minus-Pol angeschlossene Platte negativ geladen. Zwischen den Platten hängt an einem Faden eine Christbaumkugel.
Man läßt die Kugel eine der beiden Platten berühren.

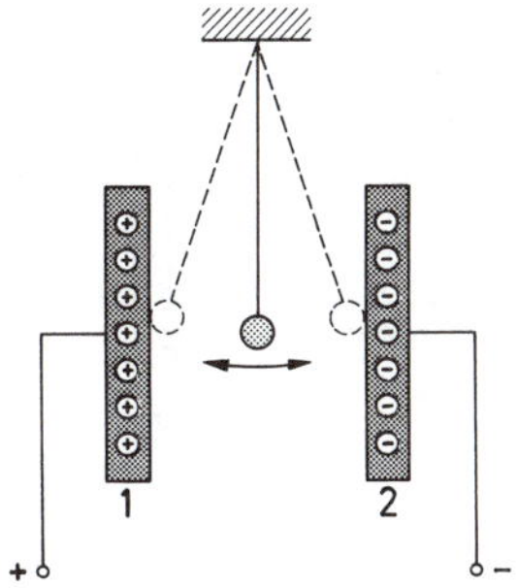

Beachte: Die Kugel pendelt zwischen den beiden Platten hin und her.

Bild 7.1
Kraftwirkung zwischen elektrisch geladenen Platten (im elektrischen Feld)

Der Versuch zeigt:

Im Raum zwischen ungleichartig geladenen Körpern lassen sich Kraftwirkungen nachweisen. Man bezeichnet einen solchen Raum als *elektrisches Feld.*

Die geladenen Körper können dabei auch Leitungen sein. Die Pendelwirkung beruht auf folgenden Vorgängen:
Die Kugel wird zunächst an der Platte 1 positiv geladen, schließlich von den gleichnamigen Ladungen der Platte 1 abgestoßen und von den ungleichnamigen Ladungen der Platte 2 angezogen. An der Platte 2 entlädt sich die Kugel und lädt sich wieder neu auf mit negativen Ladungen, wo sie erneut abgestoßen wird. Der Vorgang wiederholt sich, solange Spannung anliegt bzw. bis die Ladungen ausgeglichen sind.

7.1.1 Elektrische Feldlinien

Jedes Feld läßt sich durch Feldlinien veranschaulichen. Das Feld in der Nähe geladener Körper kann mit Hilfe von feinen Kunststoffteilchen sichtbar gemacht werden. Es ist leicht nachweisbar, daß die elektrischen Feldlinien in Richtung der elektrischen Kraftwirkung verlaufen und die Feldliniendichte der Stärke des Feldes entspricht. Weiterhin erkennt man, daß die elektrischen Feldlinien auf Ladungen entspringen und auf Ladungen enden, also keine geschlossenen Linien sind. Es ist festgelegt:

> *Elektrische Feldlinien* beginnen auf positiven Ladungen und enden in negativen Ladungen.

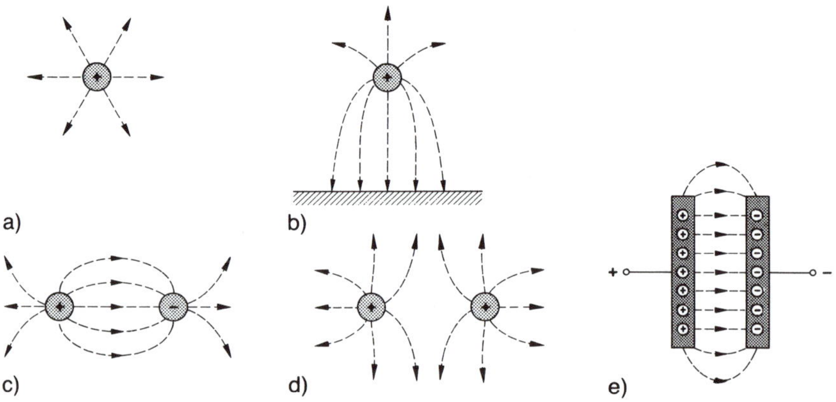

Bild 7.2
Feldlinienbilder von

a) positiv geladenem Körper (Leitung),
b) positiv geladenem Körper (Leitung) und Erde,
c) ungleichnamig geladenen Körpern (Leitungen),
d) gleichnamig geladenen Körpern (Leitungen),
e) Plattenkondensator (homogenes Feld)

Die Kraftwirkungen im elektrischen Feld werden angewandt beim elektrostatischen Farbspritzen, wo Farbpartikel elektrisch aufgeladen werden und praktisch über die Feldlinien zum Lackierobjekt gelangen sowie bei der elektrostatischen Rauchgasentstaubung.
Eine Anwendung der Ablenkung von Elektronen (Elektronenstrahl) im elektrischen Feld stellt das Oszilloskop dar.

7.1.2 Elektrische Feldstärke

Durch Erhöhen der Spannung U und Verringern des Plattenabstandes l kann in obigem Versuch (siehe Bild 7.1) die Kraftwirkung auf die Kugel, d.h. die Stärke des Feldes vergrößert werden. Diese Erkenntnis faßt man zusammen in dem Begriff *elektrische Feldstärke*
$\left(\text{Kurzzeichen: } E\text{, Einheit: } 1\,\frac{\text{V}}{\text{m}}\right)$.

Elektrische Feldstärke $$E = \frac{U}{l}$$

E elektrische Feldstärke in $\frac{\text{V}}{\text{m}}$
U elektrische Spannung in V
l Plattenabstand in m

In der Praxis werden auch abgeleitete Einheiten wie $\frac{\text{V}}{\text{mm}}, \frac{\text{V}}{\text{cm}}, \frac{\text{kV}}{\text{mm}}$ verwendet.

Erhöht man in angegebenem Versuch bei gleichbleibendem Plattenabstand die an die Platten angelegte Spannung und damit den Ladungsunterschied zwischen den Platten mehr und mehr, so erreicht man schließlich den Punkt, an dem ein gewaltsamer Ladungsausgleich zwischen den Platten durch die Luft oder andere Isolierstoffe eintritt (mehr Ladungen – größere Kraftwirkung zwischen den Ladungen). Der Isolierstoff wird dabei *«elektrisch durchschlagen»* und als Isolator unbrauchbar.

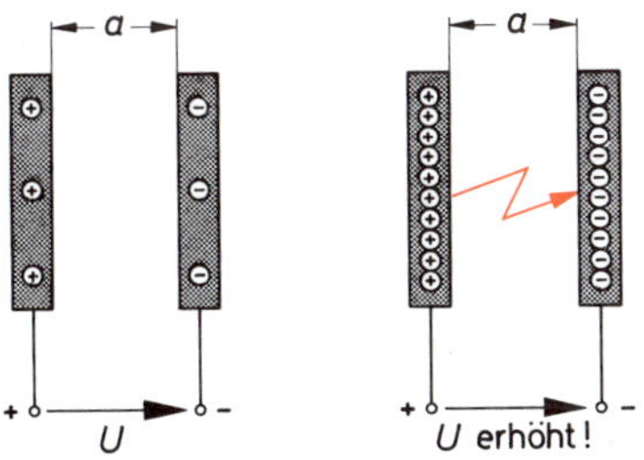

Bild 7.3 Erhöhung der Spannung U führt zum Durchschlag

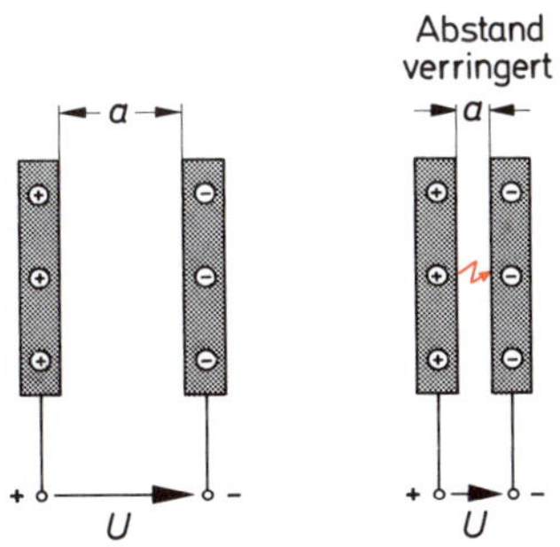

Bild 7.4 Verringerung des Plattenabstandes führt zum Durchschlag

Die gleiche Wirkung erzielt man bei Verringerung des Plattenabstandes und Beibehaltung der Spannung (geringerer Abstand – größere Kraftwirkung zwischen den Ladungen).
Der Durchschlag ist also abhängig von der Spannung und dem Plattenabstand, d. h. von der herrschenden elektrischen Feldstärke.
Der Durchschlag spielt vor allem bei Kondensatoren eine große Rolle.

> Man bezeichnet die Feldstärken, bei denen die einzelnen Isolierstoffe durchschlagen, als *Durchschlagsfestigkeit.*

und gibt sie in $\frac{\text{kV}}{\text{cm}}$ oder $\frac{\text{kV}}{\text{mm}}$ an.

Mittlere Werte der Durchschlagsfestigkeit:

Luft	$3{,}3\ \frac{\text{kV}}{\text{mm}}$
Papier	$10\ \frac{\text{kV}}{\text{mm}}$
Transformatoröl	$12{,}5\ \frac{\text{kV}}{\text{mm}}$
Porzellan	$20\ \frac{\text{kV}}{\text{mm}}$
Glimmer	$60\ \frac{\text{kV}}{\text{mm}}$
Polyvinylchlorid (PVC)	$50\ \frac{\text{kV}}{\text{mm}}$
Polystyrol	$100\ \frac{\text{kV}}{\text{mm}}$

Beispiele:

1. Welche Feldstärke besteht in einem auf 310 V geladenen Plattenkondensator bei einem Plattenabstand von 0,2 mm?

gegeben: $U = 310\ \text{V}$; $l = 0{,}2\ \text{mm}$

gesucht: E

Lösung: $E = \frac{U}{l}$; $\underline{E} = \frac{310\ \text{V}}{0{,}2\ \text{mm}} = \underline{1550 \cdot \frac{\text{V}}{\text{mm}}} = \underline{1{,}55\ \frac{\text{kV}}{\text{mm}}}$

2. Zwischen den Metallfolien eines Kondensators befindet sich eine Papierschicht mit einer Durchschlagsfestigkeit von $10\ \frac{\text{kV}}{\text{mm}}$.

Welche Stärke muß das Papier mindestens aufweisen, wenn an den Kondensator 600 V angelegt werden sollen?

gegeben: $U = 600\ \text{V}$; $E_\text{d} = 10\ \frac{\text{kV}}{\text{mm}} = 10\,000\ \frac{\text{V}}{\text{mm}}$

gesucht: l

Lösung: $E = \frac{U}{l}$; $l = \frac{U}{E}$; $\underline{l} = \frac{600\ \text{V} \cdot \text{mm}}{10\,000\ \text{V}} = \underline{0{,}06\ \text{mm}}$

7.1.3 Influenz

Versuch:
Zwischen zwei unter Spannung stehenden Metallplatten bringt man einen Metallkörper, der sich aus zwei in engem Kontakt stehenden Platten zusammensetzt.
Die beiden Platten sind über zwei Litzen an einen elektrostatischen Spannungsmesser angeschlossen.
Der Metallkörper wird im Feld der unter Spannung stehenden Platten getrennt und herausgezogen.

Bild 7.5
Ladungstrennung (Influenz) durch elektrisches Feld

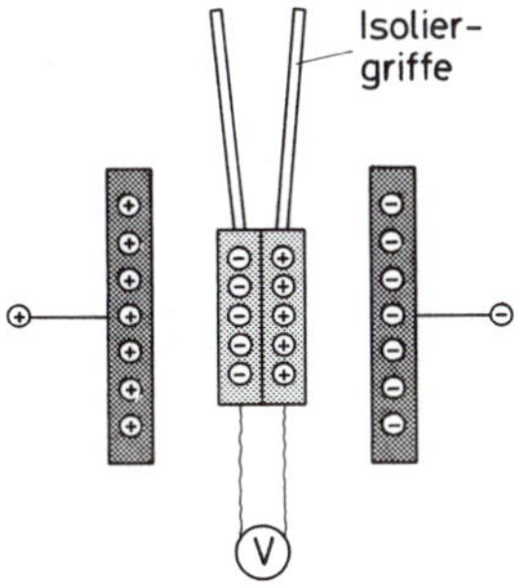

Beachte: Der Spannungsmesser zeigt eine Spannung.

Folgende Erkenntnis läßt sich hieraus gewinnen:

Unter dem Einfluß eines elektrischen Feldes kommt es in einem Leiter zu einer Spannung, d. h. Ladungstrennung.

Diesen Vorgang bezeichnet man als *Influenz* (influere = hineinfließen, lat.).

Bild 7.6 a) Vorgang der Ladungstrennung (Influenz) durch elektrisches Feld,
b) Zustand nach der Ladungstrennung

Diesen Erscheinungen liegen folgende Vorgänge zugrunde:
Zwischen der positiv und negativ geladenen Platte (Bild 7.6) bildet sich ein elektrisches Feld. Unter dem Einfluß dieses Feldes werden die freien Ladungsträger (Elektronen) des Metallkörpers bewegt, und zwar von der positiven Platte praktisch angezogen und von der negativen Platte abgestoßen. Dadurch kommt es im Metallkörper zur Ladungstrennung und zur Spannung.
Da das Feld der äußeren Platten und das Feld der im Metallkörper getrennten Ladungen sich aufheben, ist das Innere des Metallkörpers immer feldfrei. Trennt man den Metallkörper im Feld auf, bleiben Ladungstrennung und Spannung bestehen.

7.1.4 Abschirmung elektrischer Felder

Im Bereich eines elektrischen Feldes, d. h. also im Bereich von Potentialunterschieden, kommt es in metallischen Teilen zur Ladungstrennung (Influenz).
Abhilfe wird durch das *Abschirmen des elektrischen Feldes* geschaffen. Zu diesem Zweck bringt man um den Ladungsträger (z. B. Leitung) eine metallene Hülle an. Die Hülle muß geerdet werden, damit die positive oder negative influenzierte Ladung der Hülle sich mit der Gegenladung der Erde ausgleichen kann und damit das Feld zwischen Hülle und Erde verschwindet (Bild 7.7).

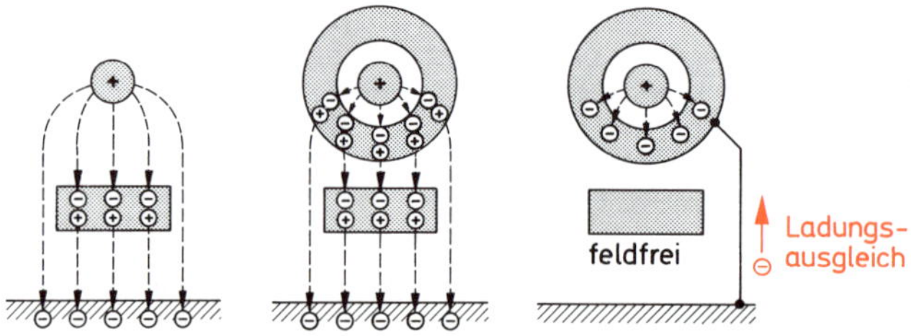

Bild 7.7
Abschirmung elektrischer Felder durch geerdete Metallhülle

Die Abschirmung elektrischer Felder (z. B. durch Platten, Becher, Kammern oder Metallschirme) ermöglicht es, die Schaltelemente in elektronischen Geräten sehr eng zusammenzubauen, ohne daß sie sich gegenseitig beeinflussen.

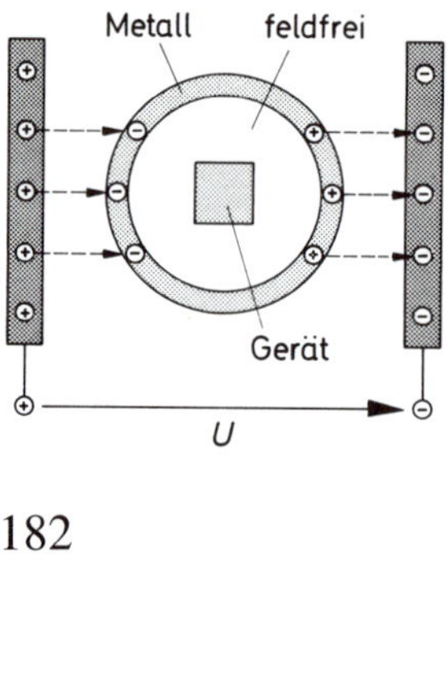

Bild 7.8
Abschirmung von Geräten gegen elektrische Felder durch Metallhülle (Faradayscher Käfig)

Umgekehrt können auch Geräte vor elektrischen Feldern abgeschirmt werden, indem man diese Geräte in eine metallische Hülle bringt. Man spricht dann von einem *Faradayschen Käfig*.

7.1.5 Dielektrische Polarisation

Auch in Nichtleitern kommen Influenzwirkungen zustande. Allerdings sind die Elektronen an die Atome bzw. an die Moleküle gebunden und können unter dem Einfluß eines elektrischen Feldes nicht abfließen.
Es tritt aber innerhalb der Moleküle unter Feldeinfluß eine Verschiebung der Ladung ein. Die Moleküle bilden *Dipole* mit einem positiv und einem negativ geladenen Ende. Man bezeichnet diese Ladungsverschiebung als *dielektrische Polarisation*.

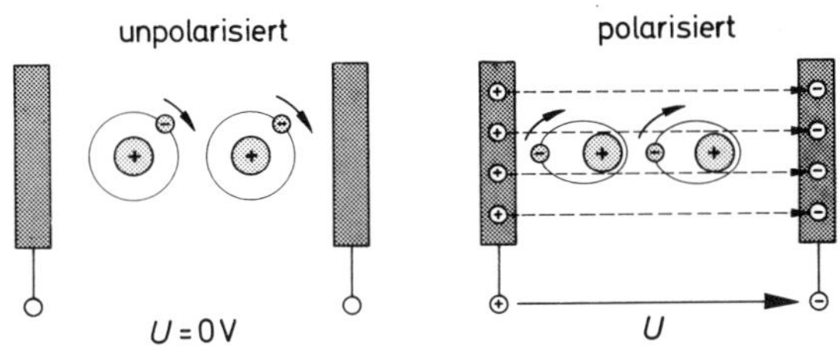

Bild 7.9
Dielektrische Polarisation

Es gibt auch Stoffe, die schon von Natur aus Dipole darstellen. Diese Dipole, die keine bevorzugte Richtung aufweisen, können durch ein elektrisches Feld ausgerichtet (parallel gerichtet) werden. Man spricht dann von *parelektrischer Polarisation*.

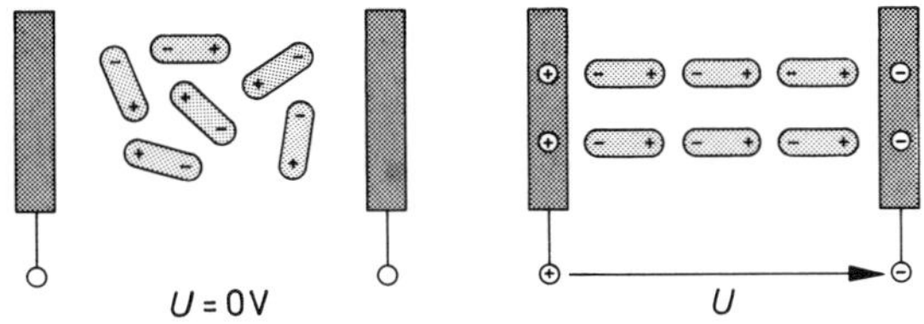

Bild 7.10
Parelektrische Polarisation

Das Ergebnis ist in beiden Fällen gleich. Im Inneren des Isolators heben sich die Wirkungen der zusammenstoßenden entgegengesetzten Ladungen auf. Dagegen bildet sich an der Oberfläche eine Ladungsschicht aus.
Das Material, das polarisiert wird, nennt man allgemein *Dielektrikum*.
Legt man eine Wechselspannung an die beiden Platten, dann wird die Richtung der Polarisation des Isoliermaterials zwischen den beiden Platten dauernd geändert. Dadurch entsteht im Isolierstoff Reibung und damit Wärme. Diese Wärmeverluste nennt man *dielektrische Verluste*.

Sie machen sich beim Kondensator unangenehm bemerkbar, werden aber auch nutzbringend verwendet im Mikrowellenherd, zum Schweißen von Kunststoffen, zum Härten von Lacken, zum Backen von Brötchen, in der Elektromedizin (Diathermie).

7.1.6 Lernziel-Test

Verständnisfragen

1. Wie kommt es zu einem elektrischen Feld?
2. Welche Wirkung hat ein elektrisches Feld?
3. Wie läßt sich das elektrostatische Farbspritzen erklären?
4. Wo finden sich weitere Anwendungen des elektrischen Feldes?
5. Was versteht man unter Durchschlagsfestigkeit?
6. Glimmer hat die mittlere Durchschlagsfestigkeit $60 \frac{\mathrm{kV}}{\mathrm{mm}}$. Wieviel kV kann man somit maximal an eine 0,1 mm starke Glimmerscheibe anlegen?
7. Wie läßt es sich erklären, daß in einem Metallkörper innerhalb eines elektrischen Feldes eine Spannung entsteht? Wie nennt man diesen Vorgang?
8. Wie lassen sich elektrische Felder abschirmen?
9. Was versteht man unter dielektrischer Polarisation?
10. In welche Richtung wird ein Elektron im elektrischen Feld abgelenkt?
11. Warum sind die Insassen eines Autos bei Blitzeinschlag geschützt.

Rechenaufgaben

1. An einem Plattenkondensator mit 0,5 mm Plattenabstand werden 2000 V Gleichspannung gelegt.
   a) Wie groß wird dabei die Feldstärke im Kondensator?
   b) Besteht die Gefahr, daß die Luft zwischen den Platten durchschlagen wird?
2. Auf welchen Plattenabstand im Plattenkondensator der Aufgabe 1 könnte man gehen, bis bei Verwendung von Polystyrol als Dielektrikum die Gefahr eines Durchschlagens bei ebenfalls 2000 V bestünde?

7.2 Kondensator

Der Kondensator besteht prinzipiell aus zwei Metallplatten oder Metallfolien und einem Isolierstoff, dem sogenannten Dielektrikum, zwischen den Platten (condensare = verdichten, lat.)

7.2.1 Laden und Entladen des Kondensators

Versuch:
Ein Kondensator wird über einen Strommesser mit Nullpunkt in Skalenmitte an einen Umschalter gelegt.

a) Der Kondensator wird über den Umschalter an eine Gleichspannung angeschlossen (Schaltstellung 1).

Beachte: Der Zeiger des Strommessers zeigt dabei einen kurzzeitigen Ausschlag, geht aber wieder auf Null zurück.

b) Der Kondensator wird durch Umlegen des Umschalters kurzgeschlossen (Schaltstellung 2).

Beachte: Es entsteht ein kurzzeitiger Stromstoß in entgegengesetzter Stromrichtung.

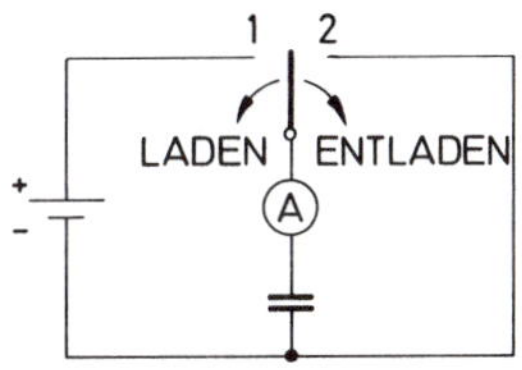

Bild 7.11
Laden und Entladen eines Kondensators

Folgende Vorgänge spielen sich bei Versuch a) und b) ab:
Die Spannungsquelle saugt auf der einen Kondensatorplatte Elektronen ab und drückt diese auf die andere Platte. Dadurch wird der Kondensator aufgeladen. Die Verschiebung der Elektronen beim *Laden* ergibt einen kurzzeitigen *Ladestrom.*
Die Aufladung des Kondensators ist beendet, wenn er die gleiche Spannung erreicht hat wie der angeschlossene Spannungserzeuger. Dann kann nämlich kein Ladestrom mehr fließen, da die Kondensatorspannung der angelegten Spannung entgegengerichtet ist. Danach wird also Gleichstrom gesperrt.
Auch nach der Trennung des Kondensators von der Spannungsquelle bleibt der Ladungszustand der beiden Platten erhalten, da sich die Ladungen nicht ausgleichen können.
Der aufgeladene Kondensator ist in der Lage, einen *Entladestrom* in entgegengesetzter Richtung durch den Stromkreis zu treiben, und zwar so lange, bis die Ladungen auf den Kondensatorplatten ausgeglichen sind.
Hieraus ergeben sich wichtige Erkenntnisse:

Der Kondensator kann elektrische Ladungen speichern.
Er sperrt Gleichstrom.

7.2.2 Kapazität und Ladungsmenge

Das Speichervermögen von Kondensatoren bezeichnet man als Kapazität (Kurzzeichen *C*).
Einheit der Kapazität ist das *Farad* (F).

> Versuch: Versuchsanordnung wie unter 7.2.1
> c) Doppelte Spannung anlegen.

Beim Laden wie auch Entladen ist der Ausschlag des Strommessers doppelt so groß.

> d) Kondensator mit doppelter Kapazität verwenden.

Beim Laden und Entladen ist ebenfalls doppelter Ausschlag des Strommessers festzustellen.
Aus den Versuchen folgt:
Die Ladungsmenge *Q*, die der Kondensator speichert, nimmt im gleichen Verhältnis zu wie die angelegte Spannung *U* und die Kapazität *C* des Kondensators.
Als Formel ergibt sich:

Ladungsmenge $$Q = C \cdot U$$

Q Ladung in C (As)
C Kapazität in F $\left(\frac{\text{As}}{\text{V}}\right)$
U Spannung in V

Die Ladungsmenge hat die Einheit Coulomb (C) oder Amperesekunde (As) (siehe Abschnitt 1.3.5).
Es leuchtet ein, daß ein größerer «Speicher» (größere Kapazität) eine größere Ladungsmenge aufnehmen kann als ein kleinerer «Speicher»; genauso, daß bei größerem «Druck» (größerer Spannung) mehr Ladung in den «Speicher» (Kondensator) gepreßt werden kann.
Mit Hilfe dieser Formel läßt sich die Einheit der Kapazität definieren und ableiten:

> Ein Kondensator besitzt die Kapazität 1 F, wenn er bei der angelegten Spannung 1 V die Ladung 1 C aufnimmt.

$$1\,\text{F} = 1\,\frac{\text{As}}{\text{V}}$$

Da die Einheit F sehr groß ist, wird sie unterteilt in:

$$1 \text{ Mikrofarad} = 1\ \mu F = \frac{1}{1\,000\,000} F = 10^{-6}\ F$$

$$1 \text{ Nanofarad} = 1\ nF = \frac{1}{1\,000\,000\,000} F = 10^{-9}\ F$$

$$1 \text{ Pikofarad} = 1\ pF = \frac{1}{1\,000\,000\,000\,000} F = 10^{-12}\ F$$

Stellt man die Gleichung $Q = C \cdot U$ um nach

$$C = \frac{Q}{U}$$

so erhält man eine Möglichkeit, die Kapazität einer Kondensatoranordnung zu berechnen. Man stellt dabei fest, daß für alle zusammengehörigen Werte von Q und U eines Kondensators sich immer derselbe Wert für die Kapazität ergibt.

Beispiel:
Ein Kondensator mit der Kapazität 0,5 µF ist auf 500 V aufgeladen.
Wie groß ist seine Ladung?

gegeben: $C = 0{,}5\ \mu F = 0{,}5 \cdot 10^{-6} F$; $U = 500\ V$

gesucht: Q

Lösung: $Q = C \cdot U$; $Q = 0{,}5 \cdot 10^{-6} \cdot \frac{As}{V} \cdot 500\ V = 250 \cdot 10^{-6}\ As$

$\underline{Q} = 2{,}5 \cdot 10^{-4}\ C = \underline{0{,}000\ 25\ C}$

Die Kapazität eines Kondensators ist eine konstante Größe und hängt, wie folgende Versuche zeigen, nur von der Baugröße und Bauart ab.

Versuch:
a) Mit einem Kapazitätsmesser wird die Kapazität eines Kondensators mit einer bestimmten Plattenfläche, Plattenabstand und Luft als Dielektrikum gemessen.
b) Die Messung wird wiederholt bei doppelter Plattenfläche.

Die Kapazität ist doppelt so groß.

c) Messung bei halbem Plattenabstand.

Die Kapazität hat sich verdoppelt.

d) Messung bei Luft, Glas und Kunststoff als Dielektrikum.

Die Kapazität ist bei Luft am kleinsten und steigt bei anderen Werkstoffen.

Durch Vergleich der Kapazitätswerte bei Luft bzw. Vakuum mit den Kapazitätswerten bei anderen Stoffen kommt man zur Dielektrizitätszahl ε_r (Permittivitätszahl) (sprich: epsilon).

> Die Dielektrizitätszahl gibt an, auf das Wievielfache sich die Kapazität eines Kondensators erhöht, wenn man statt Luft (Vakuum) ein Dielektrikum verwendet.

Die Versuchsergebnisse lassen sich folgendermaßen erklären:
Eine größere Plattenoberfläche ergibt mehr Lagerungsmöglichkeiten für die Elektronen, dadurch größere Kapazität. Durch geringeren Plattenabstand erhöht sich bei gleicher Spannung die Kraft, mit der sich die entgegengesetzten Ladungen der beiden Platten anziehen.
Es können also bei gleicher Spannung mehr Ladungen gebunden werden.
Durch Polarisation des Dielektrikums (siehe Abschnitt 7.1.5) können mehr Ladungen auf den Platten gespeichert werden, weil die molekularen Dipole je nach Stoffart über mehr oder weniger getrennte Elementarladungen verfügen und diese auf den Platten entgegengesetzte Ladungen binden (Bild 7.12).

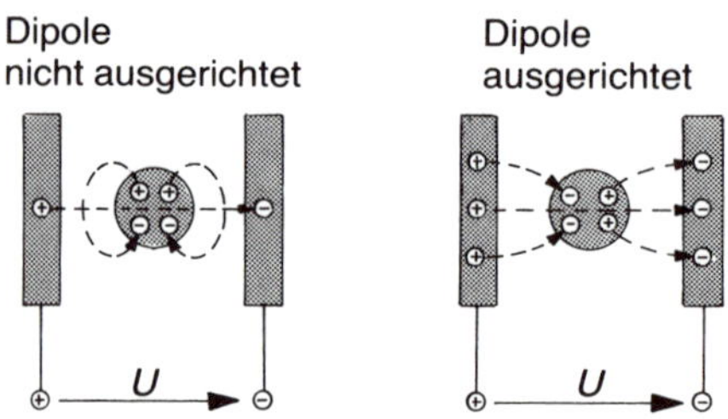

Bild 7.12
Kapazitätsvergrößerung durch Polarisation

Die Aufnahme einer größeren Ladungsmenge bedeutet eine Kapazitätsvergrößerung.
Zusammenfassend läßt sich feststellen:
Die Kapazität eines Kondensators ist um so größer,

je größer die Plattenfläche A,
je größer die Dielektrizitätszahl ε_r
je kleiner der Plattenabstand d ist.

Als Zahlenwertgleichung zur Bestimmung der Kapazität eines Plattenkondensators kann verwendet werden:

Kapazität

$$C = 0{,}0885 \cdot \varepsilon_r \cdot \frac{A}{d}$$

ε_r Dielektrizitätszahl
A Plattenfläche in cm^2
d Plattenabstand in cm
C Kapazität in pF

Bild 7.13
Aufbau des Wickelkondensators

Dielektrizitätszahlen einiger Dielektrika bei 20 °C:

Luft	1	Aluminiumoxid	$6 \cdots 9$
Papier	$4 \cdots 6$	Transformatorenöl	$2{,}2 \cdots 2{,}4$
Glas	$5 \cdots 7$	Kondensa	80
Porzellan	$5 \cdots 7$	Bariumtitanat	20 000
Glimmer	$5 \cdots 8$	Eis (bei – 20 °C)	16
PVC	$3 \cdots 6$	Wasser dest.	80

Beispiel:
Ein Wickelkondensator enthält 2 paraffinierte Papierstreifen ($\varepsilon_r = 2{,}16$) von 0,025 mm Dicke und 2 Metallfolien von je 12 m Länge und 5 cm Breite?
Wie groß ist seine Kapazität?

gegeben: $\varepsilon_r = 2{,}16$; $d = 0{,}025$ mm ; $l = 12$ m ; $b = 5$ cm

gesucht: C

Lösung: $C = 0{,}0885 \cdot \epsilon_r \cdot \dfrac{A}{d}$; $A = l \cdot b$

$\underline{A} = 1200 \text{ cm} \cdot 5 \text{ cm} = \underline{6000 \text{ cm}^2}$

Es ist zu beachten, daß durch das Aufwickeln die wirksame Fläche verdoppelt wird.

$$C = 0{,}0885 \cdot 2{,}16 \frac{2 \cdot 6000}{0{,}0025}$$

$$\underline{C} = \frac{0{,}0885 \cdot 2{,}16 \cdot 2 \cdot 6 \cdot 10^3}{2{,}5 \cdot 10^{-3}} = 0{,}917 \cdot 10^6 \text{ pF} = \underline{0{,}917 \ \mu\text{F}}$$

7.2.3 Kondensatorarten

Um den vielseitigen Forderungen nach Kapazitätsgröße, Durchschlagsfestigkeit und Konstanz ihrer Betriebsgrößen zu entsprechen, werden sehr verschiedenartige Kondensatoren gebaut.

Man unterscheidet:

7.2.3.1 Kondensatoren mit fester Kapazität

Papierkondensatoren bestehen aus öl- oder paraffingetränktem Papier und Aluminiumfolie.

Bild 7.14
Querschnitt durch einen Papierwickelkondensator

Zwei lange Streifen Papier und zwei Streifen Aluminiumfolie werden aufeinandergeschichtet und aufgewickelt.
Ein oder mehrere solcher Wickel kommen in einen Metallbecher und werden eventuell zusammengeschaltet. Diese Kondensatoren sind am verbreitetsten. Sie sind ziemlich spannungsfest trotz kleiner Baumaße.
Metallpapierkondensatoren (MP-Kondensatoren) sind ähnlich aufgebaut wie Papierkondensatoren. Die Metallbeläge werden in dünnster Schicht auf ebenfalls sehr dünne Papierbahnen aufgedampft. Bei Durchschlägen durch Fehler im Papier oder zu hohe Spannung wird das Metall in sehr kurzer Zeit verdampft. Der Kondensator «heilt» sich selbst, bleibt also gebrauchsfähig.

Diese Kondensatoren sind außerdem wesentlich kleiner als Papierkondensatoren bei gleicher Kapazität. Angewandt werden MP-Kondensatoren in der Nachrichtentechnik, Meßtechnik, Elektronik, Steuerungs- und Regelungstechnik als Koppel- und Siebkondensatoren und als Motorkondensatoren.

Kunststoffolienkondensatoren haben ein Dielektrikum aus Kunststoffolien wie Polystyrol, Polyester. Die Metallbeläge sind Aluminiumfolien bzw. aufgedampftes Aluminium. Kunststoffolienkondensatoren haben geringe Verluste, hohe Kapazitätskonstanz, hohen Isolationswiderstand und kleinere Bauform als Papierkondensatoren.

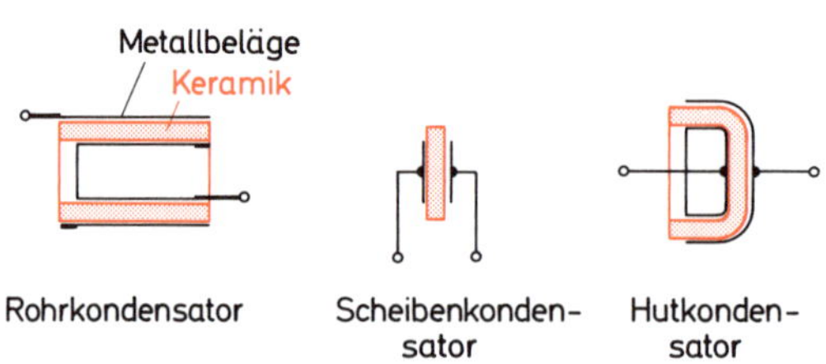

Bild 7.15
Keramische Kondensatoren

Keramikkondensatoren besitzen als Dielektrikum ein gebranntes keramisches Material als Elektroden aufgedampftes Edelmetall. Sie werden in Scheiben-, Rohr-, Perl- oder Hutform gebaut (Bild 7.16). Durch die Wahl der Keramikmasse (Kondensa, Frequenta, Epsilan) können große Dielektrizitätskonstanten und damit kleinste Bauformen erreicht werden.
Elektrolytkondensatoren (Elko) enthalten meist eine Elektrode aus Aluminiumfolie, die mit einer elektrolytisch aufgetragenen Aluminiumoxidschicht versehen ist. Die sehr dünne Oxidschicht stellt das Dielektrikum dar. Als Gegenelektrode dient ein Elektrolyt in flüssiger Form, der aber meistens durch eine Papierfolie aufgesaugt

Bild 7.16
Ausschnitt aus einem Elektrolytkondensator

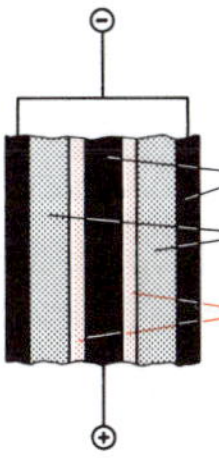

wird. Die Verbindung des Elektrolyten nach außen erfolgt durch eine weitere Aluminiumfolie. Die sehr dünne Oxidschicht läßt bei kleinster Bauweise große Kapazitäten zu.
Die Oxidschicht sperrt den Strom aber nur in einer Richtung. Bei Vertauschen der Pole wird die Oxidschicht abgebaut und der Kondensator zerstört. Der Elektrolytkondensator ist daher gepolt und nur für Gleichstrom verwendbar. Plus-Pol ist die Aluminiumelektrode, Minus-Pol der Elektrolyt (bzw. der Außenbecher).
Nachteilig wirken sich der relativ große *«Leckstrom»* (Reststrom) infolge der zwar geringen, aber vorhandenen Leitfähigkeit des Dielektrikums, die starke Temperaturabhängigkeit der Kapazität vor allem bei Kältegraden, das allmähliche Austrocknen und damit Nachlassen der Kapazität sowie die notwendige Beachtung der Polarität aus.
Für Wechselstrom können die sogenannten ungepolten Elektrolytkondensatoren, die aus zwei gegeneinander geschalteten Elektrolytkondensatoren bestehen, verwendet werden.
Angewandt werden Elektrolytkondensatoren hauptsächlich als Lade- und Siebkondensatoren zur Glättung der Gleichspannung hinter Gleichrichtern. Für Wechselstrom ist auch der ungepolte Kondensator nicht geeignet, da er nicht im Dauerbetrieb an Wechselspannung arbeiten kann.
Anstelle von Aluminium kann auch Tantal mit Tantaldioxid verwendet werden. *Tantal*-Kondensatoren können bei gleicher Kapazität und gleicher Durchschlagsfestigkeit erheblich kleiner als Aluminium-Elko gebaut werden. Sie sind aber auch teurer.
Angewandt werden Tantal-Elektrolytkondensatoren als Koppel- und Siebkondensatoren in Schaltungen und Geräten, wo besonders kleine Abmessungen gefordert sind.

7.2.3.2 *Kondensatoren mit veränderlicher Kapazität*

Drehkondensatoren bestehen aus zwei voneinander isolierten Plattensätzen, von denen der eine feststeht und der andere drehbar angeordnet ist. Sie greifen mehr oder weniger ineinander und ergeben durch Drehen jeden Kapazitätswert zwischen der Anfangskapazität und dem Endwert.
Als Dielektrikum dient Luft.
Angewandt werden Drehkondensatoren meist in der Rundfunk- und Fernsehtechnik zur Abstimmung von Schwingkreisen.
Trimmkondensatoren funktionieren ähnlich wie Drehkondensatoren. Keramikrohre oder -plättchen dienen hier als Dielektrikum und teilweise als Elektrodenträger. Bei keramischen *Rohrtrimmern* wird zur Kapazitätsänderung ein Metallstift in ein Rohr gedreht, bei keramischen *Drahttrimmern* ein aufgewickelter und in den Windungen verlöteter Kupferdraht abgewickelt, bei *Kreisplattentrimmern* zwei drehbare silberbeschichtete Keramikplättchen gegeneinander verdreht.
Trimmer dienen zur einmaligen Einstellung eines bestimmten Kapazitätswertes. Sie werden zum Feinabgleich in Rundfunk- und Fernsehgeräten verwendet.

7.2.3.3 *Beschriftung von Kondensatoren*

Auf größeren Kondensatoren finden sich Angaben über Bauart und verschiedene Kenngrößen:

Bauartkennzeichnung

z. B.	MP	(Metallpapierkondensator)
	ELKO	(Elektrolytkondensator)
	MK	(Metallkunststoffkondensator)

Nennkapazität: Kapazität eines Kondensators, nach der er benannt ist, wobei die Stufung (wie bei Widerständen) nach der IEC-Normzahlenreihe erfolgt. Kapazitätsangaben werden in verschiedener Art gemacht.
Zahlenwert mit voller Einheit (z. B. 35 μF)
Zahlenwert mit verkürzter Einheit (z. B. 9 nl = 9,1 nF, 47 μ = 47 μF)
Zahlenwert ohne Einheit (z. B. 4,7 = 4,7 pF)

Farbkennzeichnung

Kapazitätstoleranz: Zulässige Abweichung der Kapazität von der Nennkapazität. Sie beträgt meist 10 %). Angaben erfolgen mit

Zahlenwert	(z. B. 15 nF ± 10 % = 15 nF ± 1,5 nF)
Großbuchstabe	(z. B. 30 μG = 30 μF ± 2 %)

Nennspannung: Höchste Spannung (Gleichspannung bzw. Scheitelwert der Wechselspannung oder bei Mischspannung der Summenwert), die dauernd am Kondensator anliegen darf.

Angaben erfolgt mit

Zahlenangaben	(z. B. 350 V)
Kleinbuchstaben	(z. B. d = 250 V Gleichspannung,
	u = 250 V Wechselspannung)

Betriebs-Temperaturbereich: Temperaturbereich, in dem der Kondensator betrieben werden kann, ohne daß die Kapazitätstoleranz überschritten wird.
Weitere zur Auswahl erforderliche Daten, wie z. B. Frequenzbereich, Abmessungen, bipolare Ausführung bei Elkos, Eigeninduktivität, Verluste usw. lassen sich den Datenblättern entnehmen.
Kleinere Kondensatoren werden meist durch Farbringe gekennzeichnet. Angegeben wird: Nennkapazität, Kapazitätstoleranz, Nennspannung und Temperaturbeiwert der Kapazität.

7.2.4 Schaltung von Kondensatoren

7.2.4.1 Parallelschaltung von Kondensatoren

Die Parallelschaltung von Kondensatoren ist gleichbedeutend mit einer Vergrößerung der wirksamen Fläche bei gleichem Plattenabstand und bewirkt damit eine Kapazitätsvergrößerung.

Bild 7.17
Parallelschaltung von Kondensatoren

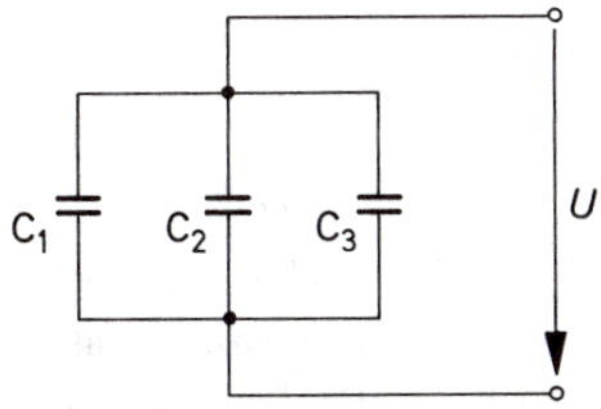

Die Gesamtkapazität (Ersatzkapazität) ist gleich der Summe der Einzelkapazitäten.

$$C_{ges} = C_1 + C_2 + C_3 + \ldots$$

Weiterhin gilt:

$$U_1 = U_2 = U_3 = U$$

$$Q_{ges} = Q_1 + Q_2 + Q_3$$

Die Parallelschaltung von Kondensatoren wird sehr häufig zur Kapazitätsvergrößerung angewandt. Der Drehkondensator besteht z. B. aus parallelgeschalteten Kondensatoren.

7.2.4.2 Reihenschaltung von Kondensatoren

Die Reihenschaltung von Kondensatoren ist gleichbedeutend mit einer Vergrößerung des Plattenabstandes bei gleicher Plattenfläche und bewirkt damit eine Kapazitätsverringerung.

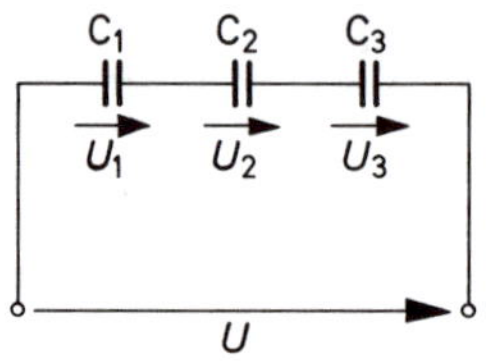

Bild 7.18
Reihenschaltung von Kondensatoren

Die Ladungen der einzelnen Kondensatoren sind gleich groß, weil alle sich gegenüberstehenden positiven und negativen Ladungen gleich groß sein müssen.
Die Gesamtladung ist demnach:

$$Q = Q_1 = Q_2 = Q_3$$

Für jeden Kondensator gilt:

$$U = \frac{Q}{C} \quad aus \quad Q = U \cdot C$$

Also ist in angegebener Schaltung:

$$U_1 = \frac{Q}{C_1}; \qquad U_2 = \frac{Q}{C_2}; \qquad U_3 = \frac{Q}{C_3}; \qquad U = \frac{Q}{C_{ges}}$$

An jedem Kondensator fällt ein Teil der Gesamtspannung ab, und zwar an der kleinsten Kapazität die größte Spannung.
Nach dem 2. *Kirchhoff*schen Gesetz gilt:

$$U = U_1 + U_2 + U_3$$

Setzt man die Einzelwerte ein, erhält man

$$\frac{Q}{C_{ges}} = \frac{Q}{C_1} + \frac{Q}{C_2} + \frac{Q}{C_3}$$

Dividiert man die Gleichung mit Q, so erhält man den Kehrwert der Gesamtkapazität

$$\frac{1}{C_{ges}} = \frac{1}{C_1} + \frac{1}{C_2} + \frac{1}{C_3}$$

Der Kehrwert der Gesamtkapazität (Ersatzkapazität) ist gleich der Summe der Kehrwerte der Einzelkapazitäten.

Die Gleichung entspricht in ihrer Form der Gleichung für die Parallelschaltung von Widerständen. Dabei ist der Gesamtwiderstand kleiner als der kleinste Einzelwiderstand. Entsprechend gilt bei der Reihenschaltung von Kondensatoren:

Die Gesamtkapazität ist kleiner als die kleinste Einzelkapazität.

Sind nur zwei Kondensatoren in Reihe geschaltet, so läßt sich die Gleichung vereinfachen:

$$\frac{1}{C_{ges}} = \frac{1}{C_1} + \frac{1}{C_2} = \frac{C_2 + C_1}{C_1 \cdot C_2} \quad \text{oder} \quad C_{ges} = \frac{C_1 \cdot C_2}{C_1 + C_2}$$

Die Reihenschaltung von Kondensatoren ist dann vorteilhaft einzusetzen, wenn mit größeren Spannungen gearbeitet werden soll und damit die Gefahr eines Durchschlages besteht. Die Spannungen werden dabei auf die einzelnen Kondensatoren aufgeteilt und die Durchschlagsgefahr herabgesetzt.
Im allgemeinen wird die Parallel- oder Reihenschaltung von Kondensatoren in der Praxis zur Herstellung von entweder nicht handelsüblichen oder nicht vorrätigen Kapazitätswerten angewandt.

Beispiele:

1. Drei Kondensatoren mit der Kapazität 10 µF, 4 µF und 2 µF werden zusammengeschaltet.
   Wie groß ist die Gesamtkapazität für Parallel- und Reihenschaltung?

Lösung: a) Parallelschaltung

$$C_{ges} = C_1 + C_2 + C_3 \,; \qquad \underline{C_{ges}} = 10\,\mu\text{F} + 4\,\mu\text{F} + 2\,\mu\text{F} = \underline{16\,\mu\text{F}}$$

b) Reihenschaltung

$$\frac{1}{C_{ges}} = \frac{1}{C_1} + \frac{1}{C_2} + \frac{1}{C_3} \,; \qquad \frac{1}{C_{ges}} = \frac{1}{10} + \frac{1}{4} + \frac{1}{2}$$

$$= \frac{2 + 5 + 10}{20} = \frac{17}{20}$$

$$\underline{C_{ges}} = \frac{20}{17} = \underline{1{,}176\,\mu\text{F}}$$

2. Wie groß sind die Gesamtkapazitäten für die dargestellten Kondensatorschaltungen?

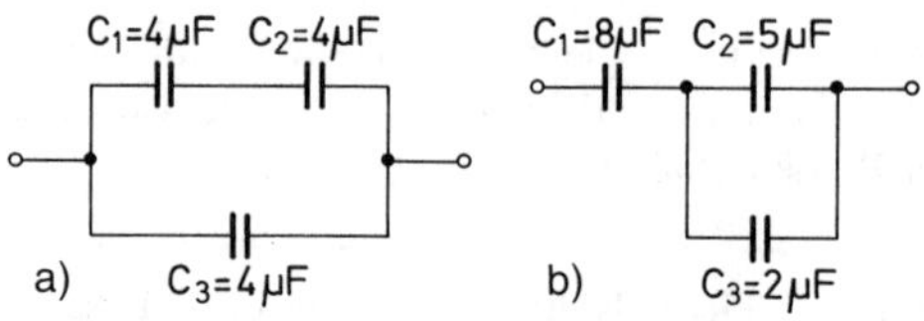

Bild 7.19
Kondensatorschaltungen

Lösung: a) $C_{1,2} = \frac{C}{2}$; $C_{1,2} = \frac{4}{2}\,\mu F = 2\,\mu F$

$C_{1,2,3} = C_{1,2} + C_3$; $\underline{C_{1,2,3}} = 2\,\mu F + 4\,\mu F = \underline{6\,\mu F}$

b) $C_{2,3} = C_2 + C_3$; $C_{2,3} = 5\,\mu F + 2\,\mu F = 7\,\mu F$

$C_{1,2,3} = \frac{C_1 \cdot C_{2,3}}{C_1 + C_{2,3}}$; $\underline{C_{1,2,3}} = \frac{8 \cdot 7}{8 + 7} = \frac{56}{15} = \underline{3{,}73\,\mu F}$

3. Durch Zuschalten eines Kondensators zu einem Kondensator mit der Kapazität 12 μF soll die Gesamtkapazität 4 μF erreicht werden. Wie groß muß die Kapazität des zugeschalteten Kondensators sein?

gegeben: $C_1 = 12\,\mu F$; $C_{ges} = 4\,\mu F$

gesucht: C_2

Lösung: Eine Verringerung der Kapazität ist nur durch Hintereinanderschaltung von Kondensatoren möglich.

$$\frac{1}{C_{ges}} = \frac{1}{C_1} + \frac{1}{C_2}; \qquad \frac{1}{C_2} = \frac{1}{C_{ges}} - \frac{1}{C_1}$$

$$\frac{1}{C_2} = \frac{1}{4} - \frac{1}{12} = \frac{3-1}{12} = \frac{2}{12} = \frac{1}{6}; \qquad \frac{1}{C_2} = \frac{1}{6}$$

$\underline{C_2} = \underline{6\,\mu F}$

7.2.5 Lernziel-Test

Verständnisfragen

1. Wie ist ein Kondensator prinzipiell aufgebaut?
2. Was spielt sich beim Laden eines Kondensators ab?
3. Was versteht man unter der Kapazität eines Kondensators?
4. Wie läßt sich die Ladungsmenge eines Kondensators erhöhen?

5. Wovon hängt die Kapazität eines Kondensators ab?
6. Wie erklärt es sich, daß durch das Einschieben eines Dielektrikums wie Polystyrol die Kapazität eines Kondensators erhöht wird?
7. Nennen Sie 4 Kondensatorarten!
8. Wie geht das «Selbstheilen» von MP-Kondensatoren vor sich?
9. Was für Eigenschaften weisen Elektrolytkondensatoren auf?
10. Welche Angaben findet man auf Kondensatoren?
11. Welche Gesamtkapazität ergibt sich, wenn 4 gleiche 40-μF-Kondensatoren
    a) parallel-,
    b) in Reihe
    geschaltet werden?
12. Welche Vor- und Nachteile bieten Elektrolytkondensatoren gegenüber anderen Kondensatoren?
13. Warum können Tantal-Elektrolytkondensatoren kleiner als Aluminium-Elektrolytkondensatoren gebaut werden?
14. Geben Sie die folgenden Kapazitätswerte in nF an!
    a) 5200 pF
    b) 3,8 μF
    c) 0,25 μF
15. Ein Kondensator mit 10 F Kapazität wird zunächst an 6 V und anschließend an 60 V Gleichspannung angeschlossen. Welchen Einfluß hat dies auf die jeweils gespeicherte Ladungsmenge des Kondensators?

Rechenaufgaben

1. Welche Kapazität muß ein Kondensator aufweisen, damit er bei 230 V die Ladungsmenge 1,1 mAs aufnehmen kann?
2. Welche Plattenfläche in km^2 müßte ein Plattenkondensator bei 1 mm Plattenabstand und Luft als Dielektrikum haben, wenn er die Kapazität 1 F aufweisen soll?
3. Wie groß ist die Ersatzkapazität von 3 Kondensatoren mit C_1 = 2 μF, C_2 = 3 μF und C_3 = 6 μF, die
    a) parallel-,
    b) hintereinander
    geschaltet werden?
4. Wie müssen drei Kondensatoren mit C_1 = 1,5 nF, C_2 = 3,5 nF und C_3 = 20 nF geschaltet werden, damit die Gesamtkapazität C_{ges} = 4 nF entsteht?
    Schaltung und rechnerische Begründung!
5. Wie müssen drei Kondensatoren mit jeweils 60 F geschaltet werden, damit sich die Ersatzkapazität
    a) 180 μF,
    b) 20 μF
    ergibt?

8 Wechselstrom

8.1 Grundbegriffe des Wechselstromes

Wenn man von Wechselstrom oder Wechselspannung spricht, meint man solche Größen, deren Werte sich im Verlauf der Zeit periodisch (regelmäßig) wiederholen.

Bild 8.1
Umpolen einer Gleichspannung an einem Widerstand

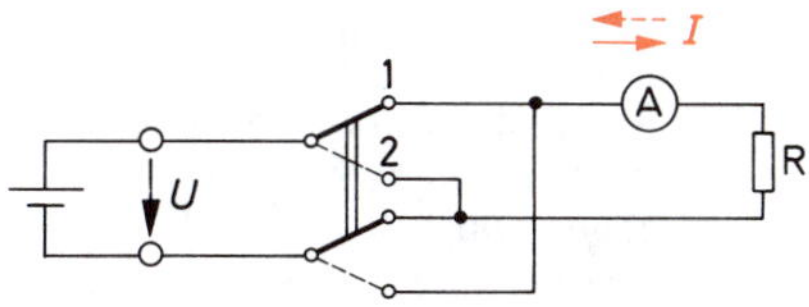

Versuch:
Eine Gleichspannungsquelle wird über einen Umschalter und einen Strommesser mit Nullpunkt in der Mitte an einen Widerstand angeschlossen. Der Umschalter wird regelmäßig betätigt.

Beachte: In der Schalterstellung 1 schlägt der Strommesser nach rechts aus, in Schalterstellung 2 nach links.
Stellt man die Stromwerte über längere Zeit hinweg (mehrere Schalterbetätigungen) grafisch dar, so erhält man folgenden Kurvenverlauf:

Bild 8.2
Stromverlauf (entstanden durch Umpolen einer Gleichspannung)

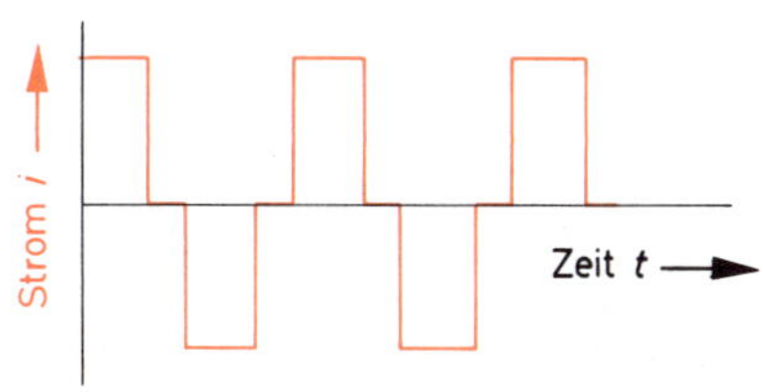

Es ist also ein Strom entstanden, dessen Stärke und Richtung sich dauernd verändert und regelmäßig wiederholt.

Man spricht von einem Wechselstrom.

Wechselstrom ist ein elektrischer Strom, der periodisch seine Rich tung und seine Stärke ändert.

8.1.1 Arten von Wechselgrößen

Man unterscheidet:

a) *Reine Wechselgrößen*

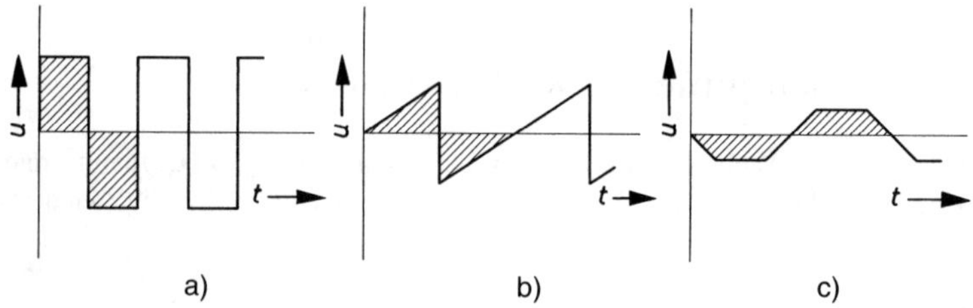

Bild 8.3 Verlauf von reinen Wechselspannungen
a) Rechteckspannung
b) Kippspannung
c) Trapezspannung

Oberhalb und unterhalb der Zeitachse ergibt sich in jeder Wiederholung des Verlaufes (Periode) der gleiche umhüllte Flächeninhalt *(arithmetischer Mittelwert ist Null).*

b) Mischgrößen

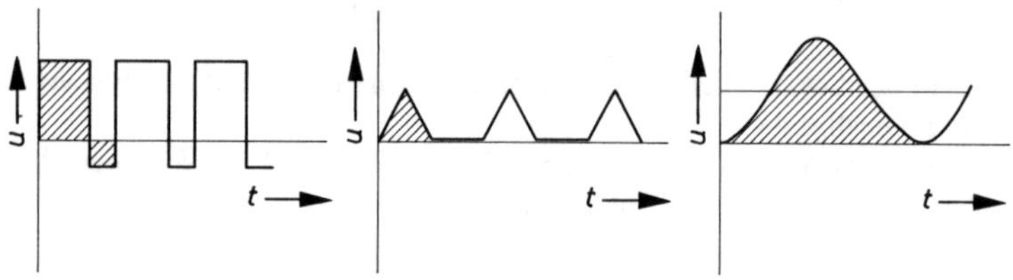

Bild 8.4 Verlauf von verschiedenen Mischspannungen

Sie umhüllen über und unter der Zeitachse verschieden große Flächen je Periode, sie können sogar dauernd oberhalb oder unterhalb der Zeitachse bleiben *(arithmetischer Mittelwert ist nicht Null).*
Mischgrößen treten häufig hinter Gleichrichtern, Transistoren, Thyristoren, Phasenanschnittsteuerungen (Dimmer) auf.

c) Sinusgrößen

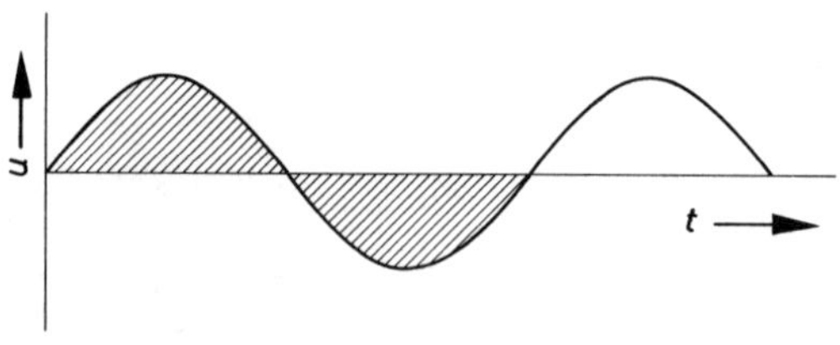

Bild 8.5
Verlauf einer sinusförmigen Wechselspannung

Sinusgrößen sind reine Wechselgrößen, deren zeitlicher Verlauf mit der mathematischen Sinuslinie übereinstimmt.

In der Elektrotechnik verwendet man hauptsächlich sinusförmige Wechselspannungen und -ströme, weil bei diesem Kurvenverlauf die geringsten Verluste und Verzerrungen auftreten.

8.1.2 Erzeugen einer sinusförmigen Wechselspannung

Die wichtigste Möglichkeit zur Erzeugung von sinusförmigen Spannungen bietet das Prinzip der Induktion der Bewegung, bei der mechanische Arbeit in elektrische Energie gewandelt, wird. Um dies zu erreichen, muß ein Leiter in einem Magnetfeld gedreht werden.

Bild 8.6
Anordnung zur Erzeugung einer sinusförmigen Wechselspannung

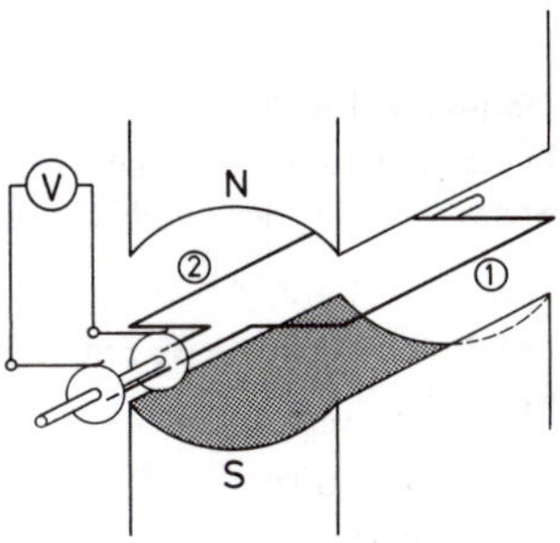

Versuch:
Eine Leiterschleife wird in einem Magnetfeld um 360° gedreht und dabei die Spannung gemessen.

Beachte: Es entsteht eine Spannung, die in jedem Augenblick, d. h. bei jedem Drehwinkel, einen anderen Wert aufweist (Augenblicksspannung u).

Trägt man die einzelnen Spannungswerte in Form von senkrechten Spannungspfeilen bei den zugehörigen Drehwinkeln der waagerechten Achse an und verbindet die einzelnen Spannungspfeile miteinander, so erhält man eine Sinuslinie.
Positive Spannungen sind dabei nach oben gerichtet, negative Spannungen entgegengesetzt nach unten.

Die einzelnen induzierten Spannungswerte in Abhängigkeit vom Drehwinkel lassen sich folgendermaßen erklären:

Drehwinkel 0°:
Die Leiterstücke bewegen sich parallel zu den Feldlinien. Es wird (siehe Abschnitt 6.5.1) keine Spannung induziert ($u = 0$).

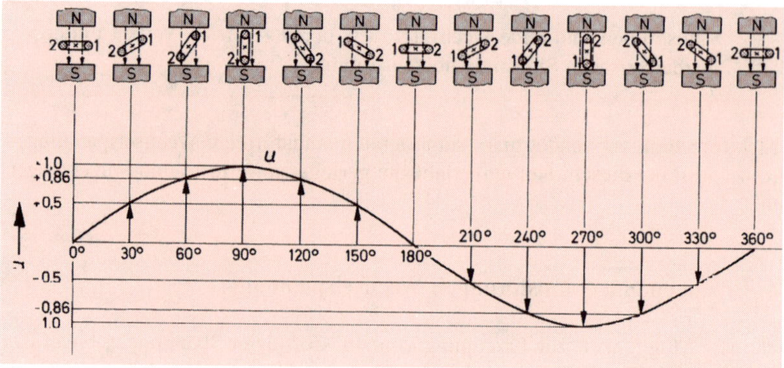

Bild 8.7 Induzierte Momentanspannungen in Abhängigkeit vom Drehwinkel der Leiterschleife

Drehwinkel 90°:
Die Leiterstücke bewegen sich genau senkrecht zu den Feldlinien. Es tritt die größte Spannung auf, der Höchstwert, auch Scheitelwert oder Amplitude genannt ($u = \hat{u} = 1$).

Drehwinkel 30°:
Die Leiterstücke bewegen sich schräg zu den Feldlinien. Es tritt eine Spannung auf ($u = 0{,}5$).

Drehwinkel 60°:
Die Leiterstücke bewegen sich fast senkrecht zu den Feldlinien. Spannung ($u = 0{,}866$).

Bei Drehwinkeln über 180° wird die Spannung negativ, weil die Magnet-Pole gegenüber der Leiterbewegung getauscht sind.
Bestimmt man mit Hilfe der Tabellen der Winkelfunktionen die Sinuswerte der verwendeten Drehwinkel

$$\sin 0° = 0$$
$$\sin 30° = 0{,}5$$
$$\sin 60° = 0{,}866$$
$$\sin 90° = 1$$

so stellt man fest, daß diese Werte übereinstimmen oder verhältnisgleich sind mit den induzierten Spannungswerten. Man kann damit sagen:

> Bei gleichförmiger Drehung einer Leiterschleife in einem homogenen Magnetfeld ändern sich die induzierte Spannung und die Stärke des Induktionsstromes wie der Sinus des Drehwinkels.

Bei bekanntem Scheitelwert läßt sich bei jedem beliebigen Drehwinkel die induzierte Augenblicksspannung berechnen:

Augenblicksspannung	$u = \hat{u} \sin \alpha$	u	Augenblicksspannung in V
		$\hat{u}$	Scheitelspannung in V (lies: «u-Dach»)
		sin α	Sinus des Drehwinkels α

Augenblickswerte elektrischer Größen, deren Zeitabhängigkeit gezeigt werden soll, werden mit Kleinbuchstaben angegeben.
Scheitelwerte von sinusförmig zeitabhängigen Größen werden durch ein Dach über dem Formelzeichen gekennzeichnet.

Beispiel:
Welche Augenblicksspannung liegt vor, wenn sich die Leiterschleife in einem homogenen Magnetfeld um 75° gedreht hat und der Scheitelwert der induzierten Spannung 325 V betragen wird?

gegeben: $\alpha = 75°$; $\hat{u} = 325$ V

gesucht: u

Lösung: $u = \hat{u} \sin \alpha$; $\underline{u} = 325 \text{ V} \cdot \sin 75^\circ = 325 \text{ V} \cdot 0{,}965 = \underline{313{,}9 \text{ V}}$

8.1.3 Kennwerte der Sinusspannung

8.1.3.1 Amplitude, Augenblickswert

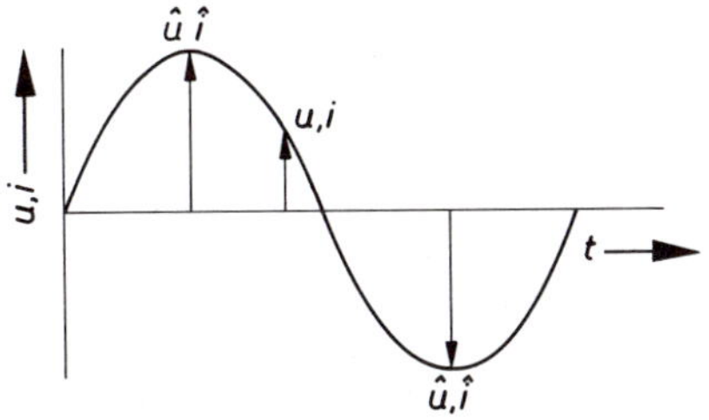

Bild 8.8
Amplitude und Momentanwert bei sinusförmigen Wechselspannungen

Die *Amplitude* (Maximalwert, Scheitelwert) stellt den Höchstwert einer Sinusfunktion dar. Die Amplitude der Spannung wird mit $\hat{u}$ (sprich: u-Dach) gekennzeichnet.
Augenblickswert (Momentanwert) ist der im betrachteten Augenblick vorhandene Wert. Augenblickswerte der Spannung werden mit u gekennzeichnet.
Das gleiche gilt natürlich auch für die entsprechenden Ströme.

8.1.3.2 Periode, Frequenz, Phase

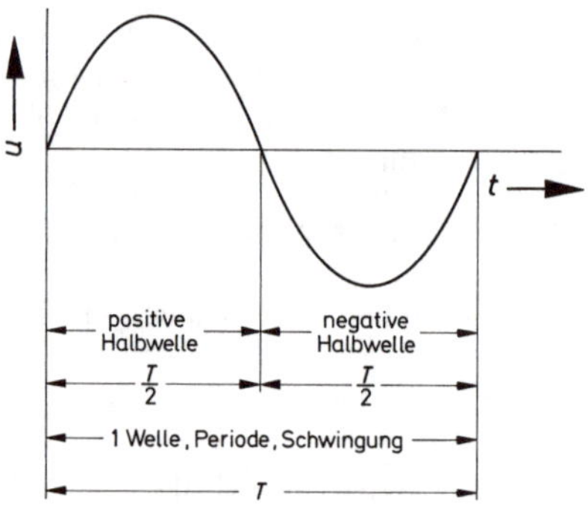

Bild 8.9
Periode und Periodendauer bei sinusförmiger Wechselspannung

Periode, Periodendauer
Die positive und die negative Halbwelle zusammen, d. h. das Hinundherpendeln der Elektronen, bezeichnet man als Schwingung oder Welle oder *Periode.*
Die Zeitdauer, die zum Durchlaufen einer Periode benötigt wird, bezeichnet man als *Periodendauer T.* Die Periodendauer wird in Sekunden angegeben.

Frequenz
Die *Frequenz* gibt die Zahl der Perioden an, die in einer Sekunde durchlaufen werden.
Die Einheit der Frequenz ist das Hertz (Kurzzeichen: Hz).
Somit gilt:

1 Hz ist 1 Schwingung in 1 Sekunde

$$1\ \text{Hz} = \frac{1}{\text{s}}$$

Weitere Einheiten:

1 Kilohertz	= 1 kHz	=	1 000 Hz	=	10^3 Hz
1 Megahertz	= 1 MHz	=	1 000 000 Hz	=	10^6 Hz
1 Gigahertz	= 1 GHz	=	1 000 000 000 Hz	=	10^9 Hz

Das technisch genutzte Gebiet der Wechselspannungen beginnt mit den Frequenzen in der Energiewirtschaft 16⅔ Hz und endet in der drahtlosen Nachrichtentechnik (ca. 300 GHz).

Bahnstromversorgung:	$16\frac{2}{3}$	Hz	und	25 Hz
Energieversorgung:	50	Hz	und	60 Hz
Tonfrequenztechnik:	16	Hz	bis	16 kHz
Hochfrequenztechnik:	10	kHz	bis	300 GHz

Die Frequenz ist um so größer, je kleiner die Periodendauer ist.
Die Frequenz ist der Kehrwert der Periodendauer.

Frequenz $$f = \frac{1}{T}$$

f Frequenz in Hz
T Periodendauer in s

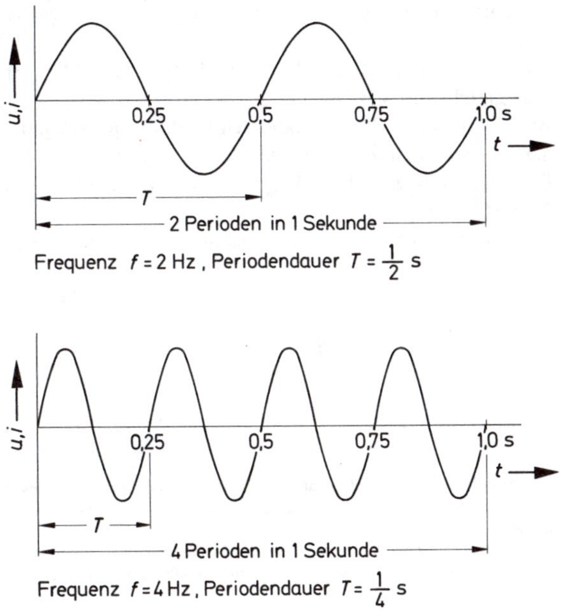

Bild 8.10 Zusammenhang von Frequenz und Periodendauer

Beispiel:
Wie groß ist die Periodendauer der Wechselspannung mit

a) $f = 16\frac{2}{3}$ Hz b) $f = 50$ Hz

Lösung: $T = \frac{1}{f}$

a) $\underline{T} = \frac{1}{16\frac{2}{3}\frac{1}{s}} = \underline{0{,}06\ \text{s}}$; b) $\underline{T} = \frac{1}{50\frac{1}{s}} = \underline{0{,}02\ \text{s}}$

Phase, Phasenwinkel

Als Phase bezeichnet man bei Wellen den in einem bestimmten Zeitpunkt gegebenen Zustand.
Phasenwinkel heißt der in einem bestimmten Zeitpunkt vorliegende Winkel (phasis = Erscheinung, augenblicklicher Zustand, griech.).

8.1.3.3 Kreisfrequenz

Wenn die Leiterschleife (siehe Abschnitt 8.1.2) sich im Magnetfeld einmal, also um einen Winkel von 360°, dreht, wird dabei eine Periode der Wechselspannung induziert. Diesen Winkel gibt man bei Wechselstromberechnungen im Bogenmaß an. Das Bogenmaß ist die Länge des Kreisbogens in einem Kreis mit dem Radius $r = 1$ (Einheitskreis).
Bei einer ganzen Umdrehung im Einheitskreis ist der Bogen gleich dem Umfang, also gleich $2 \cdot \pi = 6{,}28$.
Bei $f = 1$ Hz, d. h. also bei 1 Umdrehung je Sekunde, legt ein Punkt auf dem Einheitskreis den Bogen $2 \cdot \pi$ je Sekunde zurück.
Bei f Hz, d. h. also bei f Umdrehungen je Sekunde, beträgt der zurückgelegte Bogen $2 \cdot \pi \cdot f$.
Diese Größe nennt man *Kreisfrequenz* ω (sprich: omega).

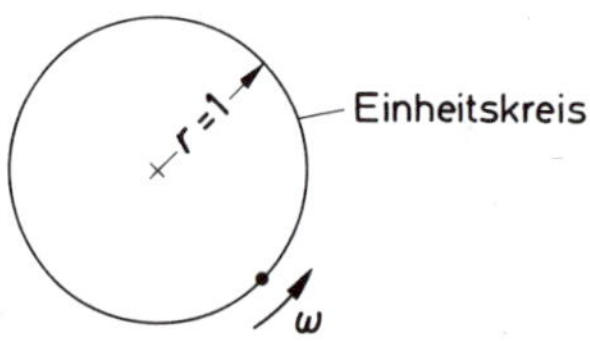

Bild 8.11
Zusammenhang zwischen Frequenz und Kreisfrequenz

FREQUENZ	$f = 1\,\text{Hz}$	entspricht im Einheitskreis 1 Umdrehung pro Sekunde
	$f = f\,\text{Hz}$	entspricht im Einheitskreis f Umdrehungen pro Sekunde
KREIS-FREQUENZ	$\omega = 2\pi \frac{1}{s}$	entspricht im Einheitskreis dem zurückgelegten Bogen 2π
	$\omega = 2\pi f \frac{1}{s}$	entspricht im Einheitskreis dem zurückgelegten Bogen $2\pi f$

Kreisfrequenz

$$\omega = 2 \cdot \pi \cdot f$$

$$\omega = 6{,}28 \cdot f$$

ω Kreisfrequenz $\frac{1}{\text{s}}$

f Frequenz in Hz

Beispiel:
Welche Kreisfrequenz ergibt sich für die Wechselspannung mit $f = 50$ Hz?

Lösung: $\omega = 2 \cdot \pi \cdot f$

$$\underline{\omega} = 2 \cdot \pi \cdot 50 \frac{1}{s} = \underline{314 \frac{1}{s}}$$

8.1.3.4 Gleichrichtwert

Reiner Wechselstrom ist bei elektrolytischen Vorgängen wie auch Drehspulmeßwerken unwirksam, da die positiven und negativen Ladungsmengen Q sich genau aufheben.

Bild 8.12 a
Ladungsmenge eines Wechselstromes

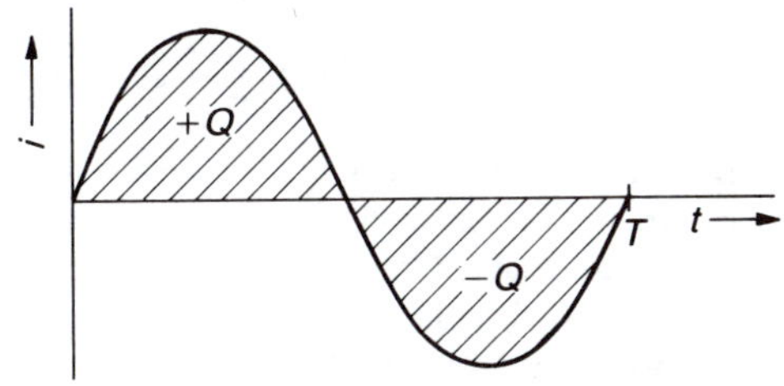

Aus diesem Grund richtet man mit bestimmten Bauelementen und Schaltungen die Wechsel gleich. Den hierdurch insgesamt wirksamen Wert des Stromes nennt man Gleichrichtwert.

Bild 8.12 b
Umlegen der Fläche eines gleichgerichteten Wechselstromes in ein Rechteck mit gleicher Fläche

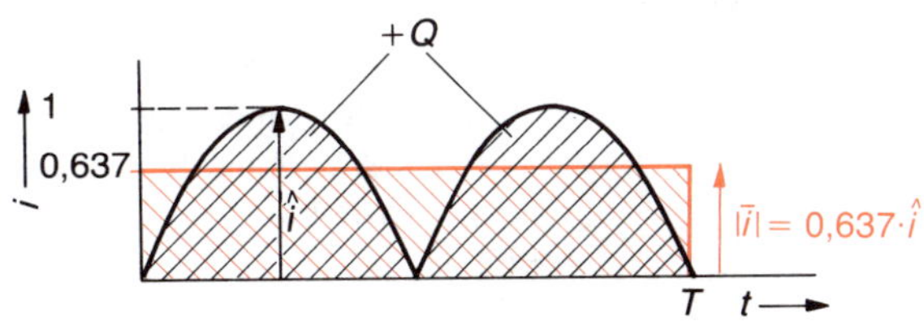

Die Fläche des gleichgerichteten Stromes ist gleich der Rechteckfläche mit der Höhe $0{,}637 \cdot \hat{\imath}$. Es ist praktisch der arithmetische Mittelwert der gleichgerichteten Wechselkurve über die gesamte Periode T.

> Gleichrichtwert eines Wechselstromes ist der arithmetische Mittelwert der Beträge über eine Periode.

Formelzeichen: $|\bar{\imath}|$, $|\bar{u}|$

Einheiten: A, V

Bei sinusförmigem Wechselstrom gilt:

Gleichrichtwert $|\bar{i}| = 0{,}637 \cdot \hat{i}$

8.1.3.5 Effektivwert

Versuch:
Ein Drehspulinstrument mit Nullpunkt in Skalenmitte wird über eine Glühlampe an einen Wechselstromerzeuger mit veränderlicher Frequenz geschaltet.
Die Frequenz wird langsam gesteigert bis 50 Hz.

Beachte: Der Zeiger des Meßinstrumentes pendelt zunächst bei niedrigen Frequenzen im Rhythmus der Wechselspannung hin und her. Mit wachsender Frequenz wird der Ausschlag aber geringer, bis er schließlich auf dem Nullpunkt stehenbleibt und nur noch leicht vibriert.
Der Mittelwert des Wechselstromes ist also Null. Daher hat der Wechselstrom auch keine elektrolytische Wirkung.
Es ist aber andererseits bekannt, daß sowohl die Heiz- und Wärmegeräte als auch die Glühlampen für Gleich- und Wechselstrom verwendbar sind und daß die beiden Stromarten in diesen Geräten die gleiche Wirkung zeigen.
Um nun herauszufinden, welcher Wert des Wechselstromes die gleiche Wirkung hat wie ein Gleichstrom, vergleicht man die Wärmewirkungen der beiden Stromarten und sagt:

Der Effektivwert (wirksamer Wert) eines Wechselstromes ist der Wert, der in einem Widerstand die gleiche Wärmewirkung hat wie ein gleich großer Gleichstrom.

Die Wärmearbeit in einem Widerstand R

$$W = I^2 \cdot R \cdot t$$

läßt sich grafisch veranschaulichen. Man geht dabei zweckmäßig von einem Widerstand $R = 1\ \Omega$ und einer bestimmten Zeitdauer $t = T$ aus.
Gleichstrom-Wärmearbeit

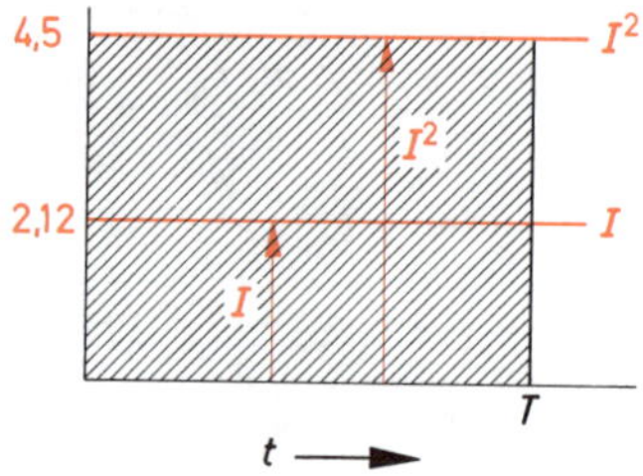

Bild 8.13
Darstellung der Gleichstrom-Wärmearbeit

Der Flächeninhalt des Rechteckes $I^2 \cdot t$ versinnbildlicht die Wärmearbeit, die der Gleichstrom I in der Zeit T im Widerstand $R = 1\ \Omega$ verrichtet hat.

Wechselstrom-Wärmearbeit

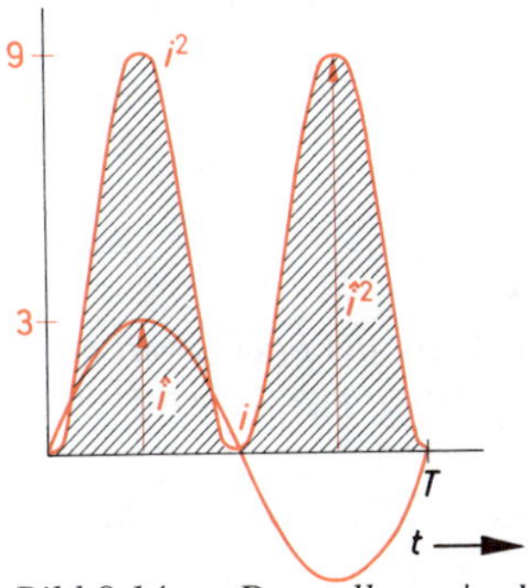

Bild 8.14 a Darstellung der Wechselstrom-Wärmearbeit

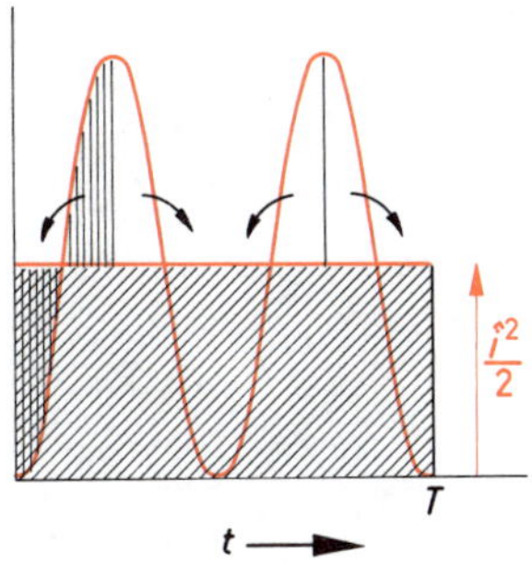

Bild 8.14 b Umlegen der Fläche der Wechselstrom-Wärmearbeit in ein Rechteck mit gleicher Fläche

Der Flächeninhalt der Kurve $i^2 \cdot t$ versinnbildlicht die Wärmearbeit des Wechselstromes i während der Zeit T. Aus der Kurve ist zu ersehen, daß die Arbeit nicht konstant verrichtet wird, sondern zwischen dem Wert Null und dem Höchstwert $i^2 \cdot R \cdot t$ schwankt. Um nun einen Mittelwert zu finden, versucht man die Fläche so umzulegen, daß eine einfache Form entsteht (siehe Bilder 8.14 a und b).

Die Fläche des entstehenden Rechteckes, das der Wärmearbeit des Wechselstromes während der Periodendauer T entspricht, ist $\frac{\hat{\imath}^2}{2} \cdot T$. Diese Fläche entspricht aber auch der Fläche der Wärmearbeit des Gleichstromes $I^2 \cdot T$.

Somit kann man die beiden Gleichungen, die zum selben Ergebnis führen, gleichsetzen

$$I^2 \cdot T = \frac{\hat{\imath}^2}{2} \cdot T\,; \qquad I^2 = \frac{\hat{\imath}^2}{2}$$

Durch Wurzelziehen erhält man den Effektivwert oder quadratischen Mittelwert

Effektivstrom

$$I_{\mathrm{eff}} = I = \frac{\hat{\imath}}{\sqrt{2}} = 0{,}707 \cdot \hat{\imath}$$

$U, I, U_{\mathrm{eff}}, I_{\mathrm{eff}}$	Effektivwerte
$\hat{u}, \hat{\imath}$	Scheitelwerte

Entsprechend gilt für die Spannung:

Effektivspannung

$$U_{\mathrm{eff}} = U = \frac{\hat{u}}{\sqrt{2}} = 0{,}707 \cdot \hat{u}$$

Effektivwerte werden wie Gleichstromwerte durch Großbuchstaben bezeichnet, eventuell zusätzlich durch den Index «eff».
Durch Auflösen der Gleichungen nach $\hat{\imath}$ und $\hat{u}$ erhält man die Scheitelwerte

Scheitelwerte

$$\hat{\imath} = \sqrt{2} \cdot I = 1{,}414 \cdot I$$

$$\hat{u} = \sqrt{2} \cdot U = 1{,}414 \cdot U$$

$\hat{u}$, $\hat{\imath}$ Scheitelwerte

U, I Effektivwerte

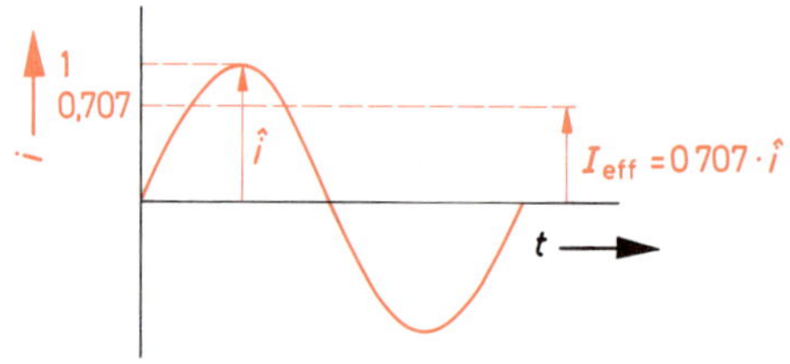

Bild 8.15
Scheitelwert und Effektivwert bei einem sinusförmigen Wechselstrom

Beispiel:
Welche Scheitelspannung weist die Wechselspannung mit dem Effektivwert 230 V auf?

Lösung: $\hat{u} = \sqrt{2} \cdot U$; $\quad \underline{\hat{u}} = 1{,}414 \cdot 230\text{ V} = \underline{325\text{ V}}$

8.1.3.6 Grafische Darstellung von Wechselspannungen und Wechselströmen

Der zeitliche Verlauf von sinusförmigen Wechselspannungen und -strömen wird nicht nur durch *Linienbilder* veranschaulicht, vielmehr kann man ihn *«symbolisch»* auch durch Zeiger im *Zeigerbild* darstellen.
Aus der Trigonometrie ist bekannt, daß sich eine Sinuskurve nach Bild 8.16 aus der Drehung eines Radius des Einheitskreises konstruieren läßt. Umgekehrt kann man sich jede Sinuskurve aus der Rotation eines solchen Strahles, den man in der Elektrotechnik *Zeiger* nennt, entstanden denken.

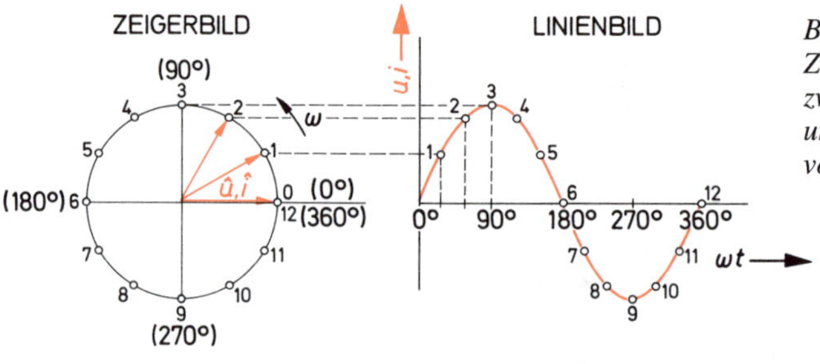

Bild 8.16
Zusammenhang zwischen Zeiger- und Linienbilder von Wechselgrößen

Folgende Vereinbarungen sind bei Zeigerdarstellungen zu beachten:
Die Zeigerlänge entspricht dem *Scheitelwert.* Die Zeiger drehen sich gleichmäßig mit der *Kreisfrequenz* entgegen dem Uhrzeigersinn. Die Ausgangslage eines Zeigers ist die Richtung der Zeitachse. Alle Werte, die sich für die Zeigerstellung von 0 bis 180° ergeben, sind positiv, von 180 bis 360° negativ.
Die *Augenblickswerte* der Spannung oder der Stromstärke für eine beliebige Zeigerstellung lassen sich ermitteln, indem man von der Zeigerspitze aus das Lot auf die durch den Kreismittelpunkt gehende waagerechte Achse fällt. Die Lotlänge entspricht dem jeweiligen Augenblickswert (Bild 8.17).

Bild 8.17
Zeichnerische Ermittlung der Augenblickswerte von Wechselgrößen

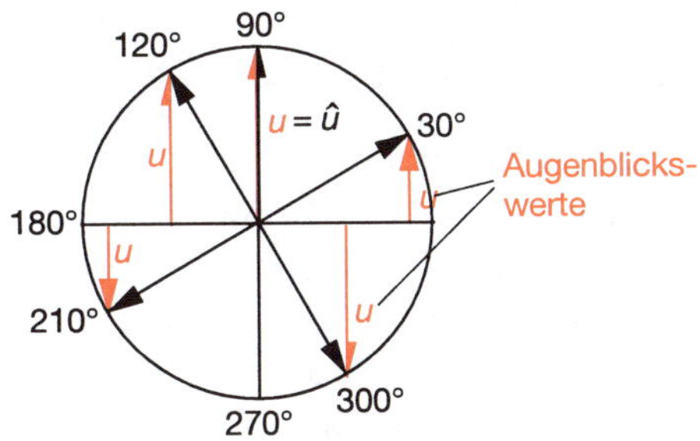

Rechnerisch läßt sich das Lot, d. h. der Augenblickswert der Sinuskurve, bestimmen:

Augenblickswert $u = \hat{u} \cdot \sin \alpha$

u	Augenblickswert
$\hat{u}$	Scheitelwert
$\sin \alpha$	Sinus des Winkels α

wobei α (sprich: alpha) der jeweilige Winkel der Zeigerstellung ist.

8.1.3.7 Phasenverschiebung

Erreichen zwei Wechselgrößen gleicher Frequenz zu verschiedenen Zeiten ihre *Nullwerte* und zu verschiedenen Zeiten ihre *Scheitelwerte,* so sind die Wechselgrößen *phasenverschoben* (zeitlich verschoben).
Die Größe der Phasenverschiebung wird durch den *Phasenverschiebungswinkel* φ (sprich: phi) angegeben.

Bild 8.18
Darstellung im Zeiger- und Linienbild von zwei gegeneinander phasenverschobenen Spannungen

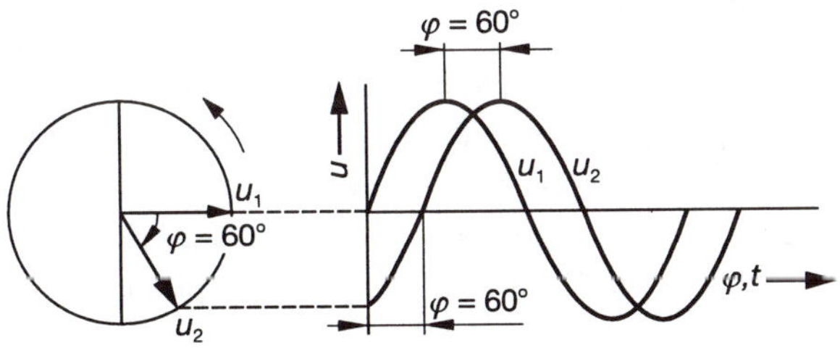

Aus dem Zeigerbild ist zu ersehen, daß der Spannungszeiger $\underline{u}_2$ hinter dem Spannungszeiger $\underline{u}_1$ und dem Winkel $\varphi = 60\,^\circ$ verschoben hergeführt wird.
Die Spannung u_2 eilt der Spannung u_1 um $\varphi = 60^o$ nach.
Das Zeigerbild stellt gewissermaßen eine Momentaufnahme der sich drehenden Zeiger dar.
Aus dem Linienbild ist zu erkennen, daß die Spannung u_2 erst nach der Spannung u_1 den Nullwert und auch den Scheitelwert erreicht, daß also die Spannung u_2 der Spannung u_1 um den Winkel φ nacheilt.

8.1.4 Lernziel-Test

Verständnisfragen

1. Was versteht man unter Wechselstrom?
2. Welche spezielle Form des Wechselstromes verwendet man in der Elektrotechnik?
3. Wie wird technisch Wechselspannung erzeugt?
4. Was versteht man unter Scheitelwert und Augenblickswert einer Wechselspannung?
5. Wie ist der Zusammenhang von Frequenz und Periodendauer?
6. Wie ist der Zusammenhang von Frequenz und Kreisfrequenz?
7. Was versteht man unter dem Effektivwert eines Wechselstromes?
8. Was versteht man unter dem Gleichrichtwert eines Wechselstromes?
9. Welchen Scheitelwert hat ein Wechselstrom $I = 1$ A?
10. Welchen Effektivwert besitzt eine Wechselspannung mit dem Scheitelwert $\hat{u} =$ 100 V?
11. Was versteht man unter Linienbilder und Zeigerbilder einer Wechselgröße?
12. Wie erhält man aus einem Zeigerbild die Momentanwerte einer sinusförmigen Wechselspannung?
13. Was versteht man unter Phasenverschiebung?

Rechen- und Zeichenaufgaben

1. Welche Periodendauer haben die Wechselströme mit
   a) $f = 60$ Hz; b) $f = 1$ kHz; c) $f = 5$ MHz?
2. Welche Kreisfrequenz haben die Wechselströme mit
   a) $f = 60$ Hz; b) $f = 500$ Hz?
3. Welche Scheitelwerte ergeben sich zu folgenden Effektivwerten:
   a) $U = 110$ V; b) $U = 400$ V; c) $I = 2{,}5$ A?
4. Für einen Kondensator ist als Höchstwert der Spannung 350 V angegeben. Welche Wechselspannung (Effektivwert) kann man an den Kondensator anlegen?
5. Skizzieren Sie eine sinusförmige Wechselspannung!
6. Skizzieren Sie in einem Zeiger- und Linienbild zwei um 90° gegeneinander phasenverschobene Spannungen!

8.2 Wechselstromwiderstände

8.2.1 Ohmscher Widerstand an Wechselspannung (Wirkwiderstand)

Versuch:
Ein ohmscher Widerstand (Glühlampe 230 V/60 W) wird über einen Strommesser an eine Gleichspannung $U_- = 230$ V gelegt. Eine gleichartige Glühlampe wird gleichzeitig über einen Strommesser an eine Wechselspannung $U_\sim = 230$ V, $f = 50$ Hz angeschlossen.

Beachte: Die beiden Glühlampen leuchten gleich hell und nehmen den gleichen Strom auf, haben also bei Gleich- und Wechselspannung den gleichen Widerstand und die gleiche Wirkung.

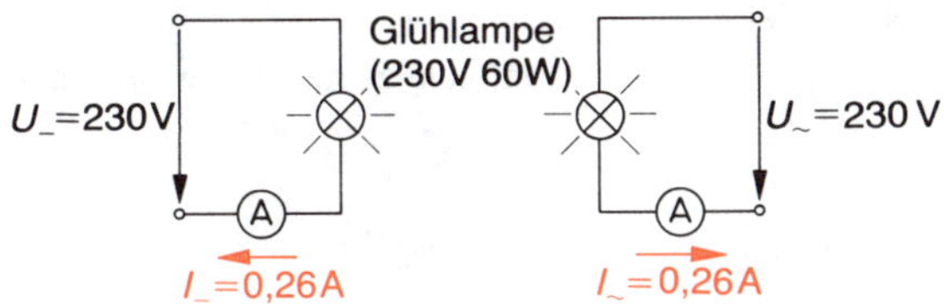

Bild 8.19
Verhalten von Glühlampen an Gleich- und Wechselspannung

Einen Widerstand, der im Wechselstromkreis die gleiche Wirkung hat wie im Gleichstromkreis, nennt man einen *Wirkwiderstand R* oder *ohmschen Widerstand R.*

Er zeigt eine *Wirkung,* d. h., er formt elektrische Energie in eine andere (Wärme, Licht oder mechanische) um.

Versuch:
Strom- und Spannungsverlauf eines Wechselstromkreises mit Wirkwiderstand wird im Oszilloskop sichtbar gemacht.

Dabei stellt man fest, daß die sinusförmige Spannung einen sinusförmigen Strom zur Folge hat und die Nulldurchgänge sowie auch Scheitelwerte von Spannung und Strom zeitlich genau zusammenliegen.

Am Wirkwiderstand sind Strom und Spannung in Phase.

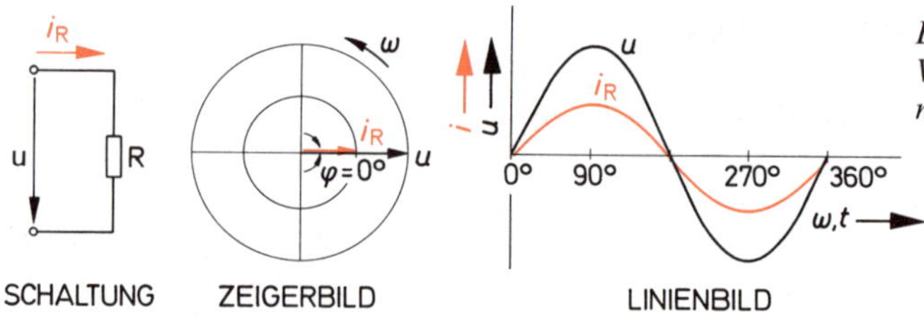

Bild 8.20 Wechselstromkreis mit Wirkwiderstand

Phasenverschiebung $\varphi = 0^\circ$

Aus den Effektivwerten von Spannung und Strom läßt sich mit Hilfe des Ohmschen Gesetzes der Wirkwiderstand bestimmen.

Im Wechselstromkreis mit Wirkwiderstand gilt das Ohmsche Gesetz.

Wirkwiderstand $R = \frac{U_R}{I_R}$

Beispiel:
Ein Heizgerät, das an 230 V Wechselspannung betrieben wird, nimmt 2 A auf.
Wie groß ist der Widerstandswert (Wirkwiderstand) des Heizgerätes?

gegeben: $U = 230\ \text{V}$; $I = 2\ \text{A}$

gesucht: R

Lösung: $R = \frac{U}{I}$; $\underline{R} = \frac{230\ \text{V}}{2\ \text{A}} = \underline{\underline{115\ \Omega}}$

8.2.2 Spule an Wechselspannung (induktiver Blindwiderstand und Wirkwiderstand)

Versuch:
Eine Spule mit einem *Drahtwiderstand* $R = 50\ \Omega$ wird über einen Strommesser an 230 V Gleichspannung gelegt. Eine gleichartige Spule wird über einen Strommesser an 230 V Wechselspannung mit 50 Hz angeschlossen.

Beachte: Die Spule setzt dem Wechselstrom einen größeren Widerstand entgegen als dem Gleichstrom.

Bild 8.21
Verhalten von Spulen an Gleich- und Wechselspannung

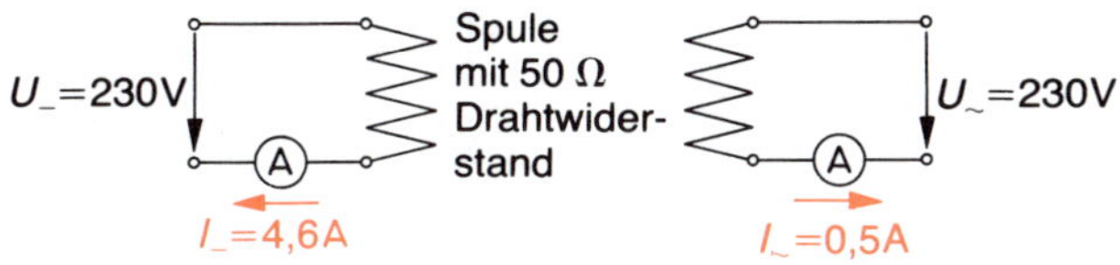

> Bei der Spule im Wechselstromkreis kommt zum *ohmschen Widerstand* (Drahtwiderstand) noch ein weiterer Widerstand hinzu, der sogenannte *induktive Blindwiderstand* X_L.

Der induktive Blindwiderstand entsteht, weil der Wechselstrom in Spulen eine Selbstinduktionsspannung hervorruft. Diese Selbstinduktionsspannung wirkt der angelegten Spannung entgegen und setzt dadurch die wirksame Spannung und damit den Strom herab. Das bedeutet, daß ein zusätzlicher Widerstand entstanden ist.

> Der induktive Blindwiderstand entsteht durch Selbstinduktion.

Der Wechselstrom baut in der Spule im Rhythmus der Frequenz fortwährend ein magnetisches Feld auf und ab. Dabei nimmt die Spule Energie aus dem Netz auf, speichert diese kurzzeitig im Magnetfeld und gibt sie wieder ins Netz zurück. Die Energie wird «blind» ohne sichtbare Wirkung hin und her geschoben. Aus diesem Grund nennt man diese Energie *Blindenergie* und die Widerstände, die das verursachen, *Blindwiderstände.* In diesem Fall *induktiver Blindwiderstand.*

8.2.2.1 Ideale Spule (rein induktiver Blindwiderstand)

> Versuch:
> Strom-und Spannungsverlauf eines Wechselstromkreises mit *rein induktivem Widerstand (ideale Spule)* werden mit Hilfe eines Oszilloskopen sichtbar gemacht.

Es kommt eine Spule zur Anwendung, die aus so dickem Draht gewickelt ist, daß ihr Drahtwiderstand gegenüber dem induktiven Widerstand vernachlässigt werden kann.

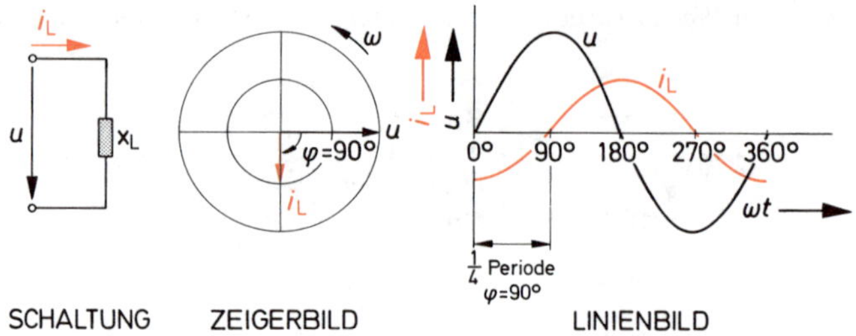

Bild 8.22 Wechselstromkreis mit rein induktivem Widerstand (ideale Spule)

Beachte: Sinusförmige Wechselspannung verursacht sinusförmigen Wechselstrom. Strom und Spannung sind in ihren Nulldurchgängen zeitlich verschoben.

> Am induktiven Blindwiderstand (ideale Spule) eilt der Strom der angelegten Spannung um 90° (¼ Periode) nach.

Phasenverschiebung $\varphi = 90°$

Der Grund der Phasenverschiebung liegt in der Selbstinduktionswirkung der Spule. Da die Selbstinduktionsspannung der angelegten Spannung entgegenwirkt, kommt der Strom nur verzögert in Fluß.
Auch im rein induktiven Stromkreis läßt sich der induktive Blindwiderstand mit Hilfe des Ohmschen Gesetzes aus den Effektivwerten von Spannung und Strom bestimmen.

Induktiver Blindwiderstand $X_L = \frac{U_L}{I_L}$

Beispiel:
Eine Spule mit dem induktiven Blindwiderstand $X_L = 25\ \Omega$ wird von dem Wechselstrom $I_L = 1{,}5$ A durchflossen.
Welcher Spannungsfall tritt an dem induktiven Blindwiderstand auf?

gegeben: $X_L = 25\ \Omega$; $I_L = 1{,}5$ A

gesucht: U_L

Lösung: $X_L = \frac{U_L}{I_L}$; $U_L = X_L \cdot I_L$; $\underline{U_L} = 25\ \Omega \cdot 1{,}5\ \text{A} = \underline{37{,}5\ \text{V}}$

Versuch:
Eine Spule mit geringem Drahtwiderstand wird über einen Strommesser an eine Wechselspannung angeschlossen.

Aus den Effektivwerten von Strom und Spannung soll mit $X_L = \frac{U_L}{I_L}$ jeweils der induktive Widerstand bestimmt werden bei

a) Spule ohne Eisenkern
b) Spule mit Stabkern
c) Spule mit U-Kern
d) Spule mit geschlossenem Kern

e) 10 Hz
f) 20 Hz
g) 50 Hz

Die Auswertung der sich ergebenden Meßwerte zeigt:
Der induktive Widerstand steigt mit zunehmender Verbesserung des magnetischen Widerstandes durch Eisen, d. h. also praktisch mit zunehmender Verbesserung der Induktivität (siehe Abschnitt 6.5.5) und weiterhin mit zunehmender Frequenz.

Der induktive Widerstand einer Spule ist um so größer, je größer die Induktivität der Spule, je höher die Frequenz ist.

Induktiver Blindwiderstand

$$X_L = 2 \cdot \pi \cdot f \cdot L$$

X_L induktiver Blindwiderstand in Ω
f Frequenz in Hz
L Induktivität in H

Da $\omega = 2 \cdot \pi \cdot f$ ist, kann man schreiben

$$X_L = \omega \cdot L$$

ω Kreisfrequenz in $\frac{1}{s}$

Durch die größere Induktivität wird die Spule wirksamer, d. h., in der Spule wird eine größere Selbstinduktionsspannung induziert, die der angelegten Spannung entgegenwirkt. Das führt zu einer Stromverringerung und damit Widerstandserhöhung.
Die höhere Frequenz des Wechselstromes ist gleichbedeutend mit schnellerer Änderung des Stromes und damit wiederum größerer Selbstinduktionsspannung.

Beispiele:
1. Eine ideale Spule mit der Induktivität $L = 100$ mH wird an der Wechselspannung $U = 230$ V, $f = 50$ Hz betrieben.

a) Wie groß ist der induktive Blindwiderstand?
b) Welcher Strom stellt sich ein?

gegeben: $L = 100\ \mathrm{mH}$; $U = 230\ \mathrm{V}$; $f = 50\ \mathrm{Hz}$

gesucht: X_L, I_L

Lösung: a) $X_L = \omega \cdot L$; $\underline{X_L} = 314 \frac{1}{s} \cdot 0{,}1 \frac{Vs}{A} = \underline{31{,}4\ \Omega}$

$\omega = 2 \cdot \pi \cdot f$; $= 2 \cdot 3{,}14 \cdot 50 \frac{1}{s} = 314 \frac{1}{s}$

b) $X_L = \frac{U_L}{I_L}$; $I_L = \frac{U_L}{X_L}$; $\underline{I_L} = \frac{230\ \mathrm{V}}{31{,}4\ \Omega} = \underline{7{,}32\ \mathrm{A}}$

2. Bei welcher Frequenz erreicht eine ideale Spule mit $L = 1\ \mathrm{H}$ den induktiven Blindwiderstand $628\ \Omega$?

gegeben: $L = 1\ \mathrm{H}$; $X_L = 628\ \Omega$

gesucht: f

Lösung: $X_L = 2 \cdot \pi \cdot f \cdot L$; $f = \frac{X_L}{2 \cdot \pi \cdot L}$

$\underline{f} = \frac{628\ \Omega \cdot A}{2 \cdot 3{,}14 \cdot 1\ Vs} = \underline{100\ \mathrm{Hz}}$

8.2.3 Scheinwiderstand

Der gesamte Widerstand einer Spule bei Wechselstrom setzt sich zusammen aus dem *Wirkwiderstand* (Drahtwiderstand) und dem *induktiven Blindwiderstand.* Man nennt ihn *Scheinwiderstand Z* oder Impedanz.
Der Scheinwiderstand läßt sich mit Hilfe des Ohmschen Gesetzes aus den Effektivwerten (Meßwerten) von Gesamt-Wechselspannung und Gesamt-Wechselstrom ermitteln.

Scheinwiderstand $$Z = \frac{U}{I}$$

Stellt man diese Gleichung um nach I, so erhält man das sogenannte *Ohmsche Gesetz für den Wechselstromkreis.*

$$I = \frac{U}{Z}$$

Mit Hilfe dieses Gesetzes lassen sich in jedem Wechselstromkreis Gesamtstrom, Gesamtspannung oder Gesamtwiderstand (Scheinwiderstand) bestimmen.
Die rechnerische Bestimmung des Scheinwiderstandes mit Hilfe des Wirkwiderstandes und des induktiven Blindwiderstandes ist nicht ganz einfach. Nähere Erläuterungen über den Scheinwiderstand erfolgen in Abschnitt 8.3.

Beispiel:
Eine Spule mit Wirk- und Blindwiderstand nimmt an 230 V Wechselspannung den Strom $I = 0{,}5$ A auf.
Wie groß ist der Scheinwiderstand der Spule?

gegeben: $U = 230$ V ; $I = 0{,}5$ A

gesucht: Z

Lösung: $Z = \frac{U}{I}$; $\underline{Z} = \frac{230\ \text{V}}{0{,}5\ \text{A}} = \underline{\underline{460\ \Omega}}$

8.2.4 Kondensator an Wechselspannung (kapazitiver Blindwiderstand)

Bild 8.23 Verhalten von Kondensatoren an Gleich- und Wechselspannung

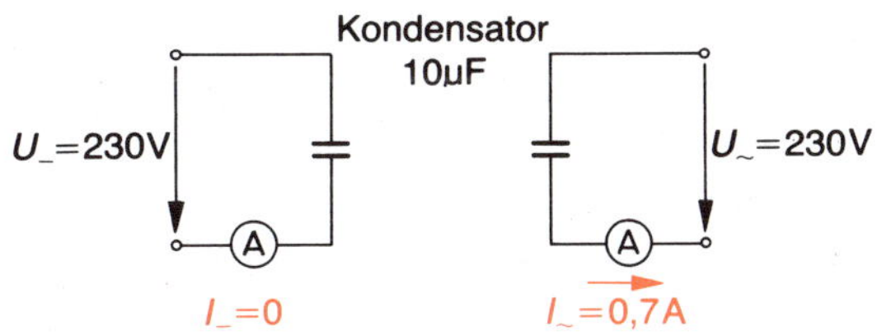

Versuch:
Ein Kondensator mit 10 µF Kapazität wird über einen Strommesser an 230 V Gleichspannung geschaltet. Ein gleichartiger Kondensator wird an 230 V Wechselspannung angeschlossen.

Wie in Abschnitt 7.2.1 schon festgestellt, sperrt der Kondensator den Gleichstrom (Ausnahme ist der kurze Ladestromstoß). Der Widerstand des Kondensators im Gleichstromkreis ist unendlich groß.
Im Wechselstromkreis stellt der Kondensator keine Stromunterbrechung dar, er läßt «scheinbar» Strom durch, er wirkt wie ein Widerstand.

Ein Kondensator verhält sich im Wechselstromkreis wie ein Widerstand, den man als *kapazitiven Blindwiderstand* X_C bezeichnet.

An Wechselspannung wird der Kondensator bei jedem Polwechsel umgeladen (geladen und entladen). Im Stromkreis pendelt daher dauernd der Ladestrom hin und her. Der Kondensator wirkt bei Wechselspannung als Widerstand, weil seine Zuleitungen von einem Dauerstrom durchflossen werden.
Auch der kapazitive Widerstand wird als *Blindwiderstand* bezeichnet, weil der Kondensator bei der Ladung Energie *(Blindenergie)* aufnimmt, diese kurzzeitig im elektrischen Feld speichert und bei der Entladung wieder ans Netz abgibt, die Energie also «blind» ohne sichtbare Wirkung hin und her schiebt.

Versuch:
Strom- und Spannungsverlauf eines Wechselstromkreises mit kapazitivem Blindwiderstand werden mit Hilfe eines Oszilloskopen sichtbar gemacht.

Beachte: Die sinusförmige Wechselspannung hat einen sinusförmigen Wechselstrom zur Folge. Strom und Spannung sind aber in ihren Nulldurchgängen zeitlich verschoben.

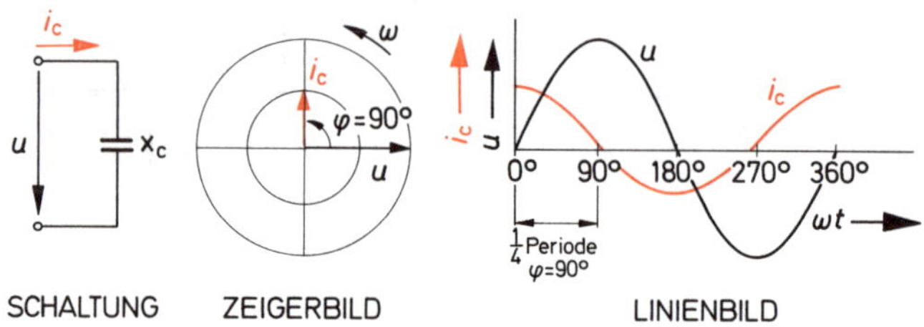

Bild 8.24 Wechselstromkreis mit rein kapazitivem Widerstand

Am kapazitiven Blindwiderstand (idealer Kondensator) eilt der Strom der angelegten Spannung um 90° (¼ Periode) vor.

Phasenverschiebung $\varphi = 90°$

Ein Kondensator erzeugt im Wechselstromkreis eine entgegengesetzte Phasenverschiebung wie eine Spule.

Die Phasenverschiebung zwischen Strom und Spannung läßt sich folgendermaßen begründen:
Legt man an einen Kondensator eine *Gleichspannung,* so fließt kurzzeitig ein Strom (Ladestrom). Durch Änderung der Spannung, z. B. Spannungserhöhung, kann wiederum ein kurzzeitiger Ladestrom verursacht werden.
Spannungserniedrigung hat ebenfalls einen Strom, aber in entgegengesetzter Richtung (Entladestrom) zur Folge.
Im Prinzip fließt also nur dann ein Strom, wenn sich die angelegte Spannung ändert.
Geht man nur von einer *Wechselspannung* aus, so stellt man fest, daß diese sich fortwährend ändert. Solange die Spannung ansteigt, fließt ein Ladestrom, sobald sie abfällt, ein Entladestrom (entgegengesetzte Richtung).
Der Strom hat dann seinen Scheitelwert erreicht, wenn sich die Spannung am stärksten ändert; das ist beim Nulldurchgang der Spannung der Fall.
Der Strom ist dann Null, wenn sich die angelegte Spannung nicht ändert; das tritt beim Scheitelwert der Spannung ein.
Es liegen also zeitgleich:

$$u = 0 \text{ und } i = \hat{\imath}$$

$$u = \hat{u} \text{ und } i = 0$$

Der kapazitive Blindwiderstand läßt sich ebenfalls mit Hilfe des Ohmschen Gesetzes aus den Effektivwerten der angelegten Spannung und dem Strom bestimmen:
kapazitiver Blindwiderstand

kapazitiver Blindwiderstand

$$X_C = \frac{U_C}{I_C}$$

Beispiel:
Ein Kondensator mit dem kapazitiven Blindwiderstand $X_C = 500\ \Omega$ liegt an der Wechselspannung $U = 400$ V.
Welcher Strom kommt zum Fließen?

gegeben: $X_C = 500\ \Omega$; $U_C = 400$ V

gesucht: I_C

Lösung: $X_C = \frac{U_C}{I_C}$

$$I_C = \frac{U_C}{X_C} \qquad \underline{I_C} = \frac{400\text{ V}}{500\ \Omega} = \underline{\underline{0{,}8\text{ A}}}$$

Versuch:
Ein Kondensator wird über einen Strommesser an eine Wechselspannung angeschlossen.

Versuch

Aus den Effektivwerten von Strom und Spannung soll mit $X_C = \frac{U_C}{I_C}$

jeweils der kapazitive Widerstand bestimmt werden bei

a) Kondensator mit 2 µF	d) 50 Hz
b) Kondensator mit 4 µF	e) 100 Hz
c) Kondensator mit 6 µF	f) 1000 Hz

Die Auswertung der sich ergebenden Meßwerte zeigt:
Der kapazitive Widerstand nimmt mit zunehmender Kapazität und Frequenz ab.

Der kapazitive Widerstand eines Kondensators ist um so kleiner, je größer die Kapazität des Kondensators, je größer die Frequenz ist.

kapazitiver Blindwiderstand

$$X_C = \frac{1}{2 \cdot \pi \cdot f \cdot C}$$

X_C kapazitiver Blindwiderstand in Ω
f Frequenz in Hz

$$X_C = \frac{1}{\omega \cdot C}$$

ω Kreisfrequenz in $\frac{1}{\mathrm{s}}$
C Kapazität in F

Je größer die Kapazität (das Fassungsvermögen des Kondensators) ist, um so leichter ist es, ihn bei einer bestimmten Spannung aufzuladen, d. h., um so größer ist der Strom und damit um so kleiner der Widerstand.
Höhere Frequenz ist gleichbedeutend mit schnellerer Spannungsänderung und größerem Lade- bzw. Entladestrom. Größerer Strom bedeutet aber geringerer Widerstand.

Beispiele:
1. Ein Kondensator mit der Kapazität C = 5 µF wird an einer Wechselspannung U = 110 V; f = 50 Hz betrieben.
   Wie groß sind
   a) kapazitiver Blindwiderstand
   b) Stromaufnahme des Kondensators?

gegeben: $C = 5\ \mu F$; $U = 110\ V$; $f = 50\ Hz$

gesucht: X_C, I_C

Lösung: a) $X_C = \frac{1}{2 \cdot \pi \cdot f \cdot C}$

$$X_C = \frac{1\ V}{2 \cdot 3{,}14 \cdot 50 \frac{1}{s} \cdot 5 \cdot 10^{-6}\ As} = \frac{10^6\ V}{314 \cdot 5\ A}$$

$$\underline{X_C} = 0{,}636 \cdot 10^3\ \Omega = \underline{636\ \Omega}$$

b) $X_C = \frac{U_c}{I_c}$; $I_C = \frac{U_c}{X_c}$ $\underline{I_C} = \frac{110\ V}{636\ \Omega} = \underline{0{,}173\ A}$

2. Welche Kapazität muß ein Kondensator haben, damit er bei $f = 50$ Hz den kapazitiven Widerstand $X_C = 398\ \Omega$ aufweist?

gegeben: $f = 50\ Hz$; $X_C = 398\ V$

gesucht: C

Lösung: $X_C = \frac{1}{2 \cdot \pi \cdot f \cdot C}$; $C = \frac{1}{2 \cdot \pi \cdot f \cdot X_C}$

$$\underline{C} = \frac{1}{2 \cdot 3{,}14 \cdot 50 \frac{1}{s} 398\ \Omega} = \frac{1\ As}{314 \cdot 398\ V} = \frac{1}{0{,}125 \cdot 10^6} F$$

$$= 8 \cdot 10^{-6}\ F = \underline{8\ \mu F}$$

8.2.5 Frequenzabhängigkeit der Wechselstromwiderstände

8.2.5.1 Wirkwiderstand

Wirkwiderstände haben von 0 bis ca. 1000 Hz gleichbleibende Werte. Über 1000 Hz steigt der Widerstand an. Die Ursache liegt in dem sogenannten *Skin-Effekt,* auch *Haut-Effekt* genannt, bei dem durch Wirbelströme im Innern des Leiters eine Stromveränderung des Wechselstromes zum Leiterrand und damit durch die Querschnittsverkleinerung eine Widerstandszunahme stattfindet.

8.2.5.2 Induktiver Blindwiderstand

Der induktive Blindwiderstand nimmt im gleichen Verhältnis zu wie die Frequenz der angelegten Wechselspannung.

$$X_L = 2 \cdot \pi \cdot f \cdot L$$

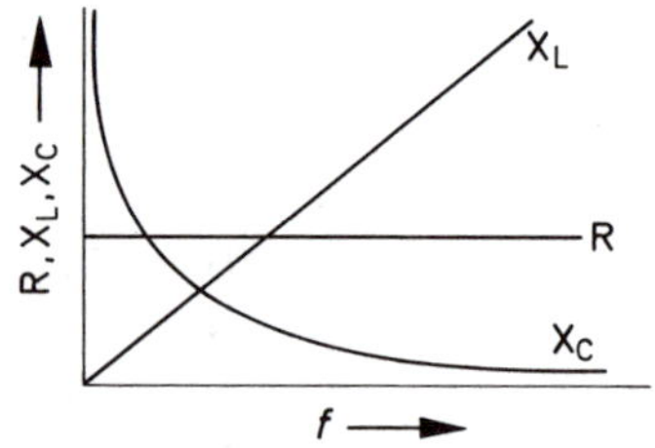

Bild 8.25 Abhängigkeit der Wechselstromwiderstände von der Frequenz

8.2.5.3 Kapazitiver Blindwiderstand

Der kapazitive Blindwiderstand nimmt im umgekehrten Verhältnis zu wie die Frequenz.

$$X_C = \frac{1}{2 \cdot \pi \cdot f \cdot C}$$

8.2.6 Lernziel-Test

Verständnisfragen

1. Was versteht man unter einem Wirkwiderstand?
2. Warum ist der Widerstand einer Spule bei Wechselstrom größer als bei Gleichstrom?
3. Was versteht man unter einem Blindwiderstand?
4. Wovon hängt der induktive Blindwiderstand ab?
5. Wie heißt das Ohmsche Gesetz für den Wechselstromkreis?
6. Kondensatoren lassen «scheinbar» Wechselstrom durch.
   Wie läßt sich das erklären?
7. Wovon hängt der kapazitive Blindwiderstand ab?
8. Wie verändern sich
   a) ein Wirkwiderstand,
   b) ein induktiver Blindwiderstand,
   c) ein kapazitiver Blindwiderstand,
   wenn die Frequenz der angelegten Spannung erhöht wird?

9. Welche Phasenverschiebung verursacht
   a) ein ohmscher Widerstand,
   b) ein induktiver Blindwiderstand,
   c) ein kapazitiver Blindwiderstand
   im Idealfall?

Rechenaufgaben

1. Welche Stromstärke nimmt eine Glühlampe an 230 V Wechselspannung auf, die im Betriebszustand einen Widerstand von 500 Ω besitzt?
2. Welchen Scheinwiderstand besitzt eine Schaltung aus ohmschen Widerständen und Kondensatoren, wenn sich beim Anschluß an eine Wechselspannung von 110 V eine Stromstärke von 25 mA einstellt?
3. Welche Spannung fällt an einer Drosselspule mit 100 Ω Scheinwiderstand bei einem Strom von 0,7 A ab?
4. Welche Induktivität besitzt eine Spule, die bei der Frequenz 60 Hz den induktiven Blindwiderstand 85 Ω aufweist?
5. Die Induktivität einer Spule kann von 10 mH bis 100 mH verändert werden. Welche Widerstandswerte nimmt die Spule bei 500 Hz an?
6. Wie groß ist der Blindwiderstand eines Kondensators von 50 nF bei 100 Hz?
7. Ein Kondensator soll für die Frequenz 10 kHz einen Widerstand von 25 Ω aufweisen. Wie groß muß seine Kapazität sein?

8.3 Schaltung von Wechselstromwiderständen

8.3.1 Reihenschaltung von Wirkwiderstand und induktivem Blindwiderstand (Spule)

Die Reihenschaltung eines Wirkwiderstands und eines induktiven Blindwiderstandes stellt das *Ersatzschaltbild für* eine *Spule* dar.

Bei der weiteren Betrachtung der Reihenschaltung werden nur die Effektivwerte von Strom und Spannung verwendet.

Bild 8.26
Ersatzschaltbild für eine Spule

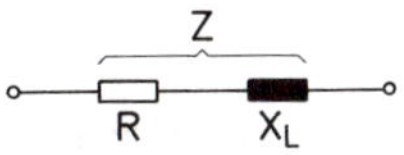

Bild 8.27
Reihenschaltung von R und X_L

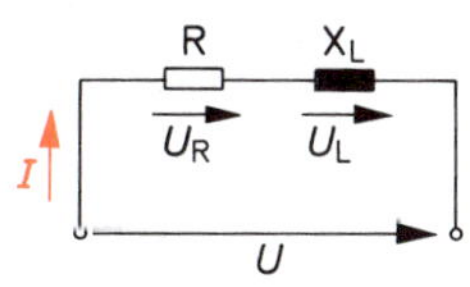

Durch die beiden Widerstände fließt der gleiche Strom *I* (Effektivwert). Der Strom verursacht hierbei den *Wirkspannungsfall* U_R am *Wirkwiderstand R* und den *Blindspannungsfall* U_L am Blindwiderstand X_L.
Die Spannung U_R wirkt in der gleichen Richtung, in der der Strom den Widerstand *R* durchfließt. Die Spannung U_R liegt also in Phase mit dem Strom *I*.
Im Blindwiderstand eilt der Strom *I* der Spannung U_L um 90° nach bzw. die Spannung dem Strom um 90° vor.

8.3.1.1 Zeigerbild

Zur Vereinfachung werden für Strom- und Spannungszeiger die Effektivwerte verwendet. Vor der Konstruktion von Zeigerbildern legt man zweckmäßigerweise die Maßstäbe für Strom und Spannung fest.
Ausgangspunkt für das Entwerfen von Zeigerbildern ist die elektrische Größe, die für die Widerstände gemeinsam, d. h. gleich ist. Da alle weiteren Zeiger darauf bezogen werden, bezeichnet man diese Größe als *Bezugszeiger.*

> Bei Reihenschaltungen ist der Strom Bezugszeiger, da er für die Widerstände gemeinsam ist.

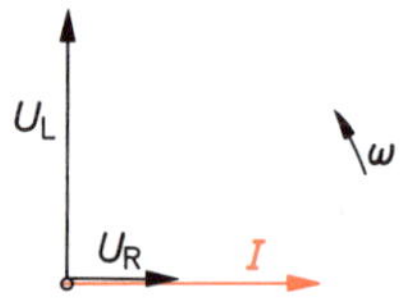

Bild 8.28
Zeigerbild für die Reihenschaltung von R und X_L

Der Bezugszeiger, hier der Strom *I*, wird in die waagerechte Bezugsachse gelegt. Der Spannungszeiger U_R (Wirkspannung) fällt in die Richtung des Stromzeigers *I,* der Spannungszeiger U_L (Blindspannung) steht senkrecht auf dem Stromzeiger *I* und zeigt nach oben (voreilend gegenüber Strom *I*).

> Im Zeigerbild stehen Wirkwerte und Blindwerte immer senkrecht aufeinander.

Aus dem Zeigerbild ist ersichtlich, daß sich die angelegte Gesamtspannung *U* nicht mehr durch reine Addition der Spannungswerte, sondern durch *geometrische Addition* bestimmen läßt. Eine normale (algebraische) Addition der beiden Spannungswerte würde zu falschen Ergebnissen führen.

> Wechselstromgrößen werden geometrisch addiert.

Bild 8.29
Geometrische Addition der Spannungen

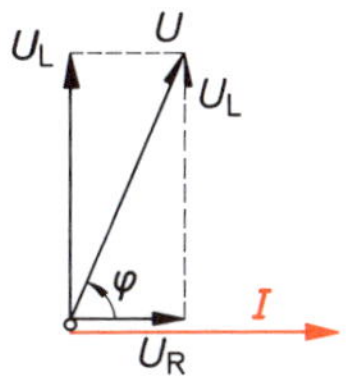

Zu diesem Zweck bildet man das entsprechende Parallelogramm. Die sich ergebende Diagonale (Resultierende) stellt die geometrische Summe dar, aus der Größe und Richtung zu entnehmen sind.
Die geometrische Addition der Zeiger U_R und U_L führt zur Gesamtspannung U (angelegte Spannung).

Die Zeigerlänge gibt dabei den Betrag der Spannung U an, die Zeigerlage den Phasenverschiebungswinkel zwischen der angelegten Spannung U und dem Strom I.

> Der Strom eilt der Spannung um einen Phasenverschiebungswinkel zwischen 0 und 90° nach.

Bild 8.30
Zusammenhang zwischen Zeigerbild und Spannungsdreieck

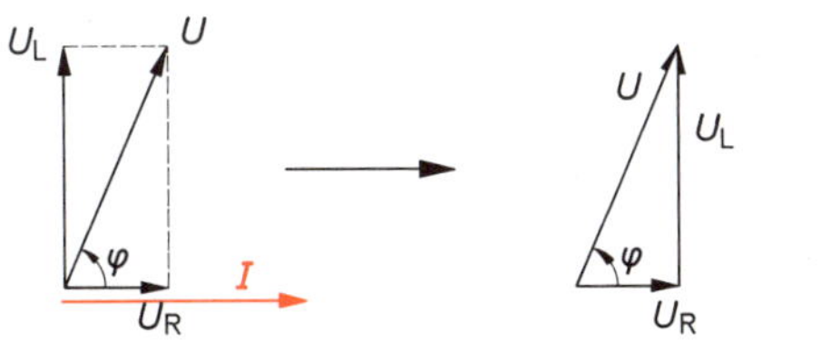

8.3.1.2 *Spannungsdreieck*

Im Zeigerbild für die Reihenschaltung drehen sich die drei Spannungen gleichmäßig um einen gemeinsamen Drehpunkt. Die Lage der drei Spannungen zueinander bleibt also immer erhalten. Zur weiteren Vereinfachung können die drei Spannungen zu einem *Spannungsdreieck* zusammengefaßt werden, indem man die Blindspannung U_L parallel zu sich selbst an die Pfeilspitze der Wirkspannung U_R verschiebt.
Der Zeiger U bleibt dadurch in Betrag und Richtung erhalten.
Da Wirk- und Blindwerte im Zeigerbild immer senkrecht aufeinander stehen, ist das Spannungsdreieck stets ein rechtwinkliges Dreieck.
Im rechtwinkligen Dreieck lassen sich nach dem *Lehrsatz des Pythagoras* die einzelnen Seiten (Hypotenuse und Katheten) einzeln ausrechnen.

Im Spannungsdreieck gilt:

$$U^2 = U_R^2 + U_L^2$$

Hieraus

Gesamtspannung $$U = \sqrt{U_R^2 + U_L^2}$$

Durch Umstellen der Ausgangsgleichung erhält man:

$$U_R^2 = U^2 - U_L^2$$

Wirkspannung $$U_R = \sqrt{U^2 - U_L^2}$$

Weiterhin gilt:

$$U_L^2 = U^2 - U_R^2$$

Blindspannung $$U_L = \sqrt{U^2 - U_R^2}$$

Eine weitere Möglichkeit zur rechnerischen Bestimmung der Dreieckseiten in einem rechtwinkligen Dreieck und damit der Spannungen bieten die *Winkelfunktionen.*

Es gilt: $\cos \varphi = \frac{U_R}{U}$ (sprich: Kosinus phi)

$\sin \varphi = \frac{U_L}{U}$ (sprich: Sinus phi)

Hieraus ergibt sich durch Umstellen

Wirkspannung $$U_R = U \cdot \cos \varphi$$

Blindspannung $$U_L = U \cdot \sin \varphi$$

8.3.1.3 Widerstandsdreieck

Dividiert man in einer Reihenschaltung aus Wirkwiderstand und induktivem Blindwiderstand die drei Spannungen durch den gemeinsamen Strom *I*, so erhält man:

Scheinwiderstand $Z = \frac{U}{I}$

Wirkwiderstand $R = \frac{U_R}{I}$

Induktiver Blindwiderstand $X_L = \frac{U_L}{I}$

Die drei Widerstände sind den zugehörigen Spannungen verhältnisgleich.
Dividiert man entsprechend alle Seiten des Spannungsdreiecks durch die Größe des Stromes I, so erhält man ein rechtwinkliges Dreieck, das *Widerstandsdreieck,* das dem Spannungsdreieck ähnlich ist.

Bild 8.31
Widerstandsdreieck

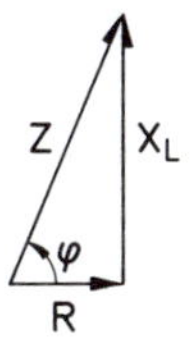

Die einzelnen Widerstände können auch hier nach dem Lehrsatz des Pythagoras bestimmt werden:

$$Z^2 = R^2 + X_L^2$$

Scheinwiderstand $Z = \sqrt{R^2 + X_L^2}$

Durch Formelumstellung:

Wirkwiderstand $R = \sqrt{Z^2 - X_L^2}$

Induktiver Blindwiderstand $X_L = \sqrt{Z^2 - R^2}$

Mit Hilfe der Winkelfunktionen ergibt sich

$$\cos \varphi = \frac{R}{Z}; \quad \sin \varphi = \frac{X_L}{Z}$$

Hieraus

Wirkwiderstand

$$R = Z \cdot \cos \varphi$$

Induktiver Blindwiderstand

$$X_L = Z \cdot \sin \varphi$$

Der *Scheinwiderstand* (Ersatzwiderstand) einer Reihenschaltung ergibt sich praktisch durch geometrische Addition der verschiedenen Teilwiderstände. Er kann zeichnerisch (maßstäblicher Aufbau des Widerstandsdreiecks) und rein rechnerisch (Lehrsatz des Pythagoras oder Winkelfunktionen) ermittelt werden.
Weiterhin besteht die Möglichkeit (siehe Abschnitt 8.2.3), den Scheinwiderstand aus Gesamtstrom und Gesamtspannung zu bestimmen.

Beispiele:

1. Wie groß ist der Scheinwiderstand einer Spule mit dem Wirkwiderstand 30 Ω und dem induktiven Blindwiderstand 90 Ω? (Zeichnerische und rechnerische Lösung)

gegeben: $R = 30\ \Omega$; $X_L = 90\ \Omega$

gesucht: Z

Mit Hilfe des Widerstandsdreiecks läßt sich zeichnerisch eine fehlende Seite bestimmen.

a) Zeichnerische Lösung
Als Maßstab wird festgelegt 20 Ω = 1 cm. Die sich ergebenden Längen stellen die beiden Seiten des Widerstandsdreiecks dar, die den rechten Winkel einschließen. Durch Verbinden des Ausgangspunktes und des Endpunktes erhält man den Scheinwiderstand Z.

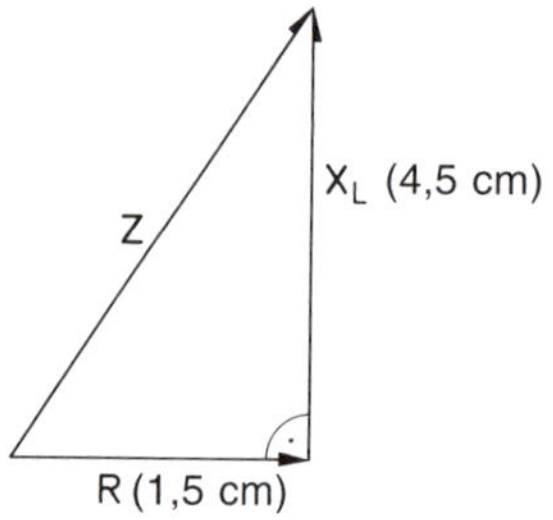

Bild 8.32
Widerstandsdreieck (zeichnerische Lösung)

gemessen: $Z = 4{,}75$ cm, das entspricht $Z = \underline{95\ \Omega}$

b) Rechnerische Lösung:

$Z = \sqrt{R^2 + X_L^2}$; $\underline{Z} = \sqrt{30^2 + 90^2} = \sqrt{900 + 8100} = \sqrt{9000} = \underline{\underline{94{,}86\ \Omega}}$

Beispiel:

2. Eine Spule mit 12 Ω Wirkwiderstand nimmt am 36 V Wechselspannung bei 50 Hz einen Wechselstrom von 2 A auf.

Bestimmen Sie

a) den Scheinwiderstand,
b) den induktiven Blindwiderstand,
c) die Wirkspannung,
d) die Blindspannung.

gegeben: $R = 12\ \Omega$; $U = 36\ \text{V}$; $f = 50\ \text{Hz}$; $I = 2\ \text{A}$

gesucht: Z, X_L, U_R, U_L

Lösung: a) $Z = \frac{U}{I}$; $\underline{Z} = \frac{36\ \text{V}}{2\ \text{A}} = \underline{\underline{18\ \Omega}}$

b) $X_L = \sqrt{Z^2 - R^2}$; $\underline{X_L} = \sqrt{18^2 - 12^2} = \sqrt{324 - 144} = \sqrt{180}$

$= \underline{\underline{13{,}41\ \Omega}}$

c) $U_R = U \cdot \cos\varphi$; $\underline{U_R} = 36\ \text{V} \cdot 0{,}66 = \underline{\underline{24{,}0\ \text{V}}}$

$\cos\varphi = \frac{R}{Z} = \frac{12\ \Omega}{18\ \Omega} = 0{,}66$

d) $U_L = U \cdot \sin\varphi$; $\underline{U_L} = 36\ \text{V} \cdot 0{,}74 = \underline{\underline{26{,}7\ \text{V}}}$

$\sin\varphi = \frac{X_L}{Z} = \frac{13{,}41\ \Omega}{18\ \Omega} = 0{,}74$

8.3.2 Reihenschaltung von Wirkwiderstand und kapazitivem Blindwiderstand

Durch die beiden Widerstände fließt der gleiche sinusförmige Strom mit dem Effektivwert I. Er verursacht den Wirkspannungsfall U_R und den Blindspannungsfall U_C am Blindwiderstand X_C.

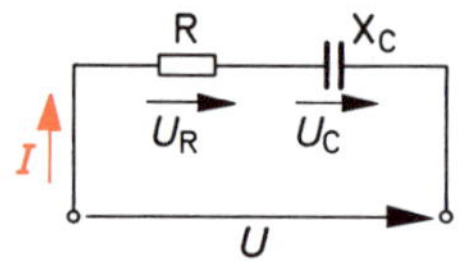

Bild 8.33
Reihenschaltung von R und X_C

Die Spannung U_R liegt dabei in Phase mit dem Strom I. Im Kondensator eilt der Strom I der Spannung U_C um 90° vor bzw. die Spannung dem Strom um 90° nach. Strom I und Spannung U_C sind um 90° gegeneinander phasenverschoben.

8.3.2.1 Zeigerbild

Bezugszeiger ist der Strom I. Er wird in die waagerechte Bezugsachse gelegt. Der Spannungszeiger U_R (Wirkspannung) zeigt in die gleiche Richtung wie der Stromzeiger; der Spannungszeiger U_C (Blindspannung) steht senkrecht auf dem Stromzeiger I und zeigt nach unten (nacheilend gegenüber Strom I).

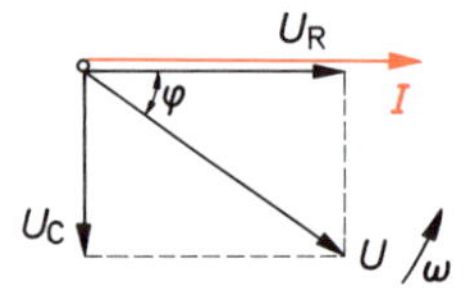

Bild 8.34
Zeigerbild für die Reihenschaltung von R und X_C

Die Gesamtspannung (Betrag und Richtung) ergibt sich aus der geometrischen Addition der Zeiger U_R und U_C.

> Der Strom eilt der Spannung um einen Phasenverschiebungswinkel zwischen 0 und 90° vor.

8.3.2.2 Spannungsdreieck

Das Zeigerbild kann zur Vereinfachung (siehe Abschnitt 8.3.1.2) zu einem Spannungsdreieck zusammengefaßt werden.

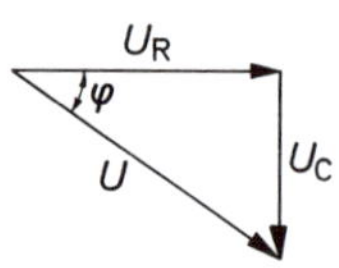

Bild 8.35
Spannungsdreieck für die Reihenschaltung von R und X_C

Die einzelnen Spannungen können zeichnerisch oder rechnerisch mit dem Lehrsatz des Pythagoras oder den Winkelfunktionen ermittelt werden.

Es gilt:

Gesamtspannung $$U = \sqrt{U_R^2 + U_C^2}$$

Wirkspannung $$U_R = \sqrt{U^2 - U_C^2}$$

$$U_R = U \cdot \cos \varphi$$

Blindspannung $$U_C = \sqrt{U^2 - U_R^2}$$

$$U_C = U \cdot \sin \varphi$$

8.3.2.3 Widerstandsdreieck

Die Division der drei Spannungen durch den gemeinsamen Strom I führt zu den Widerständen:

Scheinwiderstand $$Z = \frac{U}{I}$$

Wirkwiderstand $$R = \frac{U_R}{I}$$

Kapazitiver Blindwiderstand $$X_C = \frac{U_C}{I}$$

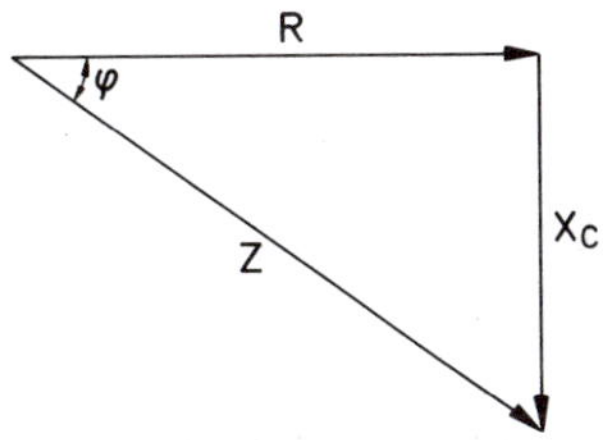

Bild 8.36 Widerstandsdreieck

Entsprechend entsteht aus dem Spannungsdreieck durch Maßstabsänderung (Division durch I) das ähnliche Widerstandsdreieck.
Wirk-, Blind- oder Scheinwiderstand lassen sich nun zeichnerisch (Lehrsatz des Pythagoras oder Winkelfunktionen) bestimmen.

Beispiel:
Ein Kondensator mit $C = 50\ \mu F$ liegt in Reihe mit einem Wirkwiderstand $R = 150\ \Omega$ an 230 V Wechselspannung ($f = 50$ Hz).
Welchen Strom nimmt die Schaltung auf?

gegeben: $C = 50\ \mu F$; $R = 150\ \Omega$; $U = 230\ V$; $f = 50\ Hz$

gesucht: I

Lösung: $I = \frac{U}{Z}$; $\underline{I} = \frac{230\ V}{162{,}9\ \Omega}\ \underline{1{,}41\ A}$

$$Z = \sqrt{R^2 + X_C^2};\quad Z = \sqrt{150^2 + 63{,}72^2} = \sqrt{22\,500 + 4057}$$

$$= \sqrt{26\,557} = 162{,}9\,\Omega$$

$$X_C = \frac{1}{\omega \cdot C};\quad \underline{X_C} = \frac{1}{314\,\frac{1}{s} \cdot 50 \cdot 10^{-6} F} = \underline{63{,}7\,\Omega}$$

8.3.3 Reihenschaltung von Wirk-, induktivem und kapazitivem Widerstand

Der gemeinsame Sinusstrom I verursacht den Wirkspannungsfall U_R und die Blindspannungsfälle U_L und U_C.
Es ist hierbei zu beachten, daß in der Spule die Spannung dem Strom voreilt und im Kondensator genau umgekehrt die Spannung dem Strom nacheilt.

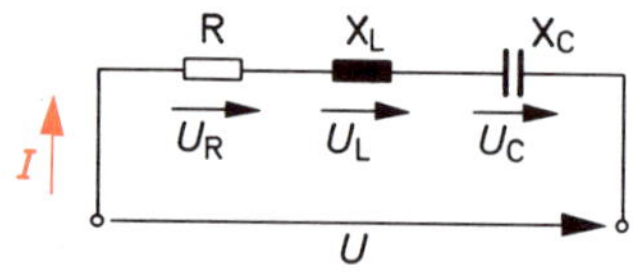

Bild 8.37
Reihenschaltung von R, X_L und X_C

8.3.3.1 Zeigerbild, Spannungsdreieck

Der Strom I ist Bezugszeiger. Die Spannungszeiger U_L und U_C sind 180° gegeneinander phasenverschoben.
Sie wirken genau entgegengesetzt und können somit einfach algebraisch subtrahiert werden.
Die geometrische Summe aller Teilspannungen führt mit Hilfe der Spannungszeiger zum Zeiger der Gesamtspannung.
Man erkennt aus dem rechtwinkligen Dreieck folgenden Zusammenhang:

$$U^2 = U_R^2 + (U_L - U_C)^2$$

Gesamtspannung $$U = \sqrt{U_R^2 + (U_L - U_C)^2}$$

Bild 8.38
Zeigerbild und entsprechendes Spannungsdreieck für die Reihenschaltung von R, X_L und X_C

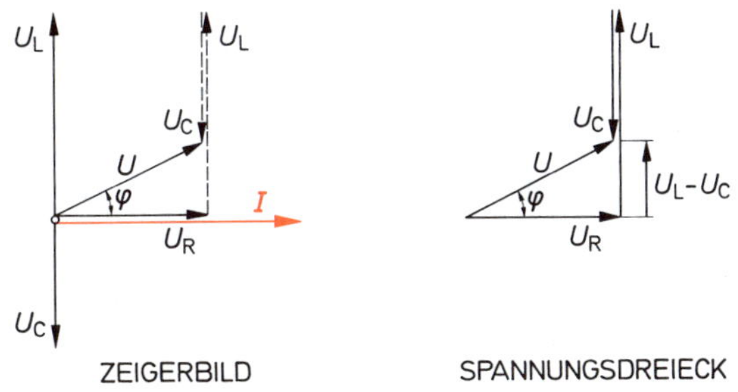

8.3.3.2 Widerstandsdreieck

Die Division der einzelnen Spannungen mit I führt zu den entsprechenden Widerständen, so z. B. auch zum Scheinwiderstand (Gesamtwiderstand) Z.

$$Z = \frac{U}{I}$$

Die gleiche Überlegung führt vom Spannungsdreieck zu dem ähnlichen Widerstandsdreieck.

Bild 8.39
Widerstandsdreiecke für die Reihenschaltung von R, X_L und X_C bei verschiedenen Widerstandswerten

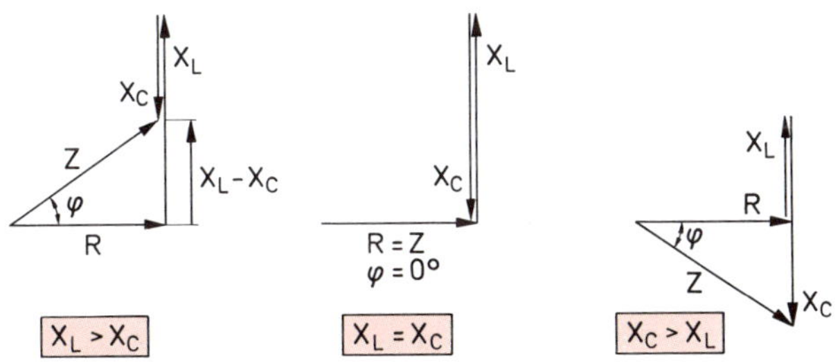

Als Gleichung für den Scheinwiderstand läßt sich ableiten:

$$Z^2 = R^2 + (X_L - X_C)^2$$

Scheinwiderstand $$Z = \sqrt{R^2 + (X_L - X_C)^2}$$

Die Gleichung wie auch die drei Widerstandsdreiecke lassen folgendes erkennen:
Ist der induktive Widerstand X_L größer als der kapazitive Blindwiderstand X_C, so wirkt die Schaltung überwiegend induktiv.
Ist es umgekehrt, also $X_C > X_L$, so wirkt die Schaltung überwiegend kapazitiv.
Sind beide Blindwiderstände gleich groß, so wirkt die Schaltung wie ein ohmscher

Verbraucher. Der Gesamtwiderstand ist hierbei am kleinsten, der Strom aber am größten (Resonanz, siehe Abschnitt 8.4.1).

Beispiel:
Eine Spule mit $L = 2$ H und dem Widerstand $R = 30$ V liegt in Reihe mit einem Kondensator mit $C = 6$ µF an der Wechselspannung $U = 230$ V; 50 Hz.
Wie groß sind
a) der induktive Blindwiderstand,
b) der kapazitive Blindwiderstand,
c) der Scheinwiderstand,
d) die Stromaufnahme,
e) die einzelnen Spannungen an den Widerständen?

gegeben: $L = 2\ \text{H}$; $R = 30\ \Omega$; $C = 6\ \mu\text{F}$; $U = 230\ \text{V}$; $f = 50\ \text{Hz}$

gesucht: X_L, X_C, Z, I, U_R, U_L, U_C

Lösung:

a) $X_L = \omega \cdot L$; $\underline{X_L} = 314\ \frac{1}{\text{s}} \cdot 2\ \text{H} = \underline{628\ \Omega}$

b) $X_C = \frac{1}{\omega \cdot C}$; $\underline{X_C} = \frac{1}{314\ \frac{1}{\text{s}} \cdot 6 \cdot 10^{-6}\ \text{F}} \underline{= 530\ \Omega}$

c) $Z = \sqrt{R^2 + (X_L - X_C)^2}$; $Z = \sqrt{30^2 + (628 - 530)^2}$

$= \sqrt{30^2 + 98^2} = \sqrt{900 + 9604}$

$\underline{Z} = \sqrt{10\,504} = \underline{102{,}6\ \Omega}$

d) $I = \frac{U}{Z}$; $\underline{I} = \frac{230\ \text{V}}{102{,}6\ \Omega} = \underline{2{,}24\ \text{A}}$

e) $U_R = I \cdot R$; $\underline{U_R} = 2{,}24\ \text{A} \cdot 30\ \Omega = \underline{67{,}2\ \text{V}}$

$U_L = I \cdot X_L$; $\underline{U_L} = 2{,}24\ \text{A} \cdot 628\ \Omega = \underline{1406\ \text{V}}$

$U_C = I \cdot X_C$; $\underline{U_C} = 2{,}24\ \text{A} \cdot 530\ \Omega = \underline{1187\ \text{V}}$

8.3.4 Parallelschaltung von Wirkwiderstand und kapazitivem Blindwiderstand

Die Parallelschaltung eines Wirkwiderstandes und eines kapazitiven Blindwiderstandes stellt das Ersatzschaltbild für einen verlustbehafteten Kondensator dar.
Für jede Parallelschaltung gilt ganz allgemein:
Der Gesamtstrom ist gleich der Summe der Teilströme. Die Spannung an jedem Teilwiderstand ist gleich der Klemmenspannung U.

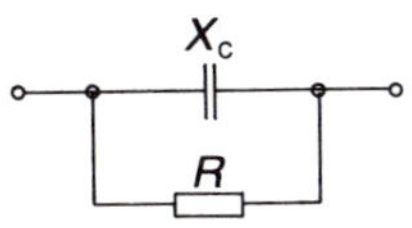

Bild 8.40 a Ersatzschaltbild für einen verlustbehafteten Kondensator

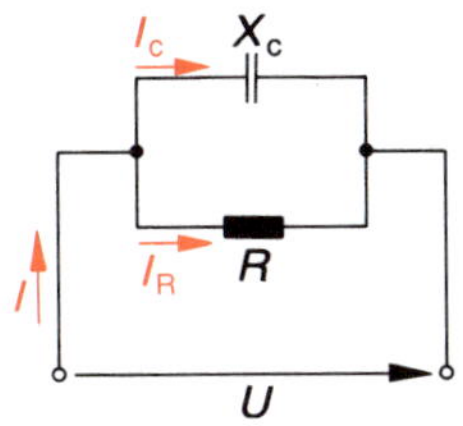

Bild 8.40 b Parallelschaltung von R und X_C

Die anliegende Sinusspannung U treibt durch den Wirkwiderstand R den *Wirkstrom* I_R und durch den Blindwiderstand X_C den *Blindstrom* I_C.

Wirkstrom

$$I_R = \frac{U}{R}$$

Blindstrom

$$I_C = \frac{U}{X_C}$$

Der Strom I_R wirkt in der gleichen Richtung wie die anliegende Spannung U, d. h., I_R und U sind phasengleich. Der Blindstrom I_C eilt der angelegten Spannung U um 90° vor.

8.3.4.1 Zeigerbild

Bezugszeiger ist die Spannung U, da sie für beide Widerstände gemeinsam ist.

> Bei Parallelschaltungen ist die Spannung Bezugszeiger, da sie für die Widerstände gemeinsam ist.

Die Spannung U wird in die waagerechte Bezugsachse gelegt. Der Stromzeiger I_R (Wirkstrom) weist in die gleiche Richtung, der Stromzeiger I_C (Blindstrom) steht senkrecht auf dem Spannungszeiger und zeigt nach oben (voreilend gegenüber der Spannung U).
Die geometrische Addition (Parallelogramm) der beiden Teilströme ergibt den Gesamtstrom I mit Betrag und Richtung.

> Der Strom eilt der Spannung um einen Phasenverschiebungswinkel zwischen 0 und 90° vor.

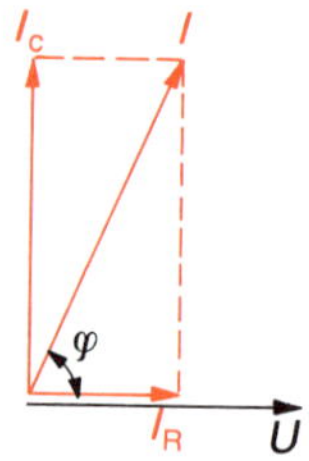

Bild 8.41
Zeigerbild für dieParallel-schaltung von R und X_C

Beim verlustbehafteten Kondensator beträgt der Phasenverschiebungswinkel wenig unter 90°.

8.3.4.2 Stromdreieck

Durch Parallelverschiebung des Stromzeigers I_C im Zeigerbild an die Pfeilspitze des Wirkstromes I_R erhält man das sogenannte *Stromdreieck,* ein rechtwinkliges Dreieck (siehe hierzu Abschnitt 8.3.1.2).

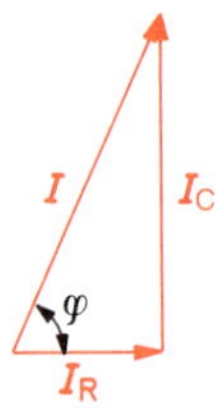

Bild 8.42
Stromdreieck

Aus dem Stromdreieck leitet man mit Hilfe des pythagoreischen Lehrsatzes bzw. der Winkelfunktionen ab:

Gesamtstrom

$$I = \sqrt{I_R^2 + I_C^2}$$

Wirkstrom

$$I_R = \sqrt{I^2 - I_C^2}$$

$$I_R = I \cdot \cos \varphi$$

Blindstrom

$$I_C = \sqrt{I^2 - I_R^2}$$

$$I_C = I \cdot \sin \varphi$$

8.3.4.3 Leitwertdreieck

Dividiert man die Ströme der Parallelschaltung durch die gemeinsame Spannung U, so erhält man Leitwerte (Schein-, Wirk- und Blindleitwert), die sich in einem Leitwertdreieck darstellen lassen.
Da in der Praxis solche Leitwertbetrachtungen keine Rolle spielen, wird auf die weitere zeichnerische und formelmäßige Darstellung verzichtet.

Beispiel:
Ein Kondensator mit C = 500 nF und ein Widerstand mit R = 3 kΩ liegen parallel an 230 V, 50 Hz.
a) Wie groß ist der Strom in der Anschlußleitung?
b) Wie groß ist der Phasenverschiebungswinkel?

gegeben: $C = 500\ \text{nF}$, $R = 3\ \text{k}\Omega$, $U = 230\ \text{V}$, $f = 50\ \text{Hz}$

gesucht: a) I
b) φ

Lösung: a) $I_R = \frac{U}{R}$, $I_R = \frac{230\ \text{V}}{3000\ \Omega} = \underline{\underline{0{,}076\ \text{A}}}$

$I_C = \frac{U}{X_C}$, $I_C = \frac{230\ \text{V}}{6369\ \Omega} = \underline{\underline{0{,}036\ \text{A}}}$

$$X_C = \frac{1}{\omega \cdot C} = \frac{1}{314\ \frac{1}{\text{s}} \cdot 500 \cdot 10^{-9}\ \text{F}} = \underline{\underline{6369\ \Omega}}$$

$I = \sqrt{I_R^2 + I_C^2}$, $\underline{I} = \sqrt{0{,}076^2 + 0{,}036^2} = \underline{\underline{0{,}084\ \text{A}}}$

b) $\cos\varphi = \frac{I_R}{I}$, $\cos\varphi = \frac{0{,}076\ \text{A}}{0{,}084\ \text{A}} = 0{,}903$

$\underline{\varphi} = \underline{\underline{25{,}3^\circ}}$

8.3.5 Parallelschaltung von Wirk-, induktivem und kapazitivem Blindwiderstand

Die gemeinsame Spannung U verursacht den Wirkstrom I_R (phasengleich mit U), den induktiven Blindstrom I_L (90° nacheilend gegenüber U) und den kapazitiven Blindstrom I_C (90° voreilend gegenüber U).

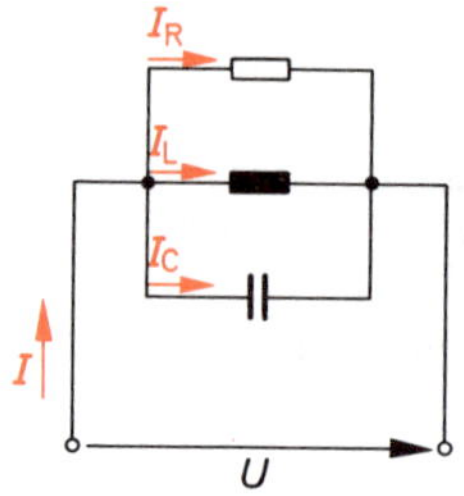

Bild 8.43
Parallelschaltung von R, X_L und X_C

8.3.5.1 Zeigerbild, Stromdreieck

Die Spannung U ist Bezugszeiger. Die Stromzeiger I_L und I_C sind genau 180° gegeneinander phasenverschoben und können daher einfach algebraisch subtrahiert werden. Zur Bestimmung der Ströme verwendet man folgende Gleichungen:

Wirkstrom $$I_R = \frac{U}{R}$$

Induktiver Blindstrom $$I_L = \frac{U}{X_L}$$

Kapazitiver Blindstrom $$I_C = \frac{U}{X_C}$$

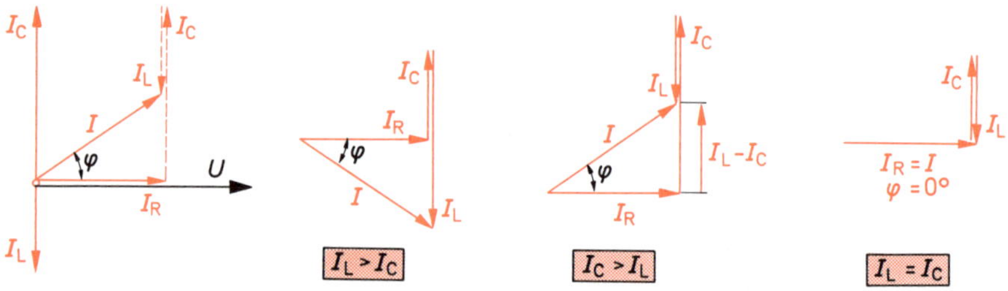

Bild 8.44 Zeigerbild und entsprechende Stromdreiecke für die Parallelschaltung von R, X_L und X_C bei verschiedenen Stromwerten

Durch geometrische Summierung aller Teilströme kommt man zum Zeiger des Gesamtstromes.
Aus dem rechtwinkligen Dreieck läßt sich ableiten:

Gesamtstrom $$I = \sqrt{I_b^2 + (I_L - I_C)^2}$$

Die Gleichung wie auch die drei Stromdreiecke lassen folgende Erkenntnis zu:
Ist der Strom im induktiven Widerstand größer als im kapazitiven Widerstand, so wirkt die Schaltung induktiv.
Ist es umgekehrt, wirkt die Schaltung kapazitiv.
Bei Gleichheit der Blindwiderstände (Ströme) wirkt die Schaltung als rein ohmscher Verbraucher. Es tritt der kleinste Strom in der Schaltung auf (Resonanz, siehe Abschnitt 8.4.3).

8.3.5.2 Leitwertdreieck

Durch Division des Stromdreiecks mit der Spannung U ergibt sich das ähnliche Leitwertdreieck.

Beispiel:
Eine verlustlose Spule mit $L = 500$ mH und ein Kondensator mit $C = 20\ \mu$F liegen parallel an 230 V/50 Hz.
Wie groß sind die Ströme
a) im Kondensator,
b) in der Spule,
c) in der Anschlußleitung?

gegeben: $L = 500$ mH ; $C = 20\ \mu$F ; $U = 230$ V ; $f = 50$ Hz

gesucht: I_C, I_L, I

Lösung:

a) $I_C = \frac{U}{X_C}$; $\underline{I_C} = \frac{230\ \text{V}}{159\ \Omega} = \underline{1{,}45\ \text{A}}$

$X_C = \frac{1}{\omega \cdot C}$; $X_C = \frac{1}{314\ 1/\text{s} \cdot 20 \cdot 10^{-6}\ \text{F}} = 159\ \Omega$

b) $I_L = \frac{U}{X_L}$; $\underline{I_L} = \frac{230\ \text{V}}{157\ \Omega} = \underline{1{,}46\ \text{A}}$

$X_L = \omega \cdot L = 314\ \frac{1}{\text{s}} \cdot 0{,}5\ \text{H} = 157\ \Omega$

c) $I = I_L - I_C$; $\underline{I} = 1{,}46\ \text{A} - 1{,}45\ \text{A} = 0{,}01\ \text{A} = \underline{10\ \text{mA}}$

8.3.6 Lernziel-Test

Verständnisfragen

1. Warum kann man bei einer Reihenschaltung von Blind- und Wirkwiderständen nicht einfach die einzelnen Spannungen addieren?
2. Was versteht man unter einem Spannungs- und einem Widerstandsdreieck?

3. Wie läßt sich der Scheinwiderstand einer Reihenschaltung aus Blind- und Wirkwiderstand bestimmen?
4. Bei welcher Schaltung erhält man Spannungsdreiecke und bei welcher Stromdreiecke?
5. Durch welche Maßnahme läßt sich in einer Parallelschaltung von Wirk- und Blindwiderständen der Phasenverschiebungswinkel verkleinern?
6. Was versteht man unter geometrischer Addition von Strömen?

Rechenaufgaben

1. Eine Spule mit 20 Ω Wirkwiderstand weist am 50-Hz-Netz einen Scheinwiderstand von 40 Ω auf.
   Wie groß ist der induktive Blindwiderstand der Spule?
2. Eine Magnetspule mit 8 Ω Wirkwiderstand nimmt an 100 V Wechselspannung bei $f = 50$ Hz einen Strom von $I = 5$ A auf.
   Wie groß sind
   a) Scheinwiderstand,
   b) induktiver Blindwiderstand,
   c) cos φ,
   d) Wirkspannung?
3. Eine Reihenschaltung aus Kondensator und Wirkwiderstand $R = 25\ \Omega$ liegt an 5 V Wechselspannung und nimmt 0,1 A auf.
   Wie groß ist der Scheinwiderstand und der kapazitive Blindwiderstand?
4. Eine Spule mit 5 H Induktivität und 150 Ω Drahtwiderstand liegt in Reihe mit einem Kondensator mit 2 µF Kapazität an der Spannung 230 V/50 Hz.
   Wie groß sind
   a) der Scheinwiderstand,
   b) die Stromaufnahme,
   c) die Spannungsfälle?
5. Eine Spule mit $L = 2{,}5$ H ist mit einem Kondensator mit $C = 25$ µF in Reihe geschaltet.
   Welchen Gesamtwiderstand stellt die Schaltung bei 50 Hz dar?

8.4 Resonanz im Wechselstromkreis

Die Scheinwiderstände und Scheinströme in zusammengesetzten Wechselstromkreisen hängen von den Blindwiderständen

$$X_L = \omega \cdot L = 2 \cdot \pi \cdot f \cdot L$$

$$X_C = \frac{1}{\omega \cdot C} = \frac{1}{2 \cdot \pi \cdot f \cdot C}$$

ab. Da diese Widerstände ihrerseits frequenzabhängig sind, werden die Scheinwiderstände und -ströme von der Frequenz der angelegten Spannung bestimmt.
Hierbei kann der Sonderfall eintreten, daß sich induktive und kapazitive Widerstände in ihren Wirkungen aufheben und damit Strom und Spannung phasengleich werden. Der Strom wird dann nur durch den ohmschen Widerstand der Schaltung begrenzt. Dieser Sonderfall, der nur bei einer bestimmten Frequenz auftritt, heißt *Resonanz* (resonare = verstärken, widerhallen, lat.).

8.4.1 Spannungsresonanz (Reihenresonanz)

Der Reihenresonanzkreis besteht aus einer Spule und einem Kondensator in Reihenschaltung.

> Versuch:
> Eine Spule mit Eisenkern und ein Kondensator, die bei 50 Hz den gleichen Blindwiderstand aufweisen, werden in Reihenschaltung an 230 V Wechselspannung, 50 Hz gelegt.
> Dabei werden Strom, Gesamtspannung, Kondensatorspannung und Spulenspannung gemessen.

Bild 8.45
Reihenresonanzkreis

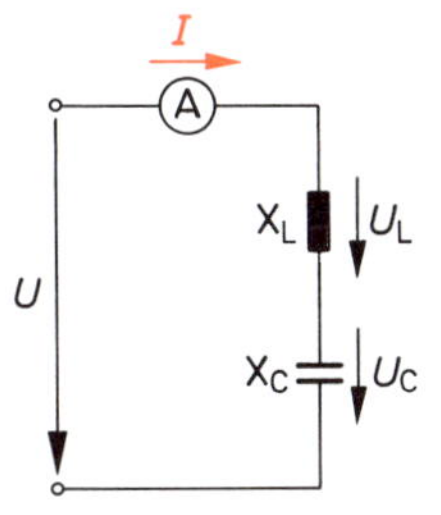

Beachte: Die Spannung an der Drossel und am Kondensator sind gleich groß. Jede Teilspannung ist wesentlich größer als die angelegte Spannung. Der Strom ist groß.
Die Vorgänge in dem Stromkreis lassen sich mit Hilfe eines Zeigerbildes bzw. Widerstandsdreiecks erklären.
Dabei muß von dem Ersatzschaltbild des Reihenresonanzkreises ausgegangen werden, der außer einem kapazitiven und induktiven Blindwiderstand auch einen Verlustwiderstand R enthält, der von einem Wirkwiderstand dargestellt wird. Der Verlustwiderstand R ist fast identisch mit dem Drahtwiderstand der Spule.

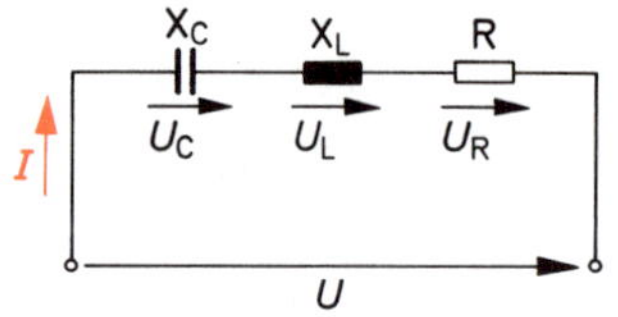

Bild 8.46
Ersatzschaltbild des Reihenresonanzkreises

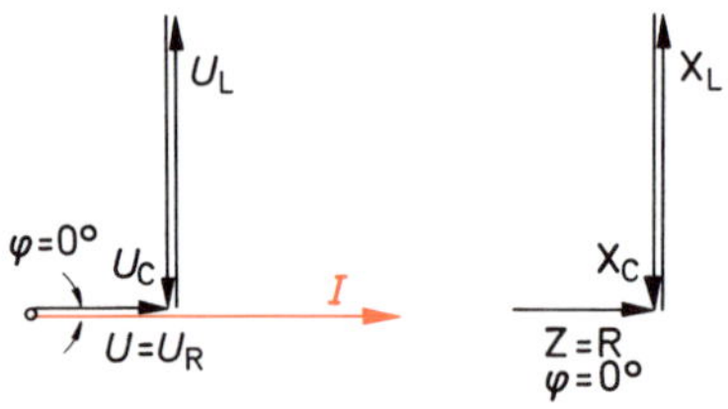

Bild 8.47
Zeigerbild und Widerstandsbild des Reihenresonanzkreises

Da bei einer Reihenschaltung die Spannungen den zugehörigen Widerständen verhältnisgleich sind, müssen bei Gleichheit der Blindwiderstände, d. h. bei Resonanz

Resonanzbedingung $X_L = X_C$

die induktive und kapazitive Blindspannung auch gleich groß sein.

$$U_L = U_C$$

Die beiden Spannungen heben sich gegenseitig auf. Die Reihenschaltung wirkt dann bei Resonanz nur noch wie ein reiner Wirkwiderstand. Der Scheinwiderstand ist also bei Resonanz gleich dem Wirkwiderstand. Man nennt diesen Widerstand *Resonanzwiderstand* R_{Res} des Resonanzkreises.

$$Z_{Res} = R = R_{Res}$$

Das Zeigerbild zeigt weiterhin, daß die Phasenverschiebung bei Resonanz Null ist.

$$\varphi = 0°$$

Da im Resonanzfall der Widerstand klein wird, geht die Stromstärke bei gleicher Gesamtspannung hoch.
Dementsprechend nehmen der induktive Spannungsfall

$$U_L = I \cdot X_L$$

und der kapazitive Spannungsfall

$$U_C = I \cdot X_C$$

höchste Werte an. Diese Spannungen werden bei Eintritt der Resonanz gewissermaßen verstärkt, überhöht. Man spricht daher von *Spannungsüberhöhung* oder *Spannungsresonanz.*

> Bei Resonanz wird der Gesamtwiderstand des Reihenresonanzkreises ein Minimum und die Stromstärke in der Zuleitung ein Maximum. An Spule und Kondensator tritt Spannungsüberhöhung auf (Spannungsresonanz).

Die Spannungsüberhöhung kann zum Durchschlag des Kondensators wie auch der Spulenwicklung führen.
Nur bei Resonanzfrequenz ist $X_L = X_C$.
Bei Frequenzen darunter ist $X_L = 2 \cdot \pi \cdot f \cdot L$ kleiner als $X_C = \dfrac{1}{2 \cdot \pi \cdot f \cdot C}$, d. h., der kapazitive Widerstand überwiegt. Bei Frequenzen darüber ist X_L größer als X_C, und der induktive Widerstand überwiegt.
Die grafische Darstellung des Scheinwiderstandes und des Stromes in Abhängigkeit der Frequenz ergibt die *Resonanzkurven.*
Der Reihenresonanzkreis stellt für die Resonanzfrequenz praktisch einen Kurzschluß dar. Wenn dieser Kreis parallel zu einem Verbraucher liegt, hält er die Resonanzfrequenz von diesem fern. Er «saugt» diese Frequenz ab und heißt daher auch *Saugkreis* oder *Leitkreis.*

Bild 8.48
Resonanzkurven des Reihenresonanzkreises

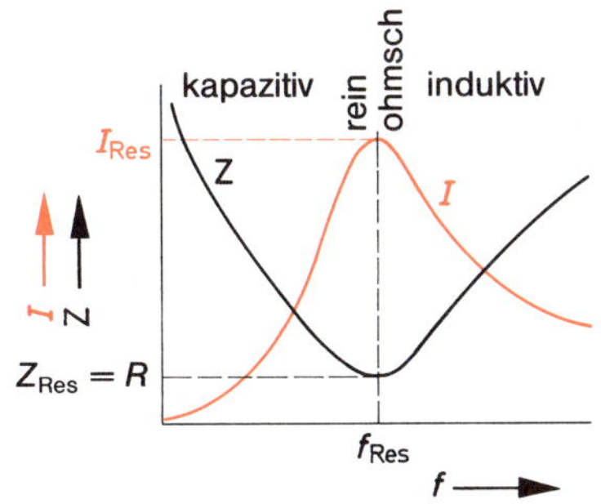

Beispiel:
Eine Spule mit dem Drahtwiderstand $R = 20\ \Omega$ und der Induktivität $L = 0{,}5$ H ist in Reihe mit einem Kondensator an eine Wechselspannung $U = 40$ V, $f = 1$ kHz angeschlossen. Die Schaltung befindet sich in Resonanz.

Wie groß sind
a) der kapazitive Blindwiderstand,
b) die Stromaufnahme,
c) die Spannung?

gegeben: $R = 20\ \Omega$; $L = 0{,}5\ \text{H}$; $U = 40\ \text{V}$; $f = 1\ \text{kHz}$

gesucht: X_C , I, U_R , U_L , U_C

Lösung: a) Bei Resonanz muß gelten:

$$X_C = X_L \ ; \qquad X_L = \omega \cdot L = 2 \cdot \pi \cdot f \cdot L$$

$$\underline{\underline{X_L}} = 2 \cdot 3{,}14 \cdot 1000 \frac{1}{\text{s}} \cdot 0{,}5\ \text{H} = \underline{\underline{3{,}14\ \text{k}\Omega}} \ ; \qquad \underline{\underline{X_C}} = X_L = 3{,}14\ \text{k}\Omega$$

$$\text{b) } I = \frac{U}{R} ; \qquad \underline{\underline{I}} = \frac{40\ \text{V}}{20\ \Omega} = \underline{\underline{2\ \text{A}}}$$

$$\text{c) } \underline{\underline{U_R}} = I \cdot R = 2\ \text{A} \cdot 20\ \Omega = \underline{\underline{40\ \text{V}}}$$

$$U_L = I \cdot X_L \ ; \quad \underline{\underline{U_L}} = 2\ \text{A} \cdot 3140\ \Omega = \underline{\underline{6280\ \text{V}}} \ ; \quad \underline{\underline{U_C}} = U_L = \underline{\underline{6280\ \text{V}}}$$

8.4.2 Resonanzfrequenz (Thomsonsche Schwingungsformel)

Die Frequenz, bei der Resonanz eintritt (Resonanzfrequenz), läßt sich bestimmen, indem man von der Resonanzbedingung

$$X_L = X_C$$

ausgeht und einsetzt

$$X_L = \omega \cdot L$$

$$X_C = \frac{1}{\omega \cdot C}$$

$$\omega \cdot L = \frac{1}{\omega \cdot C}$$

Bei bestimmten Werten für L und C gibt es einen Wert für die Kreisfrequenz, für den die Resonanzbedingung erfüllt ist. Bezeichnet man diesen Wert mit ω_{Res} , so ist

$$\omega_{Res}^2 = \frac{1}{L \cdot C}$$

$$\omega_{Res} = \frac{1}{\sqrt{L \cdot C}}$$

und mit

$$\omega_{Res} = 2 \cdot \pi \cdot f_{Res} \qquad \text{wird}$$

Resonanzfrequenz	$f_{Res} = \dfrac{1}{2\,\pi\,\sqrt{L \cdot C}}$	f_{Res}	Resonanzfrequenz in Hz
	Thomsonsche Schwingungsformel	L	Induktivität in H
		C	Kapazität in F

Die Thomsonsche Schwingungsformel gilt für Reihen- und Parallelresonanzkreise.

Beispiel:
Bei welcher Frequenz tritt in der Reihenschaltung aus der Spule mit $L = 0{,}02$ H und dem Kondensator $C = 12{,}5$ µF Resonanz auf?

gegeben: $L = 0{,}02\ \text{H}; \quad C = 12{,}5\ \mu\text{F}$

gesucht: f_{Res}

Lösung:

$$f_{Res} = \frac{1}{2\,\pi\,\sqrt{L \cdot C}} = \frac{1}{2 \cdot 3{,}14\,\sqrt{0{,}02\ \text{H} \cdot 12{,}5 \cdot 10^{-6}\ \text{F}}}$$

$$= \frac{1}{2 \cdot 3{,}14\sqrt{25 \cdot 10^{-8}}} \cdot \frac{1}{\text{s}} = \frac{10^4}{2 \cdot 3{,}14 \cdot 5} \cdot \frac{1}{\text{s}}$$

$$\underline{f_{Res}} = \underline{318\ \text{Hz}}$$

8.4.3 Stromresonanz (Parallelresonanz)

Der Parallelresonanzkreis besteht aus einer Spule und einem Kondensator in Parallelschaltung.

Versuch:
Eine Spule mit Eisenkern und ein Kondensator, die bei 50 Hz den gleichen Blindwiderstand aufweisen, werden in Parallelschaltung an 230 V Wechselspannung mit 50 Hz angeschlossen.
Der Gesamtstrom und die Teilströme werden gemessen.

Beachte: Spulen- und Kondensatorstrom sind gleich groß. Jeder Teilstrom ist wesentlich größer als der Gesamtstrom.

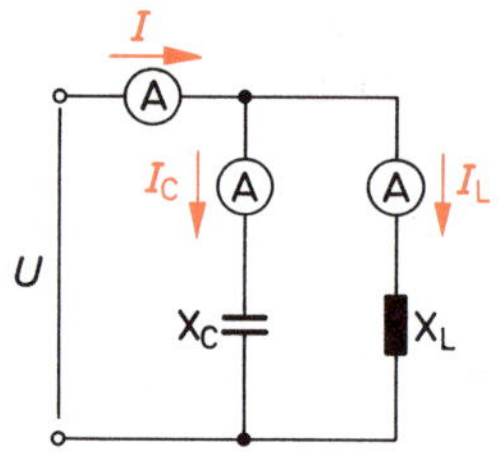

Bild 8.49
Parallelresonanzkreis

Die Vorgänge in dem Stromkreis lassen sich mit Hilfe des Zeigerbildes bzw. Stromdreiecks erklären.
Das Ersatzschaltbild des Parallelresonanzkreises enthält außer einem kapazitiven und induktiven Blindwiderstand noch einen Verlustwiderstand (Wirkwiderstand) *R*, der in der Hauptsache mit dem Drahtwiderstand der Spule identisch ist.

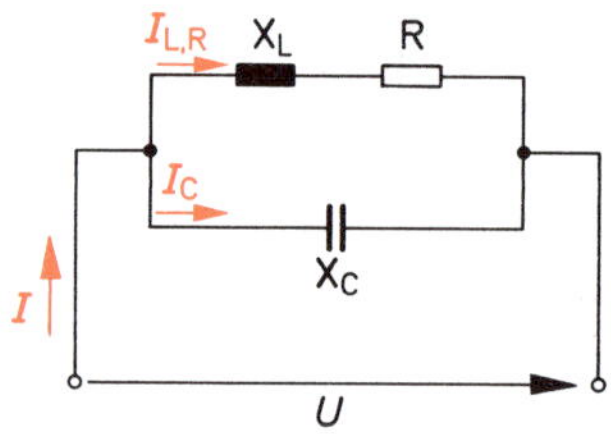

Bild 8.50
Ersatzschaltung des Parallelresonanzkreises

Da es relativ schwierig ist, für diese Ersatzschaltung ein Zeigerbild zu entwerfen oder Berechnungen durchzuführen, verwendet man meist ein vereinfachtes Ersatzschaltbild.
Bei Gleichheit der Blindwiderstände (Resonanzbedingung) ergeben sich bei gleicher Spannung *U* gleich große induktive und kapazitive Teilströme, die genau entgegengesetzt wirken und sich daher aufheben. Der Kreis wirkt somit nur noch wie ein rein ohmscher Verbraucher (Wirkwiderstand). Dieser Wirkwiderstand ist der *Resonanzwiderstand*, wie er im Ersatzschaltbild (Bild 8.51) angegeben wird
.

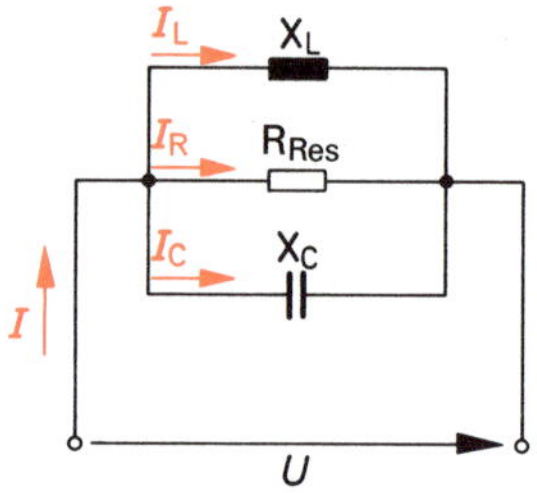

Bild 8.51
Vereinfachtes Ersatzschaltbild des Parallelresonanzkreises

Bild 8.52
Zeigerbild des vereinfachten Parallelresonanzkreises

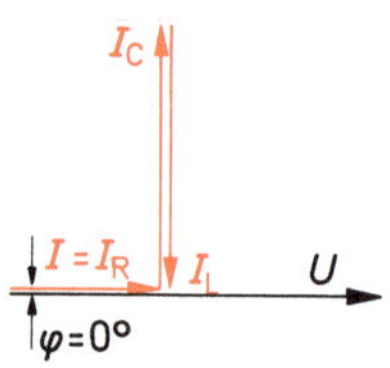

Näherungsweise gilt:

$$R_{Res} = \frac{L}{R \cdot C}$$

Bei Resonanz wird der Gesamtstrom in der Zuleitung am kleinsten, weil die Blindströme in den Parallelwiderständen sich genau aufheben und nur noch ein reiner Wirkstrom übrigbleibt.
Das bedeutet aber auch, daß bei Resonanz der Gesamtwiderstand (Resonanzwiderstand) am größten wird, und zwar wesentlich größer als der induktive bzw. der kapazitive Parallelwiderstand. Daher fließen durch die Spule und den Kondensator jeweils größere Ströme als in der Zuleitung.

> Bei Resonanz wird der Gesamtwiderstand des Parallelresonanzkreises ein Maximum und die Gesamtstromstärke in der Zuleitung ein Minimum. In Spule und Kondensator tritt Stromüberhöhung (Stromresonanz) auf.

Unterhalb der Resonanzfrequenz wirkt die Schaltung induktiv, da der induktive Widerstand kleiner und damit der induktive Strom größer ist als der kapazitive. Oberhalb der Resonanzfrequenz ist der kapazitive Strom größer.
Die Resonanzkurven zeigen den Verlauf des Scheinwiderstandes Z und des Stromes I in der Zuleitung in Abhängigkeit von der Frequenz.
Der Parallelresonanzkreis stellt für die Resonanzfrequenz praktisch einen unendlich großen Widerstand dar. Wenn dieser Kreis in Reihe mit einem Verbraucher liegt, hält er die Resonanzfrequenz von diesem fern. Er «sperrt» diese Frequenz und heißt daher auch *Sperrkreis.*
Der Parallelschwingkreis ermöglicht weiterhin das Heraussieben einer bestimmten Frequenz (Resonanzfrequenz) aus einem Frequenzgemisch, indem er alle anderen Frequenzen – außer der Resonanzfrequenz – kurzschließt.

Bild 8.53
Resonanzkurven des Parallelresonanzkreises

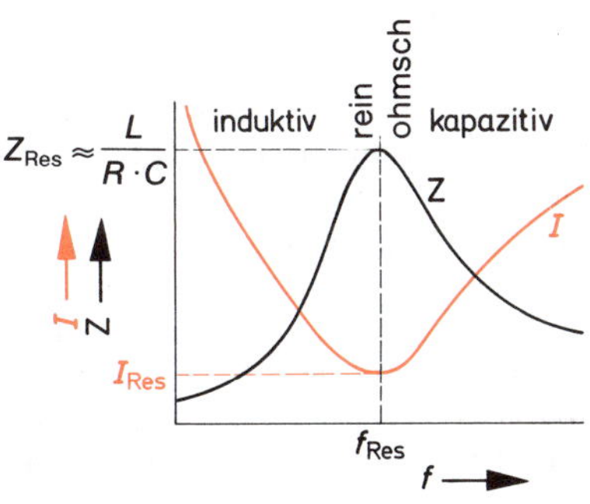

8.4.4 Lernziel-Test

Verständnisfragen

1. Warum tritt bei einer Reihenschaltung aus Spule und Kondensator Resonanz auf?
2. Welche Eigenschaften hat eine Reihenschaltung bei Resonanz?
3. Was versteht man unter einem Saugkreis oder Leitkreis?
4. Wie lautet die Thomsonsche Schwingungsformel?
5. Welche Eigenschaften hat eine Parallelschaltung bei Resonanz?
6. Was versteht man unter einem Sperrkreis?
7. Skizzieren Sie die Resonanzkurven des Parallelresonanzkreises!

Rechenaufgaben

1. Wie groß ist die für eine Spule erforderliche Induktivität, damit bei Reihenschaltung mit einem Kondensator mit der Kapazität 15 μF bei 50 Hz Resonanz eintritt? Der Wirkwiderstand der Spule beträgt 10 Ω.
2. Ein Kondensator mit $C = 20\,\mu\text{F}$ liegt in Reihe mit einer Spule mit $R = 15\,\Omega$ und $L = 0{,}5$ H an der Wechselspannung 230 V.
   a) Bei welcher Frequenz tritt Resonanz ein?
   b) Wie groß ist bei Resonanz der Strom?
   c) Welche Spannungen ergeben sich bei Resonanz?

8.5 Leistung und Arbeit bei Wechselstrom

Die Leistungsbeziehung bei Gleichstrom $P = U \cdot I$ gilt auch für Wechselstrom, wenn man sie auf die Augenblickswerte von Strom und Spannung bezieht.
Es ist also:

$$p = u \cdot i$$

Da u und auch i zeitabhängige Größen sind, wird auch p von der Zeit abhängen.

8.5.1 Leistung bei Wirklast

Spannung und Strom sind phasengleich.
Bild 8.54 veranschaulicht den Verlauf von Spannung und Strom bei Wirklast. Multipliziert man zusammengehörige Augenblickswerte von Spannung und Strom, so erhält man die Augenblickswerte der Leistung.
Die Leistungskurve ist ebenfalls eine Sinuskurve, sie hat aber die doppelte Frequenz der Spannung und verläuft dauernd im positiven Bereich, d. h., es wird dauernd, auch bei negativer Spannung und negativem Strom, aus dem Netz Leistung entnommen und in Wärme umgewandelt. Diese Leistung heißt daher *Wirkleistung.*
Auffallend ist, daß die Wirkleistung des Wechselstromes dauernd zwischen dem Wert

Null und einem Maximalwert schwankt. Bei geringeren Frequenzen als 50 Hz würde dies in Glühlampen zu Lichtschwankungen führen. Da die Abkühlung der Glühlampen relativ langsam vor sich geht, ist dies bei 50 Hz nicht feststellbar.

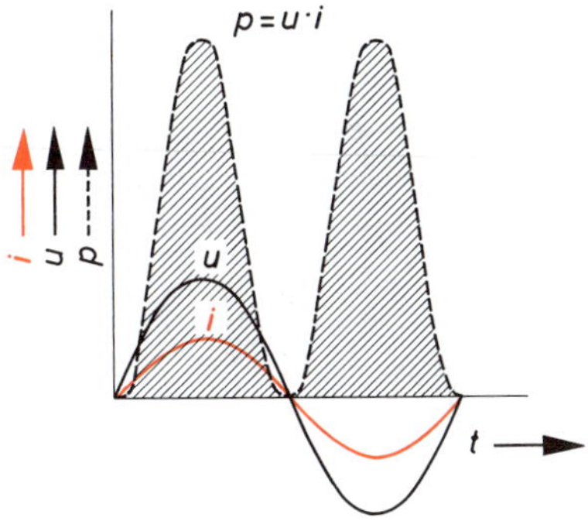

Bild 8.54
Strom-, Spannungs- und Leistungsverlauf bei Wirklast

Interessant ist der Mittelwert der Leistung. Aus der Leistungskurve ist zu ersehen, daß der Mittelwert bei $\frac{1}{2}\,\hat{p}$ liegen muß. $\hat{p}$ ergab sich aus $\hat{p} = \hat{u} \cdot \hat{\imath}$.

Damit: $P_{\text{Mittel}} = \frac{1}{2}\,\hat{u} \cdot \hat{\imath}$

Da $\hat{u} = \sqrt{2}\,U$ und $\hat{\imath} = \sqrt{2}\,I$ ist

wird $P_{\text{Mittel}} = \frac{1}{2}\sqrt{2}\,U\,\sqrt{2}\,I$

$P_{\text{Mittel}} = U \cdot I$

Allgemeine Wirkleistung $P = U \cdot I_R$

P Wirkleistung in W
U Spannung in V
I_R Wirkstrom in A

Die Einheit für die Wirkleistung ist das Watt (W).

Die Wirkleistung bei einem Wirkwiderstand ist gleich dem Produkt aus den Effektivwerten von Spannung und Strom.

8.5.2 Leistung bei induktiver Belastung

Der Strom eilt der Spannung um 90° nach. Die Multiplikation der zusammengehörigen Augenblickswerte von Strom und Spannung führt zur Leistungskurve.

Die Leistungskurve ist wiederum eine Sinuskurve mit doppelter Frequenz, die aber positive und negative Halbwellen aufweist. Da positive Leistung gleichbedeutend ist mit aus dem Netz entzogener Leistung, muß negative Leistung entsprechend an das Netz zurückgegebene Leistung bedeuten.

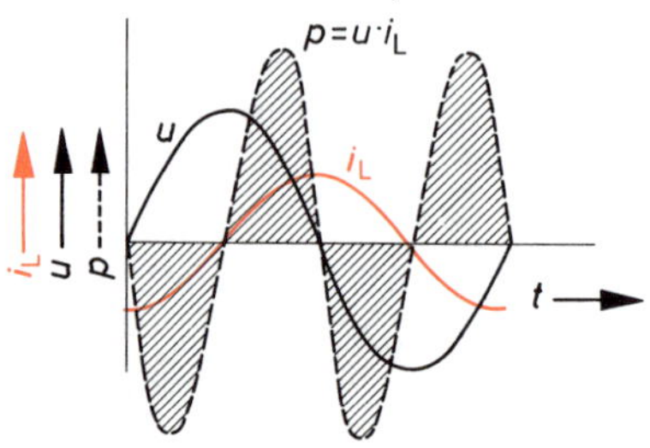

Bild 8.55 Strom-, Spannungs- und Leistungsverlauf bei induktiver Belastung

Die Leistung, die kurzzeitig dem Netz entzogen wird, dient zum Aufbau des Magnetfeldes; die Leistung, die anschließend wieder zurückgeliefert wird, entsteht beim Zerfall des Magnetfeldes.
Die Energie pendelt also dauernd zwischen Generator und Verbraucher hin und her. Man nennt diese nicht in Wirkung (Wärme, Licht) wandelbare Leistung *induktive Blindleistung*. Die Wirkleistung ist Null.
Der Mittelwert der induktiven Blindleistung ist

Blindleistung $$Q_L = U \cdot I_L$$

Q_L induktive Blindleistung in var
U Spannung in V
I_L induktiver Strom in A

Die Einheit der Blindleistung ist das Var (Einheitenzeichen: var). (Var = Volt-Ampere-reaktiv, reaktiv = rückwirkend).

8.5.3 Leistung bei kapazitiver Belastung

Der Strom eilt der Spannung um 90° vor. Die Leistungskurve ergibt sich aus der Multiplikation der zusammengehörigen Augenblickswerte von Strom und Spannung.
Auch hier ist die Leistungskurve eine Sinuskurve mit doppelter Frequenz und gleich großen positiven und negativen Halbwellen.
Die positive Leistung dient dem Aufbau des elektrischen Feldes. Diese Leistung wird beim Zerfall des Feldes wieder in das Netz zurückgegeben.
Die Energie pendelt dauernd zwischen Generator und Verbraucher hin und her.
Die Energie wird nicht in eine wirksame Energie (Wärme, Licht oder mechanische Energie) umgewandelt und heißt daher *kapazitive Blindleistung*.
Die Wirkleistung ist Null.

Bild 8.56
Strom-, Spannungs- und Leistungsverlauf bei kapazitiver Belastung

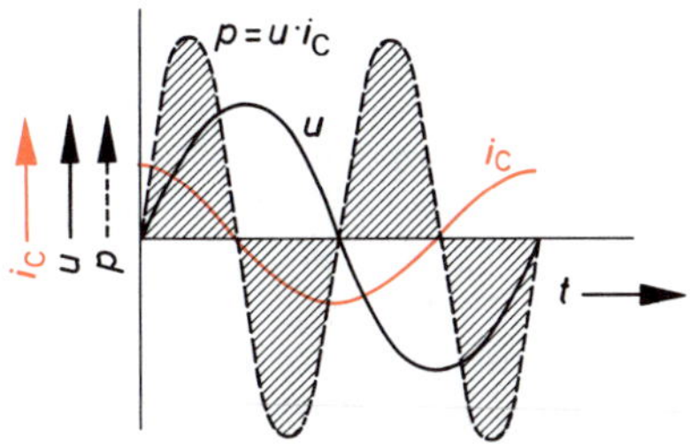

Der Mittelwert der kapazitiven Blindleistung ist

Blindleistung $Q_C = U \cdot I_C$

Q_C kapazitive Blindleistung in var
U Spannung in V
I_C kapazitiver Strom in A

> Die kapazitive Blindleistung ist gleich dem Produkt aus den Effektivwerten von Spannung und kapazitivem Blindstrom.

8.5.4 Leistung bei Belastung durch Wirkwiderstand und induktiven Blindwiderstand

Die Reihenschaltung von Wirkwiderstand und induktivem Blindwiderstand stellt praktisch das Ersatzschaltbild einer verlustbehafteten Spule dar.

Bild 8.57
Schaltung sowie Strom-, Spannungs- und Leistungsverlauf einer verlustbehafteten Spule

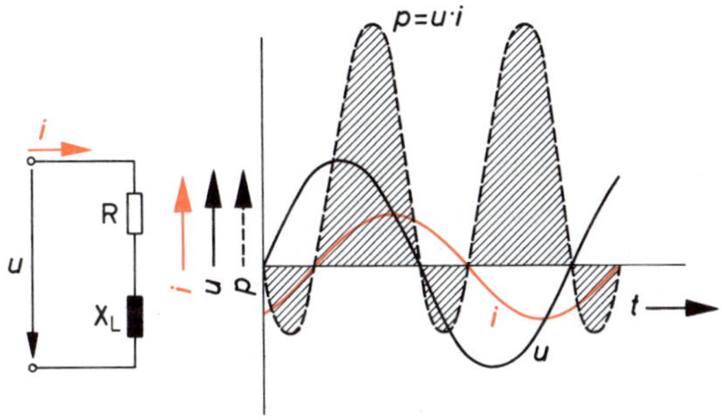

Der Strom eilt der Spannung nach (hier um 60°).

Die Multiplikation der entsprechenden Augenblickswerte von Spannung und Strom führt zur Leistungskurve.
Die Leistungskurve ist wiederum eine Sinuskurve mit doppelter Frequenz gegenüber der Spannung. Es treten positive und negative Leistungen auf, die aber nicht gleich groß sind. Die Leistungskurve verläuft im wesentlichen oberhalb der Zeitachse.
Es treten also Wirk- und Blindleistung gleichzeitig auf.
Im Stromkreis überlagern sich aber diese Leistungen. Sie bilden eine Resultierende, die man *Scheinleistung* nennt.

Scheinleistung $S = U \cdot I$

S Scheinleistung in VA
U Spannung in V
I Strom in A

Die Einheit für die Scheinleistung ist das Voltampere (VA). Scheinleistung heißt sie auch, weil sie nur scheinbar wirkt und mit der wirklichen Leistung (Wirkleistung) nicht identisch ist.

8.5.5 Leistungsdreieck – Leistungsgleichungen

Das Zeigerbild für die Reihenschaltung von induktivem Widerstand und Wirkwiderstand führt zum Spannungsdreieck.

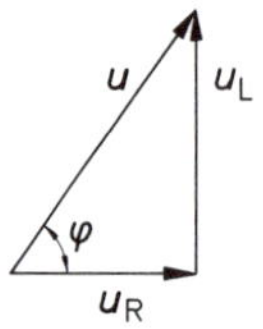

Bild 8.58
Spannungsdreieck

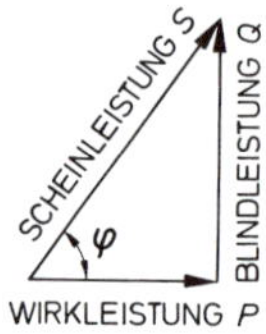

Bild 8.59
Leistungsdreieck

Multipliziert man das Spannungsdreieck mit dem gemeinsamen Strom I, so erhält man das ähnliche *Leistungsdreieck*.
Hieraus ist zu ersehen, daß die geometrische Addition von Wirk- und Blindleistung zur Scheinleistung führt.
Durch Anwenden des Lehrsatzes von Pythagoras und der Winkelfunktionen kommt man zu folgenden Beziehungen:

$$S^2 = P^2 + Q^2$$

Scheinleistung	$S = \sqrt{P^2 + Q^2}$	S Scheinleistung in VA P Wirkleistung in W Q Blindleistung in var
Wirkleistung	$P = \sqrt{S^2 - Q^2}$ $P = S \cdot \cos \varphi$	
Blindleistung	$Q = \sqrt{S^2 - P^2}$ $Q = S \cdot \sin \varphi$	

Mit $S = U \cdot I$ *wird*

$$P = U \cdot I \cdot \cos \varphi$$

$$Q = U \cdot I \cdot \sin \varphi$$

Beispiele:

1. Ein Bremslüftmagnet für 230 V Wechselspannung nimmt eine Wirkleistung von 150 W und einen Strom von 1 A auf. Ermitteln Sie
   a) die Scheinleistung,
   b) die Blindleistung!

gegeben: $U = 230\ \text{V}$; $I = 1\ \text{A}$; $P = 150\ \text{W}$

gesucht: S, Q

Lösung: a) $S = U \cdot I$; $\underline{S} = 230\ \text{V} \cdot 1\ \text{A} = \underline{230\ \text{VA}}$

b) $Q = \sqrt{S^2 - P^2}$; $Q = \sqrt{230^2 - 150^2} = \sqrt{52\,900 - 22\,500}$

$= \sqrt{30\,400} = \underline{174{,}3\ \text{var}}$

2. Ein Wechselstrommotor nimmt an 230 V Betriebsspannung bei einem Leistungsfaktor 0,8 einen Strom von 10 A auf.

Bestimmen Sie
a) die Scheinleistung,
b) die Wirkleistung,
c) die Blindleistung!

gegeben: $U = 230$ V ; $I = 10$ A ; $\cos \varphi = 0{,}8$

gesucht: S, Q, P

Lösung: a) $S = U \cdot I$; $\underline{S} = 230 \text{ V} \cdot 10 \text{ A} = \underline{2300 \text{ VA}}$

b) $P = S \cdot \cos \varphi$; $\underline{P} = 2300 \text{ VA} \cdot 0{,}8 = \underline{1840 \text{ W}}$

c) $Q = S \cdot \sin \varphi$; $\underline{Q} = 2300 \text{ VA} \cdot 0{,}6 = \underline{1380 \text{ var}}$

Zu $\cos \varphi = 0{,}8$ gehört $\sin \varphi = 0{,}6$.
(Mit Hilfe des Elektronenrechners oder Tabelle der Winkelfunktionen feststellbar.)

Wechselstromgeneratoren und Transformatoren müssen meist Wirk- und Blindleistung abgeben und daher für Wirk- und Blindleistung, d. h. Scheinleistung bemessen sein.
Ihre Leistung wird aus diesem Grund in VA angegeben.
Bei Motoren gibt man dagegen auf dem Typenschild die an der Welle abgebbare mechanische Leistung an, da diese Größe interessiert. Der elektrische Teil ist jedoch auch hier für die Scheinleistung auszulegen.
Übertragungsleitungen werden ebenfalls nach der Scheinleistung ausgelegt.

8.5.6 Leistungsfaktor

Wie aus der Bezeichnung $P = S \cdot \cos \varphi$ zu ersehen ist, hängt die Wirkleistung von dem Faktor $\cos \varphi$ ab. Man bezeichnet daher diesen Faktor als *Leistungsfaktor.*

$$\text{Leistungsfaktor} = \frac{\text{Wirkleistung}}{\text{Scheinleistung}}$$

$$\cos \varphi = \frac{P}{S}$$

Der Leistungsfaktor gibt an, wieviel Prozent der Scheinleistung S als Wirkleistung P umgesetzt wird.

Je mehr der Leistungsfaktor cos φ gegen 1 geht, um so größer ist die Wirkleistung; je mehr er gegen Null geht, um so größer ist die in der Scheinleistung enthaltene Blindleistung.
Normalerweise handelt es sich um Leistungsfaktoren, die durch induktive Blindleistungen (Motoren, Transformatoren, Drosseln für Leuchtstofflampen) verursacht werden.
In der Praxis wird der Leistungsfaktor cos φ annähernd 1 angestrebt, weil dadurch die Wirkleistung möglichst groß wird und nicht unnötig Blindleistung (Blindstrom) zum Verbraucher transportiert werden muß, denn der Blindstrom belastet dabei Generator, Transformator und Leitungsnetz. Die Anlagenkosten steigen dadurch unnötig.

Beispiel:
Welchen Leistungsfaktor weist ein Wechselstrommotor auf, der an 230 V Betriebsspannung einen Strom von 5 A aufnimmt?
Der angeschlossene Wirkleistungsmesser zeigt 0,9 kW an.

gegeben: $U = 230\ \text{V}$; $I = 5\ \text{A}$; $P = 0{,}9\ \text{kW}$

gesucht: cos φ

$$\cos\varphi = \frac{P}{S}; \qquad \underline{\cos\varphi} = \frac{900\ \text{W}}{1150\ \text{VA}} = \underline{0{,}783}$$

$$S = U \cdot I; \qquad S = 230\ \text{V} \cdot 5\ \text{A} = 1150\ \text{VA}$$

8.5.7 Arbeit bei Wechselstrom

Elektrische Arbeit ist Leistung mal Zeit.

$$W = P \cdot t$$

Das gilt natürlich auch bei Wechselstrom. Die Flächen, die die Leistungskurven umschließen, entsprechen der Arbeit (siehe Abschnitte 8.1.3.4 und 8.5).
Man unterscheidet:

Wirkarbeit

$$W_W = P \cdot t$$
$$W_W = U \cdot I \cdot \cos\varphi \cdot t$$

P Wirkleistung in W, kW
t Zeit in s, h
W_W Wirkarbeit in Ws, kWh

Blindarbeit

$$W_B = Q \cdot t$$
$$W_B = U \cdot I \cdot \sin\varphi \cdot t$$

Q Blindleistung in var, kvar
t Zeit in s, h
W_B Blindarbeit in vars, kvarh

Beispiel:
Ein Wechselstrommotor ist über einen Wirkverbrauchszähler an das Netz angeschlossen. Während 3stündigen Betriebs geht der Zähler von 3200 auf 3205 kWh.
Der Motor nimmt bei 230 V Spannung einen Strom von 9 A auf.
Wie groß ist der Leistungsfaktor des Motors?

gegeben: $W_W = 5$ kWh ; $U = 230$ V ; $I = 9$ A; $t = 3$ h

gesucht: $\cos\varphi$

Lösung: $W_W = U \cdot I \cdot \cos\varphi \cdot t$

$$\cos\varphi = \frac{W_W}{U \cdot I \cdot t}; \quad \underline{\underline{\cos\varphi}} = \frac{5000\ \text{Wh}}{230\ \text{V} \cdot 9\ \text{A} \cdot 3\ \text{h}} = \underline{\underline{0{,}805}}$$

8.5.8 Lernziel-Test

Verständnisfragen

1. Was versteht man unter den Begriffen Wirkleistung, Blindleistung und Scheinleistung?
2. Wie heißen die Einheiten für Wirkleistung, Blindleistung und Scheinleistung?
3. Wie errechnet sich die Wirkleistung?
4. Wie wird die Leistung von Transformatoren angegeben?
5. Was versteht man unter dem Leistungsfaktor?
6. Warum ist man bestrebt, den Leistungsfaktor möglichst 1 zu machen?
7. Wie ist der Leistungsfaktor einer Glühlampe und einer idealen Spule?

Rechenaufgaben

1. Ein Wechselstrommotor nimmt eine Scheinleistung von 10 kVA und eine Wirkleistung von 8 kW auf.
   Wie groß ist die Blindleistung?
2. Ein Wechselstromtransformator ist für 6 kVA ausgelegt. Wie groß ist die Wirkleistung, die bei einem Leistungsfaktor
   a) 0,7
   b) 1,0
   übertragen werden kann?
3. Eine Schützspule nimmt bei 230 V Wechselspannung einen Strom von 91 mA auf. Der Leistungsfaktor beträgt 0,3.
   Wie groß ist
   a) die Scheinleistung,
   b) die Wirkleistung,
   c) die Wirkarbeit in 24 Stunden?

4. Der Strommesser in der Zuleitung eines Wechselstrommotors zeigt 70 A an, bei $\cos \varphi = 0{,}85$.
   Wie groß ist
   a) der Wirkstrom,
   b) der Blindstrom,
   c) die Scheinleistung bei $U = 230$ V,
   d) die Wirkleistung,
   e) die Blindleistung?

9 Dreiphasenwechselstrom – Drehstrom

9.1 Erzeugung und Darstellung

Die Erzeugung von Drehstrom erfolgt im Drehstromgenerator. Das Grundprinzip der Drehstromerzeugung kann mit folgendem Versuch gezeigt werden:

Versuch:
Zwischen drei um 120° versetzten Spulen mit Eisenkern dreht sich ein Dauermagnet. An die Spulen werden Spannungsmesser mit Nullpunkt in der Skalenmitte angeschlossen.

Beachte: Die Zeiger der drei Spannungsmesser schlagen bei jeder vollen Umdrehung des Dauermagneten nacheinander je einmal nach links und nach rechts aus.

Bild 9.1
Prinzip der Drehstromerzeugung

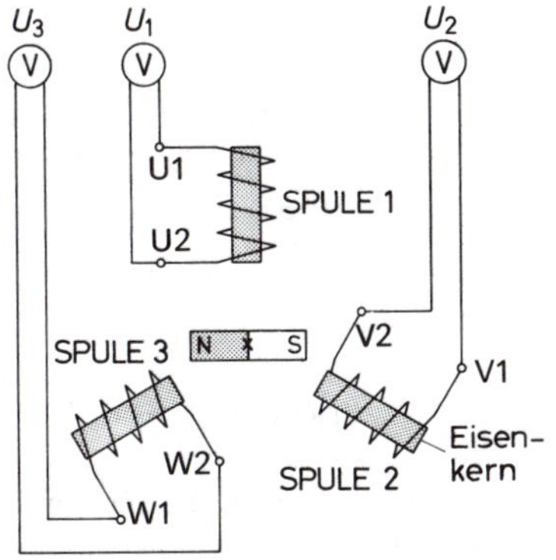

Bei der Drehung eines Magnetfeldes werden in drei räumlich um 120° versetzten Spulen drei um 120° gegeneinander phasenverschobene sinusförmige Wechselspannungen erzeugt.

Die drei Wechselspannungen lassen sich, da sie in einem System erzeugt werden, folgendermaßen zusammengefaßt darstellen:

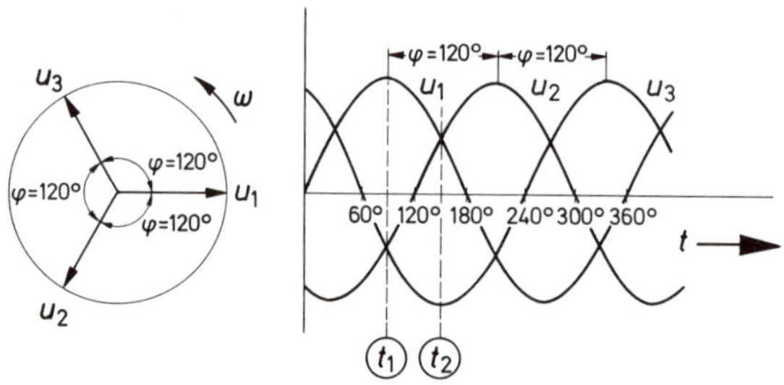

a) Zeigerbild b) Linienbild

Bild 9.2
Darstellung der Dreiphasenwechselspannung
a) im Zeigerbild
b) im Linienbild

Die im Versuch dargestellten Spulen werden in der Praxis als *Stränge* bezeichnet, die in ihnen erzeugten Spannungen entsprechend *Strangspannungen* U_{St}.
Die Klemmenbezeichnungen der Stränge sind folgendermaßen festgelegt:

Anfänge – U1, V1, W1
Enden – U2, V2, W2

> Drei um je 120° phasenverschobene Wechselspannungen in einem System nennt man Dreiphasenwechselspannung oder Drehspannung, die entsprechenden Ströme Dreiphasenwechselstrom oder Drehstrom.

9.2 Verkettungsschaltungen

Zum Fortleiten einer Dreiphasenwechselspannung sind ursprünglich sechs Leitungen notwendig. Damit erhält man die unverkettete oder offene Dreiphasenschaltung.

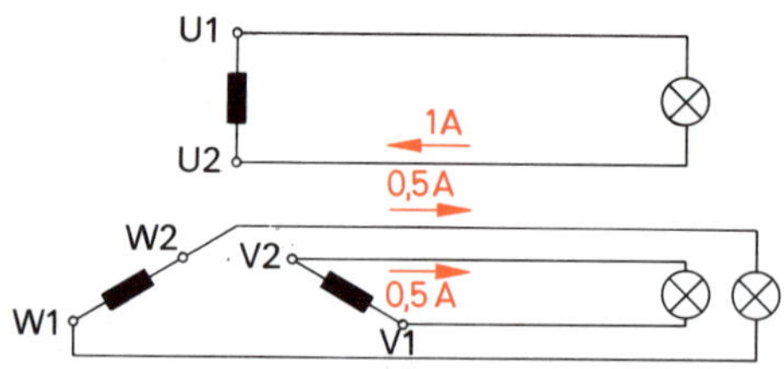

Bild 9.3
Unverkettetes Dreiphasensystem und Ströme zu einem bestimmten Zeitpunkt $\left(t_1 = \frac{T}{4}\right)$

Betrachtet man im Linienbild der Dreiphasenwechselspannung (Bild 9.2) zu den Zeitpunkten $t_1 = \frac{1}{4} T\,(90°)$ und $t_2 = \frac{5}{12} T\,(150°)$ die Augenblickswerte der drei Spannungen bzw. Ströme bei gleicher Belastung und bildet die Summe der drei Spannungen bzw. Ströme, so stellt man fest:

Zeitpunkt (t_1)		Zeitpunkt (t_2)	
i_1	$= +1$	i_1	$= +\frac{1}{2}$
i_2	$= -\frac{1}{2}$	i_2	$= +\frac{1}{2}$
i_3	$= -\frac{1}{2}$	i_3	$= -1$
$i_1 + i_2 + i_3$	$= 0$	$i_1 + i_2 + i_3$	$= 0$

> Die Summe der drei Wechselspannungen (Wechselströme) ist in jedem Augenblick Null.

Da die Summe der drei Spannungen (Ströme) bei gleicher Belastung stets den Wert Null ergibt, kann man die spannungsführenden Spulen des Generators zusammenschalten oder – wie man sagt – *verketten,* ohne daß ein Kurzschluß entsteht. Damit ist (siehe Bild 9.3) die Summe der drei Ströme (Vorzeichenberücksichtigung) in den Leitungen, die von U2, V2 und W2 ausgehen, also praktisch den Rückleitungen, Null. Es sind somit prinzipiell, wenn die Stränge miteinander verkettet werden, nur drei Leitungen erforderlich.
Man unterscheidet zwei Arten der Verkettung, die Sternschaltung und die Dreieckschaltung.

9.2.1 Sternschaltung

Nach Bild 9.4 sind hierbei die Strangenden U2, V2 und W2 miteinander zum Sternpunkt N (auch Mittelpunkt genannt) verbunden, während von den drei Klemmen U1, V1 und W1 und dem Sternpunkt N die Außenleiter L1, L2 und L3 und der Sternpunktleiter N (auch Mittel- oder Neutralleiter genannt) zum Verbraucher führen. Die vier Leiter bilden das Vierleitersystem.
Das Spannungszeigerbild dieser Schaltung nach Bild 9.6 a hat der Schaltung den Namen gegeben, für die das Symbol Y verwendet wird.
Die Spannungen zwischen den Außenleitern heißen *Leiterspannungen U* und die Spannungen zwischen den Außenleitern und dem Mittelleiter *Strang-* oder *Stern*spannungen U_{St}.

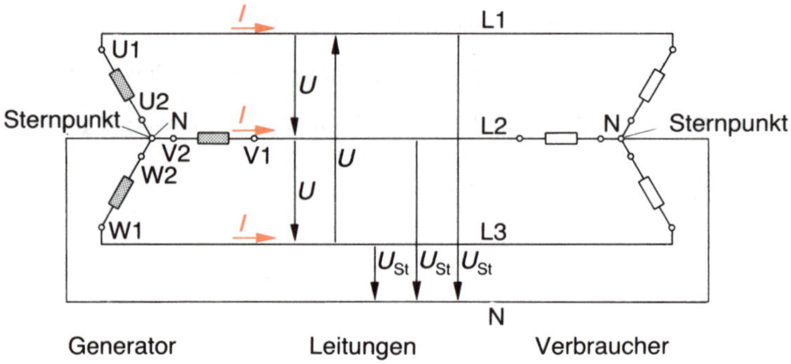

Bild 9.4
Erzeuger und Verbraucher in Sternschaltung

Versuch:
Drei gleich große Glühlampen werden in Sternschaltung an das Drehstromnetz angeschlossen.
Gemessen werden:

a) Spannungen zwischen den Außenleitern;
b) Spannungen zwischen Mittelleiter und Außenleiter,
c) Ströme in den Außenleitern,
d) Strom im Mittelleiter,
e) Strom im Mittelleiter, wenn eine Lampe ausfällt (unsymmetrische Belastung).

Feststellung (siehe auch Bild 9.5):

a) Leiterspannungen	$U = 400$ V
b) Strangspannungen (Sternspannungen) an den Lampen	$U_{St} = 230$ V
c) Leiterströme = Strangströme	$I = I_{St} = 0{,}5$ A
d) Mittelleiterstrom	$I_N = 0$ A
e) Mittelleiterstrom	$I_N' = 0{,}5$ A

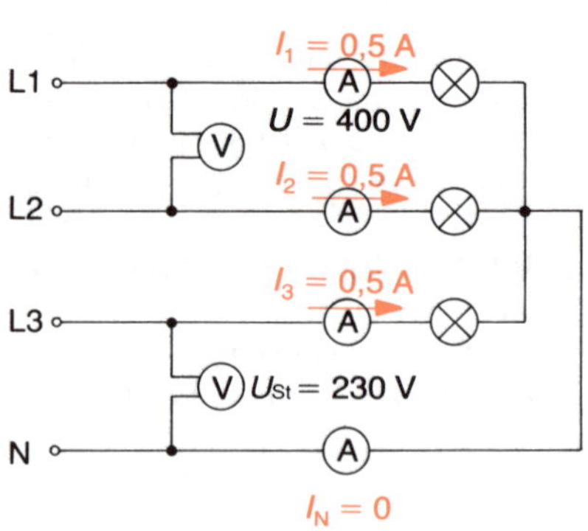

Bild 9.5
Ströme und Spannungen in o.a. Sternschaltung

Durch geometrische Addition (Verkettung) von jeweils zwei Strangspannungen U_{St} ergibt sich eine Leiterspannung U (siehe Bilder 9.6 a und 9.6 b). Bildet man nun noch das Verhältnis von Leiterspannung zu Strangspannung, so ergibt sich

$$\frac{U}{U_{Str}} = \frac{400\ \text{V}}{230\ \text{V}} = 1{,}73 = \sqrt{3}$$

Faktor $\sqrt{3}$ wird *Verkettungsfaktor* genannt, da er angibt, wie die Leiterspannungen mit den Strangspannungen verkettet sind.
Die Beziehung zwischen Leiterspannung U und Strangspannung U_{St} und damit der Verkettungsfaktor $\sqrt{3}$ läßt sich auch mit Hilfe der Winkelfunktionen folgendermaßen ableiten (s. Bild 9.6 b):

$$\frac{\frac{U}{2}}{U_{St}} = \cos\ 30°$$

$$U = 2 \cdot U_{St} \cdot \cos\ 30° = 2 \cdot U_{St} \cdot 0{,}866$$

$$U = 1{,}73 \cdot U_{St} = \sqrt{3} \cdot U_{St}$$

Bild 9.6 a
Zeigerbild der Strang- und Leiterspannungen

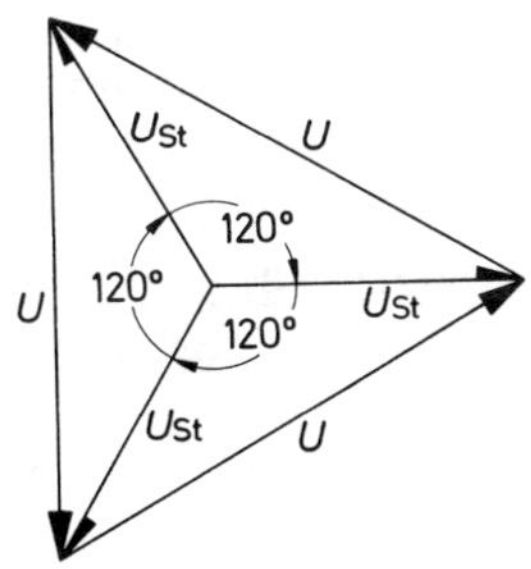

Bild 9.6 b
Geometrische Addition (Verkettung) der Strangspannungen

Für Sternschaltung gilt:

$$\text{Verkettungsfaktor} = \frac{\text{Leiterspannung}}{\text{Strangspannung}} = \frac{U}{U_{St}} = \sqrt{3} = 1{,}73$$

Bei *Sternschaltung* ist die Leiterspannung $\sqrt{3}$ mal so groß wie die Strangspannung, der Leiterstrom ist gleich dem Strangstrom.
Bei unsymmetrischer Belastung der drei Stränge führt der Mittelleiter den sogenannten Ausgleichsstrom.

In der Sternschaltung stehen bei mitgeführtem Mittelleiter (Vierleiternetz) verbraucherseitig gleichzeitig zwei verschieden große Wechselspannungen zur Verfügung.
Im 400-V-Vierleiternetz sind die Leiterspannungen mit 400 V (zwischen je zwei Außenleitern) und die Sternspannungen mit 230 V (zwischen je einem Außenleiter und dem Mittelleiter).
Einphasige Verbraucher (Kleinverbraucher wie Lampen und Haushaltsgeräte) werden an 230 V gelegt, dreiphasige Verbraucher (Großverbraucher wie Motoren ab etwa 1 kW, Kochherde, Heizgeräte) an 400 V.
Anschlußbeispiele sind aus Bild 9.7 zu ersehen.

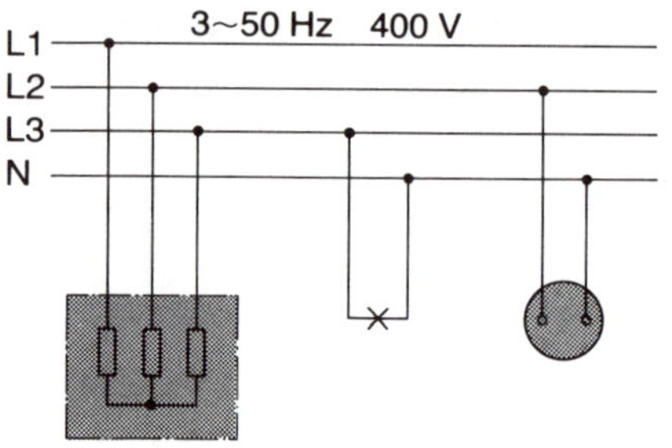

Bild 9.7
Verbraucher im Vierleiternetz

Energieversorgungsnetze werden praktisch immer als *Vierleitersysteme* betrieben, d. h., Generator bzw. Transformator sind in Stern geschaltet. Der Mittelleiter N findet in öffentlichen Netzen oft auch als geerdeter Leiter für Schutzmaßnahmen gegen gefährliche Berührungsspannungen Anwendung, heißt dann Neutralleiter mit Schutzfunktion PEN und ist durch grüngelbe Farbe gekennzeichnet. Dieser PEN-Leiter stellt einen gemeinsamen Neutralleiter (Rückleitung, Ausgleich) und Schutzleiter dar (siehe Abschnitte 13.4.4.1, 13.4.4.2, Bilder 13.10, 13.11 b). Haushaltsverteilungsnetze sind meist mit getrenntem Neutralleiter und Schutzleiter (PE und N) ausgeführt, wobei der

PE-Leiter grüngelb und der N-Leiter hellblau gekennzeichnet sind (siehe Abschnitte 13.4.4.1, 13.4.4.2, Bilder 13.10, 13.11 a).

Beispiel:
Ein Drehstromtransformator in Sternschaltung hat eine Strangspannung von 6000 V.
Wie groß ist die Spannung zwischen den Außenleitern?

gegeben: $U_{St} = 6000$ V

gesucht: U

Lösung: $U = \sqrt{3} \cdot U_{St}$; $\underline{U} = \sqrt{3} \cdot 6000\ \text{V} = 1{,}73 \cdot 6000\ \text{V} = \underline{10\,380\ \text{V}}$

9.2.2 Dreieckschaltung

Verbindet man das Ende jedes Stranges mit dem Anfang eines anderen, also U2 mit V1, V2 mit W1 und W2 mit U1, so sind alle Wicklungen hintereinandergeschaltet, und es entsteht die Dreieckschaltung.

Bild 9.8
Dreieckschaltung und entsprechendes Zeigerbild für die Strangspannungen

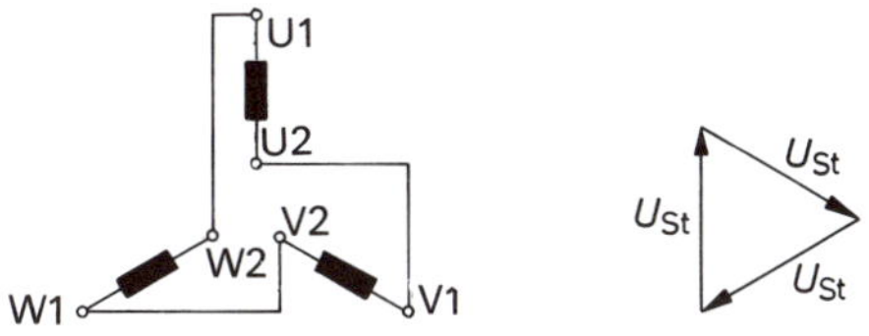

Aus der Form des Zeigerbildes wurde der Name Dreieckschaltung abgeleitet.
An die Verbindungsstellen der Stränge werden nach Bild 9.9 die Leitungen zum Verbraucher, die *Außenleiter,* angeschlossen und mit L1, L2 und L3 bezeichnet. Man erhält das *Dreileitersystem.*

Bild 9.9
Erzeuger und Verbraucher in Dreieckschaltung

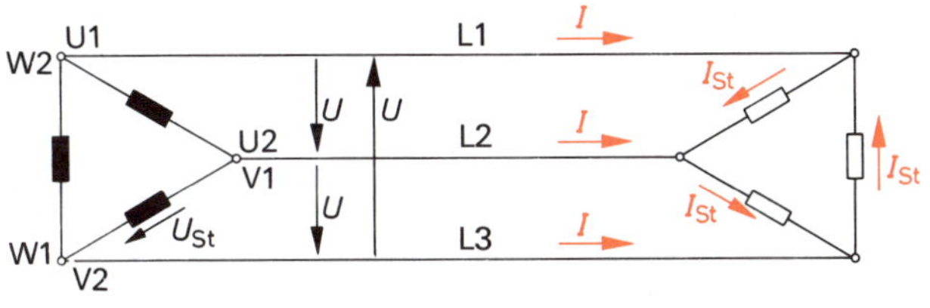

Aus der Schaltung ist zu ersehen, daß nur eine Spannung auftritt, die Leiterspannung.

Versuch:
Drei gleiche Widerstände werden in Dreieckschaltung an das Drehstromnetz gelegt.
Gemessen werden:
a) Spannungen zwischen den Außenleitern,
b) Ströme in den Außenleitern,
c) Ströme in den Strängen.

Feststellung:
a) Leiterspannungen = Strangspannungen
$U = U_{St} = 400$ V

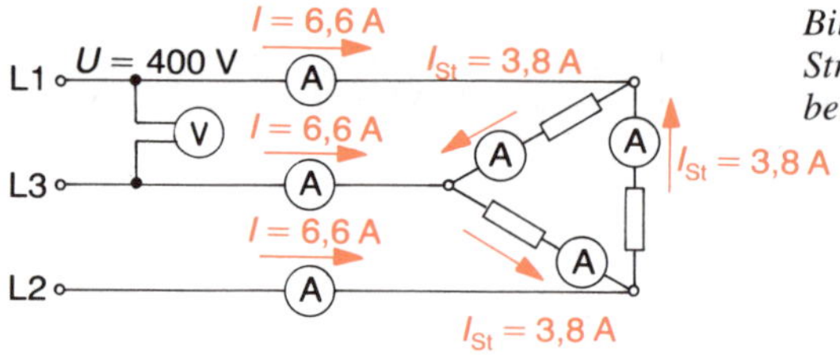

Bild 9.10
Ströme und Spannung bei der Dreieckschaltung

b) Leiterströme
$I = 6,6$ A

c) Strangströme
$I_{St} = 3,8$ A

Durch geometrische Addition (Verkettung) von jeweils zwei Strangströmen I_{St} ergibt sich ein Leiterstrom I (Bilder 9.10 a und 9.10 b).

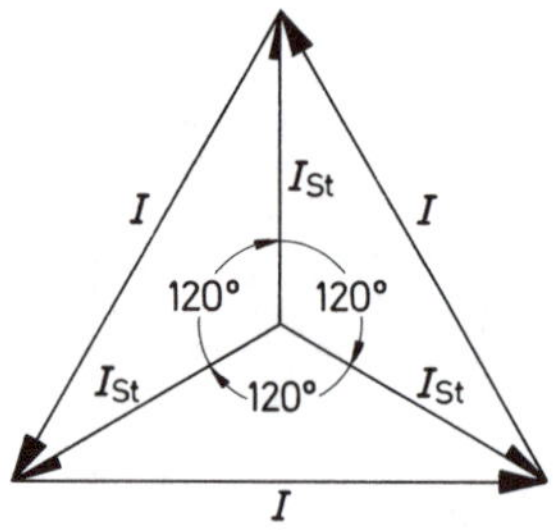

Bild 9.10 a
Zeigerbild der Strang- und Leiterströme

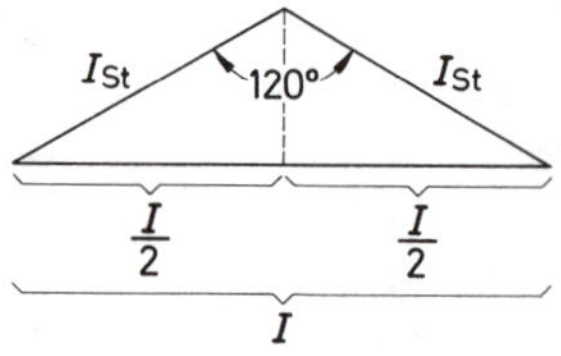

Bild 9.10 b
Geometrische Addition (Verkettung der Strangströme)

Das Verhältnis von Leiterstrom zu Strangstrom ergibt sich zu

$$\frac{I}{I_{St}} = \frac{6{,}6\ \text{A}}{3{,}8\ \text{A}} = 1{,}73 = \sqrt{3}$$

Die Beziehung zwischen Leiterstrom I und Strangstrom I_{St} und damit der Verkettungsfaktor läßt sich ähnlich wie bei den Spannungen der Sternschaltung mathematisch ableiten (s. Bild 9.10 b).
Für Dreieckschaltung gilt:

$$\text{Verkettungsfaktor} = \frac{\text{Leiterstrom}}{\text{Strangstrom}} = \frac{I}{I_{St}} = \sqrt{3} = 1{,}73$$

Bei der Dreieckschaltung ist der Leiterstrom $\sqrt{3}$ mal so groß wie der Strangstrom; die Leiterspannung ist gleich der Strangspannung.

Die Dreieckschaltung findet Verwendung bei Transformatoren zur Speisung der Hochspannungs-Fernleitungen, bei Drehstrommotoren und in Kondensatorschaltungen für Drehstrommotoren.
Prinzipiell ist aber die Schaltungsmöglichkeit des Verbrauchers unabhängig von der des Erzeugers.

Beispiel:
In den Außenleitern eines Drehstromgenerators in Dreieckschaltung fließt ein Strom von 110 A.
Mit welcher Stromstärke werden die Generatorspulen belastet?

gegeben: $I = 110\ \text{A}$

gesucht: I_{St}

Lösung: $I_{St} = \frac{I}{\sqrt{3}}$; $\quad \underline{I_{St}} = \frac{110\ \text{A}}{\sqrt{3}} = \frac{110\ \text{A}}{1{,}73} = \underline{63{,}5\ \text{A}}$

9.3 Leistung bei Drehstrom

Die gesamte Leistung im Drehstromsystem ergibt sich aus der Summe der Leistungen in den drei Strängen.
Bei symmetrischer Belastung gilt:
Drehstromleistung = 3 × Strangleistung

$$P = 3 \cdot P_{St}$$

Die Strangleistung ist praktisch eine Wechselstromleistung und läßt sich angeben

$$P_{St} = U_{St} \cdot I_{St} \cdot \cos\varphi$$

Damit ergibt sich für die Drehstromleistung

$$P = 3 \cdot U_{St} \cdot I_{St} \cdot \cos\varphi$$

Da die Strangwerte zur Messung häufig nicht zugänglich sind, gibt man die Gleichung besser in Leiterwerten an. Es gilt nun bei:

Sternschaltung	Dreieckschaltung
$U_{St} = \frac{U}{\sqrt{3}}$	$U_{St} = U$
$I_{St} = I$	$I_{St} = \frac{I}{\sqrt{3}}$

Setzt man die Werte in obige Gleichung ein, so erhält man:

$P = 3 \cdot \frac{U}{\sqrt{3}} \cdot I \cdot \cos\varphi$	$P = 3 \cdot U \cdot \frac{I}{\sqrt{3}} \cdot \cos\varphi$
$P = \frac{3}{\sqrt{3}} \cdot U \cdot I \cdot \cos\varphi$	$P = \frac{3}{\sqrt{3}} \cdot U \cdot I \cdot \cos\varphi$
$P = \sqrt{3} \cdot U \cdot I \cdot \cos\varphi$	$P = \sqrt{3} \cdot U \cdot I \cdot \cos\varphi$

Die Drehstromwirkleistung für Stern- und Dreieckschaltung läßt sich mit der gleichen Formel bestimmen:

Drehstromwirkleistung

$$P = \sqrt{3} \cdot U \cdot I \cdot \cos\varphi$$

P Drehstromwirkleistung in W
U Leiterspannung in V
I Leiterstrom in A
$\cos\varphi$ Leistungsfaktor
φ Phasenverschiebungswinkel

Zur Bestimmung der Schein- und Blindleistung bei Drehstrom werden die entsprechenden Wechselstromgleichungen mit dem Faktor multipliziert.

Drehstrom-scheinleistung

$$S = \sqrt{3} \cdot U \cdot I$$

in VA

Drehstrom-blindleistung

$$Q = \sqrt{3} \cdot U \cdot I \cdot \sin \varphi$$

in var

Beispiele:

1. In der Zuleitung eines Drehstrommotors fließt ein Strom von 4,3 A. Der Leistungsfaktor ist 0,83. Die Netzspannung beträgt 400 V.
   Wie groß ist
   a) die Scheinleistung,
   b) die Wirkleistung?

gegeben: $I = 4{,}3\ \text{A}; \quad \cos\varphi = 0{,}83; \quad U = 400\ \text{V}$

gesucht: S, P

$S = \sqrt{3} \cdot U \cdot I; \quad \underline{S} = \sqrt{3} \cdot 400\ \text{V} \cdot 4{,}3\ \text{A} = 2979\ \text{VA} = \underline{2{,}98\ \text{kVA}}$

$P = S \cdot \cos\varphi; \quad \underline{P} = 2{,}98\ \text{kVA} \cdot 0{,}83 = \underline{2{,}47\ \text{kW}}$

2. Ein Drehstrom-Heizofen hat je Wicklungsstrang den Widerstand 50 Ω.
   Wie groß sind Stromaufnahme und Leistungsaufnahme, wenn der Ofen
   a) in Sternschaltung,
   b) in Dreieckschaltung
   an einem 400-V-Drehstromnetz betrieben wird?

gegeben: $R_{St} = 50\ \Omega; \quad U = 400\ \text{V}$

gesucht: I

Lösung:

a) Sternschaltung: Man unterscheidet die Leiterspannung $U = 400$ V und die Strangspannung $U_{St} = 230$ V

$$I_{St} = \frac{U_{St}}{R_{St}}; \qquad I_{St} = \frac{230\ \text{V}}{50\ \Omega} = \underline{4{,}6\ \text{A}}$$

Der Strangstrom ist gleich dem Leiterstrom (Stromaufnahme)

$I = \underline{4{,}6\ \text{A}}$

$P = \sqrt{3} \cdot U \cdot I \cdot \cos\varphi; \qquad \underline{P} = 1{,}73 \cdot 400\ \text{V} \cdot 4{,}6\ \text{A} \cdot 1 = \underline{3183\ \text{W}}$

b) Dreieckschaltung: Die Leiterspannung ist gleich der Strangspannung

$U = U_{St} = 400\ V$

$I_{St} = \frac{U_{St}}{R_{St}}$; $\quad I_{St} = \frac{400\ V}{50\ \Omega} = \underline{8{,}0\ A}$

Der Leiterstrom ist $\sqrt{3}$ mal größer als der Strangstrom.

$I = \sqrt{3} \cdot I_{St}$; $\quad \underline{I} = 1{,}73 \cdot 8{,}0\ A = \underline{13{,}84\ A}$

$P = \sqrt{3} \cdot U \cdot I \cdot \cos\varphi$; $\quad \underline{P} = 1{,}73 \cdot 400\ V \cdot 13{,}84\ A \cdot 1 = \underline{9577\ W}$

Vergleicht man die Leistungen in Stern- und Dreieckschaltung, so stellt man fest, daß die Leistung in Dreieckschaltung 3mal so groß ist wie die in Sternschaltung bei gleichen Stromwiderständen.

$P_{\Delta} = 3 \cdot P_{\curlyvee}$

Bei gleicher Netzspannung nimmt ein Verbraucher in Dreieckschaltung die dreifache Leistung auf wie in Sternschaltung.

Diese Tatsache wird bei Drehstromheizgeräten angewandt. Weiterhin findet bei Drehstrommotoren der sog. Stern-Dreieck-Anlauf Anwendung, wobei der Motor zunächst in Sternschaltung liegt und damit der hohe Anlaufstrom herabgesetzt wird.

9.4 Drehfeld

Versuch:
Drei um 120° versetzte Spulen mit Eisenkern werden an Drehstrom angeschlossen. Zwischen den Spulen befindet sich eine drehbare gelagerte Magnetnadel, die angestoßen wird.

Feststellung:
Die Magnetnadel dreht sich sehr schnell (siehe Bild 9.11).

Magnetnadeln richten sich nach einem Magnetfeld aus. Da in obigem Versuch die Magnetnadel gedreht wird, muß ein Magnetfeld vorhanden sein, das sich dreht. Man spricht von einem *Drehfeld.*

Bild 9.11
Erzeugung eines Drehfeldes

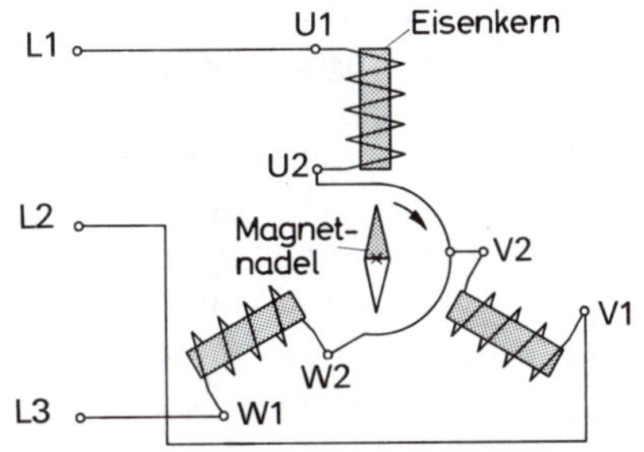

Drehstrom erzeugt in drei um je 120° versetzten Spulen ein Drehfeld.

Bild 9.12
Entstehung des Drehfeldes bei Drehstrom

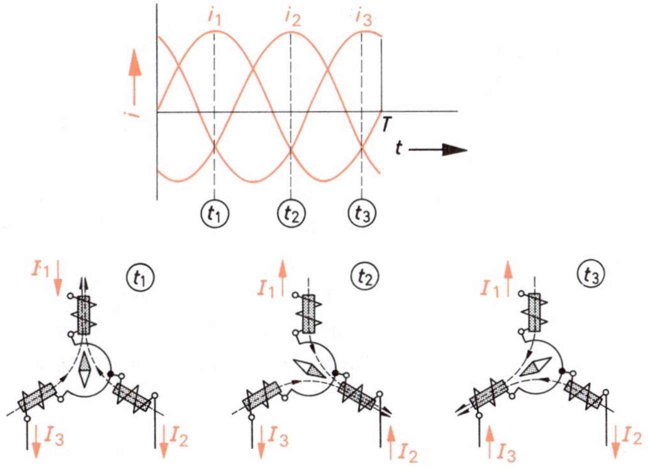

Das Ergebnis des Versuches wird mit Hilfe von Bild 9.12 erläutert.
Für drei Zeitpunkt t_1, t_2 und t_3 sind die Magnetfeldrichtungen (Pole) in die drei Spulenstränge eingetragen.
Positiver Strom ist hier Strom, der in die Spule hineinfließt, negativer Strom solcher, der herausfließt. Hieraus ergeben sich entsprechende Feldrichtungen (Magnetpole) in den Spulen. Die Magnetnadel stellt sich in die resultierende Magnetfeldrichtung. Dem Feldverlauf ist zu entnehmen, daß der Drehstrom drei Wechselfelder erzeugt, die sich zu einem zweipoligen Feld zusammensetzen, das während einer Periode einmal umläuft.
Diese Spulenanordnung wird wegen des entstehenden zweipoligen Drehfeldes als zweipolig bezeichnet (Polpaarzahl p = 1).

9.5 Vorteile von Drehstrom gegenüber Wechselstrom

Wesentliche Vorteile des Drehstromes sind:

a) Einsparung an Leitungsmaterial
Für die Übertragung der drei Phasen des Drehstromes werden durch Verkettung anstatt 6 Leitungen nur 3 oder 4 Leitungen benötigt.

b) Verschiedene Spannungswerte
Im Vierleitersystem stehen zwei verschieden hohe Spannungen zur Verfügung.

c) Drehfeld
Das Drehfeld ermöglicht den Bau besonders einfacher Motoren.

d) Leistung
Bei gleichen Leiterquerschnitten lassen sich wesentlich größere Leistungen übertragen und umsetzen.

9.6 Lernziel-Test

Verständnisfragen

1. Was versteht man unter Drehstrom?
2. Warum kann man die spannungsführenden Spulen eines Drehstromgenerators zusammenschalten (verketten), ohne daß ein Kurzschluß entsteht?
3. Wie wird eine Dreieckschaltung bzw. eine Sternschaltung ausgeführt?
4. Welche Größen sind bei der Sternschaltung bzw. Dreieckschaltung verkettet?
5. Welchen Zahlenwert hat der Verkettungsfaktor?
6. Was versteht man unter einem Vierleiternetz und wo wird es angewandt?
7. Was versteht man unter einem Drehfeld und wo wird es angewandt?
8. Welche Vorteile bietet Drehstrom gegenüber Wechselstrom?

Rechenaufgaben

1. Ein Drehstromgenerator in Sternschaltung hat eine Strangspannung von 400 V.
   Wie groß ist die Spannung zwischen den Außenleitern?
2. In den Außenleitern eines Drehstrommotors in Dreieckschaltung fließt ein Strom von 24 A.
   Mit welcher Stromstärke sind die Motorspulen belastet?
3. Ein Drehstrommotor nimmt an 400 V Spannung einen Strom von 20 A auf. Der Leistungsfaktor ist 0,85.
   Wie groß sind
   a) die Scheinleistung,
   b) die Wirkleistung?
4. Ein Drehstromgenerator mit einer Scheinleistung von 1000 kVA hat eine Spannung von 3000 V. Der von den Verbrauchern verursachte Leistungsfaktor beträgt 0,7.
   Wie groß sind
   a) die Wirkleistung,
   b) der Generatorstrom?

5. Drei Widerstände von je 40 Ω liegen einmal im Stern, dann im Dreieck an einem Drehstromnetz mit 400 V Leiterspannung.
Welcher Strom fließt in den Außenleitern und welche Leistung nehmen die Widerstände insgesamt auf
a) in Sternschaltung,
b) in Dreieckschaltung?

10 Transformatoren

10.1 Aufbau und Wirkungsweise

Der Transformator besteht im wesentlichen aus zwei Spulen (Wicklungen) und einem Eisenkern (Bild 10.1). Der Eisenkern ist zur Unterdrückung von Wirbelströmen aus isolierten Blechscheiben zusammengesetzt. Bei Hochfrequenz genügt das Blechen nicht mehr. Man verwendet besondere Magnetwerkstoffe.

Bild 10.1
a) Prinzip des Transformators
b) Schaltzeichen
c) Schaltkurzzeichen

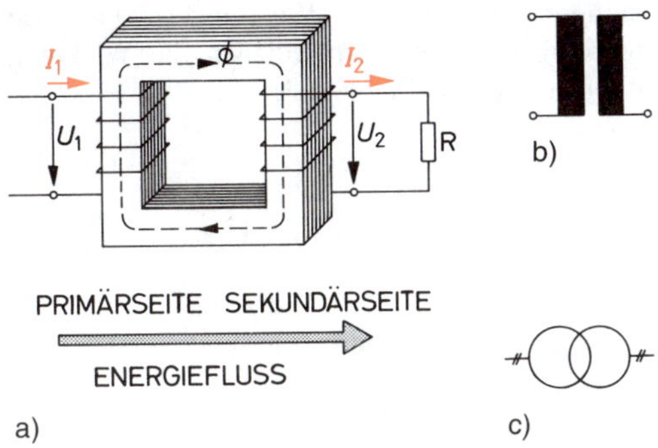

Legt man an die Eingangswicklung N_1, die man *Primärwicklung* nennt, eine Wechselspannung U_1, so erzeugt der entstehende Wechselstrom I_1 *(Primärstrom)* im Eisenkern ein Wechselfeld mit dem magnetischen Fluß Φ. Dieser Wechselfluß Φ wird vom Eisenkern geführt und durchsetzt die Ausgangsspule N_2 *(Sekundärspule)*. Die periodischen Flußänderungen ergeben in der Ausgangsspule eine Induktionsspannung, d. h. eine Wechselspannung mit der gleichen Frequenz wie die Eingangsspannung (siehe Abschnitt 6.5.2).
Da beide Wicklungen in der Regel verschiedene Spannungen haben, benutzt man auch die Bezeichnungen *Ober-* und *Unterspannungswicklung* (OS, US). Hierbei kann die Oberspannungswicklung Eingangs- (Primär-) als auch Ausgangs- (Sekundär-) wicklung sein.

> Der Transformator wandelt eine bestimmte Wechselspannung in eine andere Wechselspannung gleicher Frequenz um. Dabei ändert sich gleichzeitig der Strom.

Transformatoren zur Leistungsübertragung nennt man auch *Umspanner*, Transformatoren für Meßzwecke nennt man *Meßwandler* und Transformatoren zur Signalübertragung heißen *Übertrager*.

10.2 Bauformen

Die Transformatoren unterscheiden sich in ihrer Bauform durch die Form des Eisenkerns und die Wicklungsart der Spulen. Nach der Form des Eisenkerns unterscheidet man *Kerntransformatoren* und *Manteltransformatoren* (Bilder 10.2 und 10.3).
Wechselstromtransformatoren in Kernbauweise haben zwei mit Wicklungen versehene gleich starke Kerne (Schenkel), die durch ein Zwischenstück (Joch) miteinander verbunden sind. Bei den Wechselstromtransformatoren in Mantelbauweise trägt der mittlere Schenkel beide Wicklungen. Die beiden äußeren Schenkel mit nur jeweils halbem Querschnitt umschließen die Wicklungen wie ein Mantel und bilden den Rückweg für das Magnetfeld.

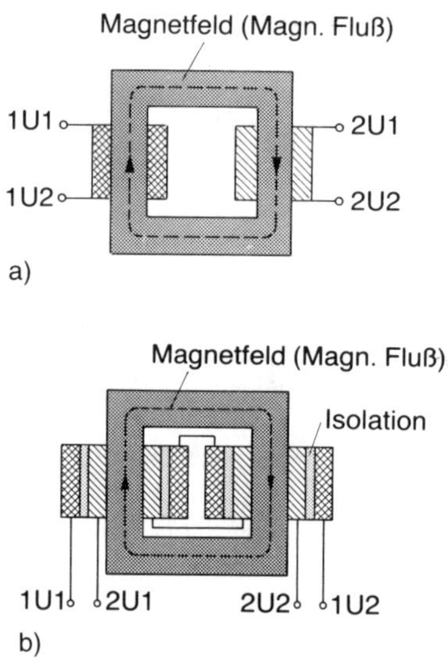

Bild 10.2 Kerntransformator
a) mit Zylinderwicklung nebeneinander
b) mit Zylinderwicklung übereinander

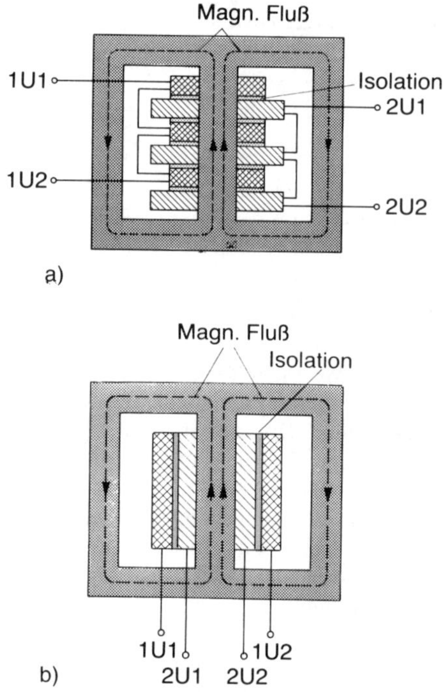

Bild 10.3 Manteltransformator
a) mit Scheibenwicklung,
b) mit Zylinderwicklung

Man unterscheidet grundsätzlich *Scheiben- und Zylinderwicklungen* (Bilder 10.2 und 10.3). Die Klemmenbezeichnungen von Wechselstromtransformatoren sind eingangsseitig 1 U1, 1 U2 und ausgangsseitig 2 U1, 2 U2.
Niederspannungswicklungen werden normalerweise als Zylinderwicklungen, Hochspannungswicklungen als Scheibenwicklungen ausgeführt.
Durch Anwendung der Scheibenwicklung wird die Gesamtwicklung in mehrere gut voneinander isolierte Teilspulen zerlegt. Dadurch wird die Hochspannung günstig unterteilt, die Durchschlagsgefahr vermindert und die Streufeldlinien meist übereinandergewickelt. Die Oberspannungswicklung liegt hier außen, damit eine sichere Isolation der Oberspannungswicklung gegen den Kern gewährleistet ist. Des öfteren wird auch hier die Oberspannungswicklung bei hohen Spannungen in Scheibenform ausgeführt.

10.3 Verhalten bei Leerlauf und bei Belastung

Im *Leerlauf,* also bei offenem Sekundärkreis, wird zwar in der Sekundärspule eine Spannung induziert, es fließt aber in ihr kein Strom.
In der Primärspule heben sich die angelegte Primärspannung und die entgegengesetzt wirkende Selbstinduktionsspannung praktisch auf. Die wirksame Spannung wird somit klein und damit auch der Strom, den die Primärspule aufnimmt.
Mit diesem Strom wird in der Hauptsache der Magnetfluß aufrechterhalten. Man nennt ihn *Leerlaufstrom.*

> Der Transformator wirkt im Leerlauf wie eine Drosselspule.

Beispiel:
Ein Transformator im Leerlauf wird primärseitig an 230 V angeschlossen. Die in der Primärwicklung induzierte Spannung mit 228,5 V wirkt der angelegten Spannung entgegen. Der Drahtwiderstand der Primärwicklung sei 2,5 Ω.

a) Welchen Leerlaufstrom nimmt der Transformator auf?
b) Wie groß wäre der Strom ohne induzierte Gegenspannung?

Lösung:

a) Wirksam ist die Differenz von Klemmenspannung und Gegenspannung. Damit wird

$$\underline{I_1} = \frac{U_1 - U_q}{R_1} = \frac{230\ \text{V} - 228{,}5\ \text{V}}{2{,}5\ \Omega} = \frac{1{,}5\ \text{V}}{2{,}5\ \Omega} = \underline{0{,}6\ \text{A}}$$

b) $$\underline{I_1'} = \frac{U_1}{R_1} = \frac{230\ \text{V}}{2{,}5\ \Omega} = \underline{92\ \text{A}}$$

Der Fall b) würde eintreten bei versehentlichem Anschluß eines Transformators an *Gleichspannung*.

Bei *Belastung* des Transformators durch einen Widerstand R fließt im Sekundärkreis ein Strom. Dieser Strom baut in der Sekundärwicklung ein Magnetfeld auf, das nach der Lenzschen Regel dem ursprünglichen Feld des Primärstromes entgegenwirkt und den Fluß schwächt. Hierdurch sinkt die Selbstinduktionsspannung in der Primärwicklung ab.

Der Primärstrom nimmt zu, da der Unterschied zwischen angelegter Wechselspannung und in Gegenrichtung wirkender Selbstinduktionsspannung größer wird. Mit steigender Belastung wächst also die Primärstromaufnahme.

> Laständerungen auf der Sekundärseite des Transformators übertragen sich auf die Primärseite.

10.4 Spannungsübersetzung

> Versuch:
> Auf einen Eisen-U-Kern mit Joch werden zwei Spulen mit $N_1 = 300$ Windungen und $N_2 = 600$ Windungen gebracht.
> Spule 1 wird an eine Wechselspannung $U_1 = 150$ V angeschlossen und mit der Spannung an Spule 2 verglichen. Der Trafo wird sekundärseitig nicht belastet (Leerlauf).

Beachte: Die Spannung U_2 ist 300 V, also doppelt so groß wie U_1.

Bildet man das Verhältnis der Spannungen

$$\frac{U_1}{U_2} = \frac{150\text{ V}}{300\text{ V}} = \frac{1}{2}$$

und das Verhältnis der Windungszahlen

$$\frac{N_1}{N_2} = \frac{300}{600} = \frac{1}{2}$$

so stellt man fest:

> Beim Transformator verhalten sich die Spannungen wie die Windungszahlen.

Spannungsübersetzung

$$\frac{U_1}{U_2} = \frac{N_1}{N_2}$$

U_1 Primärspannung in V
U_2 Sekundärspannung in V
N_1 Windungszahl der Primärwicklung
N_2 Windungszahl der Sekundärwicklung

Wie es zu dieser Spannungsübersetzung kommt, läßt sich folgendermaßen erklären: 150 V Spannung auf der Primärwicklung ergeben je Windung einen bestimmten Spannungsfall; bei 300 Windungen eine Spannung von $\frac{150\ \text{V}}{300} = 0{,}5$ V. Diese Spannung nennt man *Windungsspannung*. Sie erzeugt durch das Wechselfeld auf der Sekundärseite bei verlustlosem Transformator jeweils wieder genau die gleiche Spannung je Windung (hier 0,5 V), das sind bei 600 Windungen auf der Sekundärseite $U_2 = 600 \cdot 0{,}5\ \text{V} = 300$ V.

Beispiel:
Ein Wechselstrom-Transformator (Einphasen-Transformator) soll von 230 V auf 24 V übersetzen. Die Sekundärwicklung liegt mit 100 Windungen fest.
Wie groß ist die Windungszahl der Primärwicklung zu wählen?

gegeben: $U_1 = 230$ V ; $U_2 = 24$ V ; $N_2 = 100$ Windungen

gesucht: N_1

Lösung: $\frac{N_1}{N_2} = \frac{U_1}{U_2}$; $N_1 = \frac{U_1 \cdot N_2}{U_2} = \frac{230\ \text{V} \cdot 100}{24\ \text{V}} = 958{,}3$ Windungen

$\underline{N_1} = \underline{959\ \text{Windungen}}$ gewählt!

Das Prinzip der Spannungsübertragung wird sehr häufig sowohl im Bereich der Hochspannung als auch im Bereich der Niederspannung angewandt. Der Energietransport der Elektrizität über Hochspannungsleitungen wäre ohne vorheriges Hochtransformieren der Spannung und anschließendes Herabtransformieren nicht durchführbar.

10.5 Stromübersetzung

Versuch:
Auf einen Eisen-U-Kern mit Joch werden zwei Spulen mit $N_1 = 600$ Windungen und $N_2 = 300$ Windungen gebracht.
An Spule 2 wird ein Verbraucher angeschlossen (sekundärseitig also belastet). Spule 1 wird mit 150 V gespeist und die Ströme in der Eingangs- und Ausgangswicklung verglichen.

Beachte: Der Strom der Ausgangswicklung ist ungefähr doppelt so groß wie der Strom in der Eingangswicklung.

Bildet man das Verhältnis der Ströme

$$\frac{I_1}{I_2} = \frac{1}{2}$$

und das Verhältnis der Windungszahlen

$$\frac{N_1}{N_2} = \frac{2}{1}$$

so stellt man fest:

Beim Transformator verhalten sich die Ströme umgekehrt wie die Windungszahlen.

Stromübersetzung

$$\frac{I_1}{I_2} = \frac{N_2}{N_1}$$

I_1 Primärstrom in A
I_2 Sekundärstrom in A
N_1 Windungszahl der Primärwicklung
N_2 Windungszahl der Sekundärwicklung

Durch folgende Überlegung läßt sich die Stromübersetzung erklären:
Geht man von einem verlustfreien Transformator aus, so muß man annehmen, daß die Leistungsaufnahme gleich der Leistungsabgabe ist.
Eingangsscheinleistung = Ausgangsscheinleistung

$$S_1 = S_2$$

oder

$$U_1 \cdot I_1 = U_2 \cdot I_2$$

Ist die Sekundärspannung z. B. doppelt so groß wie die Primärspannung, so kann bei gleicher Leistung der Sekundärstrom nur halb so groß sein wie der Primärstrom. Aus dieser Überlegung ergibt sich, daß sich die Ströme umgekehrt verhalten wie die Windungszahlen.

Beispiel:
Die Sekundärwicklung eines Wechseltransformators habe 60 Windungen und werde von 20 A durchflossen.
Wieviel Ampere nimmt die Primärwicklung auf, wenn diese 1000 Windungen besitzt?

gegeben: $N_2 = 60$ Windungen ; $I_2 = 20$ A ; $N_1 = 1000$ Windungen

gesucht: I_1

Lösung: $\frac{I_1}{I_2} = \frac{N_2}{N_1}$

$$\underline{I_1} = \frac{N_2 \cdot I_2}{N_1} = \frac{60 \cdot 20\ \text{A}}{1000} = \underline{1{,}2\ \text{A}}$$

Die Stromübersetzung wird zur Erreichung großer Stromstärken, z. B. beim Schweißtransformator, angewandt.

10.6 Übersetzungsverhältnis, Nennübersetzung

Bei Übertragern heißt das gekürzte Verhältnis der Windungszahlen Übersetzungsverhältnis, z. B.

Übertrager $\ddot{u} = \frac{N_1}{N_2} = \frac{600}{300} = \frac{2}{1}$

Bei Leistungstransformatoren und bei Spannungswandlern stellt das ungekürzte Verhältnis von Nennoberspannung zu Nennunterspannung das Nennübersetzungsverhältnis $\ddot{u}$ bzw. K_N dar, z. B.

Leistungs-
transformatoren $\ddot{u} = \frac{U_{1N}}{U_{2N}} = \frac{6000\ \text{V}}{400\ \text{V}}$

Spannungswandler $K_N = \frac{U_{1N}}{U_{2N}} = \frac{400\ \text{V}}{100\ \text{V}}$

Bei Stromwandlern ergibt das ungekürzte Verhältnis der Nennströme das Nennübersetzungsverhältnis K_N, z. B.

Stromwandler $K_N = \frac{I_{1N}}{I_{2N}} = \frac{100\ \text{A}}{5\ \text{A}}$

10.7 Widerstandsübersetzung

Beispiel:
Ein verlustloser Übertrager mit N_1 = 1000 Windungen, N_2 = 100 Windungen und U_1 = 20 V wird mit einem Widerstand R_2 = 1 Ω belastet.

Entsprechend dem Übersetzungsverhältnis

$$ü = \frac{N_1}{N_2} = \frac{1000}{100} = 10$$

stellt sich die Ausgangsspannung

$$U_2 = \frac{U_1}{ü} = \frac{20\ \text{V}}{10} = 2\ \text{V}$$

ein. Weiterhin ergibt sich der Sekundärstrom

$$I_2 = \frac{U_2}{R_2} = \frac{2\ \text{V}}{1\ \Omega} = 2\ \text{A}$$

und der Primärstrom

$$I_1 = \frac{I_2 \cdot N_2}{N_1} = \frac{2\ \text{A} \cdot 100}{1000} = 0{,}2\ \text{A}$$

Als Eingangswiderstand läßt sich berechnen:

$$R_1 = \frac{U_1}{I_1} = \frac{20\ \text{V}}{0{,}2\ \text{A}} = 100\ \Omega$$

Vergleicht man das Verhältnis der Widerstände

$$\frac{R_1}{R_2} = \frac{100\ \Omega}{1\ \Omega} = 100$$

mit dem Verhältnis der Windungen $ü$ = 10, so stellt man fest, daß das Widerstandsverhältnis (Widerstandsübersetzung) so groß ist wie das Quadrat des Windungszahlverhältnisses.

$$\frac{R_1}{R_2} = 100 = \left(\frac{N_1}{N_2}\right)^2 = 10^2 = 100 = ü^2$$

Hieraus ergibt sich

Widerstands-übersetzung

$$\frac{R_1}{R_2} = \left(\frac{N_1}{N_2}\right)^2 = ü^2$$

R_1 Widerstand der Primärseite in Ω
R_2 Widerstand der Sekundärseite in Ω
N_1 Windungszahl der Primärwicklung
N_2 Windungszahl der Sekundärwicklung
$ü$ Übersetzungsverhältnis

Stellt man die Gleichung um

$$R_1 = R_2 \cdot ü^2$$

dann erkennt man:

> Der Belastungswiderstand R_2 wirkt mit dem Quadrat des Übersetzungsverhältnisses auf die Primärseite zurück.

Die Widerstandsübersetzung findet Anwendung zur *Anpassung* von Spannungserzeugern mit hohem innerem Widerstand an niederohmige Verbraucher bzw. von Mikrofonen, Lautsprechern an einen Verstärker.
Ein Verbraucher ist dann an einen Spannungserzeuger angepaßt, wenn die Widerstände gleich groß sind. Bei Anpassung gibt der Spannungserzeuger die höchste Leistung ab (s. Abschnitt 4.2.2)

10.8 Leistung, Verluste und Wirkungsgrad

Die abgebbare *Leistung* von Transformatoren wird nicht als Wirkleistung in Watt, sondern als Scheinleistung in VA angegeben. Der Grund liegt darin, daß induktive Verbraucher (Motoren, Spulen) oder kapazitive Verbraucher (Kondensatoren) den Transformator mit Blind- oder Scheinleistung belasten, die weit höher sein kann als die Wirkleistung, für die der Transformator ausgelegt ist. Der Transformator würde infolge der höheren Strombelastung und der damit verbundenen Wärmeentwicklung Schaden nehmen.

Beispiel:
Ein Transformator soll 4 Motoren mit jeweils 5 kW Aufnahmeleistung und $\cos\varphi = 0{,}8$ speisen.
Wieviel kVA muß der Transformator aufweisen?

gegeben: $P = 5\ \text{kW}$; $\cos\varphi = 0{,}8$

gesucht: S

Lösung: $P_{ges} = 4 \cdot P = 4 \cdot 5\ \text{kW} = 20\ \text{kW}$

$$P_{ges} = S_{ges} \cdot \cos\varphi; \qquad \underline{S_{ges}} = \frac{P_{ges}}{\cos\varphi} = \frac{20\ \text{kW}}{0{,}8} = \underline{25\ \text{kVA}}$$

Der Transformator muß also für eine Nennleistung von 25 kVA ausgelegt sein, obwohl die Motoren nur 20 kW Wirkleistung aufnehmen.
Die *Verluste* im Transformator setzen sich zusammen aus Kupferverlusten und Eisenverlusten.

Kupferverluste entstehen in den Wicklungen durch Stromwärme und sind belastungsabhängig.
Eisenverluste entstehen im Eisenkern durch Ummagnetisierung und Wirbelströme.

Der *Wirkungsgrad* von Kleintransformatoren beträgt 88 bis 92 %. Er erreicht bei Leistungstransformatoren mehr als 99 %. Er ergibt sich aus dem Verhältnis der Wirkleistungen bei Vollast (Nennlast).

$$\eta = \frac{P_{ab}}{P_{zu}}$$

oder speziell

$$\eta = \frac{P_{ab}}{P_{ab} + V_{Fe} + V_{cu}}$$

η Wirkungsgrad
P_{ab} Abgabeleistung in W, kW
V_{Fe} Eisenverluste in W, kW
V_{cu} Kupferverluste in W, kW

Beispiel:
Ein Einphasen-Transformator 1 kVA hat bei Nennlast mit 1 kW einen Eisenverlust von 5 % und einen Kupferverlust von 8 %.
Welcher Gesamtverlust und welcher Wirkungsgrad ergibt sich für den Transformator?

gegeben: $V_{Fe} = 5\,\%$; $V_{cu} = 8\,\%$; $S = 1$ kVA ; $P_{ab} = 1$ kW

gesucht: V_{ges}, η

Lösung: $V_{Fe} = \frac{5}{100} \cdot 1000\ \text{W} = 50\ \text{W}$; $V_{cu} = \frac{8}{100} \cdot 1000\ \text{W} = 80\ \text{W}$

$$\underline{V_{ges}} = V_{Fe} + V_{cu} = 50\ \text{W} + 80\ \text{W} = \underline{130\ \text{W}}$$

$$\underline{\eta} = \frac{P_{ab}}{P_{ab} + V_{Fe} + V_{cu}} = \frac{1000\ \text{W}}{1000\ \text{W} + 50\ \text{W} + 80\ \text{W}} = \frac{1000\ \text{W}}{1130\ \text{W}} = \underline{0{,}885}$$

10.8.1 Lernziel-Test

Verständnisfragen

1. Auf welchem Grundprinzip baut der Transformator auf?
2. Welche Wicklungen werden als Primär- und Sekundärwicklungen bezeichnet?
3. Warum muß der Kern der Transformatoren geschichtet sein?
4. Warum kann ein Transformator nicht mit Gleichstrom betrieben werden?
5. Welche Bauformen und Wicklungsarten unterscheidet man bei Transformatoren?
6. Wann und warum werden Scheibenwicklungen angewandt?
7. Warum nimmt der Transformator im Leerlauf nur einen kleinen Strom auf?

8. Warum nimmt ein Transformator, wenn er versehentlich an Gleichspannung angeschlossen wird, einen sehr großen Strom auf?
9. Wie verändert sich der Primärstrom eines Transformators, wenn der Sekundärstrom durch entsprechende Belastung verdoppelt wird und warum?
10. Wie verhalten sich bei einem Transformator die Spannungen?
11. Was versteht man unter Windungsspannung?
12. Wie verhalten sich bei einem Transformator die Ströme?
13. Was versteht man unter dem Übersetzungsverhältnis eines Leistungstransformators?
14. Warum wird die Leistung von Transformatoren nicht in W, sondern in VA angegeben?
15. Wo treten im Transformator Verluste auf und wie werden diese genannt?

Rechenaufgaben

1. Ein Klingeltransformator zum Anschluß an das 230-V-Netz besitzt auf der Oberspannungsseite 1100 und auf der Unterspannungsseite 60 Windungen mit einer Anzapfung bei der 40. Windung.
   Welche Unterspannungen liefert der Transformator?
2. Die Nennleistung (Sekundärleistung) eines Transformators beträgt 5000 kVA.
   Wie groß ist die Primärleistung bei einem Wirkungsgrad 0,98?
3. Ein Sicherheitstransformator mit der Nennleistung 100 VA hat bei 230 V Primärspannung die Sekundärspannung 24 V.
   Wie groß sind Stromaufnahme (Primärstrom) und Nennstrom (Sekundärstrom), wenn der Wirkungsgrad 0,8 und die abgegebene Leistung 100 W betragen?
4. Ein Lautsprecher mit 5 Ω Widerstand soll an den 2000-Ω-Ausgang eines Verstärkers angepaßt werden.
   Welches Übersetzungsverhältnis muß der notwendige Übertrager haben?

10.9 Arten und Verwendung von Transformatoren

10.9.1 Spartransformator

Der Spartransformator besitzt nur eine Wicklung mit einer oder mehreren Anzapfungen (Bild 10.4).
Primär und Sekundärkreis benutzen einen Teil der Wicklungen gemeinsam. In diesem Teil fließt nur die Differenz der beiden Ströme I_1 und I_2 . Die Spannungen verhalten sich wie die entsprechenden Windungszahlen.

$$\frac{U_1}{U_2} = \frac{N_1}{N_2}$$

U_1 Primärspannung in V
U_2 Sekundärspannung in V
N_1 Windungszahl der Primärwicklung
N_2 Windungszahl der Sekundärwicklung

Der Transformator kann Spannung herauf- und heruntertransformieren.

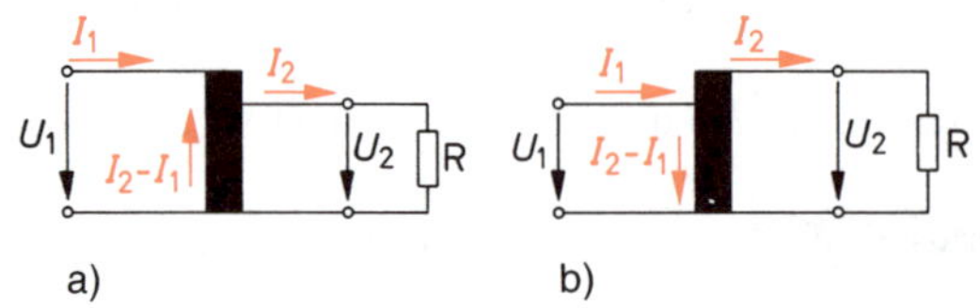

Bild 10.4 Schaltung von Spartransformatoren
a) zum Heruntertransformieren,
b) zum Hochtransformieren

Der Transformator überträgt elektrische Energie über das magnetische Feld durch Induktion, aber auch durch Stromleitung.

Mit dem Spartransformator werden Wickelkupfer und Kerneisen gespart.

Er ist deshalb leichter und billiger in der Herstellung als ein Normaltransformator. Diese Vorteile werden um so größer, je näher das Übersetzungsverhältnis 1 : 1 ist.

Spartransformatoren dürfen zur Erzeugung von Schutzkleinspannung (also als Sicherheitstransformatoren) nicht verwendet werden, da die beiden Stromkreise elektrisch nicht getrennt sind.

Verwendung finden Spartransformatoren zum Anlassen und Verstellen von Wechselstrom- und Drehstrommotoren, zur Speisung von Natriumdampflampen, als Zeilentransformatoren in Fernsehgeräten.

10.9.2 Kleintransformatoren

Transformatoren mit einer Nennleistung bis 16 kVA werden als Kleintransformatoren bezeichnet.
Der Eisenkern der Kleintransformatoren ist meist aus dünnen Blechen von genormter Größe und Form geschichtet. Hochwertigere (verlustfreiere) Transformatoren werden mit Bandkernen bzw. Schnittbandkernen ausgeführt. Band- bzw. Schnittbandkerne bestehen aus speziellen Blechen, die sich in Bandrichtung besonders gut magnetisieren lassen und durch den Aufbau keinen oder fast keinen Luftspalt aufweisen. Die

Schnittflächen von Schnittbandkernen werden zur Verhinderung von Luftspalten plan geschliffen.
Die Wicklung selbst, meist aus Kupferlackdraht, sitzt auf einem Spulenkörper aus Hartpapier, Preßspan oder Kunststoff. Die einzelnen Wicklungslagen sind mit Lackpapier gegeneinander isoliert. Ober- und Unterspannungswicklung werden meist mit einer Preßspanschicht getrennt.
Die Stromdichte beträgt je nach Größe und Kühlung zwischen 1 A/mm^2 und 6 A/mm^2.
Bei den Kleintransformatoren (Einphasentransformatoren) unterscheidet man je nach Verwendungszweck:

Bild 10.5
Kernarten bei Kleintransformatoren

10.9.2.1 Sicherheits- und Schutztransformatoren

Sicherheitstransformatoren sind Kleintransformatoren, die kurzschlußfest oder bedingt kurzschlußfest und deren Wicklungen durch Isolierschichten sicher voneinander getrennt sind. Sie liefern meist Schutzkleinspannung mit 42 V (siehe Abschnitt 13.4.1).

> Sicherheitstransformatoren verhindern gefährliche Berührungsspannungen.

VDE-gemäße Sicherheitstransformatoren sind durch ein Symbol gekennzeichnet (Bild 10.6).

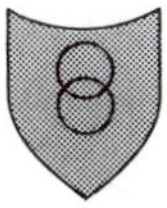

Bild 10.6
Sinnbild für Sicherheitstransformatoren (gekapselt)

Unbedingt kurzschlußfeste Transformatoren sind Transformatoren, die dauernd im Kurzschluß betrieben werden können. Durch besondere bauliche Maßnahmen (verkleinerter Kernquerschnitt, zusätzlicher Luftspalt im Eisenkern oder getrennte Anordnung der Wicklungen) im Transformator wird der Kurzschlußstrom so klein gehalten, daß kein Schaden eintritt.

Bedingt kurzschlußfeste Transformatoren enthalten entweder eine Schmelzsicherung oder einen Überstromschutzschalter oder einen Temperaturbegrenzer, die bei Kurzschluß abschalten.

Das Kurzschlußverhalten von Kleintransformatoren wird durch ein Sinnbild, z. B. auf dem Leistungsschild, angegeben (Bild 10.7).

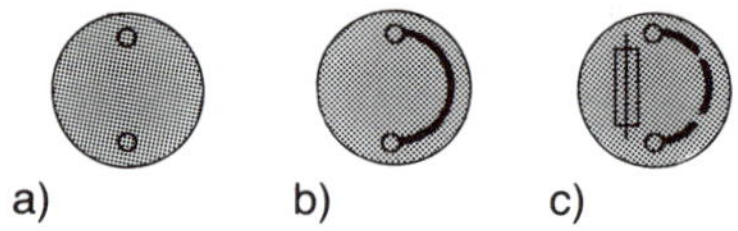

Bild 10.7
Sinnbilder für Kurzschlußfestigkeit
a) nicht kurzschlußfest
b) unbedingt kurzschlußfest
c) bedingt kurzschlußfest

Zu den Sicherheitstransformatoren zählen:

10.9.2.2 Spielzeugtransformatoren

müssen für Kinderspielzeug verwendet werden. Sie dürfen höchstens 25 V Nennsekundärspannung haben und müssen schutzisoliert sein. Es muß eine sichere Trennung zwischen Primär- und Sekundärseite bestehen.

10.9.2.3 Klingeltransformatoren

zur Versorgung von Haussignalanlagen. Sie dürfen 25 V Nennsekundärspannung nicht überschreiten und müssen «unbedingt kurzschlußfest» sein.

Bild 10.8
Sinnbilder für besondere Schutztransformatoren
a) Spielzeugtransformator
b) Klingeltransformator

10.9.2.4 Trenntransformatoren

sind Transformatoren mit elektrisch getrennten Wicklungen, die eingesetzt werden, wenn als Schutzmaßnahme *Schutztrennung* (Abschnitt 13.4.3) verlangt wird. Sie übersetzen meist 1 : 1.

Durch sorgfältige Trennung der Primär- und Sekundärwicklung wird erreicht, daß auch bei einem Drahtbruch keine elektrische Verbindung untereinander möglich ist.

> Trenntransformatoren trennen den Verbraucher elektrisch vom Netz.

Die Sekundärseite (Verbraucherseite) weist gegen Erde keine Spannung auf. Ein eventuell auftretender Fehler ist für den Bedienenden ungefährlich, da sich kein geschlossener Stromkreis ausbilden kann.

Bild 10.9
Sinnbild für Trenntransformator

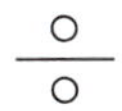

10.9.2.5 Handleuchtentransformatoren

dienen dazu, Handleuchten vom Netz zu trennen. Sie müssen schutzisoliert sein.

10.9.2.6 Netzanschlußtransformatoren

haben eine oder mehrere Sekundärwicklungen, die von der Primärwicklung elektrisch getrennt sind. Sie werden eingesetzt für die Versorgung von Radio-, Fernseh- und Tonbandgeräten, Elektrozaun, elektromedizinischen Geräten, Verstärkeranlagen, Gleichrichteranlagen. Sie haben kein besonderes Sinnbild.

10.9.3 Meßwandler

Meßwandler sind Transformatoren für Meßzwecke. Sie werden benötigt, um Meßkreise unter anderem in elektrischen Anlagen von der Hochspannung zu trennen und die Meßgrößen (Spannung oder Strom) selbst auf einen brauchbaren Meßwert zu bringen.
Meßwandler werden auch zur Meßbereichserweiterung von Strom- und Spannungsmessern verwendet.
Die Primär- und Sekundärwicklungen der Meßwandler müssen elektrisch vollständig getrennt sein.
Strom- und Spannungswandler sind entsprechend ihrer Meßgenauigkeit ähnlich wie Meßinstrumente in Klassen eingeteilt (s. Abschnitt 11.1.1).

Klasse	0,1	für genaue Messungen
	0,2	für genaue Messungen
	0,5	für genaue Messungen
	1	für Betriebsmessungen
	3	für Überstrom- oder Spannungsrelais

10.9.3.1 Spannungswandler

Spannungswandler sind Transformatoren, die die zu messende Hochspannung in die Meßspannung umwandeln. Die genormte Meßspannung ist 100 V (sekundäre Nennspannung).

Das Übersetzungsverhältnis der Spannungswandler muß entsprechend der Hochspannung immer so gewählt werden, daß sekundärseitig 100 V entstehen. Die Skalen der Spannungsmesser werden dabei auf die Netzspannung geeicht. Wichtig ist die Erdung des Sekundärkreises der Spannungswandler, um ein gefahrloses Hantieren am Instrument zu gewährleisten (Bild 10.10). Primär- wie auch Sekundärkreis werden abgesichert.

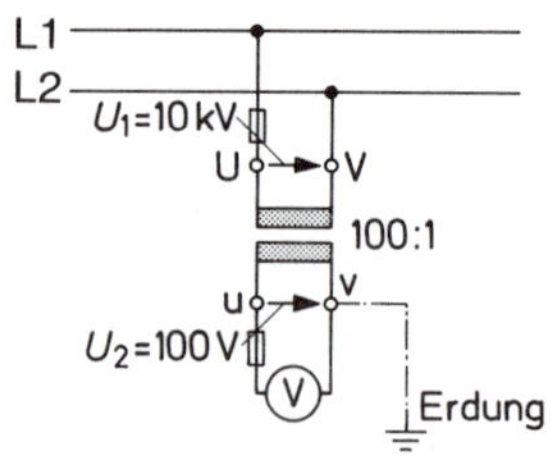

Bild 10.10
Schaltung des Spannungswandlers

Beispiel:
Ein Spannungswandler 3000/1000 V liegt an 2700 V. Wie groß ist die Spannung im Meßinstrument?

Lösung: $\frac{U_1}{U_2} = \frac{U_1'}{U_2'}$; $\underline{U_2'} = \frac{U_2 \cdot U_1'}{U_1} = \frac{100\ \text{V} \cdot 2700\ \text{V}}{3000\ \text{V}} = \underline{90\ \text{V}}$

10.9.3.2 Stromwandler

Stromwandler sind Transformatoren, die in Niederspannungsanlagen hohe Wechselströme in den Meßstrom umwandeln oder in Hochspannungsanlagen auch bei kleinen Strömen die Hochspannung vom Meßgerät trennen. Genormte Sekundärströme sind 5 A und 1 A.

Stromwandler schützen Meßgeräte durch ihre Übertragungseigenschaften vor Kurzschlußströmen und Überspannungen.

Beispiel:
Das Übersetzungsverhältnis eines Stromwandlers ist 100 : 1.
Wie groß ist der Strom in der Sammelschiene, wenn im Instrument 5 A fließen?

Lösung: $\frac{I_1}{I_2} = \frac{N_2}{N_1} = ü$; $\underline{I_1} = ü \cdot I_2 = \frac{100}{1} \cdot 5\ \text{A} = \underline{500\ \text{A}}$

Stromwandler werden fast im Kurzschluß betrieben.
Wird der Stromwandler sekundärseitig unterbrochen und damit der Sekundärstrom Null, so fällt der vom Sekundärstrom erzeugte Fluß weg. Der Primärfluß, der im

Betrieb vom entgegengesetzt wirkenden Sekundärfluß begrenzt wird, kann sich nun voll ausdehnen. Dadurch erwärmt sich zum einen der Eisenkern unzulässig, und zum anderen tritt eine gefährliche hohe Sekundärspannung von 1000 V und mehr auf. Aus diesen Gründen darf der Sekundärstromkreis auch nicht abgesichert werden.

Stromwandler dürfen nicht mit geöffnetem Sekundärkreis betrieben werden.

Beim Austausch von Strommessern muß der Stromwandler sekundärseitig kurzgeschlossen werden.
Die Primärwicklung des Stromwandlers wird in Reihe mit dem Verbraucher geschaltet. Die Sekundärseite wird geerdet (Bild 10.11).

Bild 10.11
Schaltung des Stromwandlers

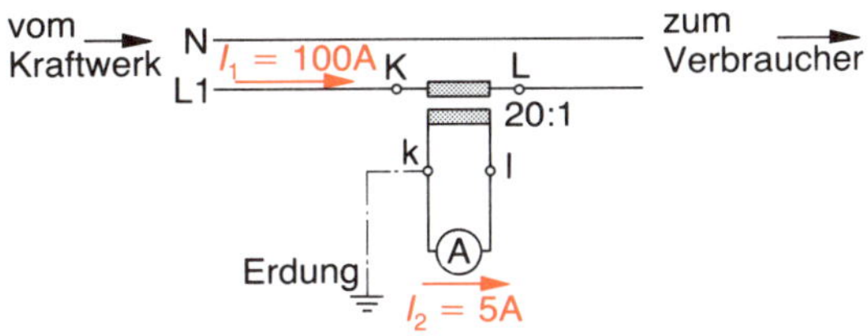

Stromwandler gibt es in vielen Sonderausführungen, z. B. als Durchsteck-Stromwandler oder als Zangenstromwandler.

Durchsteck-Stromwandler

Der Durchsteck-Stromwandler besteht im Prinzip aus einem Ringkern, auf dem die Sekundärwicklung sitzt. Die Primärwicklung wird durch eine eingeführte Stromschiene (Kabel) oder einen eingefädelten Leiter, in dem der Strom gemessen werden soll, dargestellt (Bild 10.12).

Zangenstromwandler

Der Zangenstromwandler entspricht dem Prinzip des Durchsteck-Stromwandlers. Der Eisenkern ist zangenartig ausgebildet und kann um einen Leiter gelegt werden. Zur Strommessung muß dabei der Betriebsstromkreis nicht geöffnet und der Betrieb nicht unterbrochen werden (Bild 10.13.)
Bei Zangenmeßgeräten mit Analog- oder Digitalanzeige werden Zangenstromwandler und Meßgerät miteinander kombiniert.
Es ist dadurch möglich, den Strom eines Leiters zu messen, ohne daß der Stromkreis geöffnet und der Betrieb unterbrochen wird.

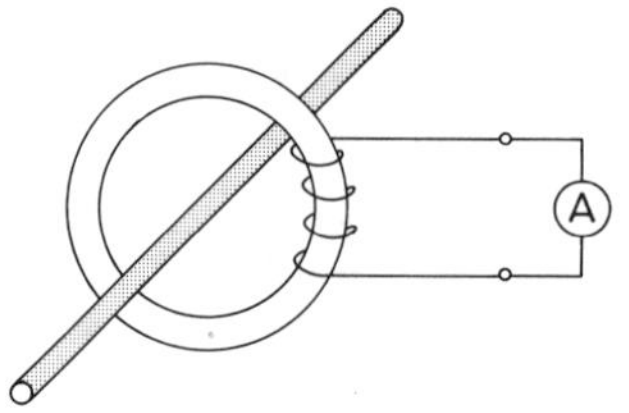

Bild 10.12
Prinzip des Durchsteck-Stromwandlers

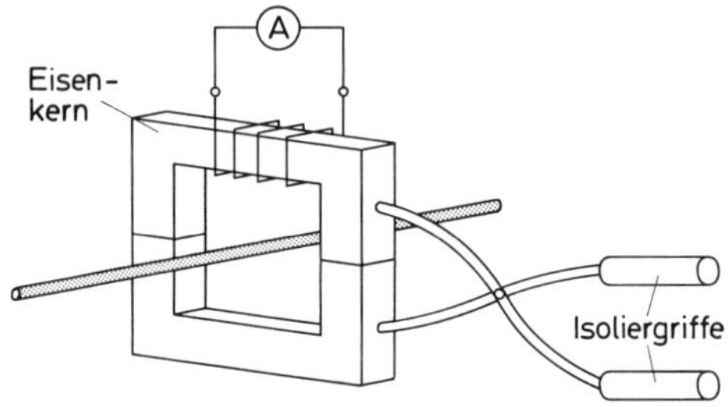

Bild 10.13
Prinzip des Zangen-stromwandlers

10.9.4 Lernziel-Test

Verständnisfragen

1. Was versteht man unter einem Spartransformator?
2. Welche Vor- bzw. Nachteile hat ein Spartransformator?
3. Warum dürfen Spartransformatoren nicht zur Erzeugung von Kleinspannung verwendet werden?
4. Was versteht man unter einem Schutztransformator?
5. Was versteht man unter «unbedingt kurzschlußfesten Transformatoren»?
6. Welches Symbol haben Schutztransformatoren?
7. Welche besonderen Eigenschaften muß der Klingeltransformator haben?
8. Welchen Vorteil bringt die Verwendung eines Trenntransformators?
9. Welche Kernarten finden bei Kleintransformatoren Anwendung?
10. Was versteht man unter Meßwandler?
11. Warum verwendet man Strom- und Spannungswandler?
12. Mit welcher sekundären Nennspannung arbeiten Spannungswandler?
13. Warum dürfen Stromwandler nie mit geöffnetem Sekundärkreis betrieben werden?
14. Wann werden Zangenstromwandler angewandt?
15. Warum darf der Sekundärstromkreis von Stromwandlern nicht abgesichert werden?
16. Welche Vorteile weist die Strommessung mit Hilfe eines Zangenstromwandlers gegenüber der mit einem Strommesser auf?

11 Elektrische Meßtechnik

11.1 Meßtechnische Grundbegriffe

> *Messen heißt Vergleichen* einer unbekannten Größe mit einer festgelegten Größe, die als Einheit dient.

Dabei stellt man fest, wie oft diese Einheit in der unbekannten Größe enthalten ist. Ein *Meßgerät* besteht aus dem eigentlichen *Meßwerk* und den Zusatzeinrichtungen, wie z. B. Umschalter, Widerstände.

11.1.1 Analoge und digitale Meßgeräte

Die Anzeigeart, nämlich ob analog oder digital, eines Meßgerätes ist sein auffälligstes Unterscheidungsmerkmal. Man spricht von analogen und digitalen Meßgeräten.

Analoge Meßgeräte wandeln den zu erfassenden Meßwert in einen entsprechenden Zeigerausschlag um. Der Ablesende selbst formt den analogen Zeigerausschlag, der mit Hilfe einer Skala bestimmbar ist, in einen Zahlenwert um. Der Zeigerausschlag ist der zu messenden Größe analog (analog = gleichwertig) und folgt ihr kontinuierlich.

Digitale Meßgeräte setzen den Meßwert in einen Zahlenwert um und geben das Meßergebnis als Ziffernfolge, d. h. in Stufen an (digital = in Stufen, in Schritten).

11.1.2 Vor- und Nachteile von Analog- und Digitalanzeigen

Analoge Anzeige

Vorteile:
Meßgrößenänderung besser beobachtbar (z. B. bei Überwachung, bei Trendangaben, bei Vergleich von Parallelinstrumenten). Einfachere Erfassung und Beurteilung von stark schwankenden Größen.
Schnellere und einfachere Feststellung z. B. eines Spannungszustandes.

Nachteile:
Ablesefehler (z. B. Parallaxe).
Schwierigkeiten bei Zuordnung von Meßbereich und Skala.

Digitale Anzeige

Vorteile:

kleinere Systemfehler
Ablesung fehlerfrei
größere Genauigkeit
weniger störanfällig (keine empfindlichen mechanischen und bewegten Teile)
robuster
billiger
Ergebnisse speicherbar
Meßinstrumentenlage unbedeutend

Nachteile:

Hilfsspannung erforderlich
nur bestimmte, festgelegte Stufen erreichbar

11.2 Analoge Meßgeräte

Analoge Meßgeräte enthalten in der Regel Meßwerke, die zu einem großen Teil aus beweglichen, mechanischen Teilen (z. B. Drehspule) bestehen. Sie sind daher mit einer systembedingten Ungenauigkeit behaftet.

11.2.1 Meßfehler, Genauigkeitsklassen

Außer mit *persönlichen Fehlern* durch ungenaues Ablesen eines Meßinstrumentes muß mit dem *Anzeigefehler* von Meßgeräten gerechnet werden.
Anzeigefehler entstehen durch Lagerreibung, ungenaue Skalenausführung und durch Fertigungstoleranzen. Der Anzeigefehler eines elektrischen Meßgerätes wird in Prozent vom Meßbereichsendwert angegeben. Er ist ein Maß für die Genauigkeit eines Meßgerätes. Nach diesem Fehler sind die Meßgeräte in *Genauigkeitsklassen* eingeteilt.

Die Klasse eines elektrischen Meßgerätes gibt den zulässigen prozentualen Anzeigefehler an. Er ist auf den Meßbereichsendwert bezogen.

	Feinmeßgeräte			Betriebsmeßgeräte			
Klasse	0,1	0,2	0,5	1	1,5	2,5	5
Anzeigefehler	± 0,1 %	± 0,2 %	± 0,5 %	± 1 %	± 1,5 %	± 2,5 %	± 5 %

Beispiel:
Ein Spannungsmesser der Klasse 1,5 hat einen Meßbereich von 200 V. Wie groß sind der mögliche Anzeigefehler (absoluter Anzeigefehler) und der prozentuale Anzeigefehler (relativer Anzeigefehler) bei der Messung von a) 150 V und b) 50 V?

Lösung: a) $\underline{F} = \frac{f_{MB}}{100} \cdot MB = \frac{\pm 1{,}5}{100} \cdot 200\ V = \underline{\pm 3\ V}$ (absoluter Anzeigefehler)

$$\underline{f} = \frac{F}{MW} \cdot 100\% = \frac{\pm 3\ V}{150\ V} \cdot 100\% = \underline{\pm 2\%} \quad \text{(relativer Anzeigefehler)}$$

b) $\underline{F} = \frac{\pm 1{,}5}{100} \cdot 200\ V = \underline{\pm 3\ V}$ (absoluter Anzeigefehler)

$$\underline{f} = \frac{\pm 3\ V}{50\ V} \cdot 100\% = \underline{\pm 6\%} \quad \text{(relativer Anzeigefehler)}$$

Der absolute Anzeigefehler bleibt in allen Bereichen gleich, dagegen wird der prozentuale Anzeigefehler um so größer, je weniger weit der Zeiger ausschlägt.

> Für genaue Messungen ist der Meßbereich möglichst so zu wählen, daß der Zeiger im letzten Drittel der Skala anzeigt.

11.2.2 Empfindlichkeit, Eigenverbrauch, innerer Widerstand

Ein Meßinstrument ist *empfindlich,* wenn eine kleine Meßgröße einen großen Ausschlag ergibt. Geräte mit geringem *Eigenverbrauch* bzw. großem *inneren Widerstand* haben in der Regel eine hohe Empfindlichkeit. Für den Praktiker sind Eigenverbrauch und innerer Widerstand zur Beurteilung seines Meßinstrumentes von Bedeutung. Z. B. kann ein kleiner Innenwiderstand bei Spannungsmessern durch den eventuell hohen Belastungsstrom und dem damit verbundenen Spannungsfall zu völlig falschen Meßergebnissen und zum Zusammenbruch der zu messenden Spannung führen.
Der *Eigenverbrauch* ergibt sich aus $P = U \cdot I$ und beträgt für

Drehspul-Galvanometer	$10^{-17} \ldots 10^{-14}$ W
Drehspulmeßwerke	0,1 ... 0,5 mW
Dreheisenmeßwerke	0,1 ... 3 VA
elektrodynamische Meßwerke	1 ... 3 VA

Der *innere Widerstand* eines Meßinstrumentes wird entweder in Ohm oder bei Spannungsmessern als Kennwiderstand in Ohm je Volt (Ω/V) angegeben.

$$\text{Kennwiderstand} = \frac{\text{innerer Widerstand}}{\text{Meßbereich}}$$

Die Angabe des Kennwiderstandes in Ω/V hat den Vorteil, daß bei Vielfachmessern der innere Widerstand der jeweiligen Spannungsbereiche einfach zu bestimmen ist.

Beispiel:
Ein Vielfachmesser hat den Kennwiderstand 1000 Ω/V. Wie groß ist der tatsächliche innere Widerstand im 6-V-Bereich und im 200-V-Bereich?

Lösung: Im 6-V-Bereich: $\underline{R_i} = 1000 \frac{\Omega}{\text{V}} \cdot 6\ \text{V} = \underline{\underline{6000\ \Omega}}$

Im 200-V-Bereich: $\underline{R_i} = 1000 \frac{\Omega}{\text{V}} \cdot 200\ \text{V} = \underline{\underline{200\,000\ \Omega}}$

Die Skalenaufschrift eines Meßinstrumentes umfaßt folgende Angaben:

1. Einheit der Meßgröße (V, A, W, Ω usw.)
2. Meßbereich (Skala)
3. Meßwerk (Sinnbilder)
4. Genauigkeitsklasse (0,1; 0,2; 0,5; 1; 1,5; 2,5; 5)
5. Nennlage (senkrecht ⊥ , waagerecht ⊓, schräg ∠ 60°
6. Prüfspannung

bedeutet 2 kV Prüfspannung,

bedeutet 500 V Prüfspannung

Beispiel:
Auf der Skalenplatte eines Meßinstrumentes ist folgende Beschriftung angegeben (Bild 11.1).
Was bedeutet das?

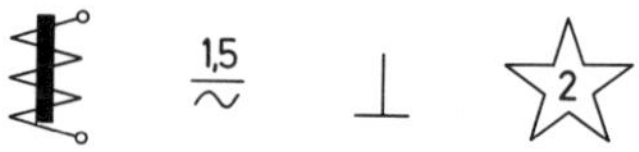

Bild 11.1 Skalenbeschriftung eines Meßinstrumentes

Es handelt sich hierbei um ein Dreheisenmeßwerk der Genauigkeitsklasse 1,5 für Gleich- und Wechselstrommessung für senkrechte Nennlage. Die Prüfspannung beträgt 2 kV.

11.2.3.1 Lernziel-Test

Verständnisfragen

1. Warum muß ein genaues Meßwerk nicht auch empfindlich sein?
2. Warum gibt man den Innenwiderstand von Spannungsmessern häufig in Ω/V an?
3. Was bedeutet die Klassenbezeichnung 2,5 eines elektrischen Meßgerätes?
4. Warum ist es wichtig, daß bei elektrischen Messungen der Zeiger des Meßinstrumentes im letzten Drittel der Skala anzeigt?
5. Was versteht man unter analogen und digitalen Meßgeräten?
6. Nennen Sie Vor- und Nachteile von Analog- und Digitalgeräten.
7. Wodurch entstehen Meßfehler?

Rechenaufgaben

1. Ein Strommesser mit dem Meßbereichsendwert 20 A hat die Klassenzahl 2,5.
   Wie groß ist die zulässige Abweichung in Milliampere, wenn der Zeiger auf dem Meßbereichsendwert steht?
2. Ein Spannungsmesser mit dem Meßbereichsendwert 250 V hat die Klassenzahl 1,5.
   Der Zeiger steht auf 100 V.
   Wie groß ist der mögliche prozentuale Fehler?
3. Ein Spannungsmesser mit 1000 Ω/V hat den Meßbereich 100 V. Er zeigt 50 V an.
   Wie groß ist der Meßstrom in Milliampere?
4. Ein Vielfach-Meßinstrument weist den Kennwiderstand 10 kΩ/V auf.
   Wie groß ist der tatsächliche Widerstand im 100-V-Bereich?
5. Ein Strommesser mit dem Meßbereichsendwert 50 mA hat den Innenwiderstand 0,2 Ω.
   Wie groß ist der Eigenverbrauch des Meßwerkes?

11.2.4 Meßwerke von analogen Meßgeräten

11.2.4.1 Dreheisenmeßwerk

Aufbau und Wirkungsweise

In einer feststehenden Rundspule befinden sich zwei Weicheisenbleche (Bild 11.2). Das eine Blech (Festeisen) ist fest in der Spule angeordnet, das andere bewegliche Blech (Dreheisen) befindet sich diesem gegenüber und ist an der Zeigerachse befestigt. Das bewegliche Organ ist mit einer Luftdämpfung versehen, damit sich der Zeiger beim ersten Ausschlag möglichst ohne Pendeln auf den richtigen Anzeigewert einstellt.

> Beim Dreheisenmeßwerk erzeugt die vom Meßstrom durchflossene Spule ein Magnetfeld und magnetisiert die beiden Eisen gleichsinnig, wodurch sich die beiden Eisen abstoßen und ein Drehmoment entsteht.

Der Zeiger wird so weit gedreht, bis dieses Drehmoment so groß ist wie das Rückstellmoment der Spiralfeder.

Eigenschaften

Dreheisenmeßwerke sind auch für Wechselstrom verwendbar, da bei jeder Stromrichtung und damit Feldumkehr an den beiden Eisen gleichnamige Pole und somit Abstoßung vorhanden ist (Bild 11.3). Bei Umkehr der Stromrichtung ändert sich also der Zeigerausschlag nicht. Das Instrument bildet durch seine Trägheit den Effektivwert.

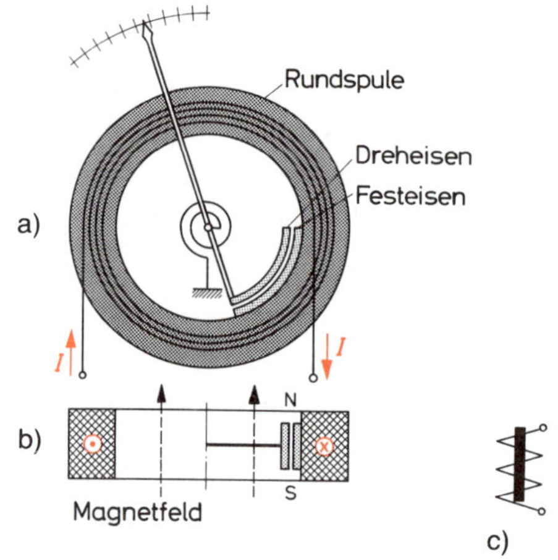

Bild 11.2
Dreheisenmeßwerk
a) Aufbau
b) Schnitt und Wirkungsweise
c) Sinnbild

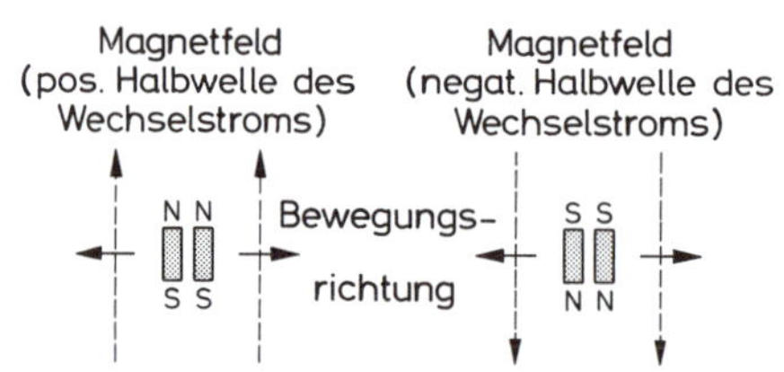

Bild 11.3
Wirkungsweise des Dreheisenmeß-werkes bei Wechselstrom

> Das Dreheisenmeßwerk ist für Gleich- und Wechselstrom verwendbar. Es zeigt unabhängig von der Kurvenform immer den Effektivwert an.

Das Meßwerk ist vor allem für die Messung großer Ströme bis ca. 300 A geeignet, der kleinste Meßbereich geht nur bis ca. 10 bis 30 mA, da der Eigenverbrauch relativ groß ist. Die Frequenzabhängigkeit der feststehenden Spule (Blindwiderstand) führt bei gleichen Strömen mit unterschiedlichen Frequenzen zu verschiedenen Zeigerausschlägen. Das Dreheisenmeßwerk ist also nur in bestimmten Frequenzbereichen exakt.
Das Dreheisenmeßwerk ist billig herstellbar, mechanisch und elektrisch robust und stark überlastbar. Es hat einen großen Eigenverbrauch, weil der Meßstrom erst das Magnetfeld aufbaut und dadurch geringe Empfindlichkeit. Es ist sehr genau herstellbar. Auch bei Mischstrom mit netzfrequentem Wechselstromanteil mißt das Meßwerk den Effektivwert.

Anwendung

Wegen seiner Überlastbarkeit und seines niedrigen Preises wird das Dreheisenmeßwerk oft als Schalttafelinstrument zur Wechselstrom- und Wechselspannungsmessung bis etwa 300 Hz eingesetzt.

11.2.4.2 Drehspulmeßwerk

Aufbau und Wirkungsweise

Das Magnetfeld des Meßwerkes wird durch einen starken Dauermagneten erzeugt. Im Feld des Dauermagneten befindet sich ein Weicheisenkern (Bild 11.4). Er hat die Aufgabe, im Luftspalt ein radialhomogenes Feld zu schaffen und das Magnetfeld zu verstärken. Im Luftspalt bewegt sich eine Drehspule. Die Stromzuführung erfolgt über zwei Spiralfedern, die entgegengesetzt gewickelt sind.

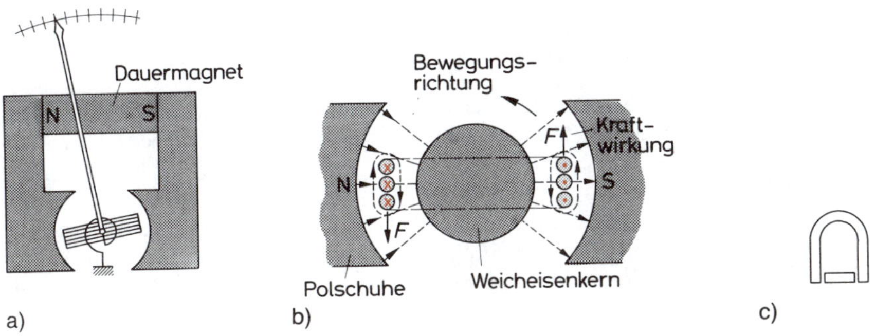

Bild 11.4 Drehspulmeßwerk
a) Aufbau
b) Ausschnitt und Wirkungsweise
c) Sinnbild

> Beim Drehspulmeßwerk erzeugt die Drehspule bei Stromfluß ein Magnetfeld, das bestrebt ist, dieselbe Richtung einzunehmen wie das Magnetfeld des Dauermagneten.

Es kommt ein Drehmoment der Spule zustande, das einen Zeigerausschlag bewirkt und dabei die Spiralfedern spannt. Das entstehende Gegendrehmoment wächst so lange an, bis beide Momente gleich groß sind. Die Drehspule ist auf einen Aluminiumrahmen gewickelt, der zur Dämpfung des Pendelns dient. In ihm entstehen durch das Hin- und Herschwingen Wirbelströme, die ein Bremsmoment erzeugen (Wirbelstromdämpfung).

Eigenschaften

Drehspulmeßwerke sind stromrichtungsabhängig, da bei Umkehr der Stromrichtung sich auch die Kraftrichtung und damit Drehmomentrichtung ändert.
Bei reinem Wechselstrom erhält man wegen der raschen Richtungsänderung keine Anzeige (Bild 11.5).
Bei Mischstrom ergibt sich eine Anzeige, die aber nur dem Gleichstromanteil des Mischstromes entspricht.

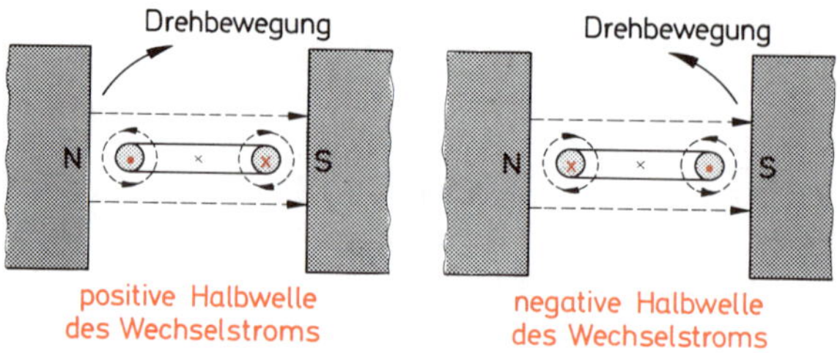

Bild 11.5 Wirkungsweise des Drehspulmeßwerkes bei Wechselstrom

> Das Drehspulmeßwerk ist nur für Gleichstrom verwendbar.

Das Drehspulmeßwerk hat einen geringen Eigenverbrauch, weil die Magnetisierungsenergie vom Dauermagneten geliefert wird. Dadurch ist es sehr empfindlich herstellbar.

Anwendung

Wegen seiner großen Empfindlichkeit wird das Drehspulmeßwerk zur Strom- und Spannungsmessung bei Gleich- und Wechselstrom verwendet. Es kann wegen der großen Empfindlichkeit zur Messung von Strömen bis in den µA-Bereich und von Spannungen bis in den mV-Bereich eingesetzt werden.

Wechselstrommessung

Um mit dem Drehspulmeßwerk auch Wechselstrom messen zu können, muß der Wechselstrom in Gleichstrom umgeformt werden. Hierzu verwendet man *Gleichrichter* oder *Thermoumformer,* die dem Drehspulmeßwerk vorgeschaltet werden.

> Drehspulmeßwerke mit Gleichrichtern oder Thermoumformern sind für Wechselstrom verwendbar.

Gleichrichter (Dioden) sind Bauelemente, die den Wechselstrom nur in einer Halbwelle durchlassen und die andere sperren. Sie werden hierzu in Brückenschaltung eingesetzt.
Dem Meßwerk wird dann anstelle des Wechselstromes pulsierender Gleichstrom, eine Sonderform von Mischstrom, zugeführt. Das Meßwerk bildet durch seine Trägheit aus dieser Kurve den arithmetischen Mittelwert und zeigt ihn an.

> Meßgeräte mit Drehspulmeßwerken und Gleichrichtern messen den arithmetischen Mittelwert. Ihre Skalen sind in Effektivwerten geeicht und zeigen damit den Effektivwert.

Die Anzeige ist daher nur richtig bei reinem sinusförmigen Wechselstrom. Ströme mit anderem Kurvenverlauf werden falsch angezeigt.

Mischströme müssen getrennt nach Gleich- und Wechselanteil gemessen und der Effektivwert berechnet werden.
Der *Thermoumformer* besteht aus einem vom Meßstrom (Wechselstrom) durchflossenen Heizwiderstand, der mit einem Thermoelement verbunden ist. Im Heizwiderstand wird dabei die Leistung $P = I^2 \cdot R_{Heiz.}$ in Wärme umgesetzt. Die Temperatur des Heizdrahtes ist somit dem Quadrat des Stromes verhältnisgleich, also ein Maß für den Meßstrom. Diese Wärme erzeugt in dem Thermoelement eine Gleichspannung, die dem Meßwerk zugeführt wird. Die Höhe der Gleichspannung ist verhältnisgleich dem quadratischen Mittelwert, d. h. also dem Effektivwert des Meßwechselstromes.

> Meßgeräte mit Drehspulmeßwerken und Thermoumformern messen und zeigen den Effektivwert.

Diese Anordnung ist vor allem für verzerrte und hochfrequente Ströme geeignet.

Bild 11.6
Sinnbild für Drehspulmeßwerk
a) mit Gleichrichter,
b) mit Thermoumformer

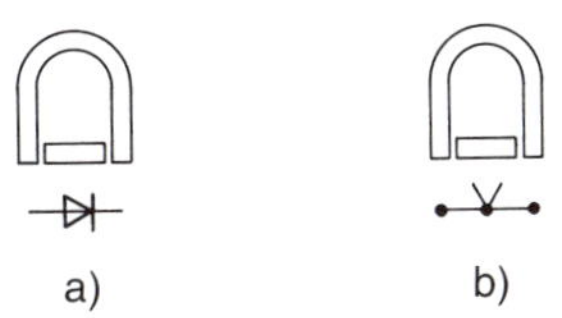

11.2.4.3 Elektrodynamisches Meßwerk

Aufbau und Wirkungsweise

Im Prinzip handelt es sich beim elektrodynamischen Meßwerk um ein Drehspulmeßwerk, bei dem der Dauermagnet durch eine feststehende Spule ersetzt ist (Bild 11.7).
Im Magnetfeld der feststehenden Spule (Stromspule) dreht sich eine Spannungsspule. Die Dämpfung geschieht über Luftdämpfung und nicht über Wirbelstromdämpfung (Aluminiumrähmchen), da bei Messung von Wechselspannungen durch Wechselfelder Induktionsströme auch im stillstehenden Rähmchen induziert und zu Fehlmessungen führen würden.

Bild 11.7
Elektrodynamisches Meßwerk
a) Aufbau und Wirkungsweise
b) Sinnbild

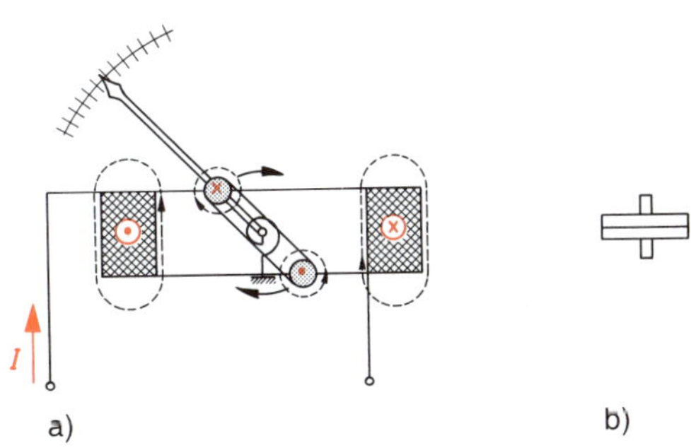

> Beim elektrodynamischen Meßwerk ergibt der Stromfluß durch eine Festspule und eine Drehspule zwei Magnetfelder, die das Bestreben haben, sich in eine Richtung zu bringen und dabei die Drehspule abzulenken.

Die Drehspule wird so weit gedreht, bis das Drehmoment des elektrischen Systems gleich dem Gegendrehmoment der Spiralfedern ist.

Eigenschaften

Elektrodynamische Meßwerke können auch bei Wechselstrom eingesetzt werden, da bei gleichzeitiger Stromrichtungsumkehr in beiden Spulen die Richtung der Kraftwirkung und damit der Drehsinn erhalten bleiben (Bild 11.8).

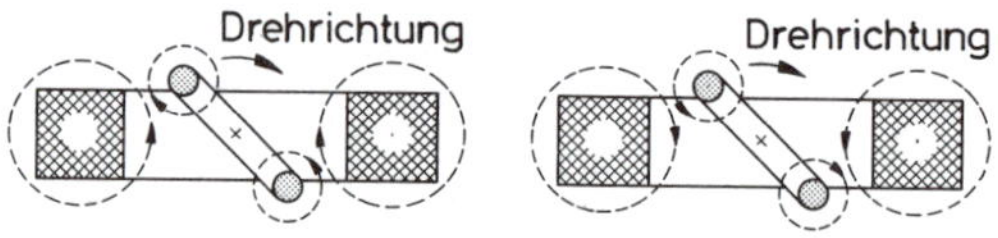

Bild 11.8 Wirkungsweise des elektrodynamischen Meßwerkes bei Wechselstrom

Mit elektrodynamischen Meßwerken kann Leistung gemessen werden, denn gibt man auf die Stromspule den Strom und auf die Spannungsspule die entsprechende Spannung, so bilden sich wiederum zwei Magnetfelder und ein Drehmoment, das hier von Strom und Spannung abhängig ist.
Bei Wechselstrom werden für das Drehmoment nur die Wirkkomponente des Stromes und die Spannung wirksam, d. h., der Leistungsmesser mißt nur Wirkleistung.

> Das elektrodynamische Meßwerk ist für Gleich- und Wechselstrom verwendbar. Es wird hauptsächlich zur Leistungsmessung eingesetzt.

Elektrodynamische Meßwerke haben einen großen Eigenverbrauch und daher auch eine geringe Empfindlichkeit. Zur Erzeugung der beiden Magnetfelder ist eine relativ große Energie notwendig.

11.2.4.4 Elektronenstrahl-Oszilloskop

> Schnell ablaufende elektrische Vorgänge können mit dem Elektronenstrahl-Oszilloskop sichtbar gemacht werden.

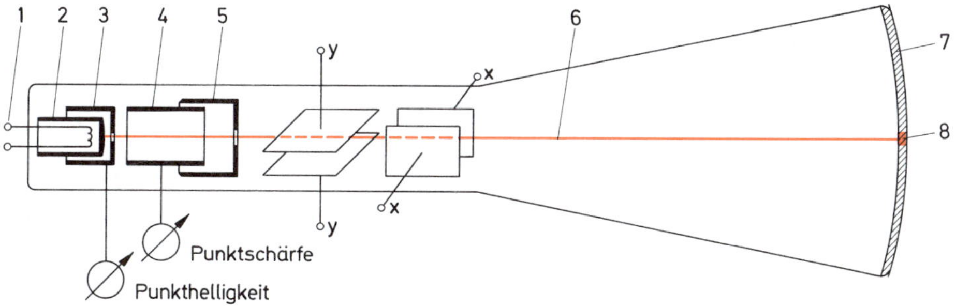

Bild 11.9 Schema einer Elektronenstrahlröhre

1 Heizung	*X-X-, Y-Y-Ablenkplatten*
2 Katode	*6 Elektronenstrahl*
3 Wehneltzylinder	*7 Leuchtschicht*
4 Hilfsanode	*8 Leuchtfleck*
5 Anode	

Als Meßsystem dient hierzu die Braunsche Röhre (Elektronenstrahlröhre) mit dem nahezu masselosen Elektronenstrahl. Im Inneren der Röhre sendet die geheizte Katode Elektronen aus, die durch die Anode (positives Potential gegen Katode) angezogen und beschleunigt werden. Die Elektronengeschwindigkeit ist dabei so groß, daß kaum Elektronen über die Anode abfließen können.

Die zylinderförmige Anode hat eine kleine Öffnung und wirkt als Lochblende. Ein großer Teil der beschleunigten Elektronen gelangt als Elektronenstrahl durch das Loch der Anode in das erweiterte Ende der Röhre zum Leuchtschirm. Dieser Elektronenstrahl erzeugt auf der Leuchtschicht im Innern des Glaskolbens den Leuchtfleck.

Die Helligkeit des entstehenden Leuchtflecks hängt dabei von der Geschwindigkeit und der Dichte der auftreffenden Elektronen ab und kann durch eine Steuerelektrode (auch Steuergitter oder Wehneltzylinder genannt) beeinflußt werden. Das Steuergitter hat negatives veränderliches Potential gegenüber der Katode. Dadurch wird der Strahlstrom stärker oder schwächer und damit der Lichtfleck entsprechend heller oder dunkler (Helligkeit).

Innerhalb des Elektronenstrahls stoßen sich die negativen Elektronen gegenseitig ab. Eine Elektronenoptik, die aus der Anode und der Hilfsanode besteht, ermöglicht es, den Elektronenstrahl durch Veränderung der Spannung zwischen den beiden Anoden mehr oder weniger zu bündeln (Kraftwirkung im elektrischen Feld auf Ladungen). Dadurch läßt sich der Durchmesser des Leuchtflecks verändern (Schärfe). Dieser Vorgang heißt Fokussierung.

Damit auf dem Bildschirm nicht nur ein Leuchtfleck, sondern ein Bild entsteht, muß der Elektronenstrahl abgelenkt werden. Hierzu verwendet man zwei senkrecht zueinander angeordnete Ablenkplattenpaare. Durch Anlegen einer Spannung an die Plattenpaare läßt sich der Elektronenstrahl und damit der Leuchtfleck auf dem Bildschirm senkrecht und waagerecht ablenken. Man spricht von vertikaler Ablenkung (Y-Ablenkung) und horizontaler Ablenkung (X-Ablenkung).

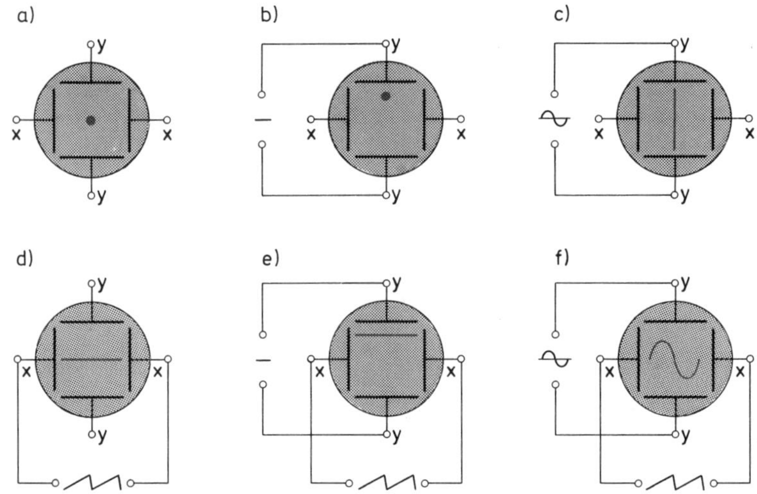

Bild 11.10 Entstehung des Bildes beim Oszilloskop

Ohne Spannung an den Ablenkplatten ergibt sich auf dem Bildschirm ein Leuchtpunkt (Bild 11.10 a).
Legt man an die vertikalen Ablenkplatten eine Gleichspannung, so verlagert sich der Leuchtpunkt aus der Ruhelage nach oben oder unten (Bild 11.10 b).
Bei Anlegen einer Wechselspannung wird der Strahl und damit der Leuchtpunkt im Takt dieser Spannung abgelenkt. Es entsteht ein senkrechter Strich auf dem Leuchtschirm (Bild 11.10 c). Entsprechend lenken die horizontalen Platten in der Horizontalrichtung ab.
Durch eine langsam ansteigende (linearer Verlauf) und dann schnell abfallende Spannung (Sägezahnspannung) an den X-Platten wird der Leuchtpunkt von links nach rechts über den Leuchtschirm geführt (Bild 11.10 d). (Bei der Rückführung von rechts nach links wird der Strahl dann verdunkelt.) Liegt an den X-Platten Sägezahnspannung und an den Y-Platten eine sinusförmige Wechselspannung, entsteht auf dem Bildschirm die Zeitfunktion der Wechselspannung (eine Sinuskurve) (Bild 11.10 f). Bei genauer Übereinstimmung der Sägezahn- und der Wechselspannungsfrequenz steht die Kurve still.
Das Oszilloskop ist somit in der Lage, Gleichspannungen und zeitabhängige Spannungen (z. B. Schwingungsvorgänge) darzustellen. Aber auch der zeitliche Verlauf von Strömen läßt sich registrieren, indem man den betreffenden Meßstrom in einen verhältnisgleichen Spannungsfall umsetzt ($U = I \cdot R$). Hierzu benutzt man einen ohmschen Widerstand mit bekanntem Widerstandswert.
Des weiteren können mit Elektronenstrahl-Oszilloskopen auch Kennlinien von Bauelementen (z. B. von Dioden, Transistoren, Thyristoren usw.) sichtbar gemacht wer-

den, wobei die Kennlinien meist die Stromstärke I in Abhängigkeit von der Spannung U darstellen.
Die waagerechte X-Ablenkung erfolgt hier nicht durch die Sägezahnspannung, sondern durch eine von außen angelegte Spannung (Ursache). Der Strom (Wirkung) verursacht am Meßwiderstand einen verhältnisgleichen Spannungsfall für die senkrecht ablenkenden Y-Platten.
Bei kleinen Meßspannungen werden den Ablenkplatten Verstärker vorgeschaltet, so daß kleinste elektrische Spannungen praktisch leistungslos gezeigt und damit auch gemessen werden können.

11.2.4.5 Lernziel-Test

Verständnisfragen

1. Warum können Dreheisenmeßwerke für Gleich- und Wechselstrom verwendet werden?
2. Warum können Drehspulmeßwerke nur für Gleichstrommessung verwendet werden?
3. Durch welche Maßnahme lassen sich Drehspulmeßwerke auch für Wechselstrommessung verwenden?
4. Warum sind Dreheisenmeßwerke weniger empfindlich als Drehspulmeßwerke?
5. Warum sind elektrodynamische Meßwerke zur Leistungsmessung besonders geeignet?
6. Mit welcher Meßeinrichtung lassen sich schnellablaufende elektrische Vorgänge zeigen und sogar messen?
7. Welche Leistung zeigt das elektrodynamische Meßwerk bei Wechselstrom an?
8. Was versteht man unter X-Ablenkung bei einem Elektronenstrahl-Oszilloskop?
9. Was zeigen folgende Wechselstrommesser an:
   a) Drehspulmeßwerk mit Gleichrichter,
   b) Drehspulmeßwerk mit Thermoumformer,
   c) Dreheisenmeßwerk?
10. Was bedeutet folgende Skalenaufschrift?

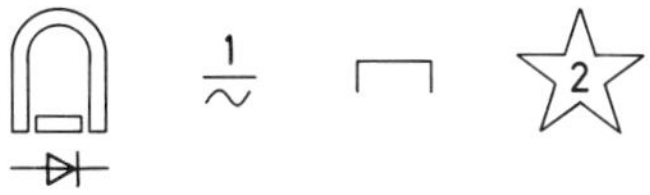

Bild 11.11
Skalenaufschrift

11. Warum besitzen Meßgeräte eine Dämpfung?
12. Welche Dämpfungssysteme gibt es?

11.3 Messen mit analogen Meßgeräten

11.3.1 Strommessung

Alle Meßwerke, die auf der magnetischen Wirkung aufbauen, sind im Prinzip Strommesser, da der Magnetismus seine Ursache im Strom hat.
Die Strommesser sind, damit sie vom Meßstrom durchlaufen werden, in Reihe mit dem Verbraucher zu schalten.

> Strommesser werden in Reihe mit dem Verbraucher geschaltet.

Da der Strommesser einen bestimmten Eigenwiderstand (Innenwiderstand) hat, ist der gemessene Strom kleiner als der tatsächliche Strom, der fließt, wenn nur der Verbraucherwiderstand an der Spannungsquelle liegt.

Beispiel:
Ein Strommesser mit einem Innenwiderstand von 2 Ω ist in Reihe mit einem Verbraucherwiderstand von 8 Ω an eine Spannungsquelle von 8 V geschaltet.

Welche Stromstärke ergibt sich
a) ohne Strommesser,
b) mit Strommesser?

Lösung: a) ohne Strommesser $\underline{I} = \frac{U}{R} = \frac{8\ \text{V}}{8\ \Omega} = \underline{1\ \text{A}}$

b) mit Strommesser $\underline{I'} = \frac{U}{R_\text{i} + R} = \frac{8\ \text{V}}{2\ \Omega + 8\ \Omega} = \frac{8\ \text{V}}{10\ \Omega} = \underline{0{,}8\ \text{A}}$

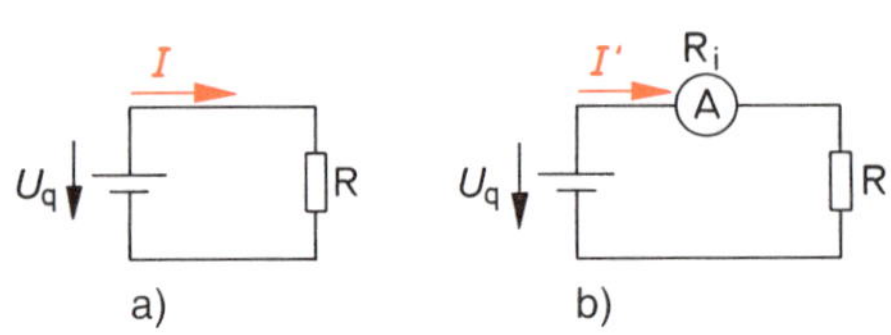

Bild 11.12
Strom im
a) Stromkreis ohne Strommesser,
b) gleichen Stromkreis mit Strommesser

Daraus ergibt sich die Forderung:

> Strommesser müssen einen möglichst kleinen Innenwiderstand haben.
> Sie sind niederohmig.

Der Meßbereich von Strommessern läßt sich im allgemeinen mit Hilfe von Nebenwiderständen (siehe Abschnitt 11.3.3.2) oder Stromwandlern (siehe Abschnitt 10.9.3.2) erweitern.

Dreheisen-Strommesser mit mehreren Meßbereichen verfügen häufig über unterteilte Spulen, die je nach Stromstärke parallel-, hintereinander oder gemischt geschaltet werden.

11.3.2 Spannungsmessung

Normalerweise verwendet man zur Spannungsmessung ebenfalls magnetische Meßwerke, obwohl diese im Prinzip Strommesser darstellen. Da aber der Strom entsprechend dem Ohmschen Gesetz der Spannung verhältnisgleich ist,

also $I = \frac{1}{R} \cdot U$

kann die Stromskala demnach in Volt geeicht werden.
Spannung ist praktisch Ladungsunterschied zwischen zwei Punkten des Stromkreises oder den Klemmen eines Spannungserzeugers. Wenn man daher Spannung messen will, muß man das Meßwerk an diesen Punkten anschließen, also parallel zum Verbraucher.

> Spannungsmesser werden in den Nebenschluß (parallel-)geschaltet.

Dabei darf der Spannungsmesser den Stromkreis nicht zusätzlich belasten. Ein größerer Strom ergäbe in weiteren Widerständen des Stromkreises zusätzliche Spannungsfälle und damit eine Herabsetzung der tatsächlich zu messenden Spannung.

Beispiel:
Mit einem Spannungsmesser, dessen Innenwiderstand 1,5 Ω beträgt, soll die Klemmenspannung eines Spannungserzeugers gemessen werden. Der Spannungserzeuger verfügt über eine Quellenspannung U_q = 10 V und besitzt einen Innenwiderstand von 0,5 Ω.

Welche Spannung ergibt sich an den Klemmen des Spannungserzeugers
a) ohne Spannungsmesser,
b) mit Spannungsmesser?

Lösung: a) ohne Spannungsmesser $\underline{U_k} = U_q = \underline{10\ \text{V}}$

b) mit Spannungsmesser $I = \frac{U_q}{R_{i1} + R_{i2}} = \frac{10\ \text{V}}{0{,}5\ \Omega + 1{,}5\ \Omega} = \frac{10\ \text{V}}{2\ \Omega} = 5\ \text{A}$

$\underline{U_k'} = U_q - U_{i1} = 10\ \text{V} - 2{,}5\ \text{V} = \underline{7{,}5\ \text{V}};$

$U_{i1} = I \cdot R_{i1} = 5\ \text{A} \cdot 0{,}5\ \Omega = 2{,}5\ \text{V}$

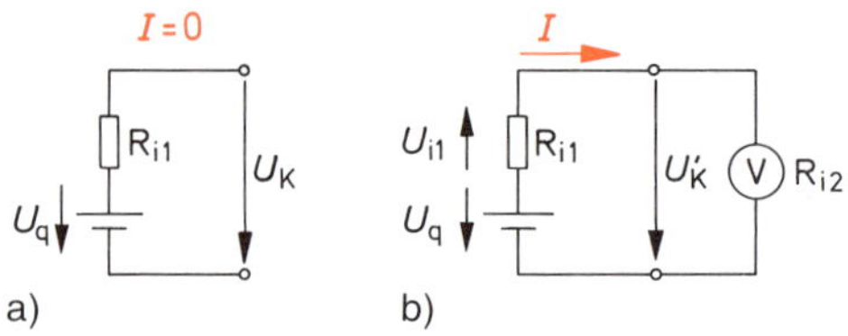

Bild 11.13
Klemmenspannung
a) ohne Spannungsmesser
b) mit Spannungsmesser

Daraus ergibt sich die Forderung:

> Spannungsmesser müssen einen sehr hohen Innenwiderstand (Idealfall ist unendlich) besitzen. Sie sind hochohmig.

Einfache Betriebsmeßgeräte sind meist für 500 Ω/V oder 1000 Ω/V ausgelegt. Feinmeßgeräte und Vielfachmesser gehen dagegen bis zu 100 kΩ/V (siehe Abschnitt 11.1.2). Meßbereichserweiterung von Spannungsmessern ist mit Vorwiderständen (siehe Abschnitt 11.3.3.1) oder Spannungswandlern (siehe Abschnitt 10.9.3.1) möglich.

11.3.3 Meßbereichserweiterung

11.3.3.1 Meßbereichserweiterung von Spannungsmessern

Beispiel:
Ein Spannungsmesser mit ursprünglich 60 mV Meßbereich (zulässigem inneren Spannungsfall) soll auf 3 V erweitert werden. Der innere Widerstand des Spannungsmessers beträgt 200 Ω.

Lösung:
Der für das Meßgerät zulässige innere Spannungsfall U_i = 60 mV würde bei U = 3 V um 2,94 V überschritten.
Es müssen also 2,94 V vernichtet werden. Dies wird durch einen entsprechenden dimensionierten *Vorwiderstand* R_v erreicht (Bild 11.14).

> Beim Spannungsmesser erfolgt die Meßbereichserweiterung durch Reihenschaltung eines Vorwiderstandes.

Geht man davon aus, daß in einer Reihenschaltung sich die Spannungen wie die entsprechenden Widerstände verhalten, so ergibt sich

$$\frac{R_v}{R_i} = \frac{U_v}{U_i}$$

Bild 11.14
Meßbereichserweiterung eines Spannungsmessers mit Hilfe eines Vorwiderstandes

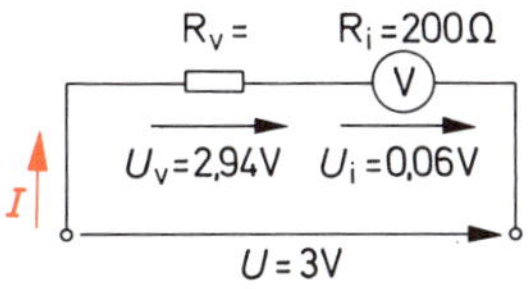

Vorwiderstand $$R_v = \frac{U_v}{U_i} R_i$$

R_v Vorwiderstand in Ω
U_v Spannungsfall am Vorwiderstand in V
U_i zulässige Meßspannung des Meßwerkes in V
R_i Innenwiderstand des Meßwerkes in Ω

In obigem Beispiel wird:

$$\underline{R_v} = \frac{2{,}94\ \text{V}}{0{,}06\ \text{V}} \cdot 200\ \Omega = \underline{9800\ \Omega}$$

Allgemein gilt: Bei Erweiterung des Spannungsmeßbereiches z. B.

von $U_i = 5$ V auf $U = 2 \times 5$ V $= 10$ V muß $R_v = R_i$ sein,

von $U_i = 5$ V auf $U = 5 \times 5$ V $= 25$ V muß $R_v = 4 \cdot R_i$ sein,

von $U_i = 5$ V auf $U = n \times 5$ V muß $R_v = (n - 1)\ R_i$ sein,

d. h., ein Spannungsanteil übernimmt das Meßwerk, die restlichen der Vorwiderstand.

Es gilt somit:

Vorwiderstand $$R_v = (n - 1)\ R_i$$

R_v Vorwiderstand in Ω
$n = \dfrac{\text{neuer Meßbereich}}{\text{alter Meßbereich}}$ (Erweiterungszahl)
R_i Innenwiderstand des Meßwerkes in Ω

In obigem Beispiel wird:

$$\underline{R_v} = (n - 1)\ R_i = (50 - 1)\ 200\ \Omega = 49 \cdot 200\ \Omega = \underline{9800\ \Omega}$$

$$n = \frac{U}{U_i} = \frac{3\ \text{V}}{0{,}06\ \text{V}} = 50$$

11.3.3.2 Meßbereichserweiterung von Strommessern

Beispiel:
Ein Strommesser mit einem zulässigen Meßstrom $I_i = 0{,}3$ mA soll auf 30 mA erweitert werden. Der innere Widerstand des Strommessers beträgt 2 Ω.

Lösung:
Der für das Meßgerät zulässige Meßstrom $I_i = 0{,}3$ mA würde bei $I = 30$ mA um 29,7 mA überschritten werden, was die Zerstörung des Meßgerätes zur Folge hätte.
Es müssen also 29,7 mA an dem Meßinstrument vorbeigeführt werden. Dies wird durch einen entsprechend dimensionierten *Nebenwiderstand* R_N, den man auch *Shunt* nennt, erreicht (Bild 11.15).

> Beim Strommesser wird die Meßbereichserweiterung durch Parallelschaltung eines Nebenwiderstandes erzielt.

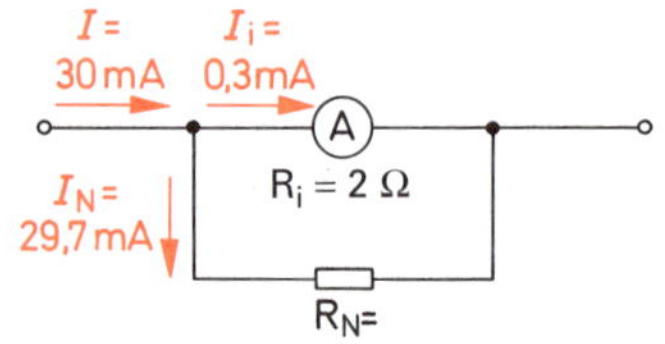

Bild 11.15
Meßbereichserweiterung eines Strommessers mit Hilfe eines Nebenwiderstandes

Da bei einer Parallelschaltung sich die Ströme umgekehrt wie die entsprechenden Widerstände verhalten, ergibt sich folgende Beziehung:

$$\frac{R_N}{R_i} = \frac{I_i}{I_N}$$

Nebenwiderstand

$$R_N = \frac{I_i}{I_N} \cdot Ri$$

R_N Nebenwiderstand in Ω
I_i Zulässiger Strom im Meßwerk in A
I_N Strom im Nebenwiderstand in A
R_i Innenwiderstand des Meßwerkes in Ω

In obigem Beispiel wird:

$$\underline{R_N} = \frac{0{,}0003\ \text{A}}{0{,}0297\ \text{A}} \cdot 2\ \Omega = 0{,}0202\ \Omega = \underline{20{,}2\ \text{m}\Omega}$$

Allgemein gilt: Bei Erweiterung des Strommeßbereichs z. B.

von $I_i = 0{,}1$ A auf $I = 2 \times 0{,}1$ A $= 0{,}2$ A muß $R_N = R_i$ sein,

von $I_i = 0{,}1$ A auf $I = 5 \times 0{,}1$ A $= 0{,}5$ A muß $R_N = \frac{1}{4} R_i$ sein,

von $I_i = 0{,}1$ A auf $I = n \cdot 0{,}1$ A muß $R_N = \frac{1}{n-1} R_i$ sein,

d. h., einen Stromanteil übernimmt das Meßwerk, die restlichen Anteile der Nebenwiderstand.

Es gilt somit:

Nebenwiderstand

$$R_N = \frac{1}{n-1} R_i$$

R_N Nebenwiderstand in Ω

$n = \frac{\text{neuer Meßbereich}}{\text{alter Meßbereich}}$ (Erweiterungszahl)

R_i Innenwiderstand des Meßwerkes in Ω

$$\underline{R_N} = \frac{1}{n-1} R_i \frac{1}{100-1} \cdot 2\ \Omega = \frac{2\ \Omega}{99} = 0{,}0202\ \Omega = \underline{20{,}2\ \text{m}\Omega}$$

$$n = \frac{I}{I_i} = \frac{30\ \text{mA}}{0{,}3\ \text{mA}} = 100$$

11.3.3.3 Lernziel-Test

Verständnisfragen

1. Warum müssen Strommesser einen möglichst kleinen Innenwiderstand haben?
2. Warum sollen Spannungsmesser einen möglichst großen Innenwiderstand haben?
3. Wie läßt sich der Meßbereich von Strommessern erweitern?
4. Wie läßt sich der Meßbereich von Spannungsmessern erweitern?
5. Warum können Strommeßwerke prinzipiell auch zur Spannungsmessung verwendet werden?
6. Was passiert, wenn ein Strommesser aus Versehen als Spannungsmesser verwendet wird, und warum?

Rechenaufgaben

1. Ein Vielfach-Spannungsmesser mit dem Kennwiderstand 5 kΩ/V besitzt die Meßbereiche 100 mV, 1 V, 10 V und 100 V.
   Welche tatsächlichen Widerstandswerte werden in den einzelnen Meßbereichen verwendet und welche Meßströme stellen sich bei jeweiligem Vollausschlag ein?

2. Ein Spannungsmesser mit 1000 Ω/V hat den Meßbereich 100 V. Er zeigt 75 V an. Wie groß ist der Meßstrom in mA?
3. Ein Strommesser mit dem Meßbereichsendwert 0,5 A hat den Innenwiderstand 0,1 Ω. Der Meßbereich soll auf 4 A erweitert werden.

   Wie groß muß der Nebenwiderstand sein?
4. Ein Spannungsmesser mit dem Innenwiderstand 150 kΩ hat den Meßbereichsendwert 100 V. Der Meßbereich soll auf 250 V erweitert werden.
   Wie groß muß der Vorwiderstand sein?

11.3.4 Widerstandsmessung

Widerstandsmessungen werden mit einer Vielzahl von Meßverfahren und Meßgeräten durchgeführt.

11.3.4.1 Indirekte Widerstandsmessung mit Strom- und Spannungsmeßgerät

Unter Anwendung des Ohmschen Gesetzes erhält man durch eine Strom- und Spannungsmessung den unbekannten Widerstand

$$R_x = \frac{U}{I}$$

Weil das Meßergebnis entweder durch den Innenwiderstand des Spannungsmessers oder des Strommessers verfälscht wird, wählt man je nach der Größe des unbekannten Widerstandes die in Bild 11.16 angegebene Schaltung a) oder b).

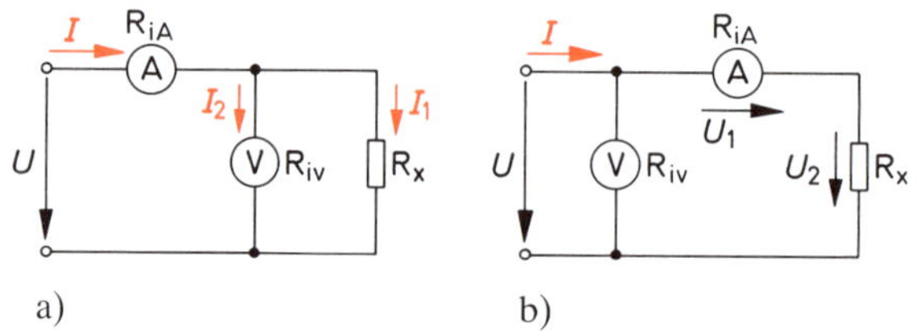

Bild 11.16
Widerstandsbestimmung

a) *Stromfehlerschaltung*

geeignet für niedrige Werte von R_x.
Der Instrumentenstrom des Spannungsmessers verursacht einen Fehler (Stromfehler), der vernachlässigt werden kann, wenn R_{iv} groß ist gegenüber R_x.

b) *Spannungsfehlerschaltung*

geeignet für hohe Werte von R_x.
Der Spannungsfall am Strommesser verursacht einen Fehler (Spannungsfehler), der vernachlässigt werden kann, wenn R_i sehr klein ist gegenüber R_x.

11.3.4.2 Direkte Widerstandsmessung mit Widerstandsmesser

Direkt anzeigende Widerstandsmesser arbeiten mit einer eingebauten Spannungsquelle – meist galvanisches Element – und messen den Strom.

Widerstandsmesser (Ohmmeter) beruhen auf Strommessung.

Verwendet werden das Drehspul- oder das Kreuzspulmeßwerk.
Im folgenden wird das Prinzip des Widerstandsmessers mit Drehspulmeßwerk behandelt. Dieser Widerstandsmesser enthält ein empfindliches Drehspul-Meßwerk, einen veränderlichen Vorwiderstand (Drehwiderstand), eine Prüftaste und eine Batterie (Bild 11.17).

Bild 11.17
Widerstandsmesser

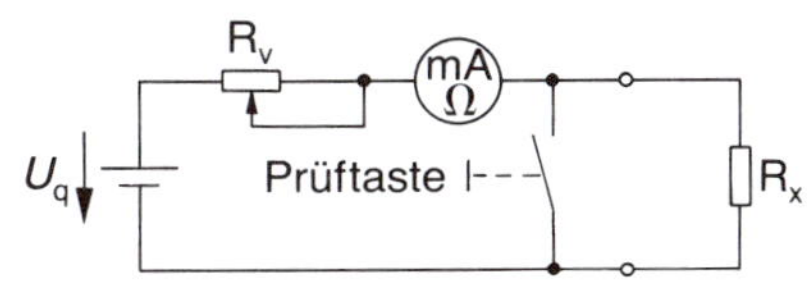

Bei bekannter, konstant bleibender Spannung U_q ergibt der Widerstand R_x einen bestimmten Strom und damit Stromausschlag. Die Stromskala kann auf Ohm geeicht werden. Häufig wird die mA- oder Volteichung beibehalten und die Ohmskala zusätzlich aufgetragen. Die Ohmskala und mA-Skala sind gegenläufig, da großer Widerstand R einen kleinen Strom ergibt.
Bei $R_x = 0\ \Omega$ zeigt das Meßwerk Vollausschlag, bei $R_x = \infty$ (unendlich) zeigt es keinen Ausschlag.
Vor Beginn der Messung ist es wichtig, den Batteriezustand zu überprüfen. Durch Betätigen der Prüftaste und des Drehwiderstandes wird der Vollausschlag des Zeigers eingestellt. Beim Öffnen der Prüftaste fließt dann der Strom durch den unbekannten Widerstand R_x, dessen Wert der Widerstandsmesser anzeigt.

11.3.4.3 Widerstandsmeßbrücke

Die Brückenschaltung (s. Abschnitt 2.5.4) läßt sich als Widerstandsmeßbrücke verwenden.
Brückenschaltungen haben gegenüber allen anderen Widerstandsmeßschaltungen den Vorteil, daß die Meßgenauigkeit nur von der Toleranz der Meßwiderstände abhängig ist. Da die Meßwiderstände mit großer Genauigkeit hergestellt werden, stellt das Brückenverfahren die genaueste Methode dar.
Häufig verwendet wird die *Wheatstone-Brücke.* Prinzipiell ist diese Brücke aus 4 Widerständen aufgebaut, die zu einem geschlossenen Viereck geschaltet sind, wobei an zwei Außenpunkten die Meßspannung (Gleichspannung) und in der Mitte ein Galvanometer angelegt sind (Bild 11.18).
Das *Galvanometer* ist ein hochempfindliches Meßinstrument. Es dient hier zur Fest-

stellung, ob in der Brückendiagonalen ein Strom fließt, d. h. eine Spannung vorhanden ist. Ist der Strom Null, dann muß sein

$$\frac{R_1}{R_2} = \frac{R_3}{R_4}$$

In diesem Fall spricht man von einer *abgeglichenen Brücke*. Ist R_1 der gesuchte Widerstand R_x und ändert man R_3 so lange, bis das Galvanometer Null zeigt, so gilt

Brückengleichung $$R_x = R_3 \frac{R_2}{R_4}$$

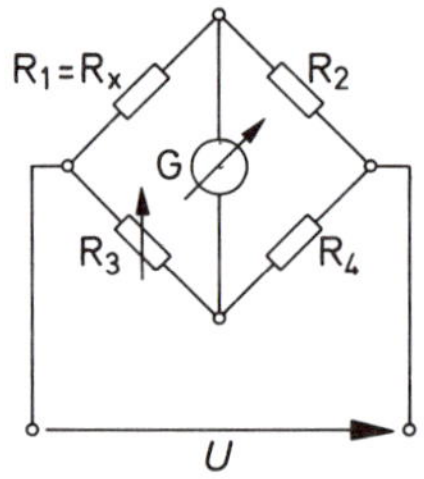

Bild 11.18
Wheatstonesche Meßbrücke

Mit Hilfe von Brücken lassen sich auch Schein- und Blindwiderstände bei Wechselstrom bestimmen.

11.3.5 Leistungsmessung

Die allgemeine Grundlage der elektrischen Leistungsmessung bildet die Leistungsformel $P = U \cdot I$. Sie kann bestimmt werden mit Hilfe von Strom- und Spannungsmessung oder mit einem Leistungsmesser (s. Abschnitt 11.2.4).

11.3.5.1 Leistungsmessung durch Strom- und Spannungsmessung

Bild 11.19 zeigt die beiden möglichen Schaltungen mit einem Strom- und Spannungsmesser zur Ermittlung der Verbraucherleistung.
Aus der Schaltung in Bild 11.19 a wird ersichtlich, daß der Strommesser einen größeren Strom als den des Verbrauchers mißt, während bei der Schaltung in Bild 11.19 b der Spannungsmeser eine größere Spannung als die des Verbrauchers mißt.
Beide Schaltungen enthalten einen unvermeidbaren Fehler. Die errechnete Leistung ist in jedem Fall größer als die tatsächliche Verbraucherleistung. Bei bekannten Innenwiderständen der Meßgeräte könnten die Meßfehler korrigiert werden. Ohne Korrektur ist bei kleinen Strömen die Schaltung b), bei größeren Strömen die Schaltung a) günstiger.

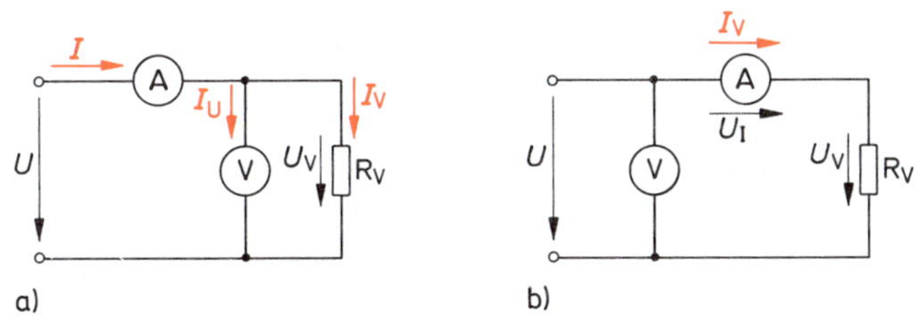

Bild 11.19 Leistungsbestimmung mit Strom- und Spannungsmesser
a) falsche Strommessung
b) falsche Spannungsmessung

11.3.5.2 Leistungsmessung mit Leistungsmesser

Für Gleich- und Wechselstromleistungen wird hauptsächlich das elektrodynamische Meßwerk verwendet (siehe Abschnitt 11.2.4.3).
Man unterscheidet hierbei die *Strom-* und die *Spannungsspule* bzw. den *Strom-* und den *Spannungspfad.*
Die Anschaltung beider Spulen kann nach den folgenden Schaltungen erfolgen (Bild 11.20).

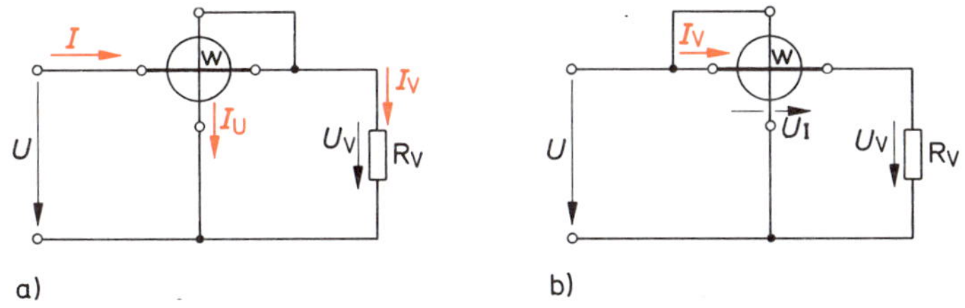

Bild 11.20 Leistungsbestimmung mit Leistungsmesser
a) falscher Strom b) falsche Spannung

Wie bei der Leistungsermittlung durch Strom- oder Spannungsmesser zeigen sich auch hier bei der direkten Leistungsmessung in beiden Schaltungen unvermeidbare Fehler.

11.3.6 Messung mit Vielfachmeßgeräten (Universal-Meßinstrumente)

Vielfachmeßgeräte, also Geräte, die für verschiedene Größen (z. B. Strom, Spannung, Widerstand), verschiedene Stromarten (z. B. Gleich- und Wechselstrom) sowie in verschiedenen Meßbereichen (z. B. 3 V, 15 V, 60 V) verwendbar sind, enthalten meist Drehspulmeßwerke.
Bild 11.21 zeigt die Schaltung eines solchen Gerätes für Gleichstrom. Die verschie-

denen Spannungs- bzw. Strommeßbereiche werden mit Hilfe von Vor- bzw. Nebenwiderständen erreicht (siehe Abschnitte 11.3.3.1 und 11.3.3.2).

Für Wechselstrommessung werden Gleichrichter in Brückenschaltung eingesetzt (siehe Abschnitt 11.2.4.2).

Die Schaltung eines solchen Gerätes zeigt Bild 11.22. Durch den Umschalter kann das Instrument ohne Gleichrichter für Gleichstrom bzw. Gleichspannung oder mit Gleichrichter für Wechselstrom bzw. Wechselspannung verwendet werden.

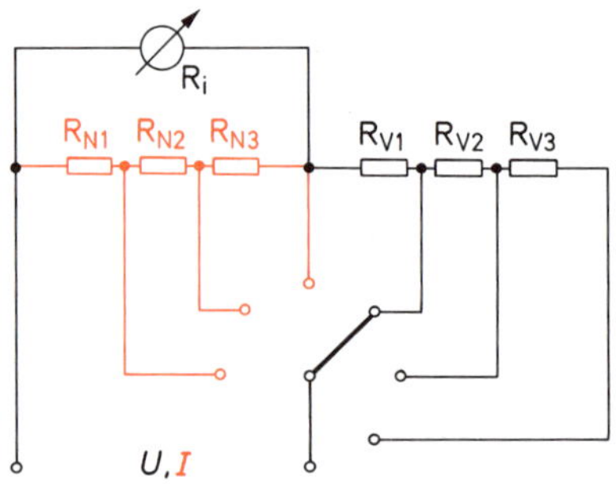

Bild 11.21
Universal-Meßinstrument für Gleichstrom und Gleichspannung

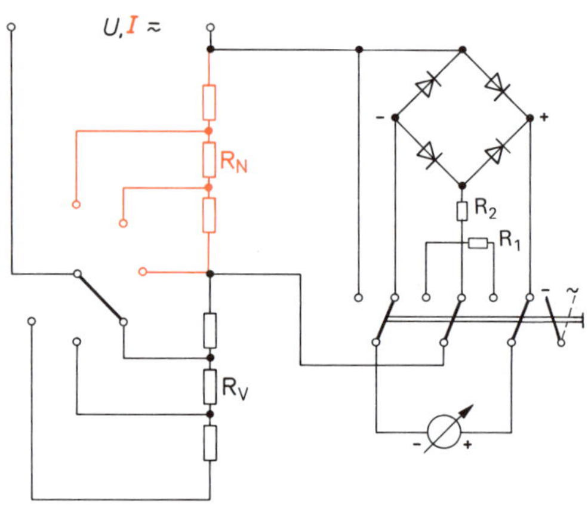

Bild 11.22
Universal-Meßinstrument für Gleich- und Wechselstrom
R_1, R_2 Ausgleichswiderstände

Meßwertermittlung bei Vielfachmeßgeräten

Der tatsächliche Meßwert wird bei Vielfachmeßgeräten folgendermaßen bestimmt:

a) höchsten Meßbereich einstellen – Schutz vor Zerstörung.
b) Meßbereich umstellen (verkleinern), bis Zeiger im letzten Drittel der Skala steht – genauester Meßwert.
c) Ablesen des Anzeigenwertes (Teilstriche), des Skalenendwertes (Teilstriche) und des eingestellten Meßbereiches.
d) Abgelesene Daten in folgende Formel einsetzen und Meßwert berechnen.

$$\text{Meßwert} = \frac{\text{Anzeigenwert} \times \text{Meßbereich}}{\text{Skalenendwert}}$$

Beispiel:
An einem Vielfachmeßgerät wurden zur Bestimmung einer Spannung folgende Werte abgelesen:

Anzeigenwert: 24 Teilstriche
Skalenwert: 30 Teilstriche
Meßbereich: 15 Volt

Wie groß ist der Meßwert der Spannung?

Lösung:

$$\text{Meßwert} = \frac{\text{Anzeigenwert} \times \text{Meßbereich}}{\text{Skalenendwert}}$$

$$\underline{\text{Meßwert}} = \frac{24\ \text{Teilstriche} \times 15\ \text{V}}{30\ \text{Teilstriche}} = \underline{12\ \text{V}}$$

11.3.7 Lernziel-Test

Verständnisfragen

1. Auf welche Arten läßt sich die Größe eines Widerstandes bestimmen?
2. Was versteht man unter einer Stromfehlerschaltung?
3. Womit können Widerstände am genauesten bestimmt werden und warum?
4. Auf welche Arten lassen sich Leistungen ermitteln?
5. Warum treten bei Leistungsmessungen immer unvermeidbare Fehler auf?
6. Warum werden für Universal-Meßinstrumente fast ausschließlich Drehspulmeßwerke eingesetzt?
7. Welche Bedingung muß erfüllt sein, damit an der Brückendiagonalen einer Brükkenschaltung keine Spannung auftritt?

Rechenaufgaben

1. Zur Widerstandsbestimmung einer Motorwicklung werden 5 V Gleichspannung an die Wicklung angelegt. Dabei fließen 200 mA.
   Wie groß ist der Widerstand der Wicklung?
2. Der Wert eines unbekannten Widerstandes soll mit der Stromfehlerschaltung (siehe Bild 11.16) bestimmt werden. Der Spannungsmesser hat 500 Ω Innenwiderstand und zeigt 30 V, der Strommesser 0,4 A.
   Welcher Wert ergibt sich für den zu messenden Widerstand ohne und mit Korrektur des Meßergebnisses?
3. Mit einer Wheatstoneschen Meßbrücke soll ein unbekannter Widerstand R bestimmt werden. Die Brücke ist mit den Widerständen $R_2 = 21\ \Omega$, $R_3 = 50\ \Omega$ und $R_4 = 150$ abgeglichen.
   Wie groß ist der unbekannte Widerstand?

11.4 Digitale Meßgeräte

Digitale Meßgeräte enthalten hauptsächlich recht komplexe elektronische Schaltungen.

11.4.1 Aufbau und Wirkungsweise von Digitalmeßgeräten

Digital anzeigende Meßgeräte wandeln den analogen Meßwert im Gerät selbst in eine Digitalanzeige (zahlenmäßige Darstellung) um.
Hierbei werden die Meßgrößen über einen Meßverstärker bzw. Meßwertumformer dem Analog-Digital-Umsetzer zugeführt, in eine binäre Signalfolge (Folge von 0/1-Signalen) umgewandelt, in einem Zähler verarbeitet und mit Hilfe der Anzeigenelemente als Ziffern sichtbar gemacht (Bild 11.23).

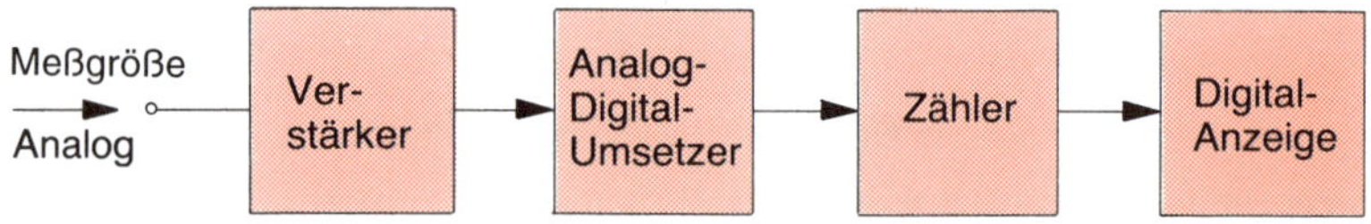

Bild 11.23 Prinzipschaltung eines digitalen Meßgerätes

Analog-Digital-Umsetzer, Zähler usw. stellen komplexe Schaltungen dar, die in einer sogenannten integrierten Schaltung zu jeweils einer Baugruppe zusammengefaßt sind.
Als Anzeigenelemente verwendet man meist Siebensegmentanzeigen (Bild 11.24) mit Leuchtdioden (LED) oder Flüssigkristallanzeigen (LCD). Die Zahlen 0 bis 9 können durch entsprechende Ansteuerung der einzelnen Segmente dargestellt werden.

Bild 11.24
Siebensegmentanzeige

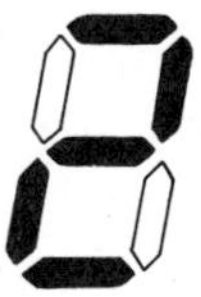

Analog-Digital-Umsetzer arbeiten je nach Art der umzusetzenden Meßgröße (Gleichspannung, Wechselspannung, Strom, Widerstand, Arbeit, Leistung) und der geforderten Genauigkeit nach unterschiedlichen Prinzipien.

11.4.2 Meßfehler, Genauigkeit

Bei digitalen Meßgeräten sind die Genauigkeitsangaben der Hersteller zu beachten. Die Zifferanzeige vermittelt den Eindruck einer absolut genauen Messung, was aber nicht der Fall ist. Auch diese Meßgeräte weisen Meßfehler auf, die allerdings geringer sind als bei analogen Meßgeräten.
Die Fehler rühren zum einen von den elektronischen Bauteilen und deren Temperaturabhängigkeit sowie von dem Meßverfahren selbst her.
Der mögliche Gesamtfehler (Genauigkeit) wird im allgemeinen mit Hilfe von 2 Angaben angedeutet:

a) Anzeigefehler in % vom angezeigten Meßwert (z. B. ±0,1%),

b) Bereichsfehler in Digit (z. B. ±1 Digit).
Digit bedeutet Ziffer. 1 Digit entspricht der kleinsten Anzeigenänderung, d. h. der letzten Stelle der Digitalanzeige.

Beispiele:
1. Ein 3stelliges Digital-Multimeter zeigt den Meßwert 19,8 V an. Zu den Fehlergrenzen (Genauigkeit) liegt folgende Angabe vor: ±0,5% vom MW ±1 Digit.
   a) Wie groß ist der absolute Fehler F?
   b) In welchem Bereich liegt der wahre Wert der Spannung?
   c) Wie groß ist der relative Fehler f ?

Lösung: a) F = ± 0,5% · MW ± 1 Digit = ± (0,5% · MW + 1 Digit)

$$F = \pm\left(\frac{0{,}5}{100} \cdot 19{,}8\ \text{V} + 0{,}1\ \text{V}\right)$$

$$F = \pm\,(0{,}099\ \text{V} + 0{,}1\ \text{V})$$

$$\underline{F} = \pm\,\underline{0{,}199\ \text{V}}\ \text{(absoluter Fehler)}$$

b) Toleranzbereich = Meßwert (MW) ± absoluter Fehler F

= 19,8 V ± 0,199 V

= 19,601 V bis 19,999 V (Toleranzbereich)

$$\text{c)}\ \underline{f} = \frac{F}{MW} = \frac{\pm 0{,}199\ \text{V}}{19{,}8\ \text{V}} = \pm\,0{,}0100505 = \pm\,\underline{1{,}005\%}\ \text{(relativer Fehler)}$$

2. Ein 4stelliges Digital-Multimeter mit den Fehlerangaben ± 0,5% vom MW ± 1 Digit zeigt den Meßwert 19,80 V an.

Bestimmen Sie: a) den absoluten Fehler,
b) den Toleranzbereich,
c) den relativen Fehler.

Lösung: a) F = ± (0,5% · MW + 1 Digit)

$$= \pm\left(\frac{0{,}5}{100} \cdot 19{,}80\ \text{V} + 0{,}01\ \text{V}\right)$$

$$= \pm\,(0{,}099\ \text{V} + 0{,}01\ \text{V})$$

$$\underline{F} = \pm\,\underline{0{,}109\ \text{V}}$$

b) Toleranzbereich = MW ± F

= 19,80 V ± 0,109 V

= 19,691 V bis 19,909 V

$$\text{c)}\ \underline{f} = \frac{F}{MW} = \frac{\pm 0{,}109\ \text{V}}{19{,}80\ \text{V}} = \pm\,0{,}0055 = \pm\,\underline{0{,}55\ \%}$$

Wie aus den Beispielen zu ersehen ist, verringert sich der Anzeigefehler der Digital-Meßwerke durch größere Stellenzahl in der Anzeige.

11.5 Messen mit digitalen Meßgeräten

11.5.1 Gleichspannungsmessung

Zur Gleichspannungsmessung lassen sich prinzipiell Analog-Digital-Umsetzer, die nach sehr unterschiedlichen Verfahren arbeiten, anwenden.
Insbesondere eine Sonderform des Spannungs-Zeit-Umsetzers, nämlich das Dual-slope-Verfahren (Zweirampenverfahren), liefert Meßergebnisse hoher Genauigkeit und wird daher meist in Digital-Meßgeräten eingesetzt.
Grundsätzlich beruht das Dual-slope-Verfahren auf der Aufladung eines Kondensators (Integration) mit Hilfe eines Konstantstromes über eine bestimmte Zeit, wobei die Höhe der Aufladung dann ein Maß für die Größe der Meßspannung ist. Die folgende Entladung dauert um so länger, je höher die zu messende Spannung ist. Die während der Entladungsdauer erzeugte Anzahl von Impulsen, die gezählt und in Anzeigeziffern umgewandelt wird, ist ein Maß für die Höhe der zu messenden Spannung.

11.5.2 Gleichstrommessung

Zur Gleichstrommessung findet das Prinzip der digitalen Spannungsmessung Anwendung, wobei der vom Strom in einem Normalwiderstand verursachte proportionale Spannungsfall gemessen wird.

11.5.3 Wechselspannungs- und Wechselstrommessung

Wechselgrößen werden hierzu zunächst mit Hilfe von Gleichrichterschaltungen bzw. Thermoumformern in Gleichspannungen umgeformt und deren Wert gemessen.

11.5.4 Widerstandsmessung

Zur Widerstandsmessung findet ebenfalls das Prinzip der digitalen Spannungsmessung Anwendung. Hierbei verursacht ein im Meßgerät erzeugter Konstantstrom (Konstantstromquelle) beim Durchfließen des zu messenden Widerstandes einen dem Widerstandswert proportionalen Spannungsfall, der gemessen wird und ein Maß für den Widerstand darstellt.

11.5.5 Vielfachmeßgeräte (digitale Multimeter)

Vielfachmeßgeräte messen meist Gleich- und Wechselspannungen und -ströme sowie Widerstände nach dem Prinzip der digitalen Spannungsmessung. Die verschieden großen Meßspannungen werden hierbei mit Verstärker bzw. Abschwächer einem einzigen Meßbereich zugeordnet.

11.5.6 Leistungsmessung

Die digitale Leistungsmessung erfolgt nach folgendem Prinzip: Die Augenblickswerte der Spannung und des Stromes bzw. der stromproportionalen Spannung ergeben mit Hilfe einer elektronischen Multiplizierschaltung zunächst die Augenblicksleistungen und danach bei Zufuhr in eine elektronische Mittelwertschaltung den zeitlichen Mittelwert der Leistung. Somit lassen sich digital Wirk-, Blind- und Scheinleistungen messen.

11.5.7 Handhabung von digitalen Multimetern

Der Einsatz von digitalen Multimetern sollte in folgender Art und Reihenfolge unter Beachtung der angegebenen Hinweise erfolgen:

1. Vor Messung Funktionsfähigkeit des Multimeters beurteilen
   - keine Anzeige: leere Batterie
   - Aufleuchten des Batterie-Symbols: schwache Batterie
2. Vor Anlegen der Meßleitungen richtige Art der Messung einstellen
   - Meßbereichsvorwahl nicht nötig bei automatischer Meßbereichswahl.
3. Vor Messung Meßleitung kurz an Masse anlegen, um statische Aufladungen abzuleiten.
4. Masse-Meßleitung zuerst anschließen.
5. Genauigkeit einer 3½stelligen Anzeige reicht meist für Praxis aus.
6. Meßfehler des Meßgerätes sind im allgemeinen vernachlässigbar.
7. Bei der Spannungsmessung sind zu beachten:
   - Gleich- oder Wechselspannung einstellen,
   - richtige Anzeige nur von Wechselspannungen, die annähernd sinusförmig und zwischen 40 . . . 400 Hz liegen,
   - fehlerhafte Anzeige bei Mischspannungen, sehr niedrigen und hohen Frequenzen und bei stark von der Sinusform abweichenden Spannungsverläufen,
   - Meßgeräte-Innenwiderstand (ca. 10 MΩ); Vorsicht: eventuell Fehlmessung!
8. Bei der Strommessung gilt prinzipiell das gleiche wie bei der Spannungsmessung.
9. Bei der Widerstandsmessung ist zu beachten:
   - Es darf keine Spannung an dem Widerstand anliegen.
   - Eigenerwärmung durch den Meßstrom kann z. B. bei nichtlinearen Widerständen zu Widerstandsveränderungen führen.

11.5.8 Lernziel-Test

Verständnisfragen

1. Wie ist ein digitales Meßgerät prinzipiell aufgebaut?
2. Nennen Sie digitale Anzeigenelemente.
3. Welche Leistungsarten lassen sich mit digitalen Leistungsmessern bestimmen?
4. Worauf ist vor der eigentlichen Messung mit einem digitalen Meßgerät zu achten?
5. Wann ist bei der digitalen Spannungs- bzw. Strommessung mit fehlerhaften Anzeigen zu rechnen?

Rechenaufgabe

Wie groß ist der mögliche absolute und relative Fehler eines 4stelligen Digital-Multimeters, das den Meßwert 1,57 mV anzeigt?
Es liegen folgende Angaben zu den Fehlergrenzen vor: ± 0,5% vom MW ± 1 Digit.

11.6 Messen und darstellen mit dem Oszilloskop

11.6.1 Bedienungselemente des Oszilloskops

Ein Oszilloskop verfügt über viele Einstell- und Anschlußmöglichkeiten, die je nach Bauart und Modell unterschiedlich sind. Bestimmte Grundeinstellungen sind in der Regel bei jedem Oszilloskop vorhanden, so z. B.

- Intens. = Helligkeit des Schirmbildes
- Focus = Schärfe des Schirmbildes
- Ein (Power ON/OFF) = Netzschalter mit Betriebsanzeige

Vertikalablenkung (senkrechte Ablenkung)

- Y-Lage (Y-Pos.) = Verschiebung des Schirmbildes in Y-Richtung
- Y-Amplitude (Volt/Div.) = Umschalter für Eingangsempfindlichkeit (geeicht in mV/cm oder V/cm)
- Umschalter AC/DC = Darstellung von Wechselspannung bei AC
  = Darstellung von Gleich- und Mischspannung bei DC

Zeitablenkung (waagerechte Ablenkung)

- Zeitbasis (Time/Div.) = Umschalter für Zeitablenkung (geeicht in ms/cm oder µs/cm)
- X-Lage (X-Pos.) = Verschiebung des Schirmbildes in X-Richtung

Triggerung

Zur Erreichung eines stehenden Bildes auf dem Oszilloskopschirm muß der Kurvenzug immer zu einem bestimmten Zeitpunkt ausgelöst (getriggert) werden. Hierzu gibt es folgende Möglichkeiten:

- Triggering intern = durch angelegte Meßspannung selbst
- Triggering extern = durch fremde, von außen zugeführte Spannung
- Triggering line = durch Netzspannung

11.6.2 Grundeinstellung des Oszilloskops

Die Grundeinstellung eines Oszilloskops sollte in folgender Art und Reihenfolge bei zunächst nicht anliegender Meßspannung durchgeführt werden:

1. Leuchtstrich bei eingeschalteter Zeitablenkung sichtbar machen.
2. Leuchtstrich bei mäßiger Helligkeit scharf einstellen.
3. Leuchtstrich in Y-Richtung in die Mitte des Schirmes stellen.
4. Leuchtstrichlänge auf Schirmbreite bringen (Korrektur durch X-Dehnung).
5. Leuchtstrich mit Schirmbildende abschließen (Einstellung durch X-Lage).

11.6.3 Spannungsdarstellung und -messung

Man legt die zu messende Spannung zwischen der Eingangsbuchse Y1 oder Y2 und der Massebuchse des Oszilloskops an (Bild 11.25) und stellt den Meßbereichswähler (Ablenkung in y-Richtung) so ein, daß der Strahl in vertikaler Richtung möglichst weit ausgelenkt wird.

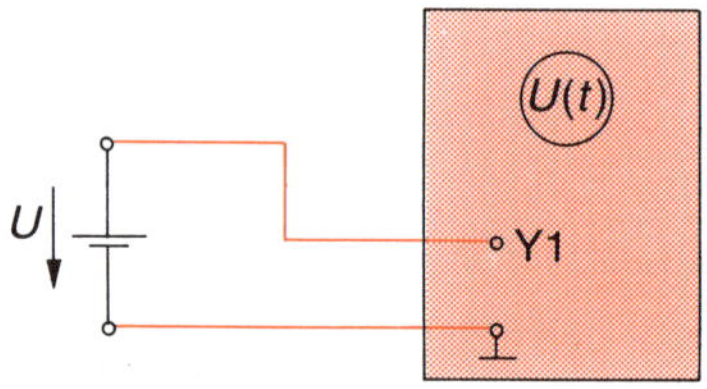

Bild 11.25
Spannungsmessung mit dem Oszilloskop

Weiterhin wählt man die richtige Spannungsart:
DC für Gleich- und Mischspannung bzw. AC für Wechselspannung.
Die Meßspannung U_{ss}, die bei Wechselspannung gleich dem Spitze-Spitze-Wert ist, ergibt sich durch Multiplizieren der vertikalen Ablenkung in Teilen bzw. cm mit dem am Meßbereichswähler eingestellten Ablenkkoeffizienten a_y in V/Teil bzw. V/cm.

$$U_{ss} = y \cdot a_y$$

U_{ss}	Meßspannung in V
y	vertikale Auslenkung in Teil (cm)
a_y	Ablenkkoeffizient in V/Teil (V/cm)

Die Wechselspannungsmessung kann durch Zusammenschieben der Sinuskurve auf der X-Achse zu einer senkrechten Linie (Betätigen des Tasters «x-y») vereinfacht werden.

11.6.4 Stromdarstellung und -messung

Da mit dem Oszilloskop nur direkte Spannungsmessung und -darstellung möglich ist, muß die indirekte Meßmethode für Ströme angewandt werden. Der Spannungsfall an einem bestimmten ohmschen Widerstand (Normalwiderstand), der im Strompfad liegt, dient der Strombestimmung.

$$I_{ss} = \frac{U_{SS}}{R_N}$$

I_{ss}	Meßstrom in A
U_{ss}	Meßspannung in V
R_N	Widerstand in Ω

Bild 11.26
Strommessung mit dem Oszilloskop

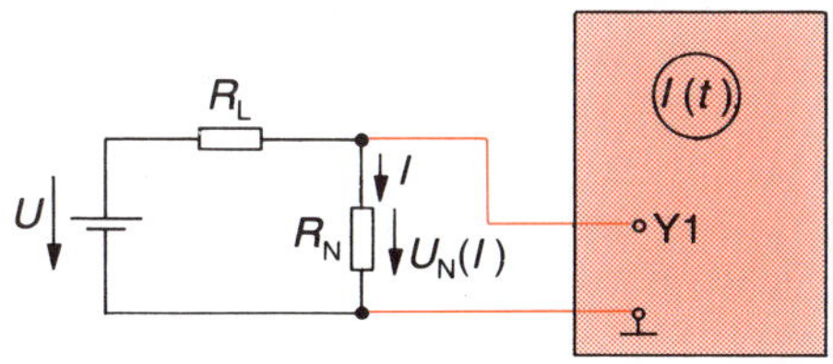

11.6.5 Frequenzmessung

Die Spannung mit der zu bestimmenden Frequenz wird zwischen Eingangsbuchse Y1 und Y2 und der Massebuchse des Oszilloskops angelegt und das Spannungsbild mit Hilfe der Zeiteinstellung so dargestellt, daß mindestens eine volle Schwingung (Periode) sichtbar ist. Aus der abgelesenen Periodenlänge x (Abstand) und dem eingestellten Zeitkoeffizienten a_t ergibt sich die tatsächliche Periodendauer T und damit die Frequenz f.

$$T = x \cdot a_t$$

$$f = \frac{1}{T}$$

T	Periodendauer in ms oder µs
x	Periodenlänge in Teilen
a_t	Zeitkoeffizient in $\frac{\text{ms}}{\text{Teil}}$ oder $\frac{\mu\text{s}}{\text{Teil}}$
f	Frequenz in Hz

11.6.6 Darstellung von zwei Größen

Zur gleichzeitigen Abbildung von zwei elektrischen veränderlichen Größen (z. B. 2 Spannungen oder Spannung und Strom) verwendet man meist das Zweistrahl-Oszilloskop. Es verfügt über zwei Ablenksysteme und damit Y-Eingänge.

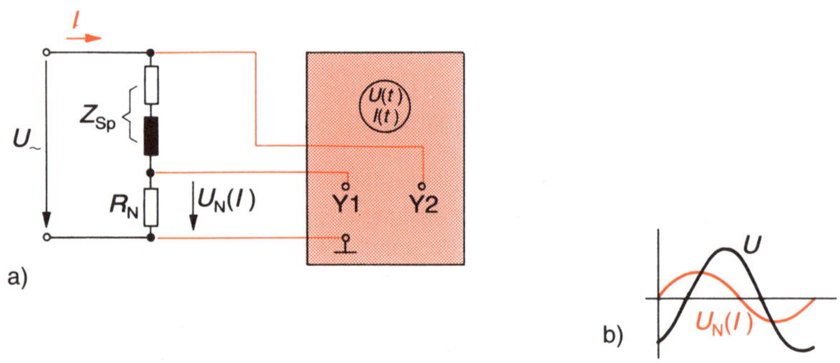

Bild 11.27 Gleichzeitige Strom- und Spannungsdarstellung einer Spule
a) Schaltanordnung
b) Strom- und Spannungsverlauf auf dem Bildschirm

Man gibt die eine Spannung auf den Eingang Y1 und die andere auf den Eingang Y2. Zur Darstellung eines Stromes geht man ebenfalls von dem Spannungsfall aus, den ein Strom in einem Wirkwiderstand verursacht (Bild 11.27).
Aus Bild 11.27 b lassen sich z. B. Werte, Verlauf und Phasenverschiebung von Wechselgrößen entnehmen.

11.6.7 Lernziel-Test

Verständnisfragen

1. Wie führt man die Grundeinstellung eines Oszilloskops durch?
2. Welche Aufgabe hat das Triggern bei einem Oszilloskop?
3. Was erreicht man durch Betätigen der Schalter «Y-Amplitude» bzw. «Zeitbasis»?
4. Wie kann man mit dem Oszilloskop eine Wechselspannung messen?
5. Wie können mit einem Oszilloskop Ströme gemessen werden?
6. Beschreiben Sie die Frequenzmessung mit einem Oszilloskop.
7. Wofür benötigt man Zweistrahl-Oszilloskope?

12 Installationsschaltungen (Lichtstromkreise)

Lichtstromkreise werden normalerweise in Häusern, Wohnungen und Büros fest installiert und entsprechend den Erfordernissen in unterschiedlichen Installationsschaltungen ausgeführt.
Solche Installationsschaltungen legt man zeichnerisch in Schaltplänen unter Zuhilfenahme von Schaltzeichen fest.

12.1 Schaltzeichen und Kennbuchstaben

Elektrische Betriebsmittel, z. B. Schalter, Leitungen, Geräte, Maschinen, Bauelemente, stellt man vereinfacht als Schaltzeichen dar.

> Schaltzeichen sind Symbole, die die Wirkungsweise der Betriebsmittel erkennen lassen, nicht aber den konstruktiven Aufbau.

Je nach Schaltplanart finden für Installationsschalter (Lichtschalter) Schaltzeichen und auch Schaltkurzzeichen (Schaltzeichen für einpolige Darstellung) Anwendung (Bilder 12.1 und 12.2).

Bild 12.1 Ausschalter (mehrpolige Darstellung)

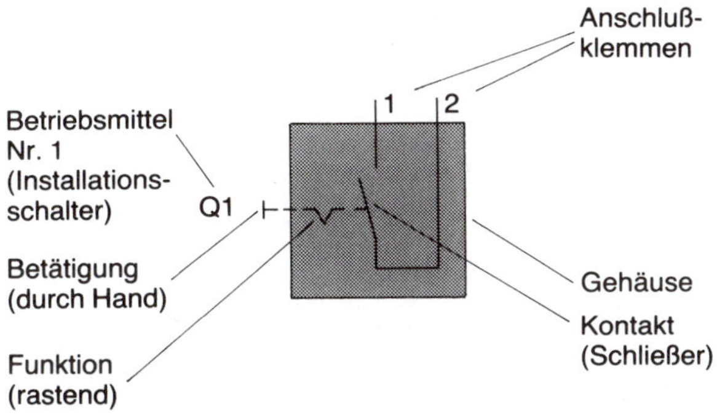

Zur Kennzeichnung der Art eines Betriebsmittels verwendet man Kennbuchstaben. Der Buchstabe wird zusammen mit einer Zählnummer neben oder unter dem Schaltzeichen angeordnet.

So kennzeichnen z. B.:

Q Leistungsschalter, Installationsschalter
E Beleuchtung, Heizung
X Klemmen, Stecker, Steckdosen

Schalt-zeichen	Schaltkurz-zeichen	Bedeutung
		Ausschalter, Handbetätigung, rastet bei Betätigung ein
		Serienschalter
	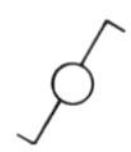	Wechselschalter
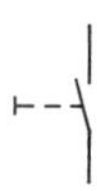		Taster
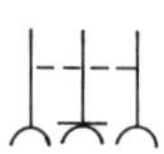		Schutzkontaktsteckdose einfach
		Leuchte
		Schutzleiteranschluß

Bild 12.2 Schaltzeichen für Installationsschaltungen

Die üblichen Versorgungsnetze verfügen über drei Außenleiter und den PEN-Leiter (geerdet), der nach dem Hausanschluß in Neutralleiter und Schutzleiter (siehe Abschnitt 13.4.4.1) aufgeteilt wird.

Die Leiter sind folgendermaßen gekennzeichnet:

L1, L2, L3	Außenleiter
N	Neutralleiter
PE	Schutzleiter
PEN	PEN-Leiter

12.2 Schaltpläne für Installationsschaltung

Je nach Verwendungszweck stellt man Installationsschaltungen auf verschiedene Arten dar, so z. B. als *Installationsplan, Übersichtsschaltplan, Stromlaufplan* in zusammenhängender und in aufgelöster Darstellung.

12.2.1 Ausschaltung

Mit Hilfe der Ausschaltung werden Lampen oder Geräte von einer Stelle aus ein- oder ausgeschaltet.

Die Darstellungsart der Ausschaltung richtet sich dabei danach, ob hieraus der Aufbau oder die Funktion der Schaltung ersehen werden soll.

12.2.1.1 Stromlaufplan in zusammenhängender Darstellung

Der Stromlaufplan in zusammenhängender Darstellung zeigt alle Einzelheiten und damit die Arbeitsweise einer Schaltung

wobei Teile desselben Betriebsmittels räumlich zusammenhängend wiedergegeben werden (Bild 12.3).

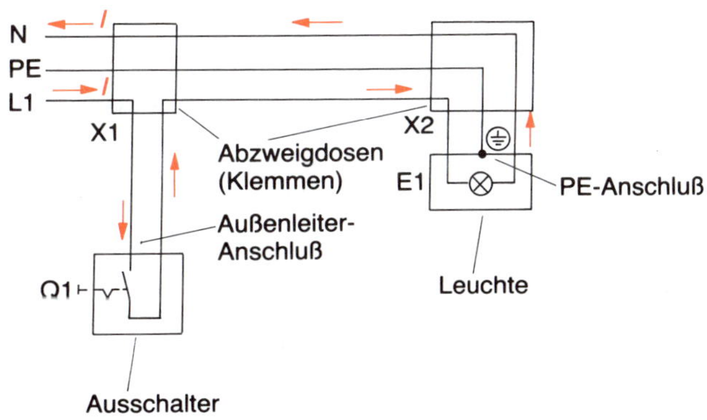

Bild 12.3 Ausschaltung, Stromlaufplan in zusammenhängender Darstellung

Die Funktion, die Darstellung, der grundsätzliche Aufbau der Schaltung wie auch die notwendigen Vorschriften und Festlegungen hierzu lassen sich aus dem Stromlaufplan der Ausschaltung ersehen.

So ist z. B. festgelegt:

> Schalter werden im unbetätigten und Stromkreise im stromlosen Zustand dargestellt.

Zum Verständnis und der Kontrolle der Funktion einer Schaltung verfolgt man den Stromweg vom Außenleiter (z. B. L1) am Einspeisepunkt über die verschiedenen Betriebsmittel zurück zum Neutralleiter N.

Die Funktionsanalyse der Ausschaltung zeigt:
Bei betätigtem (geschlossenem) Ausschalter Q1 kommt es über die Leuchte zu einem geschlossenen Stromkreis, damit Stromfluß I und Licht.

Weiterhin läßt sich feststellen:
Schalter sind im Außenleiter angeordnet, damit im ausgeschalteten Zustand keine Spannung an den Klemmen des Verbrauchers anliegt (Bild 12.4, tödliche Gefahr für den Menschen!).

> Schalter schalten grundsätzlich den Außenleiter.

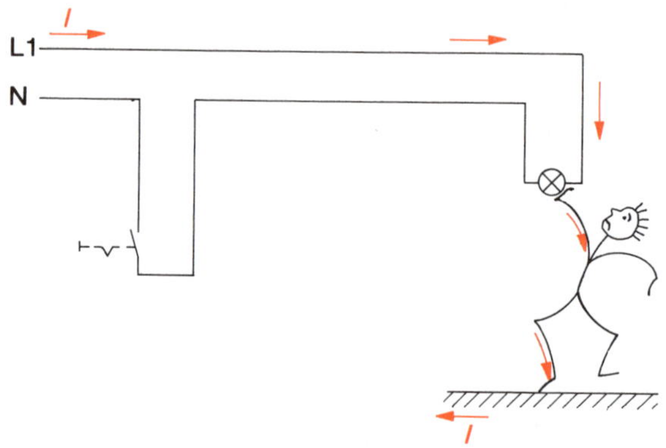

Bild 12.4
Gefahr durch falschen Außenleiter-Anschluß

Beim Anschluß von Geräten (Leuchten) wird also der spannungsführende Außenleiter (z. B. L1) immer zuerst auf den Schalter gebracht (Symbol: P oder Pfeil) und von hier aus über das Gerät zum N-Leiter gefahren.
Beleuchtungsstromkreise werden meist einpolig, Drehstromkreise (Drehstromverbraucher) allpolig ein- und ausgeschaltet.

Zur elektrischen Sicherheit läßt sich feststellen:
Bei fehlerhaften Geräten, z. B. Leuchten kann Spannung am metallischen Gehäuse anstehen und damit bei Berührung zu gefährlichen Körperströmen führen (Bild 13.3).

Zum Schutz des Menschen gegen gefährliche Körperströme müssen Schutzmaßnahmen eingesetzt werden.

In den angeführten Installationsanlagen ist die Schutzmaßnahme mit Schutzleiter vorgesehen, die das Bestehenbleiben einer gefährlichen Berührungsspannung verhindert (siehe Abschnitt 13.4.4.3).
Zu diesem Zweck wird in den Anlagen zusätzlich der Schutzleiter (PE-Leiter, grüngelb) mitgeführt.

Bei der Schaltungsausführung muß beachtet werden:

Der Schutzleiter (PE-Leiter, grüngelb) wird an der PE-Klemme (Symbol: ⏚) des Elektrogerätes (Leuchte) angeschlossen.

Alle Elektrogeräte der Schutzklasse I (siehe Abschnitt 13.5) verfügen über eine PE-Klemme. Bei Geräten der Schutzklasse II (Geräte für Schutzisolierung) und Schutzklasse III (Geräte für Schutzkleinspannung) darf weder ein Schutzleiter geführt noch angeschlossen werden.

12.2.1.2 Stromlaufplan in aufgelöster Darstellung

Der Stromlaufplan in aufgelöster Darstellung zeigt die Schaltung aufgelöst nach Stromwegen,

meist ohne Gehäuse und Schutzleiter, wodurch die Wirkungsweise besonders deutlich wird (Bild 12.5).
Diese Darstellungsart wählt man besonders bei umfangreichen Schaltungen, z. B. Schützschaltungen, weniger bei Installationsschaltungen.

Bild 12.5
Ausschaltung,
Stromlaufplan in
aufgelöster Darstellung

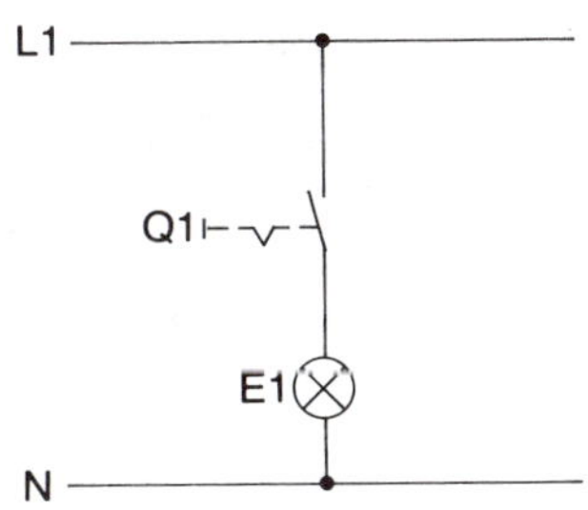

12.2.1.3 Installationsplan

Der Installationsplan zeigt die einpolige, lagerichtige Darstellung einer Installation in einer Bauzeichnung.

Der Installationsplan gibt somit Auskunft über die Art der Schaltung, die notwendigen Betriebsmittel und Leitungen sowie über die Anordnung im Gebäude, nicht aber über die genaue Funktion der Schaltung und das Anschließen der Betriebsmittel (Bild 12.6).

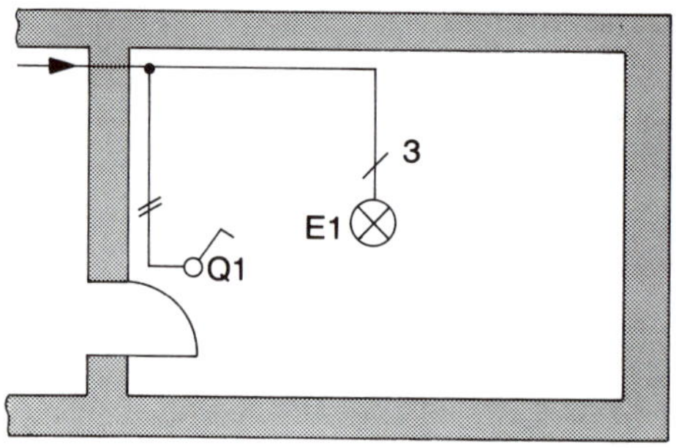

Bild 12.6
Ausschaltung, Installationsplan

Häufig verzichtet man in Bauzeichnungen auf die Angabe der Leitungen und Leitungsführungen und führt nur die Symbole der entsprechenden Betriebsmittel an.

12.2.1.4 Übersichtsschaltplan

Der Übersichtsschaltplan zeigt eine Schaltung (elektrische Anlage) mit allen wesentlichen Bestandteilen vereinfacht, meist einpolig dargestellt.

Die Leitungen werden nur durch eine Linie dargestellt (einpolig), die Adernzahl durch Schrägstriche oder durch einen Schrägstrich mit Zahl angegeben (Bild 12.7).

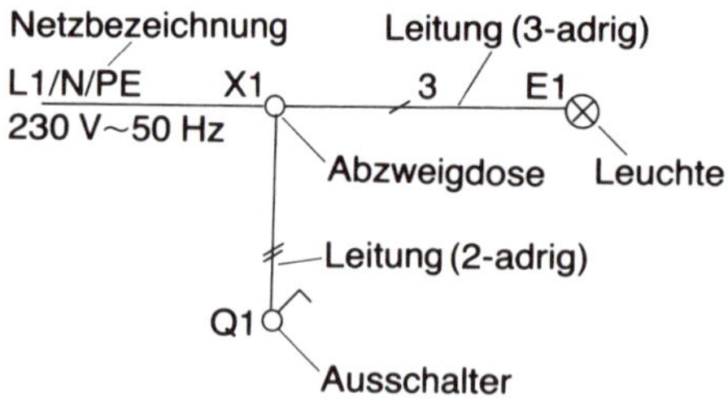

Bild 12.7
Ausschaltung, Übersichtsschaltplan

12.2.2 Ausschaltung mit Steckdose

Lichtstromkreise in Büros, Wohnungen und Häusern sind meist mit Steckdosen kombiniert. Hiermit besteht die Möglichkeit, zusätzliche ortsveränderliche Verbraucher anzuschließen und an beliebigen Stellen zu betreiben (Bild 12.8).
Verwendung finden ausschließlich Schutzkontaktsteckdosen (kurz: Schuko-Steckdosen), d. h. Steckdosen, die über einen Schutzkontakt verfügen. Der Schutzkontakt hat die Aufgabe, bei Steckvorrichtungen den Schutzleiter zu verbinden.
Die Steckdosen werden an den Außenleiter, z. B. L1, den Neutralleiter N und über den Schutzkontakt an den Schutzleiter PE (grüngelb) angeschlossen. Über den Schutzkontakt und den Schutzleiter fließt bei Körperschluß des angeschlossenen Gerätes ein Fehlerstrom, der das Abschalten der Anlage bewirkt.

> Ortsveränderliche Geräte mit einfacher Betriebsisolierung und Schutzleiteranschluß können nur über Schutzkontaktstecker und Schutzkontaktsteckdosen wirksam an das Netz angeschlossen werden.

Bild 12.8
Ausschaltung mit Steckdose
a) Stromlaufplan in zusammenhängender Darstellung
b) Übersichtsschaltplan

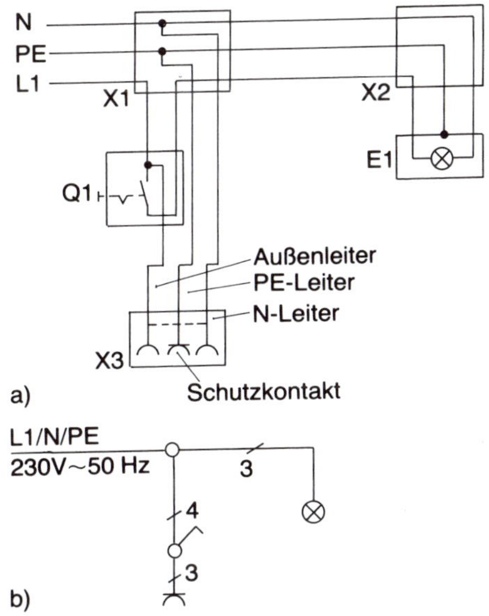

12.2.3 Serienschaltung

Serienschalter bestehen aus zwei in einem Gehäuse untergebrachten Ausschalter mit gemeinsamem Außenleiteranschluß (P oder Pfeil).

> Bei der Serienschaltung werden zwei Lampen oder Lampengruppen von einer Stelle aus einzeln oder zusammen geschaltet.

Die Funktionsanalyse anhand des Stromlaufplanes ergibt:
Betätigt man den linken Schalterkontakt von Schalter Q1, dann ist der Stromkreis für die Lampe E1 geschlossen, und diese leuchtet (Strom I_1).
Bei Betätigung des rechten Schalterkontaktes leuchtet Lampe E2.
Weiterhin läßt sich ersehen:
Durch den gemeinsamen Anschluß des Außenleiters L1 an den Serienschalter spart man gegenüber zwei Ausschaltungen eine Leitungsader.
Auch bei der Serienschaltung sind die Lampengehäuse als Schutzmaßnahme an den Schutzleiter PE angeschlossen.

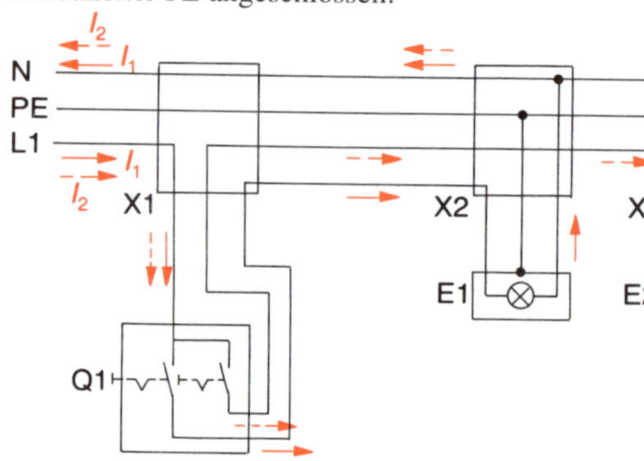

Bild 12.9 Serienschaltung, Stromlaufplan in zusammenhängender Darstellung

12.2.4 Wechselschaltung

> Mit der Wechselschaltung werden Betriebsmittel, z. B. Lampen, von zwei Betätigungsstellen beliebig ein- und ausgeschaltet.

Eine Wechselschaltung kann mit zwei Wechselschaltern aufgebaut werden, die ein Umschalten zwischen zwei Stromwegen ermöglichen.

Wechselschalter sind einpolige Umschalter und besitzen drei Anschlüsse:
eine (durch P oder Pfeil besonders gekennzeichnete) Netzanschlußklemme (Eingang) und zwei Anschlußklemmen für die beiden korrespondierenden Leiter. Der Eingang des zweiten Wechselschalters ist an die Leuchte geführt (Lampendraht), der Schutzleiter PE an das Leuchtengehäuse (Bild 12.10).

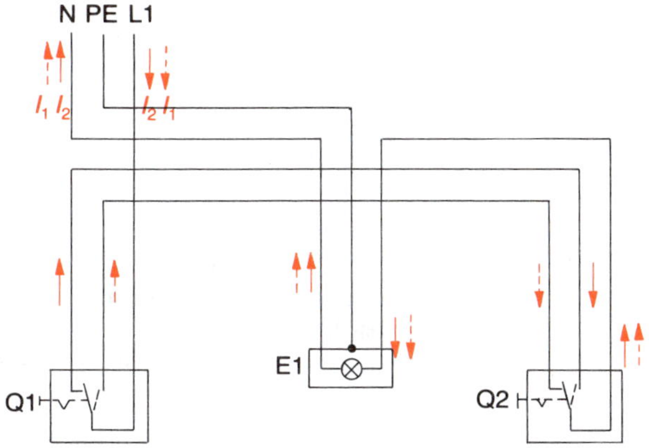

Bild 12.10
Wechselschaltung, Stromlaufplan in zusammenhängender Darstellung

Die Funktionsanalyse der Wechselschaltung (siehe Bild 12.10) zeigt:
Betätigt man Q1 und Q2 nicht, so kommt es – angefangen von L1 über Q1 – über den korrespondierenden Leiter, über Q2 und über den Lampendraht zu E1 und schließlich zu N – zu einem geschlossenen Stromkreis und damit zu einem Stromfluß I_1. Lampe E1 leuchtet.
Betätigt man Q2 und Q1 nicht, so kommt es von L1 über Q1, über den zweiten korrespondierenden Leiter, über Q2 und über den Lampendraht zu E1 und schließlich zu N wiederum zu einem geschlossenen Stromkreis und damit zu einem Stromfluß I_2. Lampe E1 leuchtet.
Anhand des Stromlaufplanes in aufgelöster Darstellung (Bild 12.11) läßt sich die Funktion der Wechselschaltung noch leichter verfolgen und die Wirkungsweise besser verstehen.

Man stellt fest:

> In der Wechselschaltung liegt unabhängig von der Schalterstellung an beiden Schaltern immer Spannung an. Somit kann durch beide Schalter der Stromkreis für die Leuchte geschlossen werden.

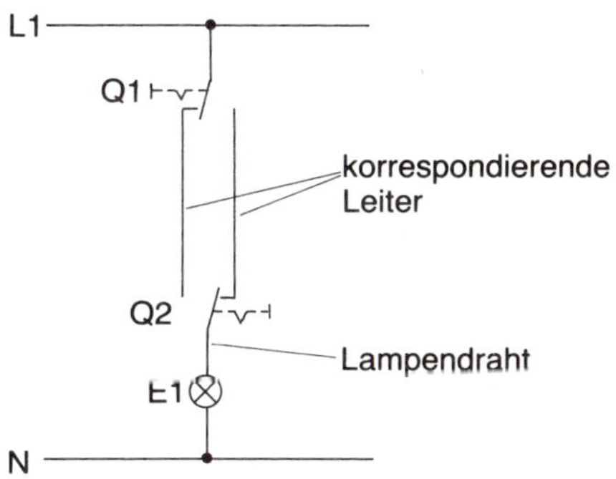

Bild 12.11
Wechselschaltung, Stromlaufplan in aufgelöster Darstellung

12.3 Lernziel-Test

Verständnisfragen

1. Was versteht man unter einem Stromlaufplan in zusammenhängender bzw. aufgelöster Darstellung?
2. Worüber geben Installationspläne Auskunft?
3. Wie erfolgt im Installationsplan die Kennzeichnung der Leiterzahl?
4. Geben Sie das Schaltzeichen und Schaltkurzzeichen für Ausschalter, Serienschalter und Wechselschalter an.
5. Geben Sie die Kennbuchstaben für Leuchten, Schalter, Steckdosen, Außenleiter und Schutzleiter an.
6. Warum müssen Schalter in Installationsschaltungen grundsätzlich den Außenleiter schalten?
7. In welchem Zustand werden Schalter und Stromkreise in Installationsschaltungen dargestellt?
8. Wie wird bei Geräten in Installationsschaltungen Schutz vor gefährlichen Körperströmen erreicht?
9. Welche Aufgabe hat der Schutzleiter?
10. Wie ist der Schutzleiter gekennzeichnet?
11. Wie ist der Schutzleiteranschluß einer Leuchte gekennzeichnet?
12. Welche Aufgabe hat der Schutzkontakt einer Schuko-Steckdose?
13. Geben Sie das Schaltkurzzeichen für eine Schuko-Steckdose an.
14. Welche Aufgabe hat eine Serienschaltung?
15. Welche Aufgabe hat eine Wechselschaltung?
16. Was versteht man bei einer Wechselschaltung unter korrespondierenden Leitern und Lampendraht?

Zeichenaufgabe

Zeichnen Sie zu den angegebenen Übersichtsschaltplänen die Stromlaufpläne in zusammenhängender Form.

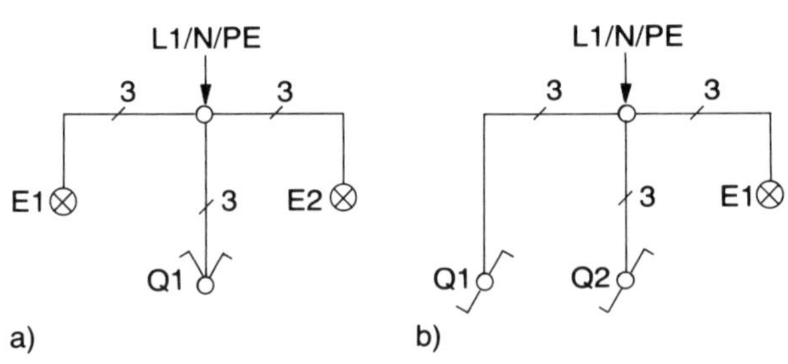

Bild 12.12
Übersichtsschaltpläne

13 Elektrische Unfälle und deren Verhütung

13.1 Ursachen elektrischer Unfälle

Durch *Berühren von zwei blanken Leitungen,* zwischen denen Spannung liegt, schließt sich der Stromkreis über den menschlichen Körper (Bild 13.1).

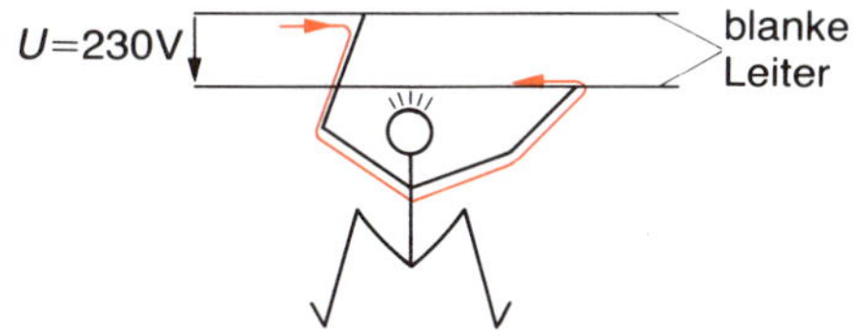

Bild 13.1
Unfall durch Berühren von zwei blanken stromführenden Leitern

Das Berühren einer blanken Leitung und der Erde kann ebenfalls zu einem elektrischen Unfall führen, wenn der Sternpunkt einer Drehstromanlage geerdet ist. Der Stromkreis schließt sich über den Körper und die Erde (Bild 13.2).

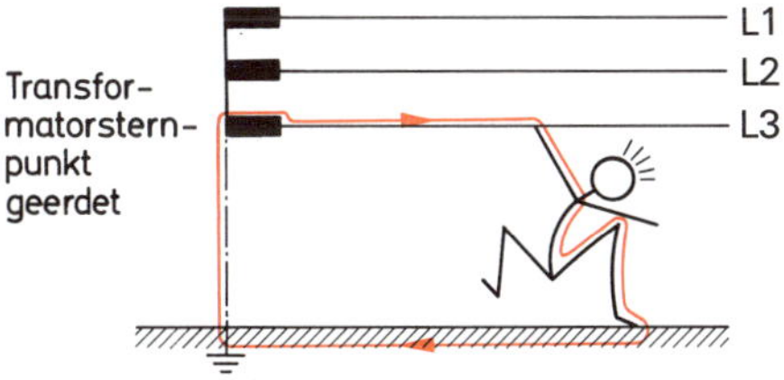

Bild 13.2
Unfall durch Berühren einer blanken Leitung und der Erde

Das Berühren eines defekten Gerätes mit metallischem Gehäuse (Körperschluß) kann, wie Bild 13.3 zeigt, ebenfalls zu einem Stromfluß über den menschlichen Körper führen.

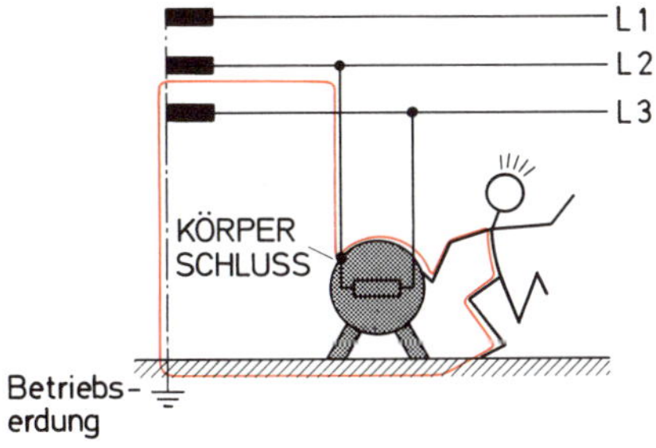

Bild 13.3
Unfall durch Berühren eines defekten Gerätes

Unter *Körperschluß* versteht man eine fehlerhafte Verbindung zwischen Teilen des Betriebsmittels, die betriebsmäßig unter Spannung stehen und den nicht zum Stromkreis gehörenden leitfähigen Teilen des Betriebsmittels.

13.2 Unfallgefahren des elektrischen Stromes

Die Unfallgefahr des elektrischen Stromes beruht in seiner besonderen Wirkung auf den menschlichen Körper.

Man unterscheidet drei Gruppen von Unfällen:

a) *Unfälle durch direkte Einwirkung* des Stromes auf Nerven, Herztätigkeit und Muskeln,

b) *Unfälle durch Lichtbögen,* die hauptsächlich zu Verbrennungen führen,

c) *Sekundärunfälle.* Schwache, für den Körper an sich ungefährliche Ströme führen häufig zu Reflexen und unkontrollierten Bewegungen des Körpers, die dann Sekundärunfälle (wie Sturz von der Leiter) nach sich ziehen.

Im folgenden wird vor allem die Gefährdung des Menschen durch direkte Einwirkung des Stromes behandelt.

Eine direkte Einwirkung des Stromes kommt zustande, wenn der menschliche Körper in einem Stromkreis gelangt und praktisch Strom leitet. Die Höhe des Stromes hängt dabei von der Quellenspannung und dem gesamten Widerstand des Stromkreises ab, d. h. dem Widerstand des menschlichen Körpers und dem Widerstand des äußeren Stromweges.

Der Widerstand des menschlichen Körpers setzt sich aus drei Komponenten zusammen, und zwar
dem inneren Körperwiderstand, der zwischen 200 Ω und 3000 Ω liegen kann,
dem Widerstand an der Stromeintritts- und
dem Widerstand an der Stromaustrittsstelle.

Die beiden Übergangswiderstände sind stark veränderlich. Z. B. Feuchtigkeit (besonders Schweiß) verringert den Übergangswiderstand praktisch auf den Wert Null.

Für den Gesamtkörperwiderstand setzt man einen Mindestwert von 1000 Ω an.

Die Stromstärken, wie sie in der Praxis auftreten können, lassen sich mit Hilfe des Ohmschen Gesetzes bestimmen.

Beispiel:
Welche Stromstärken ergeben sich beim Stromdurchgang durch den menschlichen Körper, wenn von einem Mindestwert von 1000 Ω und der Netzspannung 230 V bzw. 400 V ausgegangen wird?

gegeben: $R = 1000\,\Omega$; $U_1 = 230$ V ; $U_2 = 400$ V

gesucht: I_1, I_2

Lösung: $I_1 = \frac{U_1}{R}$; $\underline{I_1} = \frac{230\,\text{V}}{1000\,\Omega} = 0{,}230\,\text{A} = \underline{\underline{230\,\text{mA}}}$

$$\underline{I_2} = \frac{400\,\text{V}}{1000\,\Omega} = 0{,}400\,\text{A} = \underline{\underline{400\,\text{mA}}}$$

Wie aus den weiteren Ausführungen zu ersehen ist, können diese Ströme bei entsprechender Einwirkungsdauer schon zum Tod führen.
Typische Auswirkungen beim Durchströmen des menschlichen Körpers mit Wechselstrom lassen sich vereinfacht in vier Bereichen zusammenfassen:

BEREICH I (Strom: 0 . . . 25 mA, Zeitdauer: beliebig)
Sinneserregung und Muskelkontraktion möglich, ab ca. 15 mA wird Loslaßgrenze überschritten, kein Einfluß auf Herzfunktion.

BEREICH II (Strom: 25 . . . 40 mA, Zeitdauer: beliebig)
Herzrhythmusstörungen möglich, Blutdrucksteigerung, Schmerzgefühl, Muskelkontraktion, noch kein Herzkammerflimmern.

BEREICH III (Strom: 40 . . . 500 mA)
Bei einer Zeitdauer bis 0,5 s noch kein Herzkammerflimmern.
Bei einer Zeitdauer über 0,5 s Herzkammerflimmern (unregelmäßiger Herzschlag) und damit Tod möglich, Blutdrucksteigerung, Bewußtlosigkeit.

BEREICH IV (Strom: 500 . . . 3000 mA)
Bei einer Zeitdauer bis ca. 0,1 s keine Wirkung oder Herzkammerflimmern.
Bei einer Zeitdauer ab ca. 0,1 s Herzkammerflimmern, Bewußtlosigkeit, Verbrennungen möglich.

Für die Wirkung des elektrischen Stromes auf den menschlichen Körper sind hauptsächlich folgende Faktoren von Bedeutung:
1. Stromstärke (Gefahr ab 50 mA bei längerer Einwirkung)
2. Einwirkungszeit (Gefahr ab 0,5 s bei 50 mA)
3. Stromart (Wechselstrom wesentlich gefährlicher als Gleichstrom)
4. Stromweg durch den Körper (besonders gefährlich über das Herz)
5. Körperliche und seelische Verfassung

Zusammenfassend kann gesagt werden:
Hochspannungsunfälle (über 1 kV) führen meist zu Verbrennungen, Niederspannungsunfälle (unter 1 kV) zu Herzschwächen. Wechselstrom ist besonders für die Herztätigkeit gefährlicher als Gleichstrom. Vor allem die in der Praxis verwendete Frequenz von 50 Hz kann große Schäden verursachen.
Außer zu Herzschäden und Verbrennungen kann die Stromeinwirkung zu schweren Störungen des Nervensystems, zu Gehör-, Sprech- und Gleichgewichtsstörungen, sogar zu Lähmungen führen.
Wie aus der Zusammenstellung der Auswirkungen beim Durchströmen des menschlichen Körpers zu ersehen ist, kann der Mensch kurzzeitig Wechselströme bis etwa 50 mA ohne Schaden ertragen.

Die entsprechende Spannung, ab der eine Gefährdung möglich ist, ergibt sich bei einem Gesamtkörperwiderstand von 1000 Ω mit

$$\underline{U} = I \cdot R = 0{,}050\ \text{A} \cdot 1000\ \Omega\ = \underline{\underline{50\ \text{V}}}$$

> Wechselspannungen größer als 50 V (120 V Gleichspannung) gefährden den Menschen.

Wie aus genauen Untersuchungen hervorgeht, können auch Spannungen unter 50 V bei längerer Einwirkungszeit gefährlich werden.

> Erst Wechselspannungen ab 25 V und darunter (60 V Gleichspannung) sind ungefährlich.

13.3 Maßnahmen bei Stromunfällen

Bei elektrischen Unfällen bis zu 1000 V ist als *Erste Hilfe* erforderlich:

1. Schnellste Lösung des Verunglückten vom Strom, wobei zunächst der *Stromkreis unterbrochen* werden muß, da der Helfer sonst Gefahr läuft, selbst in den Stromkreis zu gelangen (Stecker ziehen, Sicherung herausdrehen, elektrischen Schalter auslösen).
2. Den Verunfallten aus dem Gefahrenbereich bringen. Prüfen, ob Atmung und Puls des Verunglückten arbeiten.
3. Schnellste Atemspende von Mund zu Mund, wobei keine Zeit verloren werden darf.
4. Herzdruckmassage anwenden, wenn der Puls fehlt.
5. Verständigung eines Arztes.

Bei Unfällen in Hochspannungsanlagen (über 1000 V) muß unbedingt vor dem Berühren des Verunfallten die Anlage ausgeschaltet sein.

13.4 Schutzmaßnahmen gegen gefährliche Körperströme

Damit beim Betrieb einer elektrischen Anlage keine Personen und Nutztiere zu Schaden kommen, sind zur Verhütung von Unfällen Schutzmaßnahmen vorzusehen. Der Verband Deutscher Elektrotechniker schreibt in seinen rechtsverbindlichen Bestimmungen (kurz: VDE-Bestimmungen genannt) die Schutzmaßnahmen zwingend vor.

Grundsätzlich unterscheidet VDE:
- Schutz gegen direktes Berühren und
- Schutz bei indirektem Berühren.

13.4.1 Schutz gegen direktes Berühren

Hierunter versteht man Maßnahmen zum Schutz von Personen und Nutztieren vor Gefahren, die sich aus einer Berührung von aktiven Teilen (Außenleiter, Neutralleiter, Kontakte) elektrischer Betriebsmittel ergeben. Bei Nennspannungen über 25 V Wechselspannung und 60 V Gleichspannung muß der Schutz gegen direktes Berühren sichergestellt werden. Hierzu dienen folgende Maßnahmen:

1. Vollständiger Schutz durch Isolierung, Abdeckung oder Umhüllung (Schutz gegen absichtliches und unabsichtliches Berühren aktiver Teile).
2. Teilweiser Schutz durch Hindernisse oder Abstand (Schutz gegen unabsichtliches Berühren aktiver Teile, z. B. in abgeschlossenen elektrischen Betriebsstätten).
3. Zusätzlicher Schutz durch hochempfindliche FI-Schutzeinrichtung (zusätzlicher Schutz bei besonderer Gefährdung oder besonderen Betriebsbedingungen, wie z. B. bei Rasenmähern, Baderäumen oder Übungsplätzen).

> Die Schutzmaßnahmen «Schutz gegen direktes Berühren» verhindert die Berührung von stromführenden (aktiven) Teilen und damit die Entstehung von gefährlichen Körperströmen.

Schutz gegen direktes Berühren und damit Vermeidung gefährlicher Körperströme wird hauptsächlich durch die Basisisolierung (Isolierung zur Verhinderung gefährlicher Körperströme) erreicht. Eine gute Basisisolierung ist möglich durch

- zuverlässigen Bau von Betriebsmitteln unter Verwendung geeigneter Materialien (VDE-Zeichen),
- sorgfältiges Errichten elektrischer Anlagen von Fachkräften unter Beachtung der jeweiligen Einrichtungsbestimmungen.

Gefährliche Körperströme werden auch vermieden durch Verwendung von Schutzkleinspannung.

13.4.2 Schutz bei indirektem Berühren

Unter Schutz bei indirektem Berühren versteht man Maßnahmen zum Schutz von Personen und Nutztieren vor Gefahren, die sich im Fehlerfall aus einer Berührung von Körpern oder fremden, leitfähigen Teilen ergeben können.
Durch diese Maßnahmen soll erreicht werden, daß im Fehlerfall die vereinbarte Grenze der Berührungsspannung (nämlich 50 V Wechselspannung bzw. 120 V

Gleichspannung für Menschen) nicht überschritten wird. In besonderen Anlagen (Landwirtschaft, medizinisch genutzte Räume, Kinderspielzeug) können geringere Werte gelten.
Schutz bei indirektem Berühren läßt sich grundsätzlich durch folgende zwei Maßnahmegruppen erreichen:
- Schutzmaßnahmen ohne Schutzleiter und
- Schutzmaßnahmen mit Schutzleiter.

13.4.2.1 Fehlerarten, Fehlerstrom, Fehler- und Berührungsspannung

Die verschiedenen Fehler können in einer elektrischen Anlage Ursache für gefährliche Körperströme sein. Man unterscheidet folgende auf Isolationsfehlern beruhende Fehlerarten:
Körperschluß, Leiterschluß, Kurzschluß und Erdschluß (Bild 13.4).

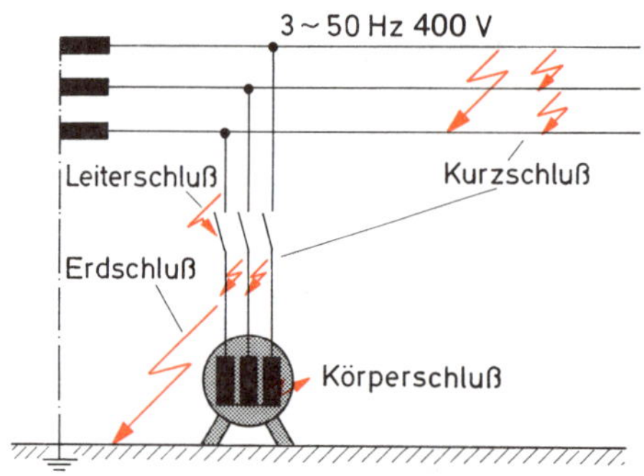

Bild 13.4 Fehlerarten

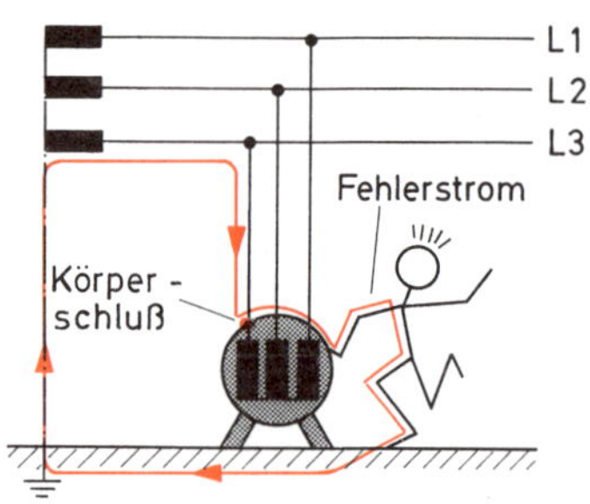

Bild 13.5 Fehlerstrom bei Körperschluß

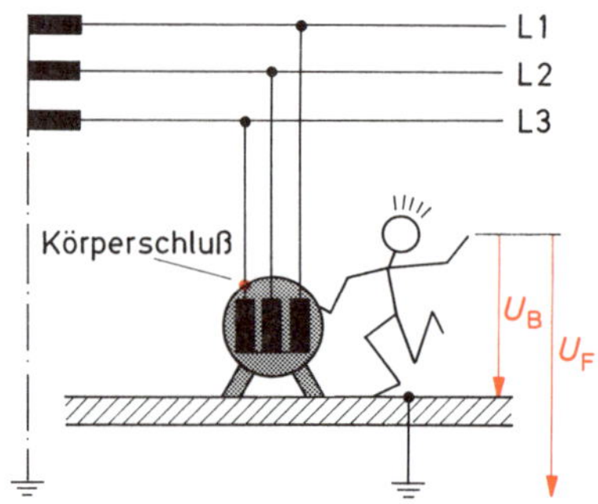

Bild 13.6 Fehler- und Berührungsspannung

Ein Fehlerstrom ist der über einen Isolationsfehler fließende Strom. Seine Größe ist vom Schleifenwiderstand (Summe der Widerstände, die der Strom durchfließt) und der Spannung abhängig (Bild 13.5).
Fehlerspannung U_F ist die Spannung, die bei einem Isolationsfehler (z. B. Körperschluß) an einem Betriebsmittel zwischen Körper und Erde abfällt (siehe Bild 13.6).
Berührungsspannung U_B ist der Teil der Fehlerspannung, der von einem Menschen überbrückt werden kann (Bild 13.6). Die höchstzulässige Berührungsspannung beträgt im Normfall 50 V Wechselspannung bzw. 120 V Gleichspannung für den Menschen.

13.4.3 Schutzmaßnahmen ohne Schutzleiter

Zu diesen Schutzmaßnahmen, die netzunabhängig sind, gehören die Schutzisolierung, die Schutzkleinspannung und die Schutztrennung.

> Die Schutzmaßnahmen ohne Schutzleiter verhindern das Zustandekommen einer gefährlichen Berührungsspannung (gefährliche Körperströme).

Das Gerät wird im Fehlerfall nicht abgeschaltet.

13.4.3.1 Schutzisolierung

Bei schutzisolierten Geräten sind alle der Berührung zugänglichen Teile, die im Fehlerfall Spannung gegen Erde annehmen können, zusätzlich zur Basisisolierung isoliert. Dies wird erreicht durch Isolierumhüllung (z. B. Kunststoffgehäuse) oder Zwischenisolierung (Isolierstücke, siehe Bild 13.7).

> Die Schutzmaßnahme «Schutzisolierung» verhindert durch verstärkte Isolierung eventuell spannungsführender Teile das Zustandekommen einer gefährlichen Berührungsspannung.

Die Schutzisolierung wird angewandt bei Kleingeräten, Haushaltsgeräten, Elektrowerkzeugen, Kleinverteilern, Leuchten, Radio- und Fernsehgeräten, kleinen Motoren und Schaltgeräten. Elektroherde oder größere Motoren können aus thermischen und mechanischen Gründen nicht schutzisoliert werden.
Die Anschlußleitungen schutzisolierter Geräte führen keinen Schutzleiter und bilden mit dem Gerät und dem Stecker ein unteilbares Ganzes. Die Stecker sind ohne Schutzkontakt ausgeführt.
Schutzisolierte Betriebsmittel sind mit dem Zeichen der Schutzisolierung ⧈ gekennzeichnet.

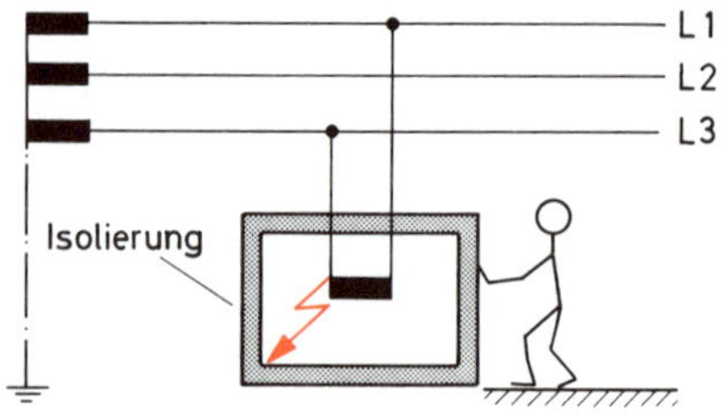

Bild 13.7
Schutzisolierung

13.4.3.2 Schutzkleinspannung

Unter Schutzkleinspannung versteht man Nennspannungen bis 50 V Wechselspannung bzw. 120 V Gleichspannung. Sie wird angewandt bei ortsveränderlichen Kleinwerkzeugen, Leuchten und Pumpen in Wasserbecken, Handleuchten in Backöfen, im Kesselbau, in Brauereien.
Für Elektrospielzeuge, Geräte zur Tierbehandlung, Schwimmbäder beträgt die zulässige Spannungsgrenze 25 V Wechselspannung bzw. 60 V Gleichspannung.

> Die Schutzmaßnahme «Schutzkleinspannung» verhindert durch Verwendung kleiner Nennspannungen das Zustandekommen einer gefährlichen Berührungsspannung.

Leider kann das Prinzip der Schutzkleinspannung für Verbraucher größerer Leistungen nicht angewandt werden, da bei der geringen Spannung große Ströme (große unwirtschaftliche Leiterquerschnitte) erforderlich wären, um auf die gewünschte Leistung zu kommen.
Die Kleinspannung muß durch besondere Geräte, wie z. B. Sicherheitstransformatoren, spezielle Umformer, galvanische Elemente oder elektronische Geräte, erzeugt werden (Bild 13.8).

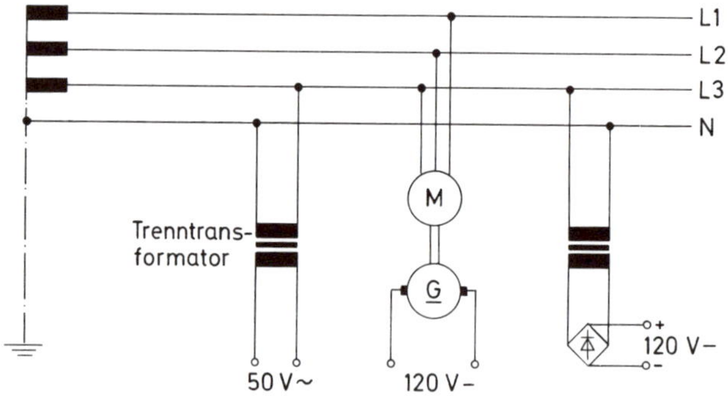

Bild 13.8
Schutzkleinspannung

Weiterhin ist vorgeschrieben:
Die Leiter auf der Kleinspannungsseite dürfen nicht geerdet oder mit Anlagen höherer Spannung leitend verbunden sein. Die Steckvorrichtungen müssen absolut unverwechselbar sein.

13.4.3.3 Schutztrennung

Bei Schutztrennung wird der Stromkreis des Verbrauchers vom speisenden Netz galvanisch sicher getrennt und nicht geerdet. Die Trennung erfolgt durch einen Trenntransformator oder Motorgenerator. Im Sekundärkreis darf kein Erdschluß auftreten, und aus dem Primärnetz darf keine Spannung übertragen werden.

> Die Schutzmaßnahme «Schutztrennung» verhindert durch galvanische Trennung des Verbrauchers vom speisenden Netz das Zustandekommen einer gefährlichen Berührungsspannung.

Wenn die Schutztrennung wegen besonderer Gefährdung zwingend vorgeschrieben ist, darf an die Stromquelle nur 1 Verbraucher mit höchstens 16 A Nennstrom angeschlossen werden.
Bei mehreren Verbrauchern, wenn also eine Schutztrennung nicht zwingend vorgeschrieben ist, sind diese mit Potentialausgleichsleitern miteinander zu verbinden (Bild 13.9).

Bild 13.9
Schutztrennung

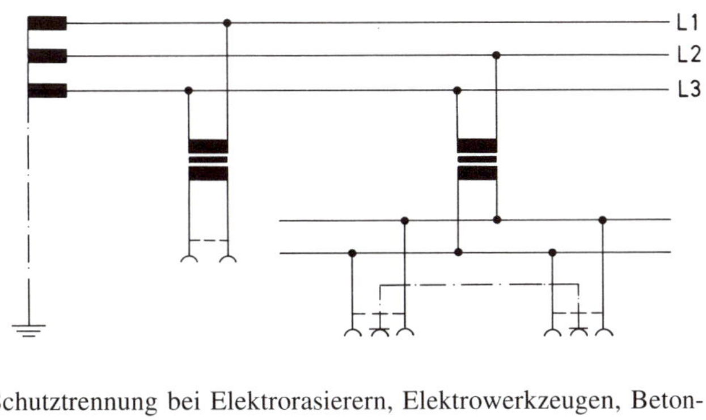

Angewandt wird die Schutztrennung bei Elektrorasierern, Elektrowerkzeugen, Betonrüttlern, Naßschleifmaschinen.
Trenntransformatoren sind durch das Zeichen $\frac{\circ}{\circ}$ gekennzeichnet.

13.4.4 Schutzmaßnahmen mit Schutzleiter

Diese Schutzmaßnahmen schützen im Fehlerfall durch automatische Abschaltung oder Meldung vor gefährlichen Berührungsspannungen.

> Die Schutzmaßnahmen mit «Schutzleiter» verhindern das Bestehenbleiben einer gefährlichen Berührungsspannung.

Dabei ist eine Koordinierung hinsichtlich Netzform (TN-, TT- und IT-Netz) und Schutzeinrichtung (Überstromschutz-, Fehlerstromschutz-, Isolationsüberwachungs- und Fehlerspannungs-Schutzeinrichtung) erforderlich.
Bei diesen Schutzmaßnahmen werden die zu schützenden Anlagenteile (Gehäuse) mit dem Schutzleiter verbunden.

13.4.4.1 Leiterarten

Man unterscheidet in Drehstromsystemen folgende Leiterarten:

Außenleiter:	Außenleiter (L1, L2, L3) sind Leiter, die die Stromquelle mit den Verbrauchsmitteln verbinden.
Neutralleiter:	Neutralleiter (N) ist ein Leiter, der mit dem Mittel- oder Sternpunkt verbunden ist (Farbe: hellblau).
Schutzleiter:	Schutzleiter (PE) ist ein Leiter, der zum Schutz von elektrischen Geräten dient (Farbe: grüngelb).
PEN-Leiter:	PEN-Leiter (PEN) ist ein Leiter, der die Funktion von Neutralleiter und Schutzleiter in sich vereinigt (Farbe: grüngelb).

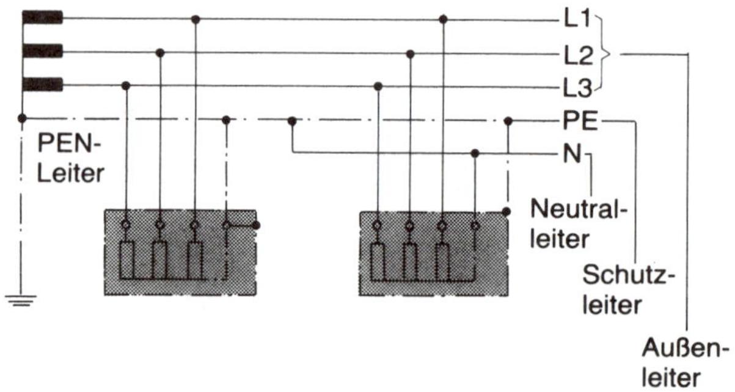

Bild 13.10
Leiterarten

Bild 13.11 Netzformen
a) TN-S-Netz
b) TN-C-Netz
c) TN-C-S-Netz
d) TT-Netz
e) IT-Netz

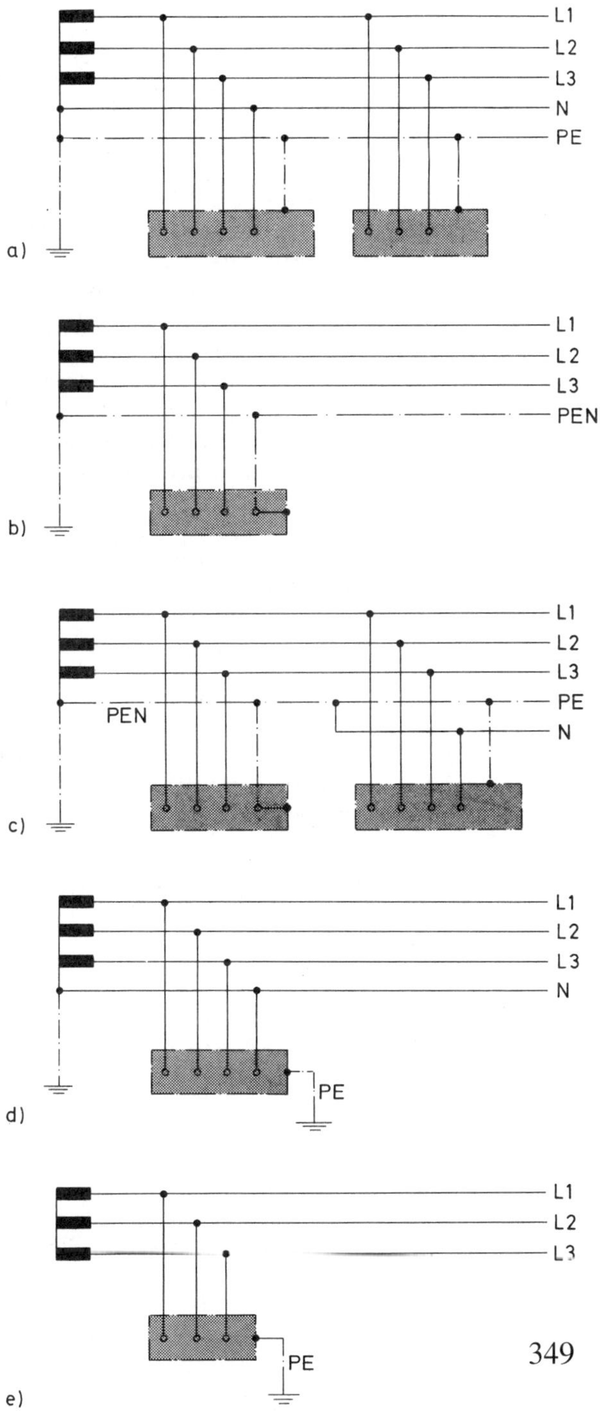

13.4.4.2 Netzformen

Die verschiedenen in der Praxis vorkommenden Netzformen im Niederspannungsbereich (Drehstromnetze) werden international durch Buchstaben bezeichnet. Man unterscheidet nach VDE 0100 folgende Netzformen:

TN-S-Netz, TN-C-Netz, TN-C-S-Netz, TT-Netz und IT-Netz. Hierbei bedeuten:

Erster Buchstabe:	Erdungsbedingungen der speisenden Stromquelle
	T = direkte Erdung des Sternpunktes
	I = Isolierung des Sternpunktes gegen Erde
Zweiter Buchstabe:	Erdungsbedingungen der Körper der elektrischen Anlage
	T = direkte Erdung der Körper
	N = Verbindung der Körper mit dem Sternpunkt des Spannungserzeugers (Betriebserde)
Weitere Buchstaben:	Anordnung des Neutralleiters und des Schutzleiters
	S = Neutralleiter und Schutzleiter getrennt (separat) verlegt
	C = Neutralleiter und Schutzleiter kombiniert

Die häufigste Netzform in Deutschland ist das TN-C-S-Netz, wobei bei Wohnungs-, Industrie- und gewerblichen Stromverteilungen meist TN-S-Netze, bei landwirtschaftlichen Verteilungen zusätzlich TT-Netze zur Anwendung kommen.

13.4.4.3 Schutzmaßnahmen im TN-Netz

Im Fehlerfall fließt der Fehlerstrom über einen separaten Leiter (PEN- oder Schutzleiter) zur Stromquelle zurück. Hierbei muß die Schutzeinrichtung so bemessen werden, daß eine automatische Abschaltung in ausreichend kurzer Zeit erfolgt. Alle Körper müssen mit dem geerdeten Punkt des Stromversorgungsnetzes durch den Schutz- oder den PEN-Leiter verbunden sein.

> Schutzmaßnahmen im TN-Netz haben die Aufgabe, aus einem Körperschluß einen Kurzschluß zu machen und die Schutzeinrichtungen zum Ansprechen zu bringen.

Als Schutzeinrichtungen kommen Überstrom-Schutzeinrichtungen (Sicherungen, Leitungsschutzschalter, Motorschutzschalter) und Fehlerstrom-Schutzeinrichtungen (FI-Schutzschalter) zur Anwendung (Bild 13.13).

12.4.4.4 Fehlerstrom-(FI-)Schutzeinrichtungen

Fehlerstrom-Schutzeinrichtungen haben als Auslöseorgan einen Summenstromwandler (Bild 13.14). Über ihn werden alle vom Netz kommenden Leiter (Außenleiter und Neutralleiter) geführt, damit aus deren Ströme die Summe gebildet wird.

Bild 13.12
Schutz im TN-Netz
(Wirkungsweise)

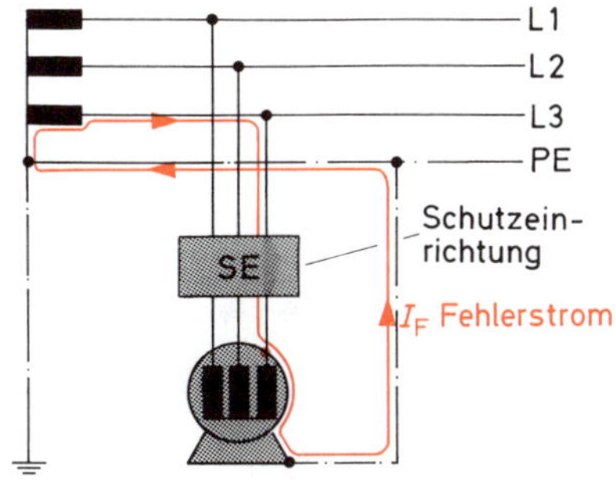

Bild 13.13
TN-C-S-Netz mit
a) Überstrom-Schutzeinrichtung
b) Fehlerstrom-
Schutzeinrichtung

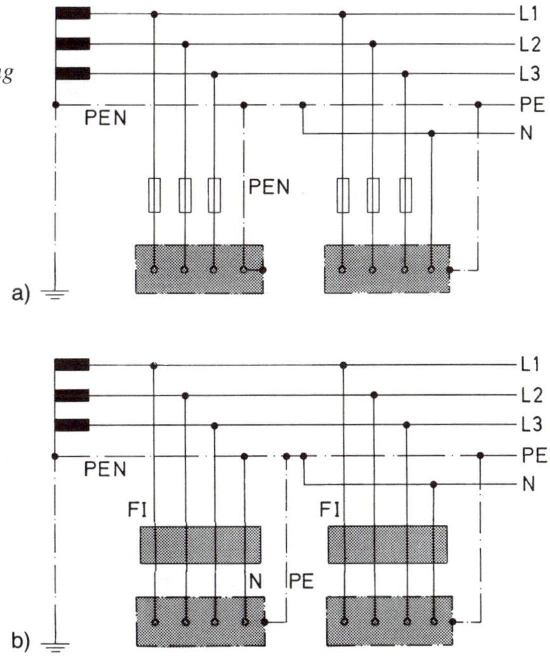

Im ungestörten (fehlerfreien) Betrieb ist die Summe aller Ströme 0 A. Damit kommt in der Sekundärwicklung des Summenstromwandlers kein Strom zum Fließen.
Fließt jedoch infolge eines Körperschlusses oder Erdschlusses ein Fehlerstrom über den Schutzleiter oder direkt zur Erde ab, so ist im Wandler die Summe der Ströme nicht mehr Null, und es wird in der Sekundärwicklung ein Strom induziert, der die Auslösung des Schalters veranlaßt (siehe Bild 13.14).

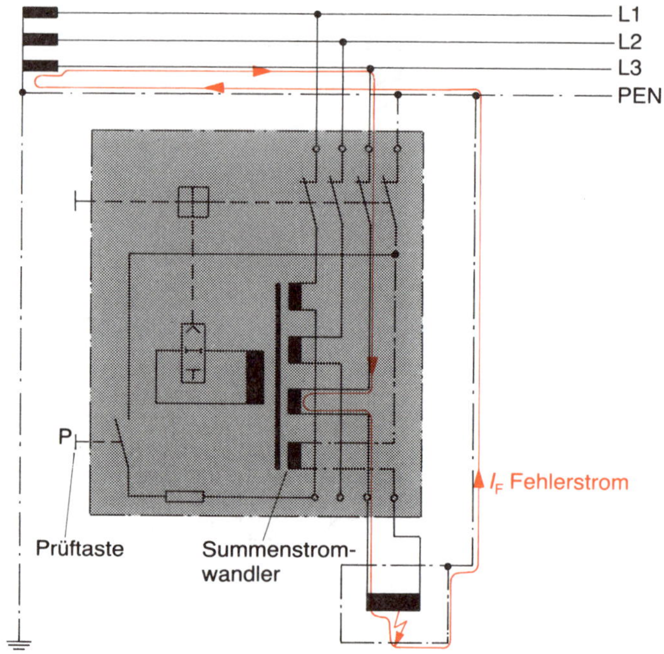

Bild 13.14 Fehlerstrom-Schutzschaltung (Wirkungsweise)

> FI-Schutzschalter haben die Aufgabe, bei Auftreten von zu hohen Berührungsspannungen (Fehlerströmen) Verbraucher in weniger als 0,2 Sekunden abzuschalten.

FI-Schutzschalter gibt es für folgende Nennfehlerströme: 10 mA, 30 mA, 300 mA, 500 mA, 1 A. FI-Schutzschalter sind u. a. vorgeschrieben in Baustellenverteilern, Räumen mit Badewannen oder Duschen, landwirtschaftlichen Betriebsstätten, feuergefährdeten Betriebsstätten, Caravans, Booten und Yachten, Laborräumen, Unterrichtsräumen, feuchten und nassen Bereichen und Räumen, Anlagen im Freien sowie Steckdosen innen und außen, die zum Betreiben von Geräten im Freien dienen.

FI-Schutzschalter mit einem Nennfehlerstrom von 10 mA oder 30 mA bieten zum Teil auch Schutz bei direktem Berühren.

Die Kombination von FI-Schutzschaltern (Nennfehlerstrom 30 mA) mit Schutzkontaktsteckdosen bzw. Schutzkontaktsteckern führt zu sogenannten Sicherheitssteckdosen bzw. Sicherheitssteckern. Diese Schutzgeräte schalten bei Fehlerströmen von

5 mA innerhalb von 30 ms ab. Diese Sicherheitsstecker bieten Schutz bei direktem Berühren von aktiven Teilen, bei Isolationsfehlern, bei Unterbrechung des Schutzleiters und bei Körperschluß.

13.4.4.5 Schutzmaßnahmen im TT-Netz

Im Fehlerfall fließt der Fehlerstrom über die Erde zur Stromquelle zurück. Hierbei müssen Schutzeinrichtung und Gesamterdungswiderstand so bemessen sein, daß eine automatische Abschaltung in ausreichend kurzer Zeit erfolgt. Alle Körper müssen an einen gemeinsamen Erder angeschlossen sein (Bild 13.15).

> Schutzmaßnahmen im TT-Netz haben die Aufgabe, aus einem Körperschluß einen Erdschluß zu machen und die Schutzeinrichtungen zum Ansprechen zu bringen.

Bild 13.15
Schutz im TT-Netz
(Wirkungsweise)

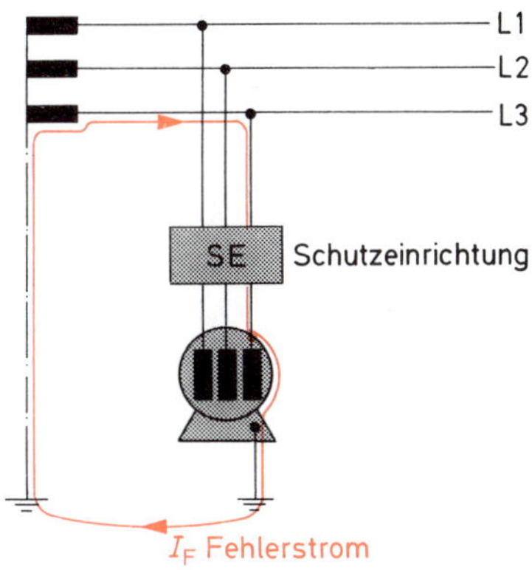

Als Schutzeinrichtungen kommen Überstrom-Schutzeinrichtungen, FI-Schutzschalter und in Sonderfällen FU-Schutzschalter zur Anwendung.
TT-Netze mit FI-Schutzschalter sind in der Landwirtschaft und bei Baustellenverteilern vorgeschrieben.

13.4.4.6 Schutzmaßnahmen im IT-Netz

Bei Auftreten eines Fehlers entsteht keine zu hohe Berührungsspannung, die Anlage kann nach dem ersten Fehler gefahrlos weiterbetrieben werden. Es erfolgt eine Meldung. Im Fehlerfall (Erdschluß) nimmt der Schutzleiter das Potential des Außenleiters an, der den Fehler auslöst. Der erste Fehler sollte schnell behoben werden, da beim Auftreten eines zweiten Fehlers die Anlage automatisch abgeschaltet wird (gefährliche Berührungsspannungen).
IT-Netze sind nur in begrenzten Anlagen mit eigenem Transformator oder Generator zulässig. Sie sind vorgeschrieben z. B. in Hüttenwerken, Bergbau, Intensivüberwachungsstationen und Operationsräumen.

13.5 Schutzklassen

Durch die Schutzmaßnahme «Schutz bei indirektem Berühren» wird sichergestellt, daß auch im Störfall keine gefährlichen Körperströme fließen können (siehe Abschnitt 13.4.2).
Für diese Schutzmaßnahme werden die elektrischen Geräte in drei Schutzklassen eingeteilt:

Schutzklasse I:	Geräte für Schutzleiter-Anschluß
Schutzklasse II:	Geräte für Schutzisolierung
Schutzklasse III:	Geräte für Schutzkleinspannung

In Bild 13.16 sind die Geräte, Schaltungen und Symbole der drei Schutzklassen dargestellt.

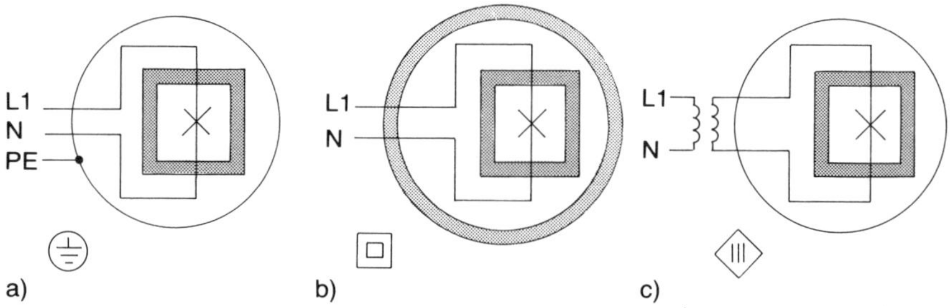

Bild 13.16 Schutzklassen: Geräte, Schaltungen, Symbole
a) Schutzklasse I: leitende Umhüllung mit Schutzleiteranschluß
b) Schutzklasse II: isolierende Umhüllung
c) Schutzklasse III: Schutzkleinspannung

13.6 Lernziel-Test

Verständnisfragen

1. Wie kann es zu elektrischen Unfällen kommen?
2. Was versteht man unter einem Körperschluß?
3. Welche Fehlerarten können in einer elektrischen Anlage auftreten?
4. Wie hoch ist die höchstzulässige Berührungsspannung?
5. Wovon hängt bei Berührung einer Spannung die Stromstärke ab, die durch den menschlichen Körper fließt?
6. Ab welcher Stromstärke besteht für den Menschen Lebensgefahr?
7. Wie wirkt der Strom auf den Menschen?
8. Nennen Sie «Erste-Hilfe»-Maßnahmen bei Stromverunfallten!
9. Ab welcher Spannung sind Schutzmaßnahmen vorgeschrieben?
10. Welche Arten von Schutzmaßnahmen unterscheidet man grundsätzlich?
11. Welche Aufgabe haben Schutzmaßnahmen mit Schutzleiter?
12. Nennen Sie Schutzmaßnahmen ohne Schutzleiter!
13. Nennen Sie Geräte, die meist schutzisoliert sind. Woran erkennt man dies?

14 Photovoltaik (Solarstromtechnik)

Unter Photovoltaik versteht man die direkte Umwandlung von Sonnenstrahlungsenergie mittels Solarzellen in elektrischen Strom.

Man spricht insgesamt von der Solarstromtechnik. Diese Energieumwandlung ist besonders umweltverträglich, völlig geräuschlos, zuverlässig, verschleißarm und verunreinigt weder Luft noch Wasser.

14.1 Grundelemente der Solarstromtechnik

Das der Photovoltaik zugrundeliegende Prinzip, nämlich der photoelektrische Effekt (siehe Abschnitt 4.1.3), kennt man seit 1839, wird aber erst seit 1954 als Solarzellenprinzip praktisch genutzt.

14.1.1 Solarzellen

14.1.1.1 Aufbau, Wirkungsweise und Verhalten von Solarzellen

Die meisten Solarzellen bestehen aus einer dünnen Scheibe kristallinen (monokristallin und polykristallin) Siliziums (Näheres siehe Abschnitte 12.1 und 12.3 in «Elektronik 2, Bauelemente»).
Neben den kristallinen Zellen werden auch Dünnschichtzellen aus amorphem Silizium industriell hergestellt.

Versuch:
Messung von Stromstärke I und Spannung U einer Solarzelle (10 cm × 10 cm) bei konstanter Lichteinstrahlung (z.B. durch eine Halogenlampe) bei veränderbarem Verbraucherwiderstand (Potentiometer 1,2 Ω/5 W) (Bild 14.1).

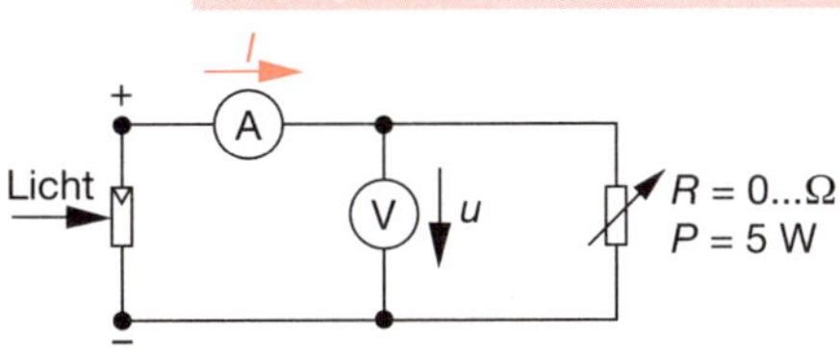

Bild 14.1
Strom und Spannung einer Solarzelle bei veränderlichem Widerstand

Ergebnis:
Die Zelle gibt Gleichspannung bzw. Gleichstrom ab.

Ⓐ Bei $R = 0$ Ω	→	$U = 0$ V	$I = 2$ A	(Kurzschluß)
Ⓑ Bei $R = 0{,}3$ Ω	→	$U = 0{,}25$ V	$I = 1{,}9$ A	
Ⓒ Bei $R = 0{,}6$ Ω	→	$U = 0{,}50$ V	$I = 1{,}7$ A	
Ⓓ Bei $R = 1{,}2$ Ω	→	$U = 0{,}58$ V	$I = 0{,}6$ A	
Ⓔ Bei $R = \infty$ Ω	→	$U = 0{,}60$ V	$I = 0$ A	(Leerlauf, ohne Last)

Trägt man die im Versuch (Bild 14.1) abgelesenen Wertepaare (*U, I*) in ein Koordinatensystem ein und verbindet die einzelnen Punkte miteinander, so erhält man die Strom-Spannungs-Kennlinie (*I-U*-Kennlinie) der Solarzelle (Bild 14.2).

> Die Strom-Spannungs-Kennlinie gibt Auskunft über die Eigenschaften und das Verhalten der Solarzelle. Sie dient als Grundlage für das Datenblatt einer Solarzelle bzw. eines Solarmoduls.

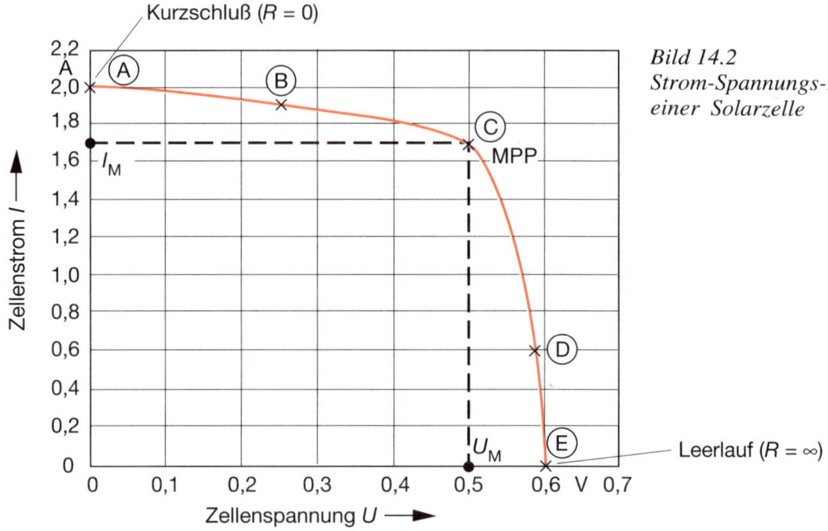

Bild 14.2
Strom-Spannungs-Kennlinie einer Solarzelle

Multipliziert man die im Versuch (Bild 14.1) ermittelten *U-I*-Werte der einzelnen Arbeitspunkte, so erhält man die jweilige Leistung *P* und damit auch die entsprechende Leistungskennlinie der Solarzelle (Bild 14.3).

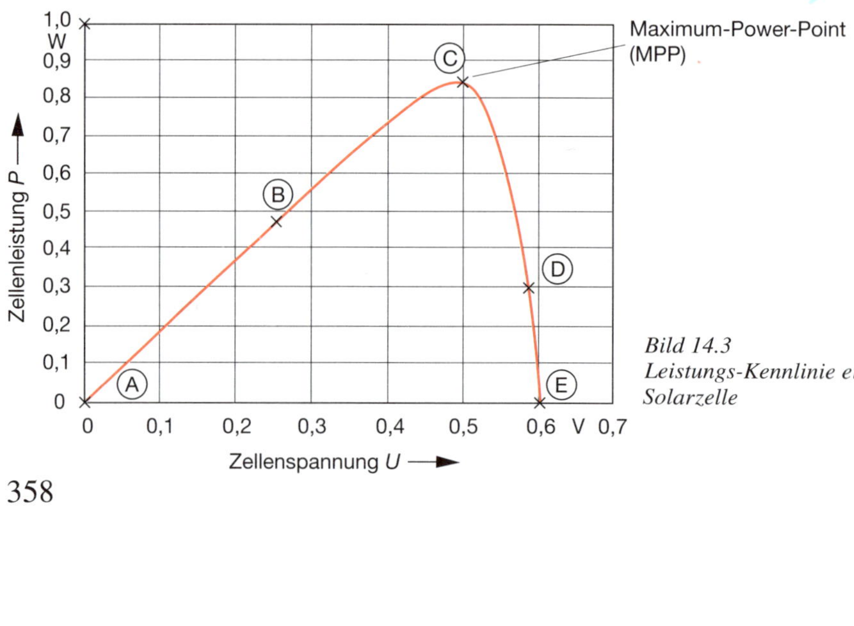

Bild 14.3
Leistungs-Kennlinie einer Solarzelle

Beachten Sie: Bei Lichteinstrahlung gibt die Solarzelle Gleichspannung bzw. Gleichstrom ab.
Strom, Spannung und Leistung hängen bei konstanter Lichtintensität vom Verbraucherwiderstand ab.
Im Kurzschlußfall (Punkt A) ($R = 0$) fließt der maximale Strom (bei großen Solarzellen über 6 A).
Im Leerlauffall (Punkt E) ($R = \infty$, ohne Verbraucher) gibt die Solarzelle die maximale Spannung (0,6 V) ab.
Bei einem bestimmten Arbeitspunkt (Punkt C) (Knickpunkt der *I*-*U*-Kennlinie) gibt die Zelle bei der Arbeitsspannung U_M und dem Strom I_M die maximale Leistung MPP ab.

> Jede Solarzelle weist auf der *I*-*U*-Kennlinie einen Arbeitspunkt auf, an dem die abgebbare Leistung ein Maximum erreicht (Maximum-Power-Point, MPP) (siehe Bild 14.3). Die Lage des Arbeitspunktes hängt von dem angeschlossenen Verbraucher ab.

> Bei Kurzschluß und Leerlauf gibt die Solarzelle keine Leistung ab.

> Versuch:
> Messung von Stromstärke *I* und Spannung *U* sowie rechnerische Bestimmung der Solarzellenleistung entsprechend der Versuchsanordnung (Bild 14.1) bei konstantem Verbraucherwiderstand $R = 1{,}2\ \Omega$, bei
> a) verringertem Lichteinfall (teilweise Abdunklung der Lampe),
> b) erhöhter Zellentemperatur (Wärmezufuhr durch Föhn).

Beachten Sie: Strom, Spannung und Leistung der Solarzelle nehmen a) bei verringerter Lichtleistung und b) bei erhöhter Zellentemperatur ab.

> Die maximal entnehmbare Leistung (MPP) einer Solarzelle steigt annähernd proportional mit der Lichteinstrahlung an und sinkt relativ stark bei Erhöung der Zellentemperatur ab.

Die photoelektrische Umwandlung von Lichtenergie in elektrische Energie geschieht nicht verlustfrei (Wirkungsgrad von ca. 16 bis 25%), wodurch es zu einer zusätzlichen Erwärmung der Zelle und hierdurch auch zu einer Verringerung der maximal abgebbaren Leistung kommt.

> Bei voller Sonneneinstrahlung im Winter geben Solarzellen höhere Leistungen ab als im Sommer.

14.1.2 Solarmodule

Um höhere Spannungen und damit auch Leistungen sowie bessere Handhabung zu erreichen, fassen die Solarzellenhersteller eine größere Anzahl von Solarzellen zu einem Solarmodul (auch Solarpanel genannt) zusammen.
Hierbei werden die Solarzellen meist in Reihe zu 12-V-Standardpanelen geschaltet. Je nach Anwendung und Klimazone bestehen die Module aus 33, 36 oder sogar 40 Zellen (bei hohen Temperaturen).

14.1.3 Solargeneratoren

Zur Erzeugung größerer Leistungen schaltet man Solarmodule zusammen und erhält damit den Solargenerator.
Dabei kommen reine Parallelschaltungen, Reihenschaltungen und auch gemischte Schaltungen zur Anwendung. Solargeneratoren sollten nur Module eines Typs des gleichen Herstellers enthalten.

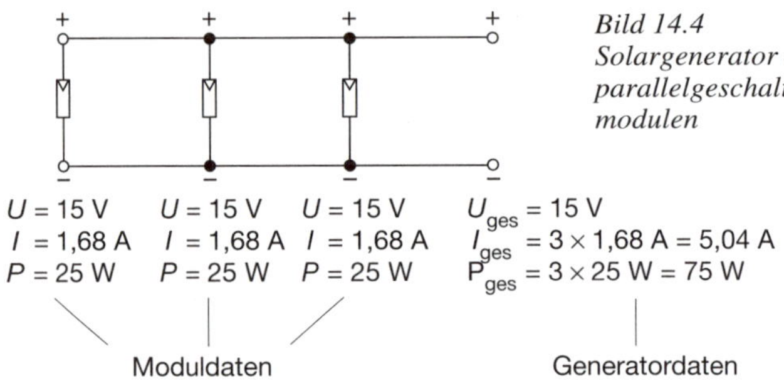

Bild 14.4
Solargenerator aus drei parallelgeschalteten Solarmodulen

> Die Parallelschaltung von Solarmodulen führt zu einer Vervielfachung des Stromes und der Leistung bei konstanter Spannung. Sie ergibt praktisch eine Vergrößerung der Solarzellenfläche.

Die Parallelschaltung von Modulen wird meist bei kleineren Inselanlagen angewandt, da die Systemspannung durch die Akkuspannung von 12 V vorgegeben ist (Bild 14.4).

> Bei der Reihenschaltung von Solarmodulen addieren sich die Teilspannungen und die Leistungen. Der Strom hängt von der schwächsten Zelle ab.

Die Reihenschaltung bzw. gemischte Schaltung von Solarmodulen findet besonders bei netzgekoppelten Anlagen, in denen höhere Spannungen benötigt werden, Anwendung.

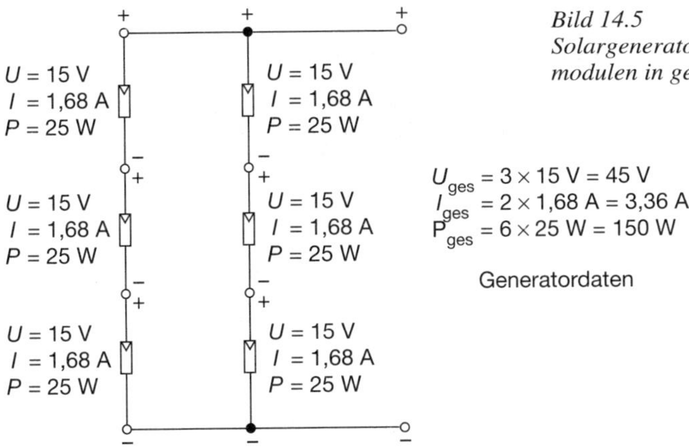

Bild 14.5
Solargenerator aus 6 Solarmodulen in gemischter Schaltung

Durch vielfältige Kombinationen von Solarmodulen ergeben sich Möglichkeiten zur Erzeugung großer Leistungen, die bis in den Megawatt-Bereich reichen.

14.1.4 Bausteine von Solarstromanlagen

Zur praktischen Ausführung von Solarstromanlagen benötigt man außer den Solarmodulen weitere Bausteine wie Stromspeicher, Wechselrichter und Regler.

14.1.4.1 Stromspeicher

Als Stromspeicher kommen praktisch immer Akkumulatoren (kurz: Akku) zum Einsatz. Sie nehmen vom Solargenerator elektrische Energie auf, speichern diese und geben sie in Zeiten ohne Sonneneinstrahlung wieder an die Verbraucher ab.
Hauptsächlich kommen Blei-Akkus, aber auch Nickel-Cadmium- und Nickel-Metallhydrit-Akkus zum Einsatz.

14.1.4.2 Laderegler

Der Laderegler hat die Aufgabe, das Laden und Entladen des Akkus zu überwachen, zu regeln und Solargenerator und Akku elektrisch aneinander anzupassen.

14.1.4.3 Wechselrichter

Der Wechselrichter ist ein elektronisches Gerät, das Gleichspannung in Wechselspannung (z.B. 230 V, 50 Hz) umwandelt.

14.1.4.4 Schaltzeichen der Bausteine von Solarstromanlagen

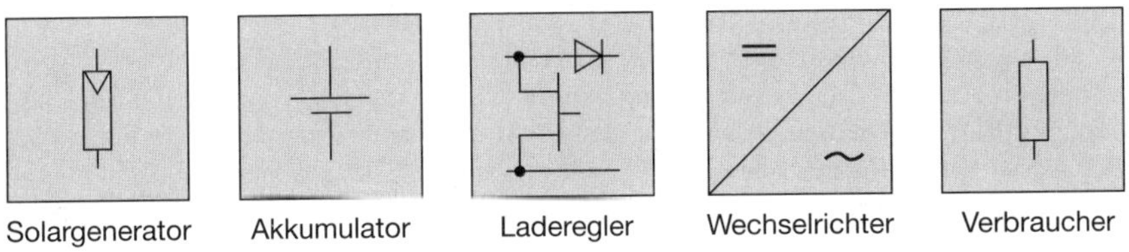

Bild 14.6 Schaltzeichen

14.2 Aufbau und Wirkungsweise von Solarstromanlagen

In der Praxis unterscheidet man grundsätzlich Inselanlagen (autonome Systeme) für die autonome Versorgung von Geräten, Anlagen, Häusern oder Siedlungen und netzgekoppelte Anlagen, die in Verbindung mit dem öffentlichen Stromnetz Energie liefern.

14.2.1 Autonome Solarsysteme (Solare Inselsysteme)

Autonome Systeme bieten sich für die Energieversorgung dort an, wo eine Stromversorgung durch das öffentliche Netz nicht möglich oder unrentabel ist.

> Autonome Solarsysteme, auch Inselsysteme genannt, versorgen fernab vom öffentlichen Netz Verbraucher mit Spannung. Sie arbeiten im sog. Inselbereich.

14.2.1.1 Direktversorgung von Gleichstromverbrauchern

Die einfachste Form eines autonomen Solarsystems stellt die direkte Versorgung von Gleichstromverbrauchern durch Solarzellen dar (Bild 14.7). Gebräuchliche Systemspannungen sind 12 und 24 V. Bei Sonneneinstrahlung gibt der Solargenerator direkt Gleichstrom an den Verbraucher ab. Eine sorgfältige Abstimmung von Solargenerator und Verbraucher hinsichtlich Spannung und Leistung ist erforderlich.
Anwendung finden sich im Kleinstleistungsbereich (Ersatz von Primärbatterien bei Taschenrechnern usw.) wie auch im Kleinleistungsbereich (Ladegerät für Akkus, Versorgung von Geräten, z.B. Gartenteichpumpen, Lüftung, Kühlung, Spielzeugen, Meßgeräten).

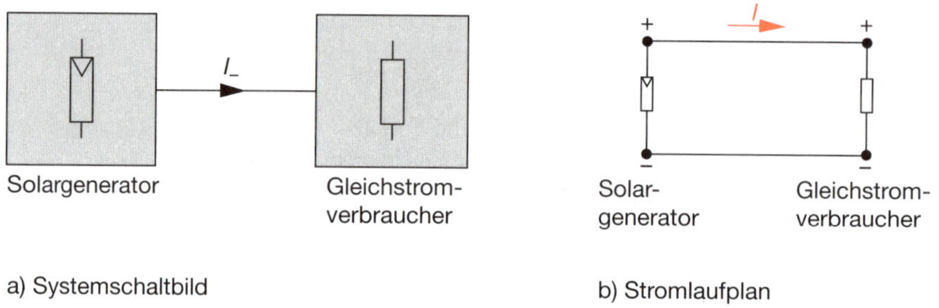

Bild 14.7 Inselanlage mit Solargenerator und Gleichstromverbraucher

14.2.1.2 Autonome Solarsysteme mit Speicherung

Zur ständigen Stromversorgung von Elektrogeräten und -anlagen, also auch bei fehlender oder zu geringer Sonneneinstrahlung, kommen autonome Solarsysteme mit Speicherung zum Einsatz. Die Speicherung erfolgt mit Hilfe von Stromspeichern in Form von Akkus. Laderegler, die den Lade- und Entladevorgang des Akkus überwachen und regeln und damit Solargenerator und Akku elektrisch einander anpassen (Bild 14.8), sind ebenfalls erforderlich. Mit solchen Systemen lassen sich die wichtigsten Gleichstromverbraucher mit Systemspannungen von 12 oder 24 V betreiben. In Wochenendhäusern, Lauben, Wohnmobilen, Booten, Notrufsäulen, Parkuhren, Bus-Haltestellen usw. können eine Vielzahl von Verbrauchern wie Leuchten, Displays, Radios, Telefone, Fernseher, Kassettenrecorder, CD-Spieler, Videorecorder, Kühlschränke, Wasserpumpen, Lüfter usw. voll versorgt werden.

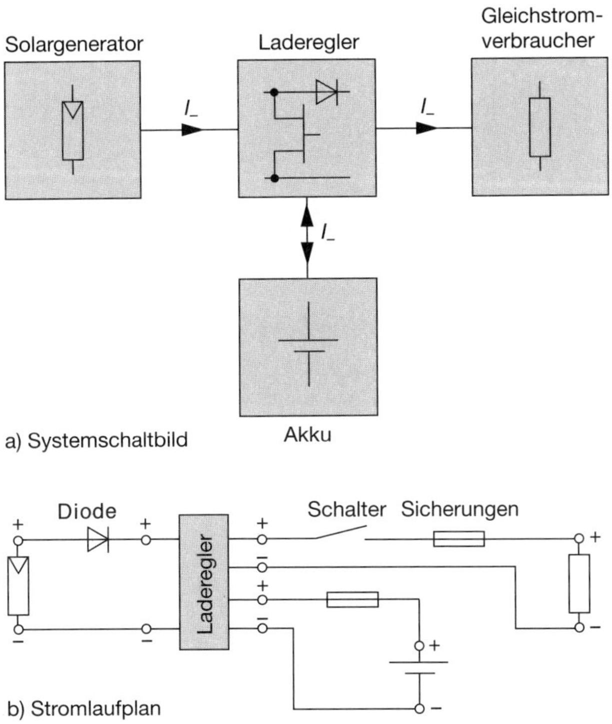

Bild 14.8
Inselanlage mit Solargenerator, Akku, Laderegler und Gleichstromverbraucher

14.2.1.3 Autonome Solarsysteme für Wechselstrom

Um in autonomen Solaranlagen auch Verbraucher mit 230 V Wechselspannung betreiben zu können, sind zur Umsetzung von Solargleich- in Verbraucherwechselspannung zusätzlich Wechselrichter erforderlich (Bild 14.9). Damit entfällt auch die Anschaffung eventuell teurer und spezieller 12/24-V-Geräte und die Umrüstung des vorhandenen 230-V-Installationsnetzes.

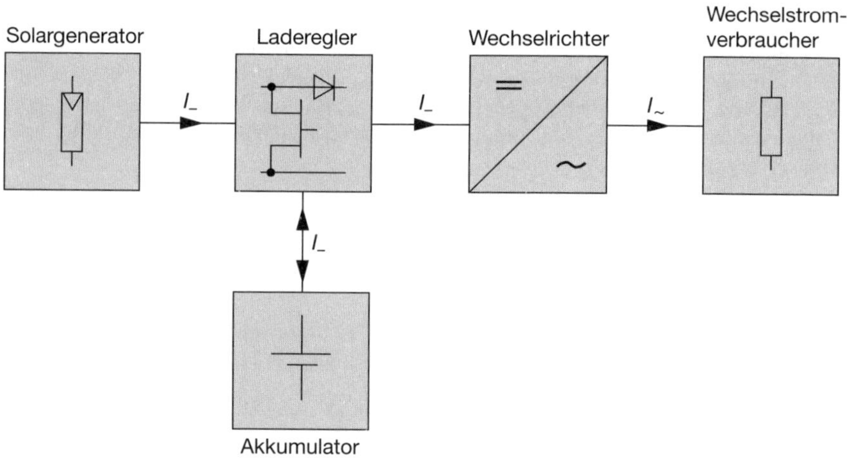

Bild 14.9 Systemschaltbild einer Inselanlage mit Solargenerator, Laderegler, Akku, Wechselrichter und Wechselstromverbraucher

14.2.1.4 Autonome Solarsysteme mit Zusatzenergie

Bei Häusern, Bergstationen, Siedlungen u.ä., die größeren Energiebedarf aufweisen und außerhalb des Bereichs von öffentlichen Stromnetzen liegen, kommen oftmals autonome Stromversorgungsanlagen mit Zusatzenergie (z.B. Wind, Diesel, Gas) zum Einsatz (Bild 14.10).

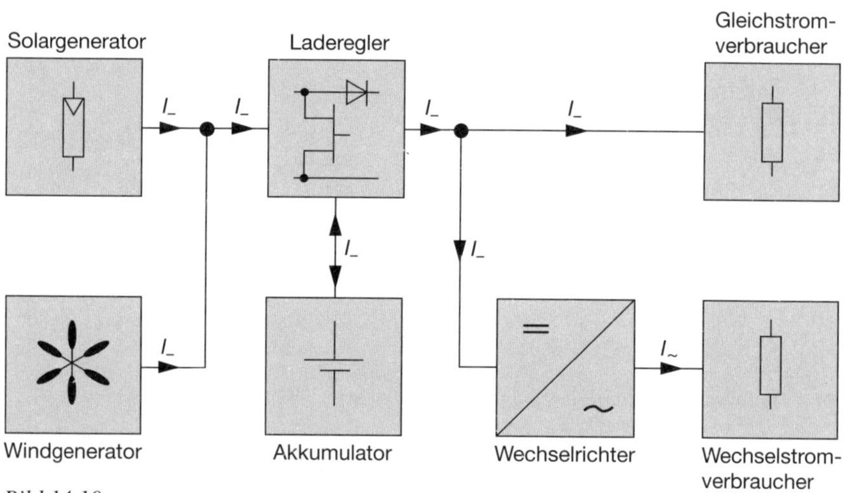

Bild 14.10
Systemschaltbild einer autonomen Stromversorgungsanlage mit Zusatzenergie (Windgenerator)

14.2.2 Netzgekoppelte Solarsysteme

Wo Strom aus dem öffentlichen Netz verfügbar ist, bieten sich vor allem bei Wohnanlagen aus ökologischen und technischen Gründen netzgekoppelte Solarstromanlagen an. In diesen Anlagen kann auf die teuren, materialintensiven, anfälligen und alterungsbehafteten Akkus wie auch die Laderegler verzichtet und im Bedarfsfall auf das öffentliche Netz als Stromspeicher zurückgegriffen werden (Bild 14.11).

> In netzgekoppelten Solarstromanlagen besteht zum einen die Möglichkeit, Solarstrom in die Verbraucheranlage bzw. das öffentliche Netz einzuspeisen, und zum anderen, bei unzureichender solarer Eigenerzeugung jederzeit Strom aus dem Netz zu entnehmen. Solche Anlagen arbeiten im Netzparallelbetrieb.

Der solare Gleichstrom wird mit Hilfe von Wechselrichtern in den technischen Wechselstrom (230 V, 50 Hz) gewandelt und in das Hausnetz bzw. das öffentliche Netz abgegeben.
Der Überschuß-Strom, der im Haus selbst nicht verbraucht wird, fließt über einen Rückstromzähler in das öffentliche Stromnetz.

> Der Wechselrichter stellt das Bindeglied zwischen dem Solargenerator und dem öffentlichen Netz dar.

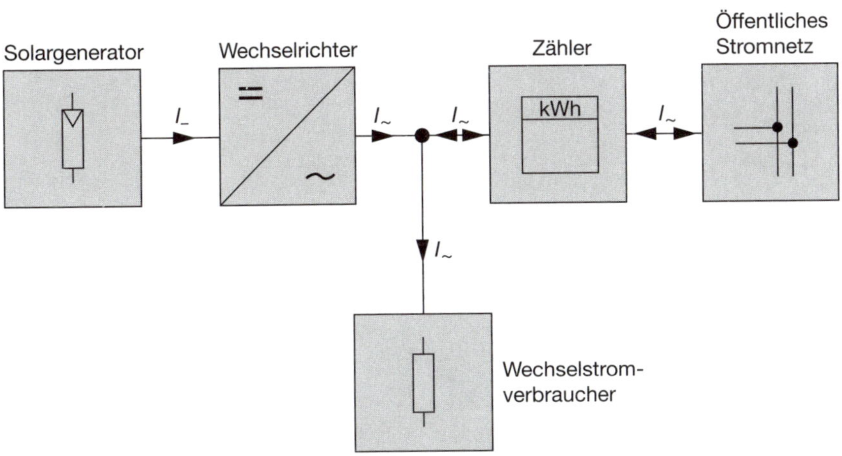

Bild 14.11
Systemschaltbild einer netzgekoppelten Solarstromanlage

In Deutschland wurden schon einige Tausend netzgekoppelte Solarstromanlagen, die u.a. auch finanziell öffentlich gefördert werden, ausgeführt.

14.2.3 Lernziel-Test

1. Worin liegt der Vorteil der photoelektrischen Energiewandlung gegenüber anderen Formen der Energiewandlung?
2. Warum sollten in einem Solarsystem Verbraucherwiderstand und Solarzelle aufeinander abgestimmt sein?
3. Worüber gibt die Leistungskennlinie einer Solarzelle insbesondere Auskunft?
4. Warum geben Solarzellen im Winter eventuell mehr Leistung ab als im Sommer?
5. Warum faßt man Solarzellen in Reihen- bzw. gemischten Schaltungen zu Solargeneratoren zusammen?
6. Warum schaltet man bei höheren Umgebungstemperaturen und damit Zellentemperaturen mehr Solarzellen in Reihe?
7. Welche Aufgaben haben Akkus in solaren Inselanlagen?
8. Wozu benötigt man in Solarstromanlagen u.a. Wechselrichter?
9. Welche Vorteile haben bei größeren Objekten netzgekoppelte Solarstromanlagen gegenüber Inselanlagen?

Rechenaufgabe

Aus Solarmodulen mit den Nenndaten 17,0 V/2,1 A/35 W soll ein Solargenerator mit den Daten 120 V/4,2 A zusammengeschaltet werden.

a) Welche Schaltung ist erforderlich?

b) Wie viele Solarzellen werden insgesamt benötigt?

15 Größen, Einheiten und Kurzzeichen

15.1 Grundbegriffe

Physikalische *Größen* sind meßbare Eigenschaften physikalischer Objekte, Vorgänge oder Zustände, wie z. B. Spannung U, Leistung P, Zeit t.
Alle in der Technik benötigten Größen lassen sich aus wenigen Basisgrößen ableiten. Man unterscheidet somit Basisgrößen und abgeleitete Größen.
Basisgrößen sind voneinander unabhängige Größen. Sie bilden die Grundlage eines Größensystems. Abgeleitete Größen ergeben sich aus technischen Zusammenhängen von Basisgrößen, die oft durch Formeln (Gesetze, Gleichungen) dargestellt werden. So erhält man z.B. mit Hilfe des Ohmschen Gesetzes aus den beiden Basisgrößen Spannung und Strom die hieraus abgeleitete Größe Widerstand:

$$\frac{\text{Spannung}}{\text{Strom}} = \text{Widerstand}$$

Der Wert einer physikalischen Größe läßt sich mit einem Zahlenwert und einer Einheit angeben. Passend zu jeder Größe gibt es eine Einheit, also Basis- bzw. abgeleitete Einheit. Zweckmäßigerweise verwendet man für Einheiten und Größen genormte Kurzzeichen und stellt dies in der Praxis folgendermaßen dar:

Zahlenwert

$$l = 5\ \text{m}$$

Basisgröße Länge — Basiseinheit Meter

Basisgröße Spannung — Zahlenwerte — Basiseinheit Volt — Zahlenwert

OHMSCHES GESETZ

$$R = \frac{U}{I} = \frac{4{,}5\ \text{V}}{1{,}5\ \text{A}} = 3\ \Omega$$

abgeleitete Größe Widerstand — Basisgröße Strom — Basiseinheit Ampere — abgeleitete Einheit Ohm

Größen, Einheiten und Kurzzeichen sind gesetzlich festgelegt.
Am 2. Juli 1969 ist das «Gesetz über Einheiten im Meßwesen» und am 26. Juni 1970 die «Ausführungsverordnung zum Gesetz über Einheiten im Meßwesen» unterzeichnet worden. Beide sind in Kraft getreten und haben ältere Gesetze abgelöst.

Damit wurden die Einheiten des *Internationalen Einheitensystems,* meist kurz *SI-Einheiten* genannt, für die Bundesrepublik «Gesetzliche Einheiten».
Das Gesetz legt sieben Basisgrößen, die zugehörigen Basiseinheiten sowie ihre Einheitenzeichen fest und definiert die Basiseinheiten.
Die Ausführungsverordnung fixiert die Namen und Einheitenzeichen für die abgeleiteten SI-Einheiten sowie weitere abgeleitete Einheiten und definiert sie.

15.2 Basisgrößen und Basiseinheiten

Basisgrößen	Basiseinheiten	Kurzzeichen (Einheitenzeichen)
Länge	Meter	m
Masse	Kilogramm	kg
Zeit	Sekunde	s
Elektrische Stromstärke	Ampere	A
Thermodynamische Temperatur	Kelvin	K
Lichtstärke	Candela	cd
Stoffmenge	Mol	mol

Interessant ist die genaue und für den Laien umständlich anmutende Definition der Basiseinheit 1 Ampere, die auf der Kraftwirkung zweier stromdurchflossener Leiter basiert:
1 Ampere ist die Stärke eines zeitlich unveränderlichen elektrischen Stromes, der, durch zwei im Vakuum parallel im Abstand 1 Meter voneinander angeordnete, geradlinige, unendlich lange Leiter von vernachlässigbar kleinem, kreisförmigem Querschnitt fließend, zwischen diesen Leitern je 1 Meter Leiterlänge elektrodynamisch die Kraft $0{,}2 \cdot 10^{-6}$ (Newton) hervorrufen würde.

15.3 Dezimale Vielfache und Teile von Einheiten

Dezimale Vielfache und Teile von Einheiten können durch Vorsetzen von Vorsilben *(Vorsätze)* vor den Namen der Einheit bezeichnet werden.

Vorsätze	Kurzzeichen	für das	
Tera	T	Billionenfache	10^{12}
Giga	G	Milliardenfache	10^{9}
Mega	M	Millionenfache	10^{6}
Kilo	k	Tausendfache	10^{3}
Hekto	h	Hundertfache	10^{2}
Deka	da	Zehnfache	10^{1}
Dezi	d	Zehntel	10^{-1}
Zenti	c	Hundertstel	10^{-2}
Milli	m	Tausendstel	10^{-3}
Mikro	µ	Millionstel	10^{-6}
Nano	n	Milliardstel	10^{-9}
Piko	p	Billionstel	10^{-12}
Femto	f	Billiardstel	10^{-15}
Atto	a	Trillionstel	10^{-18}

Beispiele:

$$2\,500\,000\ \Omega = 2{,}5 \cdot 1\,000\,000\ \Omega = 2{,}5 \cdot 10^{6}\ \Omega = 2{,}5\ \mathrm{M}\Omega$$

$$0{,}015\ \mathrm{A} = \frac{15}{1000}\ \mathrm{A} = 15 \cdot 10^{-3}\ \mathrm{A} = 15\ \mathrm{mA}$$

$$11\,500\ \mathrm{V} = 11{,}5 \cdot 1000\ \mathrm{V} = 11{,}5 \cdot 10^{3}\ \mathrm{V} = 11{,}5\ \mathrm{kV}$$

$$0{,}000\,025\ \mathrm{A} = \frac{25}{1\,000\,000}\ \mathrm{A} = 25 \cdot 10^{-6}\ \mathrm{A} = 25\ \mu\mathrm{A}$$

15.4 Abgeleitete gesetzliche Einheiten

Im folgenden werden einige für die Elektrotechnik interessierende abgeleitete SI-Einheiten angeführt.

Kraft F:	Newton (N) 1 Newton ist gleich der Kraft, die einem Körper der Masse 1 kg die Beschleunigung 1 m/s^2 erteilt.
Energie, Arbeit W, Wärmemenge, -energie Q:	Joule (J) 1 Joule ist gleich der Arbeit, die verrichtet wird, wenn der Angriffspunkt der Kraft 1 N in Richtung der Kraft um 1 m verschoben wird.
Leistung P:	Watt (W) 1 Watt ist gleich der Leistung, bei der während der Zeit 1 s die Energie 1 J umgesetzt wird.
Elektr. Spannung U:	Volt (V) 1 Volt ist gleich der elektrischen Spannung oder elektrischen Potentialdifferenz zwischen zwei Punkten eines fadenförmigen, homogenen und gleichmäßig temperierten metallischen Leiters, in dem bei einem zeitlich unveränderlichen elektrischen Strom der Stärke 1 A zwischen den beiden Punkten die Leistung 1 W umgesetzt wird.
Elektr. Widerstand R:	Ohm (Ω) 1 Ohm ist gleich dem elektrischen Widerstand zwischen zwei Punkten eines fadenförmigen homogenen und gleichmäßig temperierten metallischen Leiters, durch den bei der elektrischen Spannung 1 V zwischen den beiden Punkten ein zeitlich unveränderlicher elektrischer Strom der Stärke 1 A fließt.
Elektrizitätsmenge, elektrische Ladung Q:	Coulomb (C) 1 Coulomb ist gleich der Elektrizitätsmenge, die während der Zeit 1 s bei einem zeitlich unveränderlichen elektrischen Strom der Stärke 1 A durch den Querschnitt eines Leiters fließt.
Elektr. Kapazität C:	Farad (F)
Elektr. Feldstärke E:	Volt durch Meter $\left(\frac{V}{m}\right)$
Magnetischer Fluß Φ:	Weber (Wb) 1 Weber ist gleich dem magnetischen Fluß, bei dessen gleichmäßiger Abnahme während der Zeit 1 s auf Null in einer ihn umschlingenden Windung die elektrische Spannung 1 V induziert wird.

Magnet. Flußdichte,	Tesla (T)
Induktion B:	1 Tesla ist gleich der Flächendichte des homogenen magnetischen Flusses 1 Wb, der die Fläche 1 m^2 senkrecht durchsetzt
Induktivität L:	Henry (H)
Magnet. Feldstärke H:	Ampere durch Meter $\left(\frac{A}{m}\right)$
Temperatur T	Kelvin (K) oder
t	Grad Celsius (°C)

15.5 Lernziel-Test

Verständnisfragen

1. Was versteht man unter SI-Einheiten?
2. Welches sind die sechs Basisgrößen, Basiseinheiten und entsprechenden Einheitenzeichen?
3. Nennen Sie sechs Einheitenvorsätze!
4. Wie heißt die abgeleitete SI-Einheit für die Kraft?
5. Wie ist die Einheit für den elektrischen Widerstand definiert?

16 Anhang

Spezifischer Widerstand ρ ($\rho = 1/\kappa$)
El. Leitfähigkeit κ, γ ($\kappa = 1/\rho$)
Temperaturkoeffizient α (Bezugstemperatur 20 °C)

Werkstoff	ρ in $\frac{\Omega\ \text{mm}^2}{\text{m}}$	κ, σ in $\frac{\text{m}}{\Omega\ \text{mm}^2}$	α in $\frac{1}{\text{K}}$
Silber	0,016	62,5	0,0038
Kupfer	0,0178	56	0,0039
Aluminium	0,0278	36	0,0037
Wolfram	0,055	18	0,0041
Zink	0,063	16	0,0037
Messing	0,08	12,5	0,0015
Nickel	0,1	10	0,005
Platin	0,1	10	0,0025
Zinn	0,11	9,1	0,0042
Eisen	0,13	7,7	0,005
Blei	0,21	4,8	0,0042
Quecksilber	0,95	1,05	0,00092
Neusilber	0,30	3,3	0,00025
Manganin	0,43	2,3	± 0,00001
Konstantan	0,49	2,04	– 0,00003
Chromnickelstahl	1,0	1,0	0,00025
Kohle	50 bis 100	0,02 bis 0,01	– 0,00045
Silit (Siliziumkarbid)	1000	0,001	– 0,0005
Glas	$1 \cdot 10^{16}$	$1 \cdot 10^{-16}$	–
Porzellan	$5 \cdot 10^{18}$	$2 \cdot 10^{-19}$	–

17 Lösungen der Lernziel-Tests

Es werden die Lösungen der Zeichen- und der Rechenaufgaben angegeben. Die Antworten auf Verständnisfragen lassen sich im allgemeinen leicht dem Buchtext entnehmen. Sie werden hier nur formuliert, wenn die Entnahme aus dem Buchtext schwierig ist.

Kapitel 1

Abschnitt 1.3.9

Frage 9:

$0{,}1\ \text{A} = 100\ \text{mA}$

$0{,}006\ \text{A} = 6\ \text{mA}$

$2{,}5\ \text{A} = 2500\ \text{mA}$

Frage 10:

$0{,}0025\ \text{A} = 2500\ \mu\text{A}$

$5\ \text{mA} = 5000\ \mu\text{A}$

$0{,}025\ \text{mA} = 25\ \mu\text{A}$

Aufgabe 1: $Q = I \cdot t$; $\qquad \underline{t} = \frac{Q}{I} = \frac{24\ \text{Ah}}{0{,}2\ \text{A}} = \underline{120\ \text{h}} = \underline{5\ \text{Tage}}$

Aufgabe 2: $Q = I \cdot t$; $\qquad \underline{I} = \frac{Q}{t} = \frac{250\ \text{Ah}}{10\ \text{h}} = \underline{25\ \text{A}}$

Aufgabe 3: $J = \frac{I}{A}$; $\qquad \underline{I} = J \cdot A = 2\,\frac{\text{A}}{\text{mm}^2} \cdot 0{,}5\ \text{mm}^2 = \underline{1\ \text{A}}$

Abschnitt 1.4.3

Frage 7:

$1500\ \text{mV} = 1{,}5\ \text{V}$

$550\ \text{mV} = 0{,}55\ \text{V}$

$2{,}5\ \text{kV} = 2500\ \text{V}$

Frage 8:

$0{,}2\ \text{V} = 200\ \text{mV}$

$0{,}0035\ \text{V} = 3{,}5\ \text{mV}$

$15\ \text{V} = 15\,000\ \text{mV}$

Abschnitt 1.5.3.1

Frage 6:

a) Der Widerstand verdoppelt sich!

b) Der Widerstand verdreifacht sich!

c) Der Widerstand vergrößert sich!

Aufgabe 1: $0{,}05\ \text{M}\Omega = 50\ \text{k}\Omega = 50\,000\ \Omega$

$2{,}5\ \text{k}\Omega = 2500\ \Omega$

$450\ \text{m}\Omega = 0{,}45\ \Omega$

Aufgabe 2: $R = \frac{\rho \cdot l}{q}$

$$\underline{R} = \frac{0{,}0178\,\frac{\Omega \cdot \text{mm}^2}{\text{m}} \cdot 5\ \text{m}}{0{,}8\ \text{mm}^2} = \frac{0{,}0178 \cdot 5}{0{,}8}\,\Omega = 0{,}111\ \Omega = \underline{\underline{111\ \text{m}\Omega}}$$

Aufgabe 3: $R = \frac{\rho \cdot l}{q}$;

$$\underline{R} = \frac{0{,}13\,\frac{\Omega \cdot \text{mm}^2}{\text{m}} \cdot 150\ \text{m}}{30\ \text{mm} \cdot 3\ \text{mm}} = \frac{0{,}13 \cdot 150}{30 \cdot 3}\,\Omega = 0{,}216\ \Omega = \underline{\underline{216\ \text{m}\Omega}}$$

Aufgabe 4: $R = \frac{\rho \cdot l}{q}$

$$\underline{l} = \frac{R \cdot q}{\rho} = \frac{90\ \Omega \cdot 0{,}28\ \text{mm}^2}{0{,}4\,\frac{\Omega \cdot \text{mm}^2}{\text{m}}} = \frac{90 \cdot 0{,}28}{0{,}4}\ \text{m} = \underline{\underline{63\ \text{m}}}$$

$$\underline{A} = \frac{d^2}{4} \cdot \pi = \frac{0{,}6^2\ \text{mm}^2}{4} \cdot 3{,}14 = 0{,}28\ \text{mm}^2$$

Aufgabe 5: $R = \frac{\rho \cdot l}{q}$

$$\underline{q} = \frac{\rho \cdot l}{R} = \frac{0{,}0178\,\frac{\Omega \cdot \text{mm}^2}{\text{m}} \cdot 2 \cdot 22{,}4\ \text{m}}{0{,}0665\ \Omega}$$

$$= \frac{0{,}0178 \cdot 2 \cdot 22{,}4}{0{,}0665}\ \text{mm}^2 = \underline{\underline{12\ \text{mm}^2}}$$

Aufgabe 6: $R = \frac{1}{G}$

$$\underline{R} = \frac{1}{1\ \text{S}} = \underline{\underline{1\ \Omega}} \qquad \underline{R} = \frac{1}{0{,}005\ \text{S}} = \underline{\underline{200\ \Omega}}$$

$$\underline{R} = \frac{1}{25\ \text{S}} = \underline{0{,}04\ \Omega}$$

$$\underline{R} = \frac{1}{0{,}125\ \text{S}} = \underline{8\ \Omega}$$

Abschnitt 1.5.4.1

Aufgabe 1: $\underline{\Delta R} = \alpha \cdot \Delta\vartheta \cdot R_{20}$;

$$\underline{\Delta\vartheta} = \frac{\Delta R}{\alpha \cdot R_{20}} = \frac{4{,}8\ \Omega - 4{,}0\ \Omega}{0{,}00393\frac{1}{\text{K}} \cdot 4{,}0\ \Omega} = \frac{0{,}8}{0{,}00393 \cdot 4{,}0}\ \text{K} = \underline{50{,}89\ \text{K}}$$

$$\underline{\vartheta_2} = \vartheta_1 + \Delta\vartheta = 20\ ^\circ\text{C} + 50{,}89\ \text{K} = \underline{70{,}89\ ^\circ\text{C}}$$

Aufgabe 2: $$\underline{R_\text{w}} = R_{20} + \alpha \cdot \Delta\vartheta \cdot R_{20} = 100\ \Omega + 0{,}00393\frac{1}{\text{K}} \cdot 50\ \text{K} \cdot 100\ \Omega$$

$$= 100\ \Omega + 19{,}65\ \Omega = \underline{119{,}65\ \Omega}$$

Aufgabe 3: $$\underline{\Delta R_\%} = \frac{\Delta R \cdot 100}{R_{20}} = \frac{15{,}72\ \Omega \cdot 100}{100\ \Omega} = \underline{15{,}7\%}$$

$$\Delta R = \alpha \cdot \Delta\vartheta \cdot R_{20} = 0{,}00393\frac{1}{\text{K}} \cdot 40\ \text{K} \cdot 10\ \Omega \doteq 1{,}57\ \Omega$$

Aufgabe 4: $$R_\text{w} = R_{20} + \alpha \cdot \Delta\vartheta \cdot R_{20}$$

$$\underline{R_\text{w}} = 200\ \Omega + \left(-0{,}00045\frac{1}{\text{K}}\right) \cdot 80\ \text{K} \cdot 200\ \Omega$$

$$= 200\ \Omega - 7{,}2\ \Omega = \underline{192{,}8\ \Omega}$$

Aufgabe 5: $$R_\text{k} = R_{20} - \alpha \cdot \Delta\vartheta \cdot R_{20}$$

$$\underline{R_\text{k}} = 16\ \Omega - 0{,}00393\frac{1}{\text{K}} \cdot 40\ \text{K} \cdot 16\ \Omega$$

$$= 16\ \Omega - 2{,}52\ \Omega = \underline{13{,}48\ \Omega}$$

Kapitel 2

Abschnitt 2.1.1.1

Aufgabe 1: $\underline{I} = \frac{U}{R} = \frac{230\ \text{V}}{40\ \Omega} = \underline{5{,}75\ \text{A}}$

Aufgabe 2: $\underline{\Delta U} = U_2 - U_1 = 80\ \text{V} - 60\ \text{V} = \underline{20\ \text{V}}$

$U_1 = I_1 \cdot R = 3\ \text{A} \cdot 20\ \Omega = 60\ \text{V}$

$U_2 = I_2 \cdot R = 4\ \text{A} \cdot 20\ \Omega = 80\ \text{V}$

Aufgabe 3: $\underline{\Delta R_{\%}} \quad \frac{\Delta R \cdot 100}{R_1} = \frac{2{,}1\ \Omega \cdot 100}{20{,}9\ \Omega} = \underline{9{,}57\%}$

$R_1 = \frac{U}{I_1} = \frac{230\ \text{V}}{11\ \text{A}} = 20{,}9\ \Omega$

$R_2 = \frac{U}{I_1} = \frac{230\ \text{V}}{10\ \text{A}} = 23\ \Omega$

$\Delta R = R_2 - R_1 = 23\ \Omega - 20{,}9\ \Omega = 2{,}1\ \Omega$

Aufgabe 4: $\underline{R} = \frac{U}{I} = \frac{110\ \text{V}}{5{,}5\ \text{A}} = \underline{20\ \Omega}$

Aufgabe 5: $\underline{I_1} = \frac{U_1}{R} = \frac{230\ \text{V}}{1000\ \Omega} = \underline{0{,}23\ \text{A}}$

$\underline{I_2} = \frac{U_2}{R} = \frac{6000\ \text{V}}{1000\ \Omega} = \underline{6\ \text{A}}$

Aufgabe 6: $\underline{R} = 5\ \Omega$

Für $U = 10$ V wird $I = \frac{U}{R} = \frac{10\ \text{V}}{5\ \Omega} = 2\ \text{A}$

Für $U = 30$ V wird $I = \frac{30\ \text{V}}{5\ \Omega} = 6\ \text{A}$

$R = 10\ \Omega$

Für $U = 10$ V wird $I = \frac{U}{R} = \frac{10\ \text{V}}{10\ \Omega} = 1\ \text{A}$

Für $U = 30$ V wird $I = \frac{30\ \text{V}}{10\ \Omega} = 3\ \text{A}$

Bild 16.1
Lösung zu Aufgabe 6

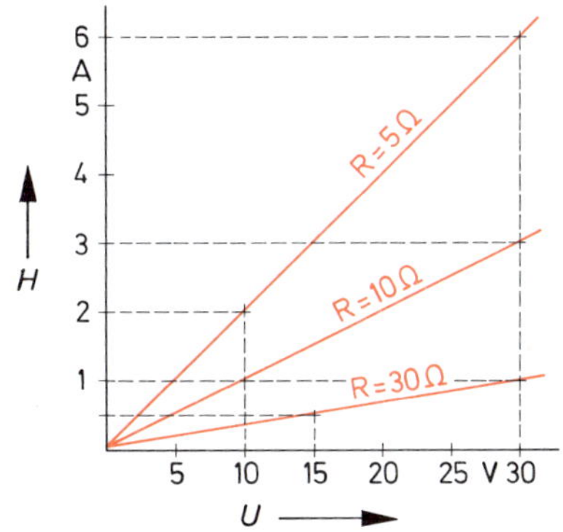

$R \quad = 30\ \Omega$

Für $U = 15$ V wird $I = \frac{U}{R} = \frac{15\ \text{V}}{30\ \Omega} = 0{,}5$ A

Für $U = 30$ V wird $I = \frac{30\ \text{V}}{30\ \Omega} = 1$ A

Abschnitt 2.2.3.1

Aufgabe 1: $\underline{I} \quad = \frac{U}{R_1 + R_2} = \frac{200\ \text{V}}{100\ \Omega + 300\ \Omega} = \frac{200\ \text{V}}{400\ \Omega} = \underline{0{,}5\ \text{A}}$

Aufgabe 2: $\underline{U} \quad = \frac{U_{\text{ges}}}{n} = \frac{230\ \text{V}}{16} = \underline{14{,}38\ \text{V}}$

Aufgabe 3: a) *Bild 16.2*
Schaltskizze zu
Aufgabe 3

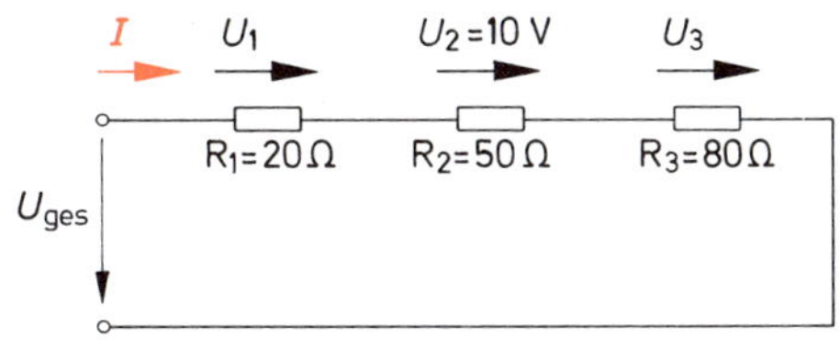

b) $\underline{I} \quad = \frac{U_2}{R_2} = \frac{10\ \text{V}}{50\ \Omega} = \underline{0{,}2\ \text{A}}$

c) $\underline{U_{\text{ges}}} = \underline{I} \cdot R_{\text{ges}} = 0{,}2\ \text{A} \cdot 150\ \Omega = \underline{30\ \text{V}}$

$R_{\text{ges}} = R_1 + R_2 + R_3 = 20\ \Omega + 50\ \Omega + 80\ \Omega = 150\Omega$

Aufgabe 4: $\underline{U_1} \quad = U \frac{R_1}{R_1 + R_2} = \frac{230\ \text{V} \cdot 5 \cdot 10^6\ \Omega}{5 \cdot 10^6\ \Omega + 12 \cdot 10^6\ \Omega} = \underline{67{,}65\ \text{V}}$

$\underline{U_2} \quad = U_{\text{ges}} - U_1 = 230\ \text{V} - 67{,}65\ \text{V} = \underline{162{,}35\ \text{V}}$

Aufgabe 5: a) $\underline{R_{ges}} = \frac{U_{ges}}{I} = \frac{120\ \text{V}}{0{,}01\ \text{A}} = 12\,000\ \Omega = \underline{12\ \text{k}\Omega}$

b) $\underline{R_1} = \frac{U_1}{I} = \frac{100\ \text{V}}{0{,}01\ \text{A}} = 10\,000\ \Omega = \underline{10\ \text{k}\Omega}$

$\underline{R_2} = R_{ges} - R_1 = 12\ \text{k}\Omega - 10\ \text{k}\Omega = \underline{2\ \text{k}\Omega}$

Aufgabe 6: $\underline{R_V} = R_2 - R_1 = 255{,}56\ \Omega - 230{,}0\ \Omega = \underline{25{,}56\ \Omega}$

$R_1 = \frac{U}{I_1} = \frac{230\ \text{V}}{1\ \text{A}} = 230{,}0\ \Omega$

$R_2 = \frac{U}{I_2} = \frac{230\ \text{V}}{0{,}9\ \text{A}} = 255{,}56\ \Omega$

$I_2 = 0{,}9 \cdot I_1 = 0{,}9 \cdot 1\ \text{A} = 0{,}9\ \text{A}$

Aufgabe 7: $\underline{R_V} = \frac{U}{I} = \frac{50\ \text{V}}{2{,}5\ \text{A}} = \underline{20\ \Omega}$

Aufgabe 8: $\underline{U_a} = I \cdot R_L = 50\ \text{A} \cdot 0{,}074\ \Omega = \underline{3{,}7\ \text{V}}$

$$R_L = \frac{2 \cdot \rho \cdot l}{q} = \frac{2 \cdot 0{,}0178 \frac{\Omega \cdot \text{mm}^2}{\text{m}} \cdot 250\ \text{m}}{120\ \text{mm}^2} = 0{,}074\ \Omega$$

Aufgabe 9: $\underline{R_L} = \frac{2 \cdot \rho \cdot l}{q}$; $\underline{q} = \frac{2 \cdot \rho \cdot l}{R_L} = \frac{2 \cdot 0{,}0178 \frac{\Omega \cdot \text{mm}^2}{\text{m}} \cdot 40\ \text{m}}{0{,}345\ \Omega} = \underline{4{,}12\ \text{mm}^2}$

Gewählt wird der Normquerschnitt $\underline{q = 4{,}5\ \text{mm}^2}$

$R_L = \frac{U_a}{I} = \frac{6{,}9\ \text{V}}{20\ \text{A}} = 0{,}345\ \Omega$

$U_a = \frac{u_a \cdot U}{100} = \frac{3 \cdot 230\ \text{V}}{100} = 6{,}9\ \text{V}$

Aufgabe 10: $\underline{I} = \frac{U}{R_L} = \frac{235\ \text{V}}{0{,}33\ \Omega} = \underline{712{,}1\ \text{A}}$

$$R_L = \frac{2 \cdot \rho \cdot l}{q} = \frac{2 \cdot 0{,}0178 \frac{\Omega \cdot \text{mm}^2}{\text{m}} \cdot 150\ \text{m}}{16\ \text{mm}^2} = 0{,}33\ \Omega$$

Abschnitt 2.3.1

Frage 4: $R_{ges} = \frac{R}{4} = \frac{1}{4} \cdot R$ Der Widerstand viertelt sich!

$I_{ges} = \frac{U}{R_{ges}} = \frac{U}{\frac{1}{4} \cdot R} = 4 \cdot \frac{U}{R} = 4 \cdot I$ Der Strom vervierfacht sich!

Aufgabe 1: $\underline{R_{ges}} = \frac{R_1 \cdot R_2}{R_1 + R_2} = \frac{2{,}5\ \Omega \cdot 4\ \Omega}{2{,}5\ \Omega + 4\ \Omega} = \frac{2{,}5 \cdot 4\ \Omega^2}{6{,}5\ \Omega} = \underline{\underline{1{,}54\ \Omega}}$

Aufgabe 2: $\underline{I_{ges}} = 3 \cdot I = 3 \cdot 0{,}04\ \text{A} = \underline{\underline{0{,}12\ \text{A}}}$

$I = \frac{U}{R} = \frac{12\ \text{V}}{300\ \Omega} = 0{,}04\ \text{A}$

Aufgabe 3: $I_1 = \frac{U}{R_1} = \frac{6\ \text{V}}{5\ \Omega} = 1{,}2\ \text{A}$

$I_2 = \frac{U}{R_2} = \frac{6\ \text{V}}{8\ \Omega} = 0{,}75\ \text{A}$

$I_3 = \frac{U}{R_3} = \frac{6\ \text{V}}{10\ \Omega} = 0{,}6\ \text{A}$

$\underline{I_{ges}} = I_1 + I_2 + I_3 = 1{,}2\ \text{A} + 0{,}75\ \text{A} + 0{,}6\ \text{A} = \underline{\underline{2{,}55\ \text{A}}}$

$\underline{R_{ges}} = \frac{U}{I_{ges}} = \frac{6\ \text{V}}{2{,}55\ \text{A}} = \underline{\underline{2{,}35\ \Omega}}$

Aufgabe 4: b) $\underline{U} = I \cdot R_{ges} = 15\ \text{A} \cdot 4{,}17\ \Omega = \underline{\underline{62{,}55\ \text{V}}}$

$R_{ges} = \frac{R_1 \cdot R_2}{R_1 + R_2} = \frac{25\ \Omega \cdot 5\ \Omega}{25\ \Omega + 5\ \Omega} = \frac{125\ \Omega^2}{30\ \Omega} = 4{,}17\ \Omega$

a) $\underline{I_1} = \frac{U}{R_1} = \frac{62{,}55\ \text{V}}{25\ \Omega} = \underline{\underline{2{,}5\ \text{A}}}$

$\underline{I_2} = I - I_1 = 15\ \text{A} - 2{,}5\ \text{A} = \underline{\underline{12{,}5\ \text{A}}}$

Aufgabe 5: $\frac{I_2}{I_1} = \frac{R_1}{R_2}$; $\underline{I_2} = \frac{R_1}{R_2} \cdot I_1 = \frac{20\ \Omega \cdot 0{,}5\ \text{A}}{0{,}5\ \Omega} = \underline{\underline{20\ \text{A}}}$

Aufgabe 6: $\frac{1}{R_{ges}} = \frac{1}{R_1} + \frac{1}{R_2}$; $\frac{1}{R_2} = \frac{1}{R_{ges}} - \frac{1}{R_1} = \frac{1}{40\ \Omega} - \frac{1}{50\ \Omega}$

$= 0{,}025\frac{1}{\Omega} - 0{,}02\frac{1}{\Omega} = 0{,}005\frac{1}{\Omega}$

$$\underline{R_2} = \frac{1}{0{,}005\ \Omega} = \underline{200\ \Omega}$$

Abschnitt 2.4.2.1

Aufgabe 1:

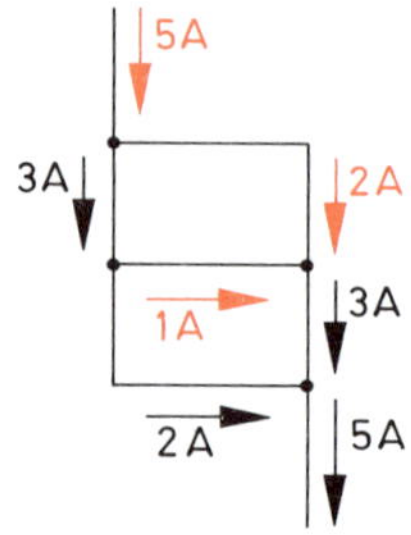

Bild 16.3 Lösung zu Aufgabe 1

Aufgabe 2: Nimmt man den Strom I_2 willkürlich als abfließenden Strom an, so gilt:

$$I_1 + I_2 = I_3 + I_4 + I_5$$

$$\underline{I_2} = I_3 + I_4 + I_5 - I_1 = 5\ \text{A} + 8\ \text{A} + 2\ \text{A} - 12\ \text{A} = \underline{3\ \text{A}}$$

Der Strom I_2 ist tatsächlich ein abfließender Strom mit der Stärke 3 A.

Aufgabe 3: a) Die beiden Spannungsquellen liegen hintereinander und wirken in der gleichen Richtung. Es gilt:

$$U_{q\,1} + U_{q\,2} = I \cdot R_1 + I \cdot R_2$$

$$= I\,(R_1 + R_2)$$

$$\underline{I} = \frac{U_{q\,1} + U_{q\,2}}{R_1 + R_2} = \frac{1{,}5\ \text{V} + 4{,}5\ \text{V}}{10\ \Omega + 50\ \Omega} = \frac{6\ \text{V}}{60\ \Omega} = \underline{0{,}1\ \text{A}}$$

Der Strom fließt vom Pluspol der Spannungsquellen über die Verbraucher zum Minuspol.

b) $\underline{U_1} = I \cdot R_1 = 0{,}1\ \text{A} \cdot 10\ \Omega = \underline{1\ \text{V}}$

$\underline{U_2} = I \cdot R_2 = 0{,}1\ \text{A} \cdot 50\ \Omega = \underline{5\ \text{V}}$

Abschnitt 2.5.4.1

Aufgabe 1:

a)

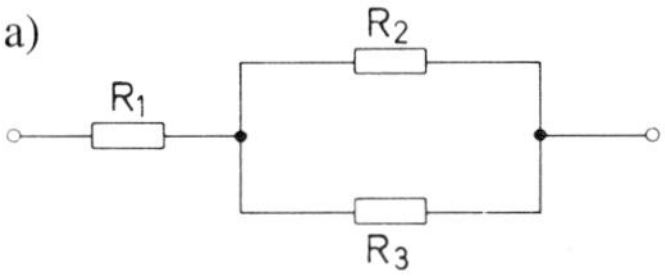

Bild 16.4 Lösung a zu Aufgabe 1

$$R_{2,3} = \frac{R_2 \cdot R_3}{R_2 + R_3} = \frac{40\,\Omega \cdot 60\,\Omega}{40\,\Omega + 60\,\Omega} = 24\,\Omega$$

$$\underline{R_{ers}} = R_1 + R_{2,3} = 20\,\Omega + 24\,\Omega = \underline{\underline{44\,\Omega}}$$

b)

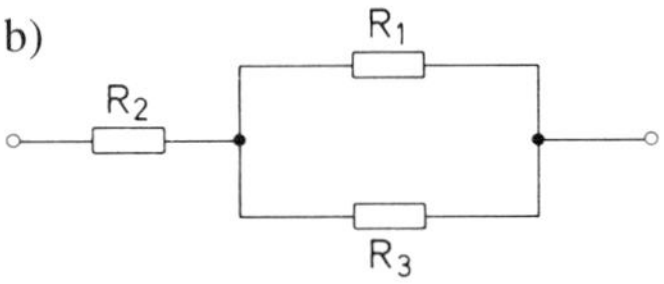

Bild 16.5 Lösung b zu Aufgabe 1

$$R_{1,3} = \frac{R_1 \cdot R_3}{R_1 + R_3} = \frac{20\,\Omega \cdot 60\,\Omega}{20\,\Omega + 60\,\Omega} = 15\,\Omega$$

$$\underline{R_{ers}} = R_2 + R_{1,3} = 40\,\Omega + 15\,\Omega = \underline{\underline{55\,\Omega}}$$

c)

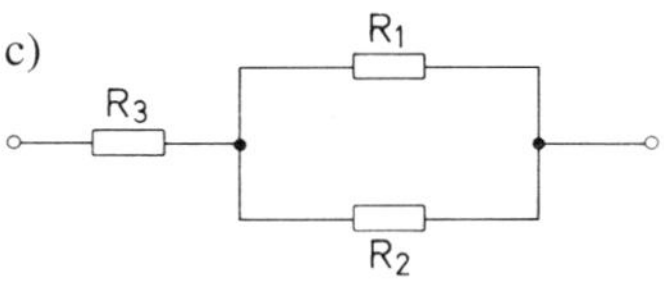

Bild 16.6 Lösung c zu Aufgabe 1

$$R_{1,2} = \frac{R_1 \cdot R_2}{R_1 + R_2} = \frac{20\,\Omega \cdot 40\,\Omega}{20\,\Omega + 40\,\Omega} = 13{,}33\,\Omega$$

$$\underline{R_{ers}} = R_3 + R_{1,2} = 60\,\Omega + 13{,}33\,\Omega = \underline{\underline{73{,}33\,\Omega}}$$

d)

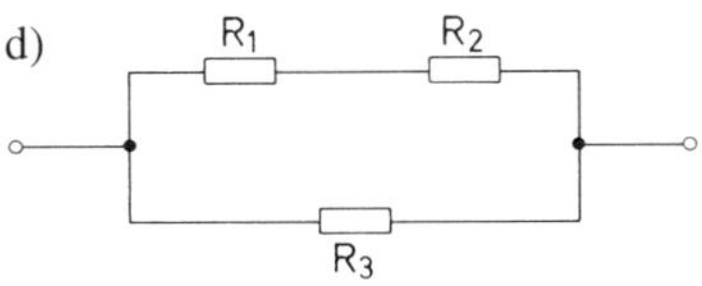

Bild 16.7 Lösung d zu Aufgabe 1

$$R_{1,2} = R_1 + R_2 = 20\,\Omega + 40\,\Omega = 60\,\Omega$$

$$\underline{R_{ers}} = \frac{R_{1,2} \cdot R_3}{R_{1,2} + R_3} = \frac{60\,\Omega \cdot 60\,\Omega}{60\,\Omega + 60\,\Omega} = \underline{\underline{30\,\Omega}}$$

e)

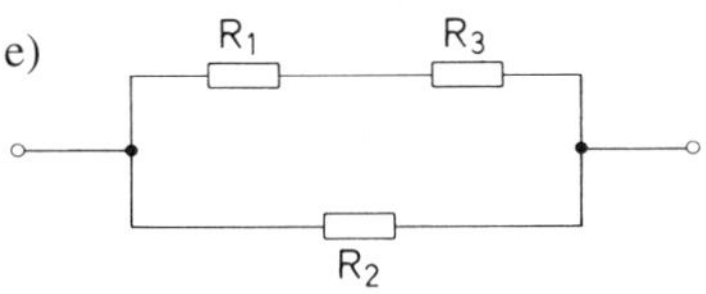

Bild 16.8 Lösung e zu Aufgabe 1

$$R_{1,3} = R_1 + R_3 = 20\,\Omega + 60\,\Omega = 80\,\Omega$$

$$\underline{R_{ers}} = \frac{R_{1,3} \cdot R_2}{R_{1,3} + R_2} = \frac{80\,\Omega \cdot 40\,\Omega}{80\,\Omega + 40\,\Omega} = \underline{\underline{26{,}66\,\Omega}}$$

f)

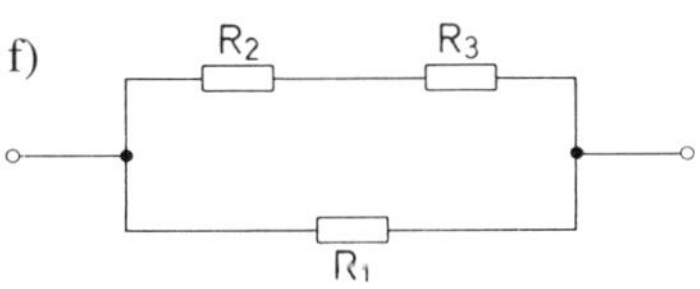

Bild 16.9 Lösung f zu Aufgabe 1

$$R_{2,3} = R_2 + R_3 = 40\,\Omega + 60\,\Omega = 100\,\Omega$$

$$\underline{R_{ers}} = \frac{R_{2,3} \cdot R_1}{R_{2,3} + R_1} = \frac{100\,\Omega \cdot 20\,\Omega}{100\,\Omega + 20\,\Omega} = \underline{\underline{16{,}66\,\Omega}}$$

Aufgabe 2:

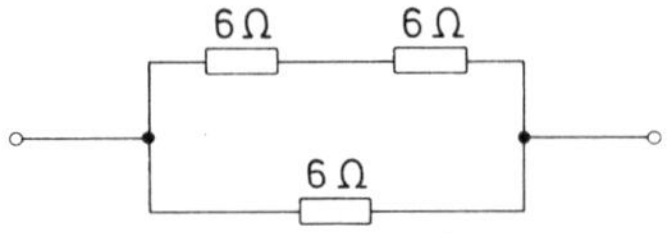

Bild 16.10 Lösung zu Aufgabe 2

Aufgabe 3:

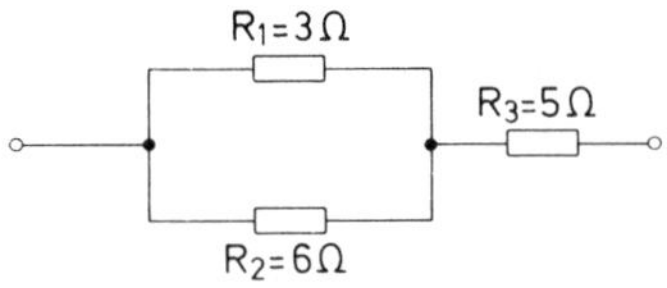

$$R_{1,2} = \frac{R_1 \cdot R_2}{R_1 + R_2} = \frac{3\,\Omega \cdot 6\,\Omega}{3\,\Omega + 6\,\Omega} = 2\,\Omega$$

$$\underline{R_{\text{ers}}} = R_{1,2} + R_3 = 2\,\Omega + 5\,\Omega = \underline{7\,\Omega}$$

Bild 16.11 Lösung zu Aufgabe 3

Aufgabe 4: a)

$$\frac{1}{R_{1,2,3}} = \frac{1}{R_1} + \frac{1}{R_2} + \frac{1}{R_3} = \frac{1}{3\,\Omega} + \frac{1}{6\,\Omega} + \frac{1}{2\,\Omega}$$

$$= 0{,}333\,\frac{1}{\Omega} + 0{,}166\,\frac{1}{\Omega} + 0{,}5\,\frac{1}{\Omega} = 1{,}0\,\frac{1}{\Omega}$$

$$R_{1,2,3} = 1\,\Omega$$

$$R_{4,5} = \frac{R_4 \cdot R_5}{R_4 + R_5} = \frac{20\,\Omega \cdot 30\,\Omega}{20\,\Omega + 30\,\Omega} = 12\,\Omega$$

$$\underline{R_{\text{ers}}} = R_{1,2,3} + R_{4,5} + R_6 = 1\,\Omega + 12\,\Omega + 7\,\Omega = \underline{20\,\Omega}$$

b)

$$\underline{U_1 = U_2 = U_3} = I \cdot R_{1,2,3} = 10\,\text{A} \cdot 1\,\Omega = \underline{10\,\text{V}}$$

$$\underline{U_4 = U_5} = I \cdot R_{4,5} = 10\,\text{A} \cdot 12\,\Omega = \underline{120\,\text{V}}$$

$$\underline{U_6} = I \cdot R_6 = 10\,\text{A} \cdot 7\,\Omega = \underline{70\,\text{V}}$$

c)

$$\underline{I_1} = \frac{U_1}{R_1} = \frac{10\,\text{V}}{3\,\Omega} = \underline{3{,}33\,\text{A}}$$

$$\underline{I_2} = \frac{U_2}{R_2} = \frac{10\,\text{V}}{6\,\Omega} = \underline{1{,}66\,\text{A}}$$

$$\underline{I_3} = \frac{U_3}{R_3} = \frac{10\,\text{V}}{2\,\Omega} = \underline{5\,\text{A}}$$

$$\underline{I_4} = \frac{U_4}{R_4} = \frac{120\,\text{V}}{20\,\Omega} = \underline{6\,\text{A}}$$

$$\underline{I_5} = \frac{U_5}{R_5} = \frac{120\ \text{V}}{30\ \Omega} = \underline{4\ \text{A}}$$

$$\underline{I_6} = I = 10\ \text{A}$$

d) $U = U_1 + U_4 + U_6$

$$\underline{U} = 10\ \text{V} + 120\ \text{V} + 70\ \text{V} = \underline{200\ \text{V}}$$

Aufgabe 5: $R_{2,3} = R_2 + R_3 = 100\ \Omega + 200\ \Omega = 300\ \Omega$

$$I_{2,3} = \frac{U}{R_{2,3}} = \frac{120\ \text{V}}{300\ \Omega} = 0{,}4\ \text{A}$$

$$\underline{U_2} = I_{2,3} \cdot R_2 = 0{,}4\ \text{A} \cdot 100\ \Omega = \underline{40\ \text{V}}$$

Aufgabe 6:

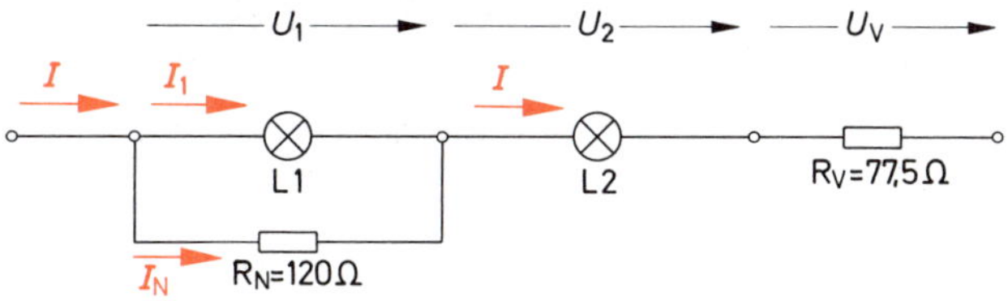

Bild 16.12 Lösung zu Aufgabe 6

$$\underline{R_V} = \frac{U_V}{I} = \frac{62\ \text{V}}{0{,}8\ \text{A}} = \underline{77{,}5\ \Omega}$$

$$U_V = U - U_1 - U_2 = 110\ \text{V} - 24\ \text{V} - 24\ \text{V} = 62\ \text{V}$$

$$I_N = I - I_1 = 0{,}8\ \text{A} - 0{,}6\ \text{A} = 0{,}2\ \text{A}$$

$$\underline{R_N} = \frac{U_1}{I_N} = \frac{24\ \text{V}}{0{,}2\ \text{A}} = \underline{120\ \Omega}$$

Aufgabe 7: a) $\underline{I_{1,2}} = \frac{U}{R_{1,2}} = \frac{12\ \text{V}}{15\ \Omega + 45\ \Omega} = \frac{12\ \text{V}}{60\ \Omega} = \underline{0{,}2\ \text{A}}$

$$\underline{I_{3,4}} = \frac{U}{R_{3,4}} = \frac{12\ \text{V}}{25\ \Omega + 35\ \Omega} = \frac{12\ \text{V}}{60\ \Omega} = \underline{0{,}2\ \text{A}}$$

b) $\underline{I} = I_{1,2} + I_{3,4} = 0{,}2\ \text{A} + 0{,}2\ \text{A} = \underline{0{,}4\ \text{A}}$

c) $\underline{U_{CD}} = \varphi_C - \varphi_D = 9\ \text{V} - 7\ \text{V} = \underline{2\ \text{V}}$

$$U_1 = I_{1,2} \cdot R_1 = 0{,}2\ \text{A} \cdot 15\ \Omega = 3\ \text{V}$$

$$U_3 = I_{3,4} \cdot R_3 = 0{,}2\ \text{A} \cdot 25\ \Omega = 5\ \text{V}$$

$$\varphi_C = 12\ \text{V} - 3\ \text{V} = 9\ \text{V}$$

$$\varphi_D = 12\ \text{V} - 5\ \text{V} = 7\ \text{V}$$

Aufgabe 8: $\frac{R_1}{R_2} = \frac{R_3}{R_4}$; $\quad \underline{\underline{R_4}} = \frac{R_2 \cdot R_3}{R_1} = \frac{45\ \Omega \cdot 25\ \Omega}{15\ \Omega} = \underline{\underline{75\ \Omega}}$

Aufgabe 9: $\frac{U_1}{U} = \frac{R_1}{R_{ges}}$; $\quad \underline{\underline{R_1}} = \frac{U_1}{U} \cdot R_{ges} = \frac{5\ \text{V} \cdot 3 \cdot 10^6\ \Omega}{60\ \text{V}}$

$$= 0{,}25 \cdot 10^6\ \Omega = \underline{\underline{0{,}25\ \text{M}\Omega}}$$

$$\underline{\underline{R_2}} = R_{ges} - R_1 = 3\ \text{M}\Omega - 0{,}25\ \text{M}\Omega = \underline{\underline{2{,}75\ \text{M}\Omega}}$$

Aufgabe 10: a) $\quad U_2 = U \frac{R_2}{R_1 + R_2} = \frac{100\ \text{V} \cdot 50 \cdot 10^3\ \Omega}{80 \cdot 10^3\ \Omega + 50 \cdot 10^3\ \Omega} = \underline{\underline{38{,}46\ \text{V}}}$

b) $\quad U_b = U \frac{R_{2,b}}{R_1 + R_{2,b}} = \frac{100\ \text{V} \cdot 25 \cdot 10^3\ \Omega}{80 \cdot 10^3\ \Omega + 25 \cdot 10^3\ \Omega} = 23{,}80\ \text{V}$

$$R_{2,b} = \frac{R_2 \cdot R_b}{R_2 + R_b} = \frac{50 \cdot 10^3\ \Omega \cdot 50 \cdot 10^3\ \Omega}{50 \cdot 10^3\ \Omega + 50 \cdot 10^3\ \Omega}$$

$$= 25 \cdot 10^3\ \Omega = 25\ \text{k}\Omega$$

$$\underline{\underline{\Delta U}} = U_2 - U_b = 38{,}46\ \text{V} - 23{,}80\ \text{V} = \underline{\underline{14{,}66\ \text{V}}}$$

Kapitel 3

Abschnitt 3.4.1

Aufgabe 1: $\underline{\underline{W}} = P \cdot t = 0{,}1\ \text{kW} \cdot 2{,}5\ \text{h} = \underline{\underline{0{,}25\ \text{kWh}}}$

Aufgabe 2: $W = \frac{U^2 \cdot t}{R}$; $\quad \underline{\underline{R}} = \frac{U^2 \cdot t}{W} = \frac{230^2\ \text{V}^2 \cdot 1\ \text{h}}{2000\ \text{Wh}} = \underline{\underline{26{,}45\ \Omega}}$

Aufgabe 3: $W = P \cdot t$; $\quad \underline{\underline{t}} = \frac{W}{P} = \frac{1\ \text{kWh}}{0{,}06\ \text{kW}} = \underline{\underline{16{,}66\ \text{h}}}$

Aufgabe 4: $\underline{\underline{P}} = \frac{U^2}{R} = \frac{110^2\ \text{V}^2}{110\ \Omega} = \underline{\underline{110\ \text{W}}}$

Aufgabe 5: $P = \frac{U^2}{R}$; $\quad \underline{\underline{R}} = \frac{U^2}{P} = \frac{230^2\ \text{V}^2}{100\ \text{W}} = \underline{\underline{529\ \Omega}}$

Aufgabe 6: $P = \frac{U^2}{R}$; $U = \sqrt{P \cdot R}$

$$\underline{U_1} = \sqrt{P_1 \cdot R_1} = \sqrt{5\ \text{W} \cdot 100\ \Omega} = \underline{22{,}36\ \text{V}}$$

$$\underline{U_2} = \sqrt{P_2 \cdot R_2} = \sqrt{5\ \text{W} \cdot 10\,000\ \Omega} = \underline{223{,}6\ \text{V}}$$

$$\underline{I_1} = \frac{U_1}{R_1} = \frac{22{,}36\ \text{V}}{100\ \Omega} = 0{,}223\ \text{A} = \underline{223\ \text{mA}}$$

$$\underline{I_2} = \frac{U_2}{R_2} = \frac{223{,}6\ \text{V}}{10\,000\ \Omega} = 0{,}022\ \text{A} = \underline{22\ \text{mA}}$$

Aufgabe 7: $\underline{P_2} = \frac{U_2^2}{R} = \frac{200^2\ \text{V}^2}{264{,}5\ \Omega} = \underline{151{,}23\ \text{W}}$

$$\underline{P_1} = \frac{U_1^2}{R}; \qquad R = \frac{U_1^2}{P_1} = \frac{230^2\ \text{V}^2}{200\ \text{W}} = \underline{264{,}5\ \Omega}$$

Aufgabe 8: $W = \frac{U^2 \cdot t}{R}$; $\underline{R} = \frac{U^2 \cdot t}{W} = \frac{230^2\ \text{V}^2 \cdot 1{,}5\ \text{h}}{200\ \text{Wh}} = \underline{396{,}75\ \Omega}$

Aufgabe 9: $W = \frac{U^2 \cdot t}{R} = \frac{200^2\ \text{V}^2 \cdot 6 \cdot 60\ \text{s}}{80\ \Omega} = 180\,000\ \text{Ws} = \underline{180\,000\ \text{J}}$

$$\underline{W} = \frac{180\,000\ \text{J}}{4186\ \frac{\text{J}}{\text{kcal}}} = \underline{43\ \text{kcal}}$$

Aufgabe 10: a) $\underline{\eta} = \frac{P_{ab}}{P_{zu}} = \frac{160\ \text{W}}{250\ \text{W}} = \underline{0{,}64}$

b) $\underline{I} = \frac{P_{zu}}{U} = \frac{250\ \text{W}}{230\ \text{V}} = \underline{1{,}08\ \text{A}}$

c) $\underline{P_V} = P_{zu} - P_{ab} = 250\ \text{W} - 160\ \text{W} = \underline{90\ \text{W}}$

Aufgabe 11: $\underline{\eta} = \frac{P_{ab}}{P_{zu}}$; $\underline{P_{zu}} = \frac{P_{ab}}{\eta} = \frac{10\ \text{kW}}{0{,}85} = \underline{11{,}76\ \text{kW}}$

Aufgabe 12: $\underline{\eta} = \frac{P_{ab}}{P_{zu}}$; $P_{zu} = \frac{P_{ab}}{\eta} = \frac{50\ \text{MW}}{0{,}98} = 51{,}02\ \text{MW}$

$$P_V = P_{zu} - P_{ab} = 51{,}02\ \text{MW} - 50\ \text{MW} = 1{,}02\ \text{MW}$$

$$\underline{W} = P_V \cdot t = 1020\ \text{kW} \cdot 24\ \text{h} = 24\,480\ \text{kWh} = 24\,480\ \text{kW} \cdot 3600\ \text{s}$$

$$= 88{,}12 \cdot 10^6\ \text{kJ} = \underline{88{,}12 \cdot 10^9\ \text{J}}$$

$$= \frac{88{,}12 \cdot 10^9\,\text{J}}{4186\,\frac{\text{J}}{\text{kcal}}} = \underline{\underline{21{,}05 \cdot 10^6\,\text{kcal}}}$$

$$K = k \cdot W = 0{,}1\,\frac{\text{DM}}{\text{kWh}} \cdot 24\,480\,\text{kWh} = \underline{\underline{2448\,\text{DM}}}$$

Kapitel 4

Abschnitt 4.4

Aufgabe 1: $\underline{\underline{U}} = U_q - I \cdot R_i = 2\,\text{V} - 4\,\text{A} \cdot 0{,}05\,\Omega = 2\,\text{V} - 0{,}2\,\text{V} = \underline{\underline{1{,}8\,\text{V}}}$

Aufgabe 2: $\underline{\underline{I_K}} = \frac{U_q}{R_i} = \frac{230\,\text{V}}{0{,}2\,\text{A}} = \underline{\underline{1150\,\text{A}}}$

Aufgabe 3: $U = U_q - I \cdot R_i\,;\qquad \underline{\underline{R_i}} = \frac{U_q - U}{I} = \frac{12\,\text{V} - 11{,}8\,\text{V}}{5\,\text{A}} = \underline{\underline{0{,}04\,\Omega}}$

Aufgabe 4: a) $\underline{\underline{U_{q\,ges}}} = n \cdot U_q\,;\qquad \underline{\underline{n}} = \frac{U_{q\,ges}}{U_q} = \frac{9\,\text{V}}{1{,}5\,\text{V}} = \underline{\underline{6}}$

b) $\underline{\underline{R_{i\,ges}}} = n \cdot R_i = 6 \cdot 0{,}4\,\Omega = \underline{\underline{2{,}4\,\Omega}}$

Aufgabe 5: a) $\underline{\underline{U_{q\,ges}}} = n \cdot U_q = 3 \cdot 1{,}5\,\text{V} = \underline{\underline{4{,}5\,\text{V}}}$

b) $R_{i\,Reihe} = n \cdot R_i = 3 \cdot 0{,}25\,\Omega = 0{,}75\,\Omega$

$\underline{\underline{R_{i\,ges}}} = \frac{R_{i\,Reihe}}{2} = \frac{0{,}75\,\Omega}{2} = \underline{\underline{0{,}375\,\Omega}}$

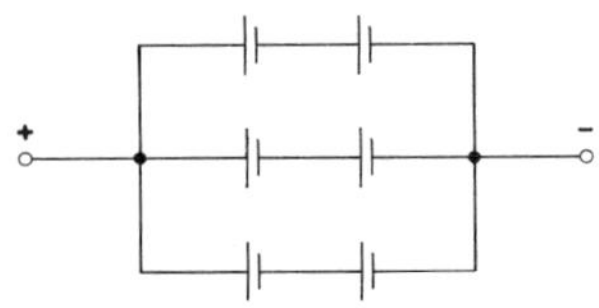

Bild 16.13
Lösung zu Aufgabe 6

Aufgabe 6: a) siehe Bild 16.13

b) $\underline{\underline{R_{i\,Reihe}}} = 2 \cdot R_i = 2 \cdot 0{,}4\,\Omega = \underline{\underline{0{,}8\,\Omega}}$

$\underline{\underline{R_{i\,ges}}} = \frac{R_{i\,Reihe}}{3} = \frac{0{,}8\,\Omega}{3} = \underline{\underline{0{,}27\,\Omega}}$

c) $\underline{\underline{I}} = \frac{U_{q\,ges}}{R_{i\,ges} + R_a} = \frac{3\,\text{V}}{0{,}27\,\Omega + 1{,}5\,\Omega} = \underline{\underline{1{,}69\,\text{A}}}$

Kapitel 6

Abschnitt 6.2.5

Aufgabe 1: $\Theta = I \cdot N$; $\qquad \underline{N} = \frac{\Theta}{I} = \frac{240\ \text{A}}{0{,}08\ \text{A}} = \underline{3000}$

Aufgabe 2: $\Theta = I \cdot N$; $\qquad \underline{I} = \frac{\Theta}{N} = \frac{150\ \text{V}}{300} = \underline{0{,}5\ \text{A}}$

Aufgabe 3: $\underline{H} = \frac{I \cdot N}{l} = \frac{5\ \text{A} \cdot 100}{0{,}05\ \text{m}} = \underline{10\,000\ \frac{\text{A}}{\text{m}}}$

Aufgabe4: $H = \frac{I \cdot N}{l}$; $\qquad \underline{I} = \frac{H \cdot l}{N} = \frac{600\ \frac{\text{A}}{\text{m}} \cdot 0{,}15\ \text{m}}{3000} = \underline{0{,}03\ \text{A}}$

Abschnitt 6.3.4

Aufgabe 1: Für $B = 1{,}2$ T wird $\underline{H = 5\ \frac{\text{A}}{\text{cm}}}$ (Magnetisierungskennlinie)

Aufgabe 2: $\underline{H} = \frac{B}{\mu_0} = \frac{1{,}2\ \text{Vs}}{\text{m}^2 \cdot 1{,}257 \cdot 10^{-6}\ \frac{\text{Vs}}{\text{Am}}} = 954\,654\ \frac{\text{A}}{\text{m}} = \underline{9546\ \frac{\text{A}}{\text{cm}}}$

Aufgabe 3: $\underline{B} = \mu_0 \cdot H = 1{,}257 \cdot 10^{-6} \frac{\text{Vs}}{\text{Am}} \cdot 8000\ \frac{\text{A}}{\text{m}} = \underline{0{,}01\ \text{T}}$

Aufgabe 4: Für $H = 40\ \frac{\text{A}}{\text{cm}}$ wird $\underline{B = 0{,}72\ \text{T}}$ (Magnetisierungskennlinie)

Aufgabe 5:

	a)	b)	c)
Dynamoblech:	1,35 T	1,72 T	1,82 T
Gußeisen:	0,2 T	0,98 T	1,17 T

Abschnitt 6.4.4

Aufgabe 1: $\underline{F} = 40\, B^2 \cdot A = 40 \cdot 1{,}2^2 \cdot 10 = \underline{576\ \text{N}}$

Aufgabe 2: $\underline{F} = B \cdot l \cdot I = 0{,}6\ \frac{\text{Vs}}{\text{m}^2} \cdot 0{,}3\ \text{m} \cdot 2\ \text{A} = \underline{0{,}36\ \text{N}}$

Aufgabe 3: $\underline{F} = 0{,}2\ I_1 \cdot I_2 \cdot \frac{l}{a} \cdot 10^{-6} = 0{,}2 \cdot 12\,000 \cdot 12\,000 \cdot \frac{1}{0{,}3} \cdot 10^{-6} = \underline{\underline{96\ \text{N}}}$

Abschnitt 6.5.6

Aufgabe 1: $\underline{U_q} = B \cdot l \cdot v = 0{,}8\ \frac{\text{Vs}}{\text{m}^2} \cdot 200 \cdot 0{,}3\ \text{m} \cdot 15\ \frac{\text{m}}{\text{s}} = \underline{\underline{720\ \text{V}}}$

Aufgabe 2: $\underline{U_q} = -N \frac{\Delta\Phi}{\Delta t} = -\frac{1000 \cdot 0{,}5 \cdot 10^{-4}\ \text{Vs}}{0{,}01\ \text{s}} = \underline{\underline{-5\ \text{V}}}$

$$\Delta\Phi = \Phi_2 - \Phi_1 = 1{,}5 \cdot 10^{-4}\ \text{Vs} - 1{,}0 \cdot 10^{-4}\ \text{Vs} = 0{,}5 \cdot 10^{-4}\ \text{Vs}$$

Aufgabe 3: $\underline{U_q} = -L \frac{\Delta I}{\Delta t} = -\frac{2\ \frac{\text{Vs}}{\text{A}}\ (-2)\ \text{A}}{0{,}005\,\text{s}} = \underline{\underline{800\ \text{V}}}$

$$\Delta I = I_2 - I_1 = 2\ \text{A} - 4\ \text{A} = -2\ \text{A}$$

Aufgabe 4: $L_1 = \frac{N_1^2}{R_m}$

$$L_2 = \frac{N_2^2}{R_m} = \frac{(2\ N_1)^2}{R_m} = \frac{4 \cdot N_1^2}{R_m}$$

$$\underline{L_2} = 4 \cdot L_1 = 4 \cdot 20\ \text{mH} = \underline{\underline{80\ \text{mH}}}$$

Kapitel 7

Abschnitt 7.1.6

Frage 6: $E = \frac{U}{l}$; $\quad \underline{U} = E \cdot l = 60\ \frac{\text{kV}}{\text{mm}} \cdot 0{,}1\ \text{mm} = \underline{\underline{6\ \text{kV}}}$

Aufgabe 1: a) $\underline{E} = \frac{U}{l} = \frac{2000\ \text{V}}{0{,}5\ \text{mm}} = 4000\ \frac{\text{V}}{\text{mm}} = \underline{\underline{4\ \frac{\text{kV}}{\text{mm}}}}$

b) Da die Durchschlagsfestigkeit für Luft nur 3,3 kV/mm beträgt, besteht beim Anlegen von 4 kV/mm die Gefahr eines Durchschlags.

Aufgabe 2: $E = \frac{U}{l}$; $\underline{l} = \frac{U}{E} = \frac{2\,\text{kV}}{100\,\frac{\text{kV}}{\text{mm}}} = \underline{0{,}02\,\text{mm}}$

Abschnitt 7.2.5

Frage 11: a) $\underline{C_{\text{parallel}}} = 4 \cdot C = 4 \cdot 40\,\mu\text{F} = \underline{160\,\mu\text{F}}$

b) $\underline{C_{\text{Reihe}}} = \frac{C}{4} = \frac{40\,\mu\text{F}}{4} = \underline{10\,\mu\text{F}}$

Frage 14: a) 5200 pF = 5,2 nF b) 3,8 μF = 3800 nF c) 0,25 μF = 250 nF

Frage 15: $Q = C \cdot U$; $Q_1 = 10\,\mu\text{F} \cdot 6\,\text{V}$

$Q_2 = 10\,\mu\text{F} \cdot 60\,\text{V}$ Die Ladungsmenge verzehnfacht sich!

Aufgabe 1: $Q = C \cdot U$; $\underline{C} = \frac{Q}{U} = \frac{1{,}1 \cdot 10^{-3}\,\text{As}}{230\,\text{V}} = 4{,}8 \cdot 10^{-6}\,\text{F} = 4{,}8\,\mu\text{F}$

Aufgabe 2: $C = 0{,}0885 \cdot \varepsilon_r \cdot \frac{A}{d}$

$$\underline{A} = \frac{C \cdot d}{0{,}0885 \cdot \varepsilon_r} = \frac{1 \cdot 10^{12} \cdot 0{,}1}{0{,}0885 \cdot 1}\,\text{cm}^2 = 1{,}12 \cdot 10^{12}\,\text{cm}^2$$

$$= 1{,}12 \cdot 10^{12} \cdot 10^{-10}\,\text{km}^2$$

$$\underline{A} = 1{,}12 \cdot 10^2\,\text{km}^2 = \underline{112\,\text{km}^2}$$

Aufgabe 3: a) $\underline{C_{\text{ers}}} = C_1 + C_2 + C_3 = 2\,\mu\text{F} + 3\,\mu\text{F} + 6\,\mu\text{F} = \underline{11\,\mu\text{F}}$

b) $$\frac{1}{C_{\text{ers}}} = \frac{1}{C_1} + \frac{1}{C_2} + \frac{1}{C_3} = \frac{1}{2\,\mu\text{F}} + \frac{1}{3\,\mu\text{F}} + \frac{1}{6\,\mu\text{F}}$$

$$= \frac{3+2+1}{6}\,\frac{1}{\mu\text{F}} = \frac{6}{6}\,\frac{1}{\mu\text{F}} = 1\,\frac{1}{\mu\text{F}}$$

$$\underline{C_{\text{ers}}} = \underline{1\,\mu\text{F}}$$

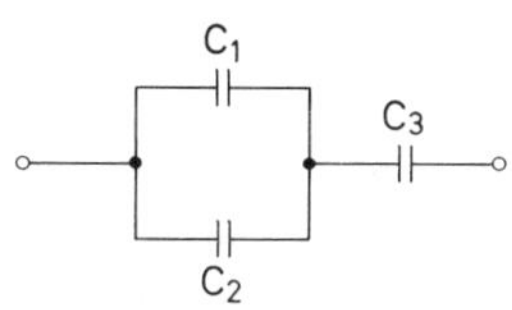

Aufgabe 4: *Bild 16.14*
Lösung zu Aufgabe 4

$C_{1,2} = C_1 + C_2 = 1{,}5\,\text{nF} + 3{,}5\,\text{nF} = 5\,\text{nF}$

$$\frac{1}{C_{\text{ges}}} = \frac{1}{C_{1,2}} + \frac{1}{C_3} = \frac{1}{5\,\text{nF}} + \frac{1}{20\,\text{nF}} = \frac{4+1}{20\,\text{nF}} = \frac{5}{20\,\text{nF}} = \frac{1}{4\,\text{nF}}$$

$\frac{1}{C_{\text{ges}}} = \frac{1}{4\,\text{nF}}$; $\underline{C_{\text{ges}}} = \underline{4\,\text{nF}}$

Aufgabe 5: a) *Bild 16.15*
Lösung zu Aufgabe 5a

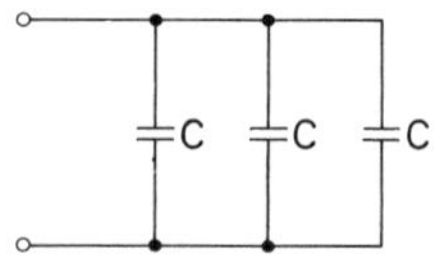

b) *Bild 16.16*
Lösung zu Aufgabe 5b

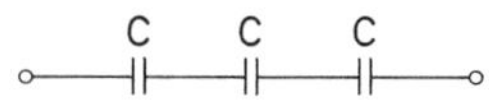

Kapitel 8

Abschnitt 8.1.4

Aufgabe 1: a) $\underline{T} = \frac{1}{f} = \frac{1\ \text{s}}{60} = \underline{0{,}016\ \text{s}}$

b) $\underline{T} = \frac{1\ \text{s}}{1000} = \underline{0{,}001\ \text{s}} = \underline{1\ \text{ms}}$

c) $\underline{T} = \frac{1\ \text{s}}{5 \cdot 10^{6}} = 0{,}2 \cdot 10^{-6}\ \text{s} = \underline{0{,}2\ \mu\text{s}}$

Aufgabe 2: a) $\underline{\omega} = 2\,\pi f = 2 \cdot 3{,}14 \cdot 60\,\frac{1}{\text{s}} = \underline{376{,}8\,\frac{1}{\text{s}}}$

b) $\underline{\omega} = 2 \cdot 3{,}14 \cdot 500\,\frac{1}{\text{s}} = \underline{3140\,\frac{1}{\text{s}}}$

Aufgabe 3: a) $\underline{\hat{u}} = \sqrt{2} \cdot U = \sqrt{2} \cdot 110\ \text{V} = \underline{155{,}5\ \text{V}}$

b) $\underline{\hat{u}} = \sqrt{2} \cdot 400\ \text{V} = \underline{565{,}7\ \text{V}}$

c) $\underline{\hat{\imath}} = \sqrt{2} \cdot I = \sqrt{2} \cdot 2{,}5\ \text{A} = \underline{3{,}5\ \text{A}}$

Aufgabe 4: $\hat{u} = \sqrt{2} \cdot U$

$\underline{U} = \frac{\hat{u}}{\sqrt{2}} = \frac{350\ \text{V}}{\sqrt{2}} = \underline{247{,}5\ \text{V}}$

Aufgabe 5: *Bild 16.17*
Lösung zu Aufgabe 5

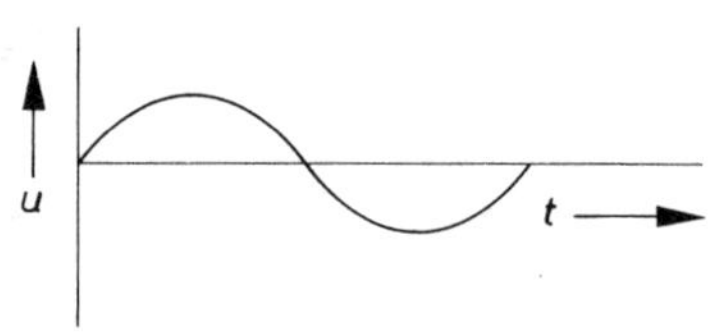

Aufgabe 6: *Bild 16.18*
Lösung zu Aufgabe 6

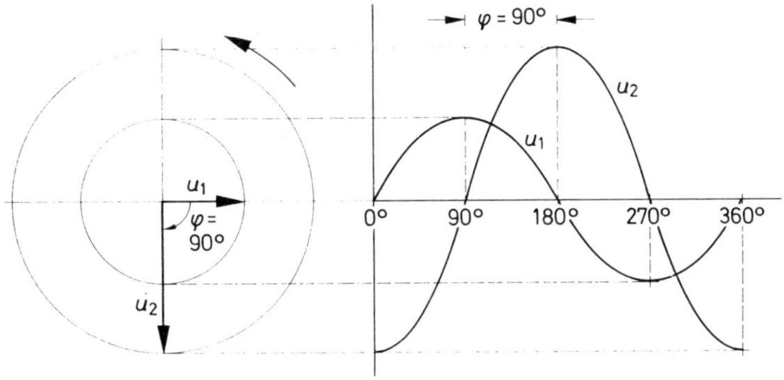

Abschnitt 8.2.6

Aufgabe 1: $\underline{I} = \frac{U}{R} = \frac{230\ \text{V}}{500\ \Omega} = \underline{\underline{0{,}46\ \text{A}}}$

Aufgabe 2: $\underline{Z} = \frac{U}{I} = \frac{110\ \text{V}}{0{,}025\ \text{A}} = \underline{\underline{4400\ \Omega}}$

Aufgabe 3: $\underline{U} = Z \cdot I = 100\,\Omega \cdot 0{,}7\ \text{A} = \underline{\underline{70\ \text{V}}}$

Aufgabe4: $\underline{X_\text{L}} = 2\,\pi f L$; $\underline{L} = \frac{X_\text{L}}{2\,\pi f} = \frac{85\ \Omega\ \text{s}}{2 \cdot 3{,}14 \cdot 60} = \underline{\underline{0{,}225\ \text{H}}} = \underline{\underline{225\ \text{mH}}}$

Aufgabe 5: $\underline{X_\text{L}} = 2\,\pi f L$

$\underline{X_{\text{L}\,1}} = 2 \cdot 3{,}14 \cdot 500\,\frac{1}{\text{s}} \cdot 0{,}01\ \text{H} = \underline{\underline{31{,}4\ \Omega}}$

$\underline{X_{\text{L}\,2}} = 2 \cdot 3{,}14 \cdot 500\,\frac{1}{\text{s}} \cdot 0{,}1\ \text{H} = \underline{\underline{314\ \Omega}}$

Aufgabe 6: $\underline{X_\text{C}} = \frac{1}{2\,\pi f C} = \frac{1\ \text{s V}}{2 \cdot 3{,}14 \cdot 100 \cdot 50 \cdot 10^{-9}\ \text{As}}$

$= 31\,830\ \Omega = \underline{\underline{31{,}83\ \text{kV}}}$

Aufgabe 7: $\underline{X_\text{C}} = \frac{1}{2\,\pi f C}$; $\underline{C} = \frac{1}{2\,\pi f X_\text{C}} = \frac{1\ \text{s}}{2 \cdot 3{,}14 \cdot 10 \cdot 10^3 \cdot 25\,\Omega}$

$\underline{C} = 6{,}36 \cdot 10^{-7}\ \text{F} = 636 \cdot 10^{-9}\ \text{F} = \underline{\underline{636\ \text{nF}}}$

Abschnitt 8.3.6

Aufgabe 1: $\underline{X_L} = \sqrt{Z^2 - R^2} = \sqrt{40^2 - 20^2} = \sqrt{1600 - 400} = \sqrt{1200} = \underline{34{,}6\ \Omega}$

Aufgabe 2: a) $\underline{Z} = \frac{U}{I} = \frac{100\ \text{V}}{5\ \text{A}} = \underline{20\ \Omega}$

b) $\underline{X_L} = \sqrt{Z^2 - R^2} = \sqrt{20^2 - 8^2} = \sqrt{400 - 64} = \sqrt{336} = \underline{18{,}3\ \Omega}$

c) $\underline{\cos\varphi} = \frac{R}{Z} = \frac{8\ \Omega}{20\ \Omega} = \underline{0{,}4}$

d) $\underline{U_R} = I \cdot R = 5\ \text{A} \cdot 8\ \Omega = \underline{40\ \text{V}}$

Aufgabe3: $\underline{Z} = \frac{U}{I} = \frac{5\ \text{V}}{0{,}1\ \text{A}} = \underline{50\ \Omega}$

$\underline{X_C} = \sqrt{Z^2 - R^2} = \sqrt{50^2 - 25^2} = \sqrt{2500 - 625} = \sqrt{1875} = \underline{43{,}3\ \Omega}$

Aufgabe 4: *a)* $\underline{Z} = \sqrt{R^2 + (X_L - X_C)^2} = \sqrt{150^2 + (1570 - 1592)^2}$

$= \sqrt{22\,500 + 4{,}84} = \underline{151{,}6\ \Omega}$

$\underline{X_L} = 2\,\pi f L = 2 \cdot 3{,}14 \cdot 50 \frac{1}{\text{s}} \cdot 5\ \text{H} = 1570\ \Omega$

$\underline{X_C} = \frac{1}{2\,\pi f C} = \frac{1\ \text{V}}{2 \cdot 3{,}14 \cdot 50 \frac{1}{\text{s}} \cdot 2 \cdot 10^{-6}\ \text{As}} = 1592\ \Omega$

b) $\underline{I} = \frac{U}{Z} = \frac{230\ \text{V}}{151{,}6\ \Omega} = \underline{1{,}52\ \text{A}}$

c) $\underline{U_R} = I \cdot R = 1{,}52\ \text{A} \cdot 150\ \Omega = \underline{228\ \text{V}}$

$\underline{U_L} = I \cdot X_L = 1{,}52\ \text{A} \cdot 1570\ \Omega = \underline{2386{,}4\ \text{V}}$

$\underline{U_C} = I \cdot X_C = 1{,}52\ \text{A} \cdot 1592\ \Omega = \underline{2419{,}8\ \text{V}}$

Aufgabe 5: $\underline{Z} = X_L - X_C = 785\ \Omega - 127{,}4\ \Omega = \underline{657{,}6\ \Omega}$

$X_L = 2\,\pi f L = 2 \cdot 3{,}14 \cdot 50 \frac{1}{\text{s}} \cdot 2{,}5 \frac{\text{Vs}}{\text{A}} = 785\ \Omega$

$X_C = \frac{1}{2\,\pi f C} = \frac{1\ \text{V}}{2 \cdot 3{,}14 \cdot 50 \frac{1}{\text{s}} 25 \cdot 10^{-6}\text{As}} = 127{,}4\ \Omega$

Abschnitt 8.4.4

Aufgabe 1: $X_L = X_C = \frac{1}{2\,\pi f C} = \frac{1\ \text{s V}}{2 \cdot 3{,}14 \cdot 50 \cdot 15 \cdot 10^{-6}\ \text{As}} = 212\ \Omega$

$X_L = 2\,\pi f L$; $\underline{L} = \frac{X_L}{2\,\pi f} = \frac{212\ \Omega\text{s}}{2 \cdot 3{,}14 \cdot 50} = \underline{0{,}675\ \text{H}}$

Aufgabe 2: a) $\underline{f_{Res}} = \frac{1}{2\,\pi\sqrt{L\,C}} = \frac{1}{2 \cdot 3{,}14\sqrt{0{,}5\,H \cdot 20 \cdot 10^{-6}\ \text{F}}} = \underline{50\ \text{Hz}}$

b) $\underline{I_{Res}} = \frac{U}{R} = \frac{230\ \text{V}}{15\ \Omega} = \underline{15{,}33\ \text{A}}$

c) $\underline{U_R} = I \cdot R = 15{,}33\ \text{A} \cdot 15\ \Omega = \underline{230\ \text{V}}$

d) $\underline{U_C = U_L} = I \cdot X_L = 15{,}33\ \text{A} \cdot 157\ \Omega = \underline{2407\ \text{V}}$

$X_C = X_L = 2\,\pi f L = 2 \cdot 3{,}14 \cdot 50 \frac{1}{\text{s}} \cdot 0{,}5\ \text{H} = 157\ \Omega$

Abschnitt 8.5.8

Aufgabe 1: $\underline{Q} = \sqrt{S^2 - P^2} = \sqrt{10^2 - 8^2} = \sqrt{100 - 64} = \sqrt{36} = \underline{6\ \text{kvar}}$

Aufgabe 2: $P = S \cdot \cos\varphi$ +

$\underline{P_1} = S \cdot \cos\varphi_1 = 6 \cdot 0{,}7 = \underline{4{,}2\ \text{kW}}$

$\underline{P_2} = S \cdot \cos\varphi_2 = 6 \cdot 1{,}0 = \underline{6{,}0\ \text{kW}}$

Aufgabe 3: a) $\underline{S} = U \cdot I = 230\ \text{V} \cdot 0{,}091\ \text{A} = \underline{20{,}93\ \text{VA}}$

b) $\underline{P} = S \cdot \cos\varphi = 20{,}93\ \text{VA} \cdot 0{,}3 = \underline{6{,}28\ \text{W}}$

c) $\underline{W_W} = P \cdot T = 0{,}00628\ \text{kW} \cdot 24\ \text{h} = \underline{0{,}15\ \text{kWh}}$

Aufgabe 4: a) $\underline{I_W} = I \cdot \cos\varphi = 70\ \text{A} \cdot 0{,}85 = \underline{59{,}5\ \text{A}}$

b) $\underline{I_B} = I \cdot \sin\varphi = 70\ \text{A} \cdot 0{,}52 = \underline{36{,}4\ \text{A}}$

zu $\cos\varphi = 0{,}85$ gehört $\sin\varphi = 0{,}52$

c) $\underline{S} = U \cdot I = 230\ \text{V} \cdot 70\ \text{A} = 16\,100\ \text{VA} = \underline{16{,}1\ \text{kVA}}$

d) $\underline{P} = S \cdot \cos\varphi = 16{,}1\ \text{kVA} \cdot 0{,}85 = \underline{13{,}68\ \text{kW}}$

e) $\underline{Q} = S \cdot \sin\varphi = 16{,}1\ \text{kVA} \cdot 0{,}52 = \underline{8{,}37\ \text{kvar}}$

Kapitel 9

Abschnitt 9.6

Aufgabe 1: $\underline{U} = \sqrt{3} \cdot U_{st} = \sqrt{3} \cdot 400\ \text{V} = \underline{693\ \text{V}}$

Aufgabe 2: $I = \sqrt{3} \cdot I_{st}; \quad \underline{I_{st}} = \frac{I}{\sqrt{3}} = \frac{24\ \text{A}}{1{,}73} = \underline{13{,}9\ \text{A}}$

Aufgabe 3: a) $\underline{S} = \sqrt{3} \cdot U \cdot I = 1{,}73 \cdot 400\ \text{V} \cdot 20\ \text{A} = 13\,840\ \text{VA} = \underline{13{,}84\ \text{kVA}}$

b) $\underline{P} = S \cdot \cos\varphi = 13{,}84 \cdot 0{,}84 = \underline{11{,}76\ \text{kW}}$

Aufgabe 4: a) $\underline{P} = S \cdot \cos\varphi = 1000 \cdot 0{,}7 = \underline{700\ \text{kW}}$

b) $S = \sqrt{3} \cdot U \cdot I; \quad \underline{I} = \frac{S}{\sqrt{3} \cdot U} = \frac{1000 \cdot 10^3\ \text{VA}}{1{,}73 \cdot 3000\ \text{V}} = \underline{192{,}7\ \text{A}}$

Aufgabe 5: a) $\underline{I} = I_{St} = \frac{U_{St}}{R_{St}} = \frac{230\ \text{V}}{40\ \Omega} = \underline{5{,}75\ \text{A}}$

$P = \sqrt{3} \cdot U \cdot I \cdot \cos\varphi = 1{,}73 \cdot 400\ \text{V} \cdot 5{,}75\ \text{A} \cdot 1 = 3979\ \text{W}$

$= \underline{3{,}979\ \text{kW}}$

b) $\underline{I} = \sqrt{3} \cdot I_{St} = 1{,}73 \cdot 10\ \text{A} = \underline{17{,}3\ \text{A}}$

$I_{St} = \frac{U_{St}}{R_{St}} = \frac{400\ \text{V}}{40\ \Omega} = 10\ \text{A}$

$\underline{P} = \sqrt{3} \cdot U \cdot I \cdot \cos\varphi = 1{,}73 \cdot 400\ \text{V} \cdot 17{,}3\ \text{A} \cdot 1 = 11\,971\ \text{W}$

$= \underline{11{,}971\ \text{kW}}$

Kapitel 10

Abschnitt 10.8.1

Aufgabe 1: $\frac{U_2}{U_1} = \frac{N_2}{N_1}; \quad U_2 = \frac{N_2 \cdot U_1}{N_1}$

$\underline{U_2} = \frac{60 \cdot 230\ \text{V}}{1100} = \underline{12{,}54\ \text{V}}$

$\underline{U_2} = \frac{40 \cdot 230\ \text{V}}{1100} = \underline{8{,}36\ \text{V}}$

Aufgabe 2: $\eta = \frac{P_{ab}}{P_{zu}}; \quad \underline{P_{zu}} = \frac{P_{ab}}{\eta} = \frac{5000\ \text{kVA}}{0{,}98} = \underline{5100\ \text{kW}}$

Aufgabe 3: $S_2 = U_2 \cdot I_2$; $\underline{I_2} = \frac{S_2}{U_2} = \frac{100\text{ VA}}{24\text{ V}} = \underline{4{,}17\text{ A}}$

$\eta = \frac{P_2}{P_1}$; $P_1 = \frac{P_2}{\eta} = \frac{100\text{ W}}{0{,}8} = 125\text{ W}$

$P_1 = U_1 \cdot I_1$; $\underline{I_1} = \frac{P_1}{U_1} = \frac{125\text{ W}}{230\text{ V}} = \underline{0{,}54\text{ A}}$

Aufgabe 4: $ü^2 = \frac{R_1}{R_2} = \frac{2000\ \Omega}{5\ \Omega} = 400$

$ü = \sqrt{400} = \underline{20}$

Kapitel 11

Abschnitt 11.2.3.1

Aufgabe 1: $\underline{F} = \frac{f_{MB}}{100} \cdot MB = \frac{\pm 2{,}5}{100} \cdot 20\text{ A} = \pm 0{,}5\text{ A} = \underline{\pm 500\text{ mA}}$ (absoluter Anzeigefehler)

Aufgabe 2: $\underline{f} = \frac{F}{MW} \cdot 100\% = \frac{\pm 3{,}75\text{ V}}{100\text{ V}} \cdot 100\% = \pm 3{,}75\%$ (relativer Anzeigefehler)

$\underline{F} = \frac{f_{MB}}{100} \cdot MB\ \frac{\pm 1{,}5}{100} \cdot 250\text{ V} = \pm 3{,}75\text{ V}$ (absoluter Anzeigefehler)

Aufgabe 3: $R_i = 1000\frac{\Omega}{V} \cdot 100\text{ V} = 100\,000\ \Omega = 100\text{ k}\Omega$

$\underline{I} = \frac{U}{R_i} = \frac{50\text{ V}}{100 \cdot 10^3\ \Omega} = 0{,}0005\text{ A} = \underline{0{,}5\text{ mA}}$

Aufgabe 4: $\underline{R_i} = 10\frac{\text{k}\Omega}{V} \cdot 100\text{ V} = 1000\text{ k}\Omega = \underline{1\text{ M}\Omega}$

Aufgabe 5: $\underline{P} = I^2 \cdot R_1 = 0{,}05^2\text{ A}^2 \cdot 0{,}2\ \Omega = 0{,}0005\text{ W} = \underline{0{,}5\text{ mW}}$

Abschnitt 11.3.3.3

Aufgabe 1: $\underline{R_i} = 5\frac{\text{k}\Omega}{V} \cdot 0{,}1\text{ V} = \underline{0{,}5\text{ k}\Omega}$ $\underline{I} = \frac{U}{R_i} = \frac{0{,}1\text{ V}}{500\ \Omega} = \underline{0{,}2\text{ mA}}$

$\underline{R_i} = 5\frac{\text{k}\Omega}{V} \cdot 1\text{ V} = \underline{5\text{ k}\Omega}$ $\underline{I} = \frac{1\text{ V}}{5000\ \Omega} = \underline{0{,}2\text{ mA}}$

$$\underline{R_i} = 5\,\frac{\text{k}\Omega}{\text{V}} \cdot 10\text{ V} = \underline{\underline{50\text{ kV}}} \qquad \underline{I} = \frac{10\text{ V}}{50\,000\,\Omega} = \underline{\underline{0{,}2\text{ mA}}}$$

$$\underline{R_i} = 5\,\frac{\text{k}\Omega}{\text{V}} \cdot 100\text{ V} = \underline{\underline{500\text{ kV}}} \qquad \underline{I} = \frac{100\text{ V}}{500\,000\,\Omega} = \underline{\underline{0{,}2\text{ mA}}}$$

Aufgabe 2: $$\underline{R_i} = 1000\,\frac{\Omega}{\text{V}} \cdot 100\text{ V} = 100\text{ k}\Omega$$

$$\underline{I} = \frac{U}{R_i} = \frac{75\text{ V}}{100 \cdot 10^3\,\Omega} = \underline{\underline{0{,}75\text{ mA}}}$$

Aufgabe 3: $$\underline{R_N} = \frac{R_i}{n-1} = \frac{0{,}1\,\Omega}{8-1} = \frac{0{,}1\,\Omega}{7} = 0{,}014\,\Omega = \underline{\underline{14\text{ m}\Omega}}$$

$$n = \frac{I}{I_1} = \frac{4\text{ A}}{0{,}5\text{ A}} = 8$$

Aufgabe 4: $$\underline{R_v} = (n-1)\,R_i = (2{,}5-1)\,150\text{ k}\Omega = 1{,}5 \cdot 150\text{ k}\Omega = \underline{\underline{225\text{ k}\Omega}}$$

$$n = \frac{U}{U_1} = \frac{250\text{ V}}{100\text{ V}} = 2{,}5$$

Abschnitt 11.3.7

Aufgabe 1: $$\underline{R} = \frac{U}{I} = \frac{5\text{ V}}{0{,}2\text{ A}} = \underline{\underline{25\,\Omega}}$$

Aufgabe 2: ohne Korrektur:

$$\underline{R_x} = \frac{U}{I} = \frac{30\text{ V}}{0{,}4\text{ A}} = \underline{\underline{75\,\Omega}}$$

mit Korrektur:
Der Spannungsmesser nimmt selbst einen Strom auf:

$$I_V = \frac{U}{R_v} = \frac{30\text{ V}}{500\,\Omega} = 0{,}06\text{ A}$$

Damit fließt in dem Widerstand R_x tatsächlich nur der Strom

$$I' = I - I_V = 0{,}4\text{ A} - 0{,}06\text{ A} = 0{,}34\text{ A}$$

$$\underline{R_x} = \frac{U}{I'} = \frac{30\text{ V}}{0{,}34\text{ A}} = \underline{\underline{88{,}23\,\Omega}}$$

Aufgabe 3: $$\frac{R_1}{R_2} = \frac{R_3}{R_4}; \qquad \underline{R_1} = \frac{R_3 \cdot R_2}{R_4} = \frac{50\,\Omega \cdot 21\,\Omega}{150\,\Omega} = \underline{\underline{7\,\Omega}}$$

Abschnitt 11.5.8

Aufgabe: $F = \pm 0{,}5\% \cdot MW \pm 1\ \text{Digit} = \pm (0{,}5\% \cdot MW + 1\ \text{Digit})$

$$F = \pm \left(\frac{0{,}5}{100} \cdot 15{,}7\ \text{mW} + 0{,}01\ \text{mW} \right)$$

$$\underline{F} = \underline{\pm 0{,}0885\ \text{mW}}$$

$$\underline{f} = \frac{F}{MW} = \frac{\pm 0{,}0885\ \text{mW}}{15{,}7\ \text{mW}} = \pm 0{,}00563 = \underline{0{,}563\%}$$

Abschnitt 11.6.7

Aufgabe: *Bild 16.19*

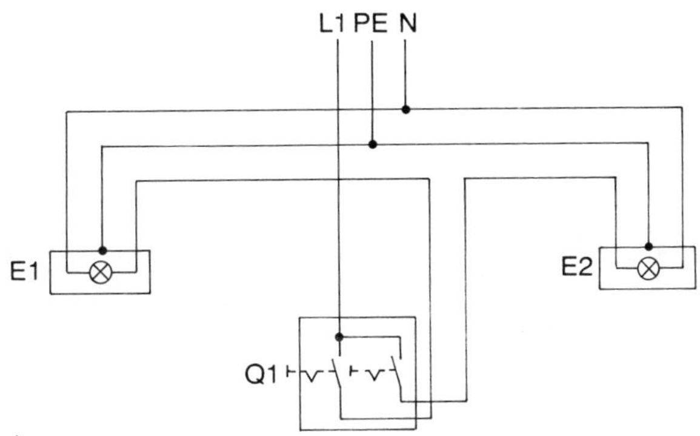

a)

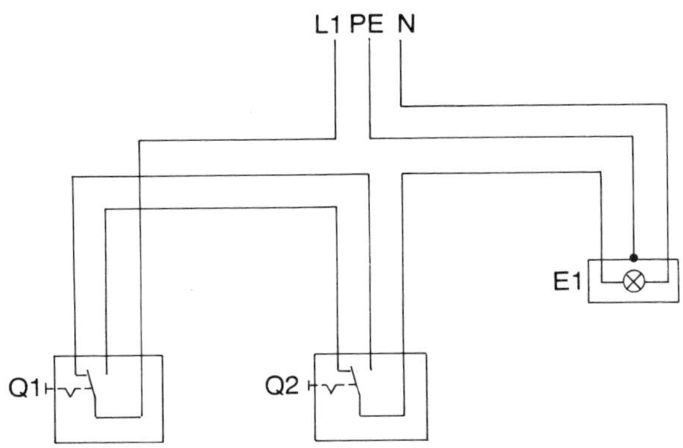

b)

Kapitel 14

Abschnitt 14.2.3

Aufgabe 1:

a) Reihenschaltung $\underline{n} = \frac{U_{ges}}{U} = \frac{120\ \text{V}}{17{,}0\ \text{V}} = 7{,}05 = \underline{7\ \text{Stück}}$

Parallelschaltung $\underline{m} = \frac{I_{ges}}{I} = \frac{4{,}2\ \text{A}}{2{,}1\ \text{A}} = \underline{2\ \text{Stränge}}$

Bild 16.20
Lösung zu Aufgabe 1a

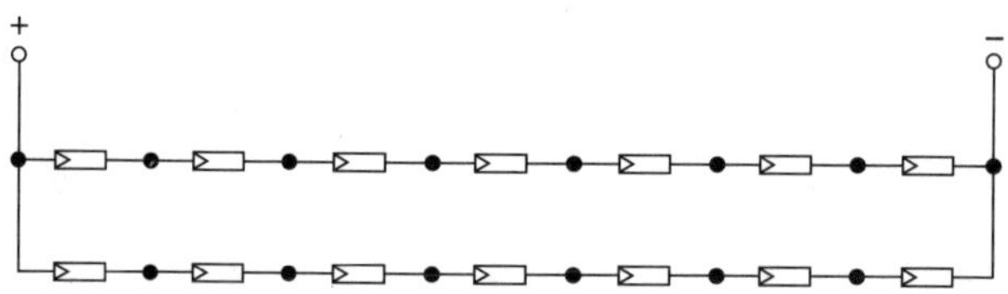

b) Gesamtsolarzellenzahl $\underline{z} = m \cdot n = 7 \cdot 2 = \underline{14}$

Stichwortverzeichnis

D

E

F

G

H

L

M

N

O

P

Q

R

S

T

U

V

[*Fachwissen griffbereit*]

Multimedia-Lernprogramme

Schmitt/Kollmann/Nölle/Meister

Elektrotechnische Grundlagen

E-Lern 1

CD-ROM-Lernprogramm, Version 2.0, 1998
ISBN 3-8023-**1778**-5
35,28 €/69 DM

Der Inhalt des Fachbuchs “Elektrotechnische Grundlagen” aus der Reihe Elektronik des Vogel Buchverlags wird durch ein Multimedia-Lernprogramm vermittelt:

- Grundbegriffe und Stromkreisgesetze
- Arbeit und Leistung
- Spannungserzeuger
- Chemische Wirkung des Stroms
- Magnetismus
- Elektrisches Feld und Kondensator
- Wechselstrom und Drehstrom
- Transformatoren
- Elektrische Messtechnik
- Installationsschaltungen

Systemvoraussetzungen:
PC ab 486 DX 66 mit 8 MB RAM (besser 16 MB), SVGA-Grafikkarte (800 x 600), 256 Farben, 4fach-CD-ROM, Soundkarte, Windows 95/98 oder NT, 10 MB freier Festplattenspeicher

Schmitt/Nölle/Beuth/Schmusch

Grundschaltungen

E-Lern 3

CD-ROM-Lernprogramm, 2000
ISBN 3-8023-**1811**-0
35,28 €/69 DM

Auf Basis des erfolgreichen Fachbuchs “Grundschaltungen” aus der Reihe Elektronik des Vogel Buchverlags bietet das Lernprogramm den vielfältigen Zugriff auf Themen wie

- Oszilloskop
- Gleichrichter- und Verstärkerschaltungen
- Stabilisierungsschaltungen
- Transistor-Schaltstufen
- Schaltungen mit Mehrschichtdioden
- Diac und Triac
- Kippschaltungen und Generatorschaltungen
- Impulsformerschaltungen
- Grundlagen der Regelungstechnik
- Einführung in die Digitaltechnik

Systemvoraussetzungen:
PC ab 486 DX 66 mit 16 MB RAM, SVGA-Grafikkarte (800 x 600), 256 Farben, 4fach-CD-ROM, Soundkarte, Windows 95/98 oder NT, 10 MB freier Festplattenspeicher

[*Fachwissen griffbereit*]

Multimedia-Lernprogramme

Schmitt/Nölle/Beuth

Elementare Elektronik

E-Lern 2

CD-ROM-Lernprogramm, 1998
ISBN 3-8023-**1744**-0
35,28 €/69 DM

Wie im Fachbuch "Elementare Elektronik" wird auch bei dem zugehörigen Multimedia-Lernprogramm das Grundwissen der Elektronik vermittelt:

- Elektrische Grundgrößen und Stromkreise
- Arbeit und Leistung, Felder und Widerstände
- Kondensatoren und Spulen, Dioden und Transistoren
- Thyristoren, Diac und Triac
- Optoelektronik und Halbleiterbauelemente
- Digitale Grundschaltungen und Codes
- Schaltungsanalyse und Schaltungssynthese
- DA/AD-Umsetzer
- Rechenschaltungen
- Mikroprozessoren und Mikrocomputer

Systemvoraussetzungen:
PC ab 486 DX 66 mit 16 MB RAM,
SVGA-Grafikkarte (800 x 600),
256 Farben, 4fach-CD-ROM,
Soundkarte,
Windows 95/98 oder NT,
10 MB freier Festplattenspeicher

Bitte senden Sie mir die angegebenen CD-ROMs mit Rechnung zuzüglich Versandkostenanteil an folgende Adresse:

Anz.	Titel	ISBN 3-8023-	Einzel-Preis
	Elektrotechnische Grundlagen	**1778-5**	**35,28 €**
	Elementare Elektronik	**1744-0**	**35,28 €**
	Grundschaltungen	**1811-0**	**35,28 €**
	Verzeichnis der Bücher und CD-ROM-Lernprogramme	**9999**	kostenlos

Absender:

Name Vorname

Straße, Postfach

PLZ, Ort

Datum Unterschrift

03005-041

Bitte ausreichend frankieren!

Antwort

Vogel Buchverlag
Herrn Beck

97064 Würzburg
Deutschland

Vogel Buchverlag, 97064 Würzburg, Telefon (0931) 418-2419, Fax (0931) 418-2660, http://www.vogel-buchverlag.de

VOGEL